建设工程施工技术交底记录

细节解析与典型实例

砌体结构工程

栾海明　主编

华中科技大学出版社
http://www.hustp.com
中国·武汉

图书在版编目(CIP)数据

砌体结构工程/栾海明主编.—武汉:华中科技大学出版社,2013.8
(建设工程施工技术交底记录细节解析与典型实例)
ISBN 978-7-5609-9102-3

Ⅰ.①砌… Ⅱ.①栾… Ⅲ.①砌体结构-建筑工程-工程施工 Ⅳ.①TU36

中国版本图书馆CIP数据核字(2013)第123739号

建设工程施工技术交底记录细节解析与典型实例
砌体结构工程
栾海明 主编

出版发行:华中科技大学出版社(中国·武汉)
地　　址:武汉市武昌珞喻路1037号(邮编:430074)
出 版 人:阮海洪

责任编辑:刘美菊　　责任监印:秦　英
责任校对:杨　淼　　装帧设计:王亚平

印　　刷:北京中印联印务有限公司
开　　本:787 mm×1092 mm　1/16
印　　张:17.25
字　　数:411千字
版　　次:2013年8月第1版第1次印刷
定　　价:39.90元

投稿热线:(010)64155588-8031　hzjzgh@163.com
本书若有印装质量问题,请向出版社营销中心调换
全国免费服务热线:400-6679-118　竭诚为您服务

本书是建设工程施工技术交底记录细节解析与典型实例系列之《砌体结构工程》，共有四部分，内容包括砖砌体工程施工、砌块砌体工程施工、料石砌体工程施工、砖混结构工程施工。

本书内容丰富，层次清晰，重点突出，理论性与实践性兼备，具有较强的指导性和可读性，适合从事砌体结构工程的设计、施工、监理等相关专业人员使用，有助于提高砌体结构施工企业工程技术人员的整体素质及业务水平。

技术交底，是在单位工程开工前，或一个分项工程施工前，由相关专业技术人员向参与施工的人员进行的技术性交代，其目的是使施工人员对工程特点、技术质量要求、施工方法与措施和安全等方面有一个较详细的了解，以便科学地组织施工，避免技术质量等事故的发生。技术交底记录是工程技术档案资料中不可缺少的部分。

目前施工企业编制的技术交底在格式和内容上优劣不一，为了使技术人员在编制交底过程中格式规整，内容准确全面，我们特编制此书。

本丛书共有四个分册，包括：

《地基与基础工程》；

《砌体结构工程》；

《混凝土结构工程》；

《钢结构工程》。

每个分册的各个章节均由【细节解析】和【典型实例】两部分组成。

【细节解析】是对技术交底内容进行系统详细的讲解，其中不仅包括了建筑工程施工材料准备、施工机具选用、施工作业条件、施工工艺要求、施工质量标准、施工成品保护、施工质量问题和施工质量记录等方面的内容，还涵盖了新材料、新产品和新工艺的应用及建筑节能方面的相关内容。

【典型实例】则是列举了一些技术交底的实例供读者进行参考和学习，使读者在细节学习后通过实例更快地掌握技能，从而达到快速理解并掌握的目的。

本丛书内容翔实，语言简洁，力求做到表述准确、图文并茂，具有很强的实用性。

本丛书既可作为建筑工程技术人员、操作人员、监理人员和质量监督人员的参考用书，也可作为大中专院校相关专业人员的培训教材。

参加本丛书编写的主要人员有：赵俊丽、栾海明、魏文彪、靳晓勇、张日新、张福芳、葛新丽、梁燕、李仲杰、郭倩、张蒙、计富元、王丽平、陈楠、李同庆等。

由于时间有限，本书出现疏漏和不妥之处在所难免，望广大读者批评指正。

编者

2013 年 6 月

目录

第一部分　砖砌体工程施工

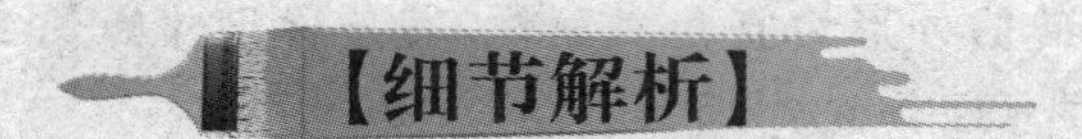

一、烧结普通砖、烧结多孔砖砖墙砌体

细节一 施工材料准备

(一)烧结普通砖

1. 分类

(1)类别。

烧结普通砖按主要原料分为黏土砖(N)、页岩砖(Y)、煤矸石砖(M)和粉煤灰砖(F)。

(2)质量等级。

1)烧结普通砖根据抗压强度分为MU30、MU25、MU20、MU15、MU10五个强度等级。烧结普通砖等级见表1-1。

表1-1　烧结普通砖强度等级　　单位:MPa

强度等级	抗压强度平均值$\bar{f}\geqslant$	变异系数$\delta\leqslant0.21$	变异系数$\delta\geqslant0.21$
		强度标准值$f_k\geqslant$	单块最小抗压强度值$f_{min}\geqslant$
MU30	30.0	22.0	25.0
MU25	25.0	18.0	22.0
MU20	20.0	14.0	16.0
MU15	15.0	10.0	12.0
MU10	10.0	6.5	7.5

2)烧结普通砖根据尺寸偏差、外观质量、泛霜和石灰爆裂分为优等品、一等品、合格品三个质量等级。其等级标准应符合表1-2要求。优等品适用于清水墙,一等品、合格品可用于混水墙。中等泛霜的砖不能用于潮湿部位。

表1-2　烧结普通砖等级标准

产品等级	泛霜	石灰爆裂
优等品	无泛霜	不允许出现最大破坏尺寸大于2 mm的爆裂区域
一等品	不允许出现中等泛霜	最大破坏尺寸大于2 mm且不大于10 mm的爆裂区域,每组砖样不得多于15处。不允许出现最大破坏尺寸大于10 mm的爆裂区域

续表

产品等级	泛霜	石灰爆裂
合格品	不允许出现严重泛霜	最大破坏尺寸大于 2 mm 且不大于 15 mm 的爆裂区域，每组砖样不得多于 15 处。其中大于 10 mm 的不得多于 7 处。不允许出现最大破坏尺寸大于 15 mm 的爆裂区域

3)规格。烧结普通砖的外形为直角六面体，其公称尺寸为长 240 mm、宽 115 mm、高 53 mm。常用配砖规格为 175 mm×115 mm×53 mm。

2. 技术要求

(1)砖的品种、强度等级必须符合设计要求，规格一致，强度等级不小于 MU10，并有出厂合格证、产品性能检测报告。清水墙的砖应色泽均匀，边角整齐。

(2)严禁使用黏土实心砖。

(3)有冻胀环境的地区，地面以下或防潮层以下的砌体，可采用煤矸石、页岩实心砖。

(4)烧结普通砖的尺寸允许偏差应符合表 1-3 的规定。

表 1-3 烧结普通砖允许偏差　　单位：mm

公称尺寸	优等品		一等品		合格品	
	样本平均偏差	样本极差	样本平均偏差	样本极差	样本平均偏差	样本极差
240(长)	±2.0	≤6	±2.5	≤7	±3.0	≤8
115(宽)	±1.5	≤5	±2.0	≤6	±2.5	≤7
53(高)	±1.5	≤4	±1.6	≤5	±2.0	≤6

(5)烧结普通砖外观质量应符合表 1-4 的规定。

表 1-4 烧结普通砖外观质量　　单位：mm

项目		优等品	一等品	合格
两条面高度差		≤2	≤3	≤4
弯曲		≤2	≤3	≤4
杂质凸出高度		≤2	≤3	≤4
缺棱掉角的三个破坏尺寸不得同时大于		5	20	30
裂纹	大面上宽度方向及其延伸至条面的长度	≤30	≤60	≤80
	大面上长度方向及其延伸至顶面的长度或条顶面上水平裂纹的长度	≤50	≤80	≤100
完整面不得少于		两条面和两顶面	一条面和一顶面	—
颜色		基本一致	—	—

注：凡有下列缺陷之一者，不得称为完整面：

①缺损在条面或顶面上造成的破坏面尺寸同时大于 10 mm×10 mm；

②条面或顶面上裂纹宽度大于 1 mm，其长度超过 30 mm；

③压陷、粘底、焦花在条面或顶面上的凹陷或凸出超过 2 mm，区域尺寸同时大于 10 mm×10 mm。

(6)烧结普通砖的抗风化性能,见表 1-5。

表 1-5　烧结普通砖抗风化性能

砖种类	严重风化区				非严重风化区			
	5 h 沸煮吸水率/(%)≤		饱和系数≤		5 h 沸煮吸水率/(%)≤		饱和系数≤	
	平均值	单块最大值	平均值	单块最大值	平均值	单块最大值	平均值	单块最大值
黏土砖	18	20	0.85	0.87	19	20	0.88	0.90
粉煤灰砖	21	23			23	25		
页岩砖 煤矸石砖	16	18	0.74	0.77	18	20	0.78	0.80

(二)烧结多孔砖

1. 分类

(1)类别。

烧结多孔砖按主要原料分为黏土砖、页岩砖、煤矸石砖、粉煤灰砖、淤泥砖、固体废弃物砖。

(2)规格。

烧结多孔砖的外形为直角六面体,其长度、宽度、高度尺寸应符合下列要求:

长:290 mm,240 mm;

宽:190 mm,180 mm,140 mm,115 mm;

高:90 mm。

其他规格尺寸由供需双方确定。

2. 技术要求

(1)烧结多孔砖尺寸允许偏差应符合表 1-6 的规定。

表 1-6　烧结多孔砖尺寸允许偏差　单位:mm

尺寸	样本平均偏差	样本极差
>400	±3.0	≤10.0
300～400	±2.5	≤9.0
200～300	±2.5	≤8.0
100～200	±2.0	≤7.0
<100	±1.5	≤6.0

(2)烧结多孔砖的外观质量,见表 1-7。

表 1-7　烧结多孔砖的外观质量　单位:mm

项　目		指标
完整面不得少于		一条面和一顶面
缺棱掉角的三个破坏尺寸不得同时大于		30
裂纹	大面(有孔面)上深入孔壁 15 mm 以上宽度方向及其延伸到条面的长度	≤80
	大面(有孔面)上深入孔壁 15 mm 以上长度方向及其延伸到顶面长度	≤100
	条顶面上水平裂纹	≤100

续表

项　目	指标
杂质在砖面上造成的凸出高度	≤5

注:凡有下列缺陷之一者,不能称为完整面:

①缺损在条面或顶面上造成的破坏面尺寸同时大于 20 mm×30 mm;

②条面或顶面上裂纹宽度大于 1 mm,其长度超过 70 mm;

③压陷、焦花、粘底在条面或顶面上的凹陷或凸出超过 2 mm,区域尺寸同时大于 20 mm×30 mm。

(3)烧结多孔砖抗风化性能,见表 1-8。

表 1-8　烧结多孔砖抗风化性能

项目 砖种类	严重风化区				非严重风化区			
	5 h 沸煮吸水率/(%)≤		饱和系数≤		5 h 沸煮吸水率/(%)≤		饱和系数≤	
	平均值	单块最大值	平均值	单块最大值	平均值	单块最大值	平均值	单块最大值
黏土砖	21	23	0.85	0.87	23	25	0.88	0.90
粉煤灰砖	23	25			30	32		
页岩砖	16	18	0.74	0.77	18	20	0.78	0.80
煤矸石砖	19	21			21	23		

注:粉煤灰掺入量(质量比)小于 30%时,按黏土砖规定判定。

(4)烧结多孔砖的孔型孔结构及孔洞率应符合表 1-9 要求。

表 1-9　烧结多孔砖的孔型孔结构及孔洞率

孔型	孔洞尺寸/mm		最小外壁厚/mm	最小肋厚/mm	孔洞率/(%)	孔洞排列
	孔宽度尺寸 b	孔长度尺寸 L				
矩形条孔或矩形孔	≤13	≤40	≥12	≥5	≥28	(1)所有孔宽应相等。孔采用单向或双向交错排列。 (2)孔洞排列上下、左右应对称,分布均匀,手抓孔的长度方向尺寸必须平行于砖的条面

注:①孔四个角应做成过渡圆角,不得做成直尖角。

②如设有砌筑砂浆槽,则砌筑砂浆槽不计算在孔洞率内。

③矩形孔的孔长 L、孔宽 b 满足 $L \geqslant 3b$ 时,为矩形条孔。

④规格大的砖应设置手抓孔,手抓孔尺寸为(30～40)mm×(75～85)mm。

(5)放射性核素限量。放射性核素限量按《建筑材料放射性核素限量》(GB 6566—2010)的规定。

(6)抽样。

1)外观质量检验的试样采用随机抽样法,在每一检验批的产品堆垛中抽取。

2)其他检验项目的样品用随机抽样法从外观质量检验合格的样品中抽取。

3)抽样数量按表1-10进行。

表1-10　烧结多孔砖的抽样数量

项次	检验项目	抽查数量/块
1	外观质量	50($n_1=n_2=50$)
2	尺寸允许偏差	20
3	密度等级	3
4	强度等级	10
5	孔型孔结构及孔洞率	3
6	泛霜	5
7	石灰爆裂	5
8	吸水率和饱和系数	5
9	冻融	5
10	放射性核素限量	3

(三)水泥

(1)水泥宜采用普通硅酸盐水泥或矿渣硅酸盐水泥,并应有出厂合格证或试验报告。砌筑砂浆采用水泥的强度等级应根据设计要求进行选择。水泥砂浆采用的水泥,其强度等级不宜高于32.5级;水泥混合砂浆采用的水泥,其强度等级不宜高于42.5级。

(2)水泥进场进行收料时,首先验证随货同行单,并逐车取样进行目测检查。目测检查的主要内容包括水泥外观和细度。如果凭经验难以判断,可与标准样进行对比。如发现异常,应拒绝签收。工程所用水泥必须有出厂合格证,合格证中必须有3 d、28 d强度,各种技术性能指标应符合要求,并应注明品种、强度等级及出厂时间。

(3)水泥进厂使用前,应分批对其强度、凝结时间、安定性进行复验。检验批应以同一生产厂家、同一编号为一批。

(4)当在使用中对水泥的质量有怀疑或水泥出厂超过3个月(快硬硅酸盐水泥超过1个月)时,应复查试验,并按结果使用。

(5)不同品种的水泥不得混合使用。

(6)以连续供应的散装不超过500 t,袋装不超过200 t的同一生产厂生产的相同品种、相同等级的水泥为一个验收批进行复试,水泥按国家标准《水泥取样方法》(GB 12573—2008)取样。取样应有代表性,可连续取,亦可从20个以上不同部位取等量样品,总量至少12 kg。每一验收批应有水泥出厂检验报告。如发现水泥质量不稳定,应增加复试频率。水泥复试项目包括水泥胶砂强度和安定性,如合同有规定或需要时,增做其他项目的检验。复试报告应有明确结论。检测不合格的水泥应有处理结论。

(四)砂

1. 砂的分类

(1)按产源分可分为天然砂和机制砂。

1)天然砂:自然生成的,经人工开采和筛分的粒径小于4.75 mm的岩石颗粒,包括河砂、

湖砂、山砂、淡化海砂，但不包括软质、风化的岩石颗粒。

2)机制砂：经除土处理，由机械破碎、筛分制成的，粒径小于 4.75 mm 的岩石颗粒、矿山尾矿或工业废渣颗粒，但不包括软质、风化的岩石颗粒，俗称人工砂。

(2)按细度模数划分，可分为如下几类：

粗砂：3.7～3.1；

中砂：3.0～2.3；

细砂：2.2～1.6。

2. 砂的要求

用中砂，内照射指数 $I_{Ra}\leqslant 1.0$，外照射指数 $I_r\leqslant 1.0$，含泥量不超过 5%，不得含有草根等杂物，使用前应用 5 mm 孔径的筛子过筛。

(1)颗粒级配。

砂的颗粒级配应符合表 1-11 的规定。

表 1-11 砂的颗粒级配

砂的分类	天然砂			机制砂		
级配区	1 区	2 区	3 区	1 区	2 区	3 区
方筛孔	累计筛余/(%)					
4.75 mm	10～0	10～0	10～0	10～0	10～0	10～0
2.36 mm	35～5	25～0	15～0	35～5	25～0	15～0
1.18 mm	65～35	50～10	25～0	65～35	50～10	25～0
600 μm	85～71	70～41	40～16	85～71	70～41	40～16
300 μm	95～80	92～70	85～55	95～80	92～70	85～55
150 μm	100～90	100～90	100～90	97～85	94～80	94～75

(2)含泥量、石粉含量和泥块含量。

1)天然砂的含泥量和泥块含量应符合表 1-12 的规定。

表 1-12 天然砂的含泥量和泥块含量

类 别	Ⅰ	Ⅱ	Ⅲ
含泥量(按质量计)/(%)	≤1.0	≤3.0	≤5.0
泥块含量(按质量计)/(%)	0	≤1.0	≤2.0

2)机制砂的石粉含量和泥块含量应符合表 1-13、表 1-14 的规定。

表 1-13 机制砂的石粉含量和泥块含量(MB 值小于 1.4 或快速法试验合格) 单位：MPa

类别	Ⅰ	Ⅱ	Ⅲ
MB 值	≤0.5	≤1.0	≤1.4 或合格
石粉含量(按质量计)/(%)	≤10.0		
泥块含量(按质量计)/(%)	0	≤1.0	≤2.0

注：根据使用地区和用途，在试验验证的基础上，可由供需双方协商确定。

表 1-14　机制砂的石粉含量和泥块含量(MB 值大于 1.4 或快速法试验不合格)

类　别	Ⅰ	Ⅱ	Ⅲ
石粉含量(按质量计)/(%)	≤1.0	≤3.0	≤5.0
泥块含量(按质量计)/(%)	0	≤1.0	≤2.0

(3)有害物质。

砂不应混有草根、树叶、树枝、塑料、煤块、炉渣等杂物。砂中如含有云母、轻物质、有机物、硫化物及硫酸盐、氯化物、贝壳,其含量应符合表 1-15 的规定。

表 1-15　砂中有害物质含量

类　别	Ⅰ	Ⅱ	Ⅲ
云母(按质量计)/(%)	≤1.0	≤2.0	
轻物质(按质量计)/(%)	≤1.0		
有机物	合格		
硫化物及硫酸盐(按 SO_3 质量计)/(%)	≤0.5		
氯化物(以氯离子质量计)/(%)	≤0.01	≤0.02	≤0.06
贝壳(按质量计)/(%)①	≤3.0	≤5.0	≤8.0

注:①该指标仅适用于海砂,其他砂种不作要求。

(4)坚固性。

1)采用硫酸钠溶液法进行试验,砂的质量损失应符合表 1-16 的规定。

表 1-16　砂的质量损失

类　别	Ⅰ	Ⅱ	Ⅲ
质量损失/(%)	≤8		≤10

2)机制砂除了要满足表 1-16 中的规定外,压碎指标还应满足表 1-17 的规定。

表 1-17　砂的压碎指标

类　别	Ⅰ	Ⅱ	Ⅲ
单级最大压碎指标/(%)	≤20	≤25	≤30

(5)表观密度、松散堆积密度、空隙率。

砂的表观密度、堆积密度、空隙率应符合如下规定:表观密度大于 2 500 kg/m³;松散堆积密度大于 1 400 kg/m³;空隙率不大于 44%。

(6)碱集料反应。

经碱集料反应试验后,试件无裂缝、酥裂、胶体外溢等现象,在规定的试验龄期膨胀率应小于 0.10 %。

(五)掺合料

掺合料:混合砂浆采用石灰膏、粉煤灰和磨细生石灰粉等,磨细生石灰粉熟化时间不得少于 7 d。

(1)石灰膏。

1)生石灰熟化成石灰膏时,应用孔径不大于 3 mm×3 mm 的网过滤,熟化时间不得少于 7 d;磨细生石灰粉的熟化时间不得少于 2 d。沉淀池中贮存的石灰膏,应采取防止干燥、冻结和污染的措施。严禁使用脱水硬化的石灰膏。

2)消石灰粉不得直接使用于砌筑砂浆中。

(2)粉煤灰。

粉煤灰按煤种分为 F 类和 C 类,见表 1-18。拌制混凝土和砂浆所用粉煤灰分为三个等级:Ⅰ级、Ⅱ级、Ⅲ级。拌制混凝土和砂浆用粉煤灰应符合表 1-19 中技术要求。粉煤灰中的碱含量按 $Na_2O+0.685K_2O$ 计算值表示,当粉煤灰用于活性集料混凝土,要限制掺合料的碱含量时,由买卖双方协商确定。以细度(45 μm 方孔筛筛余)为考核依据,单一样品的细度不应超过前 10 个样品细度平均值的最大偏差,最大偏差范围由买卖双方协商确定。

表 1-18 粉煤灰按煤种的分类

项　目	内　　容
F 类粉煤灰	由无烟煤或烟煤煅烧收集的粉煤灰
C 类粉煤灰	由褐煤或次烟煤煅烧收集的粉煤灰,其氧化钙含量一般大于 10%

表 1-19 拌制混凝土和砂浆用粉煤灰技术要求

项　目		技术要求		
		Ⅰ级	Ⅱ级	Ⅲ级
细度(45 μm 方孔筛筛余)/(%)	F 类粉煤灰	≤12.0	≤25.0	≤45.0
	C 类粉煤灰			
需水量比/(%)	F 类粉煤灰	≤95	≤105	≤115
	C 类粉煤灰			
烧失量/(%)	F 类粉煤灰	≤5.0	≤8.0	≤15.0
	C 类粉煤灰			
含水量/(%)	F 类粉煤灰	≤1.0		
	C 类粉煤灰			
三氧化硫/(%)	F 类粉煤灰	≤3.0		
	C 类粉煤灰			
游离氧化钙/(%)	F 类粉煤灰	≤1.0		
	C 类粉煤灰	≤4.0		
安定性　雷氏夹沸煮后增加距离/mm	C 类粉煤灰	≤5.0		

(3)建筑石灰粉。

建筑石灰粉的品质指标应符合表 1-20 的要求。

表 1-20　建筑生石灰粉品质指标

指　标			钙质生石灰粉			镁质生石灰粉		
			优等品	一等品	合格品	优等品	一等品	合格品
Ca＋MgO 含量/(%)		≥	85	80	75	80	75	70
CO_2 含量/(%)		≤	7	9	11	8	10	12
细度	0.9 mm 筛的筛余/(%)	≤	0.2	0.5	1.5	0.2	0.5	1.5
	0.125 mm 筛的筛余/(%)	≤	7.0	12.0	18.0	7.0	12.0	18.0

(六)水

拌制砂浆用水的水质应符合国家现行标准《混凝土用水标准》(JGJ 63—2006)的规定。

(七)砂浆

1. 砌筑砂浆

(1)水泥砂浆及预拌砌筑砂浆的强度等级可分为 M5、M7.5、M10、M15、M20、M25、M30；水泥混合砂浆的强度等级可分为 M5、M7.5、M10、M15。

(2)砌筑砂浆拌和物的表观密度宜符合表 1-21 的规定。

表 1-21　砌筑砂浆拌和物的表观密度　　单位：kg/m^3

砂浆种类	表观密度	砂浆种类	表观密度
水泥砂浆	≥1 900	预拌砌筑砂浆	≥1 800
水泥混合砂浆	≥1 800	—	—

(3)砌筑砂浆的稠度、保水率、试配抗压强度应同时满足要求。

(4)砌筑砂浆的稠度应按表 1-22 的规定选用。

表 1-22　砌筑砂浆的稠度

砌体种类	施工稠度/mm	砌体种类	施工稠度/mm
烧结普通砖砌体、粉煤灰砖砌体	70～90	混凝土砖砌体、灰砂砖砌体、普通混凝土小型空心砌块砌体	50～70
轻集料混凝土小型空心砌块砌体、烧结多孔砖砌体、烧结空心砖砌体、蒸压加气混凝土砌块砌体	60～80	石砌体	30～50

(5)石灰膏、黏土膏和电石膏的用量，宜按稠度 120 mm±5 mm 计量。现场施工时当石灰膏稠度与试配时不一致时，可按表 1-23 换算。

表 1-23　石灰膏不同稠度时的换算系数

石灰膏稠度/mm	120	110	100	90	80	70	60	50	40	30
换算系数	1.00	0.99	0.97	0.95	0.93	0.92	0.90	0.88	0.87	0.86

(6)砌筑砂浆的保水率应符合表1-24的规定。

表1-24　砌筑砂浆保水率

砂浆种类	保水率/(%)	砂浆种类	保水率/(%)
水泥砂浆	≥80	预拌砌筑砂浆	≥88
水泥混合砂浆	≥84	—	—

(7)有抗冻性要求的砌体工程,砌筑砂浆应进行冻融试验。砌筑砂浆的抗冻性应符合表1-25的规定,且当设计对抗冻性有明确要求时,尚应符合设计规定。

表1-25　砌筑砂浆的抗冻性

使用条件	抗冻指标	质量损失率/(%)	强度损失率/(%)
夏热冬暖地区	F15	≤5	≤25
夏热冬冷地区	F15		
寒冷地区	F35		
严寒地区	F50		

(8)砌筑砂浆中可掺入保水增稠材料、外加剂等,掺量应经试配后确定。

(9)砌筑砂浆试配时应采用机械搅拌。搅拌时间应自开始加水算起,并应符合下列规定:

1)对水泥砂浆和水泥混合砂浆,搅拌时间不得少于120 s。

2)对预拌砌筑砂浆和掺有粉煤灰、外加剂、保水增稠材料等的砂浆,搅拌时间不得少于180 s。

2. 预拌砂浆

预拌砂浆系指由水泥、砂、水、粉煤灰及其他矿物掺合料和根据需要添加的保水增稠材料、外加剂等组分按一定比例,在集中搅拌站(厂)经计量、拌制后,用搅拌运输车运至使用地点,放入专用容器储存,并在规定时间内使用搅拌完毕的砂浆拌和物。预拌砂浆应分为湿拌砂浆和干拌砂浆,优先采用干拌砂浆。干拌砂浆生产厂应提供:法定检测部门出具的、在有效期限内的形式检验报告;干拌砂浆生产厂检测部门出具的出厂检验报告及生产日期证明;干拌砂浆使用说明书(包括砂浆特点、性能指标、使用范围、加水量范围、使用方法及注意事项)。干拌砂浆进场使用前,应分批对其稠度、抗压强度进行复验。

(1)混拌砂浆分类。

1)按用途分为湿拌砌筑砂浆、湿拌抹灰砂浆、湿拌地面砂浆和湿拌防水砂浆,并采用表1-26的符号。

表1-26　湿拌砂浆符号

品　种	湿拌砌筑砂浆	湿拌抹灰砂浆	湿拌地面砂浆	湿拌防水砂浆
符　号	WM	WP	WS	WW

2)按强度等级、稠度、凝结时间和抗渗等级的分类应符合表1-27的规定。

表 1-27　湿拌砂浆分类

项　目	湿拌砌筑砂浆	湿拌抹灰砂浆	湿拌地面砂浆	湿拌防水砂浆
强度等级	M5、M7、M10、M15、M20、M25、M30	M5、M10、M15、M20	M15、M20、M25	M10、M15、M20
稠度/mm	50、70、90	70、90、110	50	50、70、90
凝结时间/h	≥8、≥12、≥24	≥8、≥12、≥24	≥4、≥8	≥8、≥12、≥24
抗渗等级	—	—	—	P6、P8、P10

(2)干混砂浆分类和符号。

1)按用途分为干混砌筑砂浆、干混抹灰砂浆、干混地面砂浆、干混普通防水砂浆、干混陶瓷砖黏结砂浆、干混界面砂浆、干混保温板黏结砂浆、干混保温板抹面砂浆、干混聚合物水泥防水砂浆、干混自流平砂浆、干混耐磨地坪砂浆和干混饰面砂浆，并采用表 1-28 的符号。

表 1-28　普通干混砂浆符号

品种	干混砌筑砂浆	干混抹灰砂浆	干混地面砂浆	干混普通防水砂浆	干混陶瓷砖黏结砂浆	干混界面砂浆
符号	DM	DP	DS	DW	DTA	DIT
品种	干混保温板黏结砂浆	干混保温板抹面砂浆	干混聚合物水泥防水砂浆	干混自流平砂浆	干混耐磨地坪砂浆	干混饰面砂浆
符号	DEA	DBI	DWS	DSL	DFH	DDR

2)干混砌筑砂浆、干混抹灰砂浆、干混地面砂浆和干混普通防水砂浆按强度等级、抗渗等级的分类应符合表 1-29 的规定。

表 1-29　干混砂浆分类

项　目	干混砌筑砂浆		干混抹灰砂浆		干混地面砂浆	干混普通防水砂浆
	普通砌筑砂浆	薄层砌筑砂浆	普通抹灰砂浆	薄层抹灰砂浆		
强度等级	M5、M7.5、M10、M15、M20、M25、M30	M5、M10	M5、M10、M15、M20	M5、M10	M15、M20、M25	M10、M15、M20
抗渗等级	—	—	—	—	—	P6、P8、P10

(3)材料。

1)预拌砂浆所用原材料不应对人体、生物与环境造成有害的影响，并应符合《建筑材料放射性核素限量》(GB 6566—2010)的规定。

2)水泥。

①宜采用硅酸盐水泥、普通硅酸盐水泥，且应符合相应标准的规定。采用其他水泥时应符合相应标准的规定。

②水泥进厂时应具有质量证明文件。对进厂水泥应按国家现行标准的规定按批进行复验，复验合格后方可使用。

3)集料。

①细集料应符合《建设用砂》(GB/T 14684—2011)的规定，且不应含有粒径大于4.75 mm的颗粒。天然砂的含泥量应小于5.0%，泥块含量应小于2.0%。细集料最大粒径应符合相应砂浆品种的要求。

②轻集料应符合相关标准的规定。

③集料进厂时应具有质量证明文件。对进厂集料应按国家现行相关标准的规定按批进行复验，复验合格后方可使用。

4)矿物掺合料。

①粉煤灰、粒化高炉矿渣粉、硅灰应分别符合《用于水泥和混凝土中的粉煤灰》(GB/T 1596—2005)、《用于水泥和混凝土中的粒化高炉矿渣粉》(GB/T 18046—2008)、《高强高性能混凝土用矿物外加剂》(GB/T 18736—2002)的规定。当采用其他品种矿物掺合料时，应有充足的技术依据，并应在使用前进行试验验证。

②矿物掺合料进厂时应具有质量证明文件，并按有关规定进行复验，其掺量应符合有关规定并通过试验确定。

5)外加剂。

①外加剂应符合《混凝土外加剂》(GB 8076—2008)、《砂浆、混凝土防水剂》(JC 474—2008)、《混凝土膨胀剂》(GB 23439—2009)等国家现行标准的规定。

②外加剂进厂时应具有质量证明文件。对进厂外加剂应按批进行复验，复验项目应符合相应标准的规定，复验合格后方可使用。

6)添加剂。

①保水增稠材料、可再分散乳胶粉、颜料、纤维等应符合相关标准的规定或经过试验验证。

②保水增稠材料用于砌筑砂浆时应符合《砌筑砂浆增塑剂》(JG/T 164—2004)的规定。

砌筑砂浆增塑剂是指砌筑砂浆在拌制过程中掺入的用以改善砂浆和易性的非石灰类外加剂。

a. 匀质性指标。

增塑剂的匀质性指标应符合表1-30的要求。

表1-30 增塑剂的匀质性指标

试验项目	性能指标
固体含量	对液体增塑剂，不应小于生产厂最低控制值
含水量	对固体增塑剂，不应大于生产厂最大控制值
密度	对液体增塑剂，应在生产厂所控制值的±0.02 g/cm^3 以内
细度	0.315 mm筛的筛余量应不大于15%

b. 氯离子含量。

增塑剂中氯离子含量不应超过0.1%。无钢筋配置的砌体使用的增塑剂，不需检验氯离子含量。

c. 受检砂浆性能指标。

受检砂浆性能指标应符合表 1-31 的要求。

表 1-31　受检砂浆性能指标

试验项目		单位	性能指标
分层度		mm	10～30
含气量	标准搅拌	%	≤20
	1 h 静置		≥(标准搅拌时的含气量－4)
凝结时间差		min	＋60～－60
抗压强度比	7 d	%	≥75
	28 d		
抗冻性 (25 次冻融循环)	抗压强度损失率	%	≤25
	质量损失率		≤5

注:有抗冻性要求的寒冷地区应进行抗冻性试验;无抗冻性要求的地区可不进行抗冻试验。

d. 受检砂浆砌体强度指标。

受检砂浆砌体强度应符合表 1-32 的要求。

表 1-32　受检砂浆砌体强度指标

试验项目	性能指标
砌体抗压强度比	≥95%
砌体抗剪强度比	≥95%

注:①试验报告中应说明试验结果仅适用于所试验的块体材料砌成的砌体。当增塑剂用于其他块体材料砌成的砌体时应另行检测,检测结果应满足表 1-32 的要求。块体材料的种类有烧结普通砖、烧结多孔砖;蒸压灰砂砖、蒸压粉煤灰砖;混凝土砌块;毛料石和毛石四类。

②用于砌筑非承重墙的增塑剂可不作砌体强度性能的要求。

③添加剂进厂时应具有质量证明文件。对进厂添加剂应按国家现行相关标准的规定按批进行复验,复验合格后方可使用。

7)填料。

重质碳酸钙、轻质碳酸钙、石英粉、滑石粉等应符合相关标准的要求或有充足的技术依据,并应在使用前进行试验验证。

(4)技术要求。

1)湿拌砂浆。

①湿拌砌筑砂浆的砌体力学性能应符合《砌体结构设计规范》(GB 50003—2011)的规定,湿拌砌筑砂浆拌和物的密度不应小于 1 800 kg/m^3。

②湿拌砂浆性能应符合表 1-33 的要求。

表 1-33　湿拌砂浆性能指标

项目	湿拌砌筑砂浆	湿拌抹灰砂浆	湿拌地面砂浆	湿拌防水砂浆
保水率/(%)	≥88	≥88	≥88	≥88

续表

项目		湿拌砌筑砂浆	湿拌抹灰砂浆	湿拌地面砂浆	湿拌防水砂浆
14 d拉伸黏结强度/MPa		—	M5:≥0.15 高于M5:≥0.20	—	≥0.20
28 d收缩率/(%)		—	≤0.20	—	≤0.15
抗冻性	强度损失率/(%)	≤25			
	质量损失率/(%)	≤5			

注:有抗冻性要求时,应进行抗冻性试验。

③湿拌砂浆抗压强度应符合表1-34的规定。

表1-34　湿拌砂浆抗压强度　　单位:MPa

强度等级	M5	M7.5	M10	M15	M20	M25	M30
28 d抗压强度	≥5.0	≥7.5	≥10.0	≥15.0	≥20.0	≥25.0	≥30.0

④湿拌防水砂浆抗渗压力应符合表1-35的规定。

表1-35　湿拌防水砂浆抗渗压力　　单位:MPa

抗渗等级	P6	P8	P10
28 d抗渗压力	≥0.6	≥0.8	≥1.0

⑤湿拌砂浆稠度实测值与合同规定的稠度值之差应符合表1-36的规定。

表1-36　湿拌砂浆稠度允许偏差

规定稠度/mm	允许偏差/mm
50、70、90	±10
110	−10～+5

2)干混砂浆。

①外观。粉状产品应均匀、无结块。双组分产品液料组分经搅拌后应呈均匀状态、无沉淀;粉料组分应均匀、无结块。

②干混砌筑砂浆的砌体力学性能应符合《砌体结构设计规范》(GB 50003—2011)的规定,干混普通砌筑砂浆拌和物的表观密度不应小于1 800 kg/m^3。

③干混砌筑砂浆、干混抹灰砂浆、干混地面砂浆、干混普通防水砂浆的性能应符合表1-37的规定。

表1-37　干混砂浆性能指标

项　目	干混砌筑砂浆		干混抹灰砂浆		干混地面砂浆	干混普通防水砂浆
	普通砌筑砂浆	薄层砌筑砂浆[①]	普通砌筑砂浆	薄层砌筑砂浆[①]		
保水率/(%)	≥88	≥99	≥88	≥99	≥88	≥88

续表

项目		干混砌筑砂浆		干混抹灰砂浆		干混地面砂浆	干混普通防水砂浆
		普通砌筑砂浆	薄层砌筑砂浆①	普通砌筑砂浆	薄层砌筑砂浆①		
凝结时间/h		3～9	—	3～9	—	3～9	3～9
2 h稠度损失率/(%)		≤30	—	≤30	—	≤30	≤30
14 d拉伸黏结强度/MPa		—	—	M5:≥0.15 >M5:≥0.20	≥0.30	—	≥0.20
28 d收缩率/(%)		—	—	≤0.20	≤0.20	—	≤0.15
抗冻性②	强度损失率/(%)	≤25					
	质量损失率/(%)	≤5					

注:1.① 干混薄层砌筑砂浆宜用于灰缝厚度不大于5 mm的砌筑;干混薄层抹灰砂浆宜用于砂浆层厚度不大于5 mm的抹灰。

2.② 有抗冻性要求时,应进行抗冻性试验。

④干混砌筑砂浆、干混抹灰砂浆、干混地面砂浆、干混普通防水砂浆的抗压强度应符合表1-34的规定;干混普通防水砂浆的抗渗压力应符合表1-35的规定。

⑤干混陶瓷砖黏结砂浆的性能应符合表1-38的规定。

表1-38 干混陶瓷砖黏结砂浆性能指标

项目		性能指标	
		I(室内)	E(室外)
拉伸黏结强度/MPa	常温常态	≥0.5	≥0.5
	晾置时间,20 min	≥0.5	≥0.5
	耐水	≥0.5	≥0.5
	耐冻融	—	≥0.5
	耐热	—	≥0.5
压折比		—	≤3.0

⑥干混界面砂浆的性能应符合表1-39的规定。

表1-39 干混界面砂浆性能指标

项目		性能指标			
		C (混凝土界面)	AC (加气混凝土界面)	EPS (模塑聚苯板界面)	XPS (挤塑聚苯板界面)
拉伸黏结强度/MPa	常温常态,14 d	≥0.5	≥0.3	≥0.10	≥0.20
	耐水				
	耐热				
	耐冻融				
晾置时间/min		—	≥10	—	—

⑦干混保温板黏结砂浆的性能应符合表1-40的要求。

表1-40　干混保温板黏结砂浆性能指标

项　目		EPS(模塑聚苯板)	XPS(挤塑聚苯板)
拉伸黏结强度/MPa(与水泥砂浆)	常温常态	≥0.60	≥0.60
	耐水	≥0.40	≥0.40
拉伸黏结强度/MPa(与保温板)	常温常态	≥0.10	≥0.20
	耐水		
可操作时间/h		1.5～4.0	

⑧干混保温板抹面砂浆的性能应符合表1-41的要求。

表1-41　干混保温板抹面砂浆性能指标

项　目		EPS(模塑聚苯板)	XPS(挤塑聚苯板)
拉伸黏结强度/MPa(与保温板)	常温常态	≥0.10	≥0.20
	耐水		
	耐冻融		
柔韧性	抗冲击/J	≥3.0	
	压折比	≤3.0	
可操作时间/h		1.5～4.0	
24 h吸水量/(g/m²)		≤500	

注:对于外墙外保温采用钢丝网做法时,柔韧性可只检测压折比。

(5)制备。

1)湿拌砂浆和干混砂浆的材料贮存。

①各种材料必须分仓贮存,并应有明显的标志。

②水泥应按生产厂家、水泥品种及强度等级分别贮存,同时应具有防潮、防污染措施。

③细集料的贮存应保证其均匀性,不同品种、规格的细集料应分别贮存。细集料的贮存地面应为能排水的硬质地面。

④保水增稠材料、外加剂应按生产厂家、品种分别贮存,并应具有防止质量发生变化的措施。

⑤矿物掺合料应按品种、级别分别贮存,严禁与水泥等其他粉状料混杂。

⑥干混砂浆的集料应进行干燥处理,砂含水率应小于0.5%,轻集料含水率应小于1.0%,其他材料含水率应小于1.0%。

2)搅拌机。

①搅拌机应采用符合《混凝土搅拌机》(GB/T 9142—2000)规定的固定式搅拌机。

②计量设备应按有关规定由法定计量部门进行检定,使用期间应定期进行校准。

③计量设备应能连续计量不同配合比砂浆的各种材料,并应具有实际计量结果逐盘记录和贮存功能。

3)运输车。

①应采用搅拌运输车运送。

②运输车在运送时应能保证砂浆拌和物的均匀性，不应产生分层离析现象。

4)计量。

①各种固体原材料的计量均应按质量计，水和液体外加剂的计量可按体积计。

②湿拌砂浆原材料的计量允许偏差不应大于表1-42规定的范围。

表1-42　湿拌砂浆原材料计量允许偏差

项次	原材料品种	水泥	细集料	水	添加剂	外加剂	矿物掺合料
1	每盘计量允许偏差/(%)	±2	±3	±2	±2	±2	±2
2	累计计量允许偏差/(%)	±1	±2	±1	±1	±1	±1

注：累计计量允许偏差是指每一运输车中各盘砂浆的每种材料计量和的偏差。

③干混砂浆原材料的计量允许偏差不应大于表1-43规定的范围。

表1-43　干混砂浆原材料计量允许偏差

原材料品种	水泥	集料	添加剂	外加剂	矿物掺合料	其他材料
计量允许偏差/(%)	±2	±2	±2	±2	±2	±2

5)干混砂浆的混合系统宜采用自动控制的干粉混合机。

6)湿拌砂浆。

①湿拌砂浆应采用符合本条第2)项中规定的搅拌机进行搅拌。

②湿拌砂浆最短搅拌时间(从全部材料投完算起)不应小于90 s。

③生产中应测定细集料的含水率，每一工作班不宜少于1次。

④湿拌砂浆在生产过程中应避免对周围环境的污染，搅拌站机房应为封闭式建筑，所有粉料的输送及计量工序均应在密封状态下进行，并应有收尘装置，砂料场应有防扬尘措施。

⑤搅拌站应严格控制生产用水的排放。

7)干混砂浆。

①干混砂浆应采用符合本条第2)项中规定的搅拌机进行搅拌。

②生产中应测定干砂及轻集料的含水率，每一工作班不宜少于1次。

③砂浆品种更换时，混合及输送设备应清理干净。

④干混砂浆采用本条第6)项中④的规定。

8)湿拌砂浆运送。

①湿拌砂浆应采用本条第3)项中规定的运输车运送。

②运输车在装料前，装料口应保持清洁，筒体内不应有积水、积浆及杂物。

③在装料及运送过程中，应保持运输车筒体按一定速度旋转。

④严禁向运输车内的砂浆加水。

⑤运输车在运送过程中应避免遗洒。

⑥湿拌砂浆供货量以m^3为计算单位。

(八)其他材料

拉结筋及预埋件、刷防腐剂的木砖等。

细节三　施工机具选用

施工机具1　砂浆搅拌机

砂浆搅拌机是砌筑工程中的常用机械，用来制备砌筑和抹灰用的砂浆。常用规格是

0.2 m^3和 0.325 m^3，台班产量为 18～26 m^3。目前常用的砂浆搅拌机有倾翻出料式的 HJ-200 型、HJ_1-200B 型和活门式的 HJ-325 型。

砂浆搅拌机的各项技术数据，见表 1-44。

表 1-44 砂浆搅拌机主要技术数据

技术指标			型号				
			HJ-200	HJ_1-200A	HJ_1-200B	HJ-325	连续式
容量/L			200	200	200	325	—
搅拌叶片转速/(r/min)			30～32	28～30	34	30	383
搅拌时间/min			2	—	2	—	—
生产率/(m^3/h)			—	—	3	6	16
电机	型号		JO_2-42-4	JO_2-41-6	JO_2-32-4	JO_2-32-4	JO_2-32-4
	功率/kW		2.8	3	3	3	3
	转速/(r/min)		1 450	950	1 430	1 430	1 430
外形尺寸/mm		长	2 200	2 000	1 620	2 700	610
		宽	1 120	1 100	850	1 700	415
		高	1 430	1 100	1 050	1 350	760
质量/kg			590	680	560	760	180

施工机具 2 测量、放线、检验工具

龙门板、皮数杆、水准仪、经纬仪、2 m 靠尺、楔形塞尺、插线板、线坠、小白线、百格网、钢卷尺、水平尺、砂浆试模、磅秤等。

细节三 施工作业条件

(1)基槽或基础垫层均已完成，并验收，办理完隐检手续。

(2)已设置龙门板或龙门桩，标出建筑物的主要轴线，标出基础及墙身标高；并弹出基础轴线和边线，办完预检手续。

(3)根据皮数杆最下面一层砖的标高，拉线检查基础垫层、表面标高是否合适，如第一层砖的水平灰缝大于 20 mm 时，应用细石混凝土找平，严禁在砌筑砂浆中掺细石代替或用砂浆垫平。

(4)砂浆配合比已经试验室确定，现场准备好砂浆试模(6 块为一组)。

(5)局部补打豆石混凝土，可以采用体积比，水泥：砂：豆石＝1：2：4。

(6)砌筑前，基础及防潮层应验收合格，弹好门窗洞口和柱子的位置线。

(7)回填完室外及房心土方，安装好暖气沟盖板。办完各项隐检手续。

(8)砌筑部位(基础或楼板等)的灰渣、杂物清除干净，并浇水湿润。

(9)按标高抹好水泥砂浆防潮层。

(10)弹好轴线墙身线，根据进场砖的实际规格尺寸，弹出门窗口位置线，经验线符合设计图纸尺寸要求，办完预检手续。

细节四　施工工艺要求

(一)普通砖基础施工

工艺流程：

确定组砌方法→砖浇水→拌制砂浆→排砖撂底→砖基础砌筑→抹防潮层→验收

1. 确定组砌方法

组砌方法应正确，一般采用一顺一丁(满丁、满条)排砖法。砖砌体的转角处和内外墙体交接处应同时砌筑，当不能同时砌筑时，应按规定留槎，并做好接槎处理。基底标高不同时，应从低处砌起，并应由高处向低处搭接。

2. 砖浇水

砖应在砌筑前 1～2 d 浇水湿润，烧结普通砖一般以水浸入砖四边 15 mm 为宜，含水率 10%～15%；煤矸石实心砖和页岩实心砖含水率 8%～12%，常温施工不得用干砖上墙，不得使用含水率达饱和状态的砖砌墙，冬期施工清除冰霜，砖可以不浇水，但应加大砂浆稠度。

3. 拌制砂浆

(1)干拌砂浆的拌制。

1)干拌砂浆的强度等级必须符合设计要求。施工人员应按使用说明书的要求操作。

2)干拌砂浆宜采用机械搅拌。如采用连续式搅拌器，应以产品使用说明书要求的加水量为基准，并根据现场施工稠度微调拌和加水量；如采用手持式电动搅拌器，应严格按照产品使用说明书规定的加水量进行搅拌，先在容器内放入规定量的拌和水，再在不断搅拌的情况下陆续加入干拌砂浆，搅拌时间宜为 3～5 min，静停 10 min 后再搅拌不少于 0.5 min。

3)使用人不得自行添加某种成分来变更干拌砂浆的用途及等级。

4)拌和好的砂浆拌和物应在使用说明书规定的时间内用完，在炎热或大风天气应采取措施防止水分过快蒸发，超过初凝时间严禁二次加水搅拌使用。

5)散装干拌砂浆应储存在专用储料罐内，储罐上应有标志。不同品种、强度等级的产品必须分别存放，不得混用。袋装干拌砂浆宜采用糊底袋，在施工现场储存应采取防雨、防潮措施，并按品种、强度等级分别堆放，严禁混堆混用。

6)如在有效存放期内发现干拌砂浆有结块，应在过筛后取样检验，检验合格后全部过筛方可继续使用。

(2)普通砂浆的拌制。

1)砂浆的配合比应由试验室经试配确定。在砂浆中掺入有机塑化剂、早强剂、缓凝剂、防冻剂等，经检验和试配符合要求后，方可使用。有机塑化剂应有砌体强度的形式检验报告。

2)砂浆配合比应采取质量比。计量精度：水泥 2%，砂、灰膏控制在±5%以内。

3)水泥砂浆应采取机械搅拌，先倒砂子、水泥、掺合料，最后倒水。搅拌时间不少于 2 min。水泥粉煤灰砂浆和掺用外加剂的砂浆搅拌时间不得少于 3 min，掺用有机塑化剂的砂浆，搅拌时间应为 3～5 min。

4)砂浆应随拌随用，水泥砂浆和水泥混合砂浆必须在拌成后 3 h 和 4 h 内使用完毕。当施工期间最高温度超过 30℃时，应分别在拌成后 2 h 和 3 h 内使用完毕。超过上述时间的砂浆，不得使用，并不应再次拌和后使用。对掺用缓凝剂的砂浆，其使用时间可根据具体情况延长。

4. 排砖撂底(干摆砖样)

(1)基础大放脚的撂底尺寸及收退方法，必须符合设计图纸规定，如果是一层一退，里外

均应砌丁砖;如果是两层一退,第一层为条砖,第二层砌丁砖。

(2)大放脚的转角处,应按规定放七分头,其数量为一砖墙放两块、一砖半厚墙放三块、二砖墙放四块,依此类推。

5. 砖基础砌筑

(1)砖基础砌筑前,基底垫层表面应清扫干净,洒水湿润。先盘墙角,每次盘角高度不应超过五层砖,随盘随靠平、吊直。

(2)砖基础墙应挂线,240 mm 墙反手挂线,370 mm 以上墙应双面挂线。

(3)基础大放脚砌到基础墙时,要拉线检查轴线及边线,保证基础墙身位置正确。同时要对照皮数杆的砖层及标高;如有高低差时,应在水平灰缝中逐渐调整,使墙的层数与皮数杆相一致。

(4)基础垫层标高不一致或有局部加深部位,应从深处砌起,并应由浅处向深处搭砌。

(5)暖气沟挑檐砖及上一层压砖,均应整砖丁砌,灰缝要严实,挑檐砖标高必须符合设计要求。

(6)各种预留洞、埋件、拉结筋按设计要求留置,避免后剔凿,影响砌体质量。

(7)变形缝的墙角应按直角要求砌筑,先砌的墙要把舌头灰刮尽;后砌的墙可采用缩口灰,掉入缝内的杂物随时清理。

(8)安装管沟和洞口过梁的型号、标高必须正确,底灰饱满;如坐灰超过 20 mm 厚,应采用细石混凝土铺垫,两端搭墙长度应一致。

6. 抹防潮层

抹防潮层砂浆前,将墙顶活动砖重新砌好,清扫干净,浇水湿润,基础墙体应抄出标高线(一般以外墙室外控制水平线为基准),墙上顶两侧用木八字尺杆卡牢,复核标高尺寸无误后,倒入防水砂浆,随即用木抹子搓平。如设计无规定时,一般厚度为 20 mm,防水粉掺量为水泥质量的 3%～5%。

7. 留槎

流水段分段位置应在变形缝或门窗口角处,隔墙与墙或柱不同时砌筑时,可留阳槎加预埋拉结筋。沿墙高每 500 mm 预埋 ϕ 6 钢筋 2 根,其埋入长度从墙的留槎计算起,一般每边均不小于 1 000 mm,末端应加 180°弯钩。

(二)多孔砖墙砌体施工

工艺流程:

拌制砂浆
↓
确定组砌方法→砖浇水→砖墙砌筑→验收

1. 多孔砖砌体排砖方法

多孔砖有 KP1(P 型)多孔砖和模数(DM 型或 M 型)多孔砖两大类。KP1 多孔砖的长、宽尺寸与普通砖相同,仅每块砖高度增加到 90 mm,所以在使用上更接近普通砖,普通砖砌体结构体系的模式和方法,在 KP1 多孔砖工程中都可沿用,这里不再介绍;模数多孔砖在推进建筑产品规范化、提高效益等方面有更多的优势,工程中可根据实际情况选用,模数多孔砖砌体工程有其特定的排砖方法。

(1)模数多孔砖砌体排砖方案。

不同尺寸的砌体用不同型号的模数多孔砖砌筑。砌体长度和厚度以 50 mm(1/2M)进级,即 90 mm、140 mm、190 mm、240 mm、340 mm 等,见表 1-45、表 1-46。高度以 100 mm(1M)进级(均含灰缝 10 mm)。个别边角不足整砖的部位用砍配砖 DMP 或锯切 DM4、DM3 填补。挑砖挑出长度不大于 50 mm。

表 1-45　模数多孔砖砌体厚度进级及砌筑方案　单位:mm

模数	1M	$1^1/_2$M	2M	$2^1/_2$M	3M	$3^1/_2$M	4M
墙厚	90	140	190	240	290	340	390
1 方案	DM4	DM3	DM2	DM1	DM2＋DM4	DM1＋DM4	DM1＋DM3
2 方案	—	—	—	DM3＋DM4	—	DM2＋DM3	—

注:推荐 1 方案,190 mm 厚内墙亦可用 DM1 砌筑。

表 1-46　模数多孔砖砌体长度尺寸进级表　单位:mm

模数	$^1/_2$M	1M	$1^1/_2$M	2M	$2^1/_2$M	3M	$3^1/_2$M	4M	$4^1/_2$M	5M
砌体	—	90	140	190	240	290	340	390	440	490
中一中或墙垛	50	100	150	200	250	300	350	400	450	500
砌口	60	110	160	210	260	310	360	410	460	510

(2)模数多孔砖排砖方法。

模数多孔砖排砖重点在于 340 墙体和节点。

1)墙体。

本书排砖以 340 外墙、240 内墙、90 隔墙的工程为模式。其中,340 墙体用两种砖组合砌筑,其余各用一种砖砌筑。

2)排砖原则。

“内外搭砌、上下错缝、长边向外、减少零头。”上下两皮砖错缝一般为 100 mm,个别不小于 50 mm。内外两皮砖搭砌一般为 140 mm、90 mm,个别不小于 40 mm。在构造柱、墙体交接转角部位,会出现少量边角空缺,需砍配砖 DMP 或锯切 DM4、DM3 填补。

(3)平面排砖。

1)从角排起,延伸推进。以构造柱及墙体交接部位为节点,两节点之间墙体为一个自然段,自然段按常规排法,节点按节点排法。

2)外墙砖顺砌。即长度边(190 mm)向外,个别节点部位补缺可扭转 90°,但不得横卧使用(即孔方向必须垂直)。

3)为避免通缝,340 外墙楼层第一皮砖将 DM1 砖放在外侧。

(4)一般墙体每两皮一循环,构造柱部位有马牙槎进退,故四皮一循环。

(5)排砖调整。340 外墙遇以下情况,需做一定的排砖调整。

1)凸形外山墙段,一般需插入一组长 140 mm 调整砖。

2)外墙中段对称轴处为内外墙交接部位,以 E 类节点调整。

3)凸形、凹形、中央楼梯间外墙段,中心对称轴部位为窗口,两侧在阳角、阴角及窗口上下墙处插入不等长的调整砖。

(6)门窗洞口排砖要求。

洞口两侧排砖均应取整砖或半砖,即长 190 mm 或 90 mm,不可出现 3/4 或 1/4 砖,即长 140 mm 或 40 mm 砖。

(7)外门窗洞口排砖方法。

340 mm 或 240 mm 外墙门窗洞口如设在房间开间的中心位置,需结合实际排砖情况,向

左或向右偏移 25 mm，以保证门窗洞口两侧为整砖或半砖，但调整后两侧段洞口边至轴线之差不得大于 50 mm。

(8)窗下暖气槽排砖方法。

340 墙体窗下暖气槽收进 150 mm，厚 190 mm，用 DM2 砌筑，槽口两侧对应窗洞口各收进 50 mm。

(9)340 外墙减少零头方法。

1)在适当的部位，可用横排 DM1 砖以减少零头。

2)遇 40 mm×40 mm 的空缺可填混凝土或砂浆。

3)在构造柱马牙槎放槎合适位置，可用整砖压进 40 mm×40 mm 的一角以减少零头。

(10)排砖设计与施工步骤。

1)设计人员应熟悉和掌握模数多孔砖的排砖原理和方法，以指导施工。施工图设计阶段，建筑专业设计人员宜绘制排砖平面图(1∶20 或 1∶30)，并以此最后确定墙体及洞口的细部尺寸。

2)施工人员应熟悉和掌握模数多孔砖排砖的原则和方法，在接到施工图纸后，即应按照排砖规则进行排砖放样，以确定施工方案，统计不同砖型的数量编制采购计划。

3)在首层±0.000 墙体砌筑施工开始之前，应进行现场实地排砖。根据放线尺寸，逐块排满第一皮砖并确认妥善无误后，再正式开始砌筑。如发现有与设计不符之处，应与设计单位协商解决后方可施工。

2. 多孔砖墙体施工

(1)润砖。常温施工时，多孔砖提前 1～2 d 浇水湿润，砌筑时，砖的含水率宜控制在 10%～15%之间，一般当水浸入砖四周 15～20 mm，含水率即满足要求。不得用干砖上墙。

(2)确定组砌方法：砌体应上下错缝、内外搭砌，宜采用一顺一丁、梅花丁或三顺一丁砌筑形式。

(3)拌制砂浆。

参见本部分细节解析“一、烧结普通砖、烧结多孔砖砖墙砌体的施工工艺要求”中的相关内容。

(4)砖墙砌筑。

1)砖墙排砖撂底(干摆砖样)。依据墙体线、门窗洞口线及相应控制线，按排砖图在工作面试排。一般外墙一层砖撂底时，两山墙排丁砖，前后檐纵墙排条砖。根据弹好的门窗洞口位置线，认真核对窗间墙、垛尺寸，按其长度排砖。窗口尺寸不符合排砖好活的时候，可以在 60 mm左右范围内移动。破活应排在窗口中间、附墙垛或其他不明显的部位。排砖时必须做全盘考虑，前后檐墙排一皮砖时，要考虑甩窗口后砌条砖，窗角上应砌七分头砖。

2)选砖。清水墙应选棱角整齐，无弯曲、裂纹，色泽均匀，敲击时声音响亮，规格基本一致的砖。焙烧过火变色，变形的砖可用在不影响外观的内墙上。

3)盘角。砌砖应先盘大角。每次盘角不应超过 5 层，新盘大角要及时进行吊、靠。如有偏差应及时修整。要仔细对照皮数杆砖层和标高，控制水平灰缝大小，使水平灰缝均匀一致。大角盘好后再复查一次，平整和垂直完全符合要求，再进行挂线砌筑。

4)砌砖。

①挂线。砌筑砖墙应根据墙体厚度确定挂线方法。砌筑一砖半墙必须双面挂线；砌筑超过 10 m 的长墙，中间应设几个支点，小线要拉紧，每层砖都要穿线看平，使水平灰缝均匀一致，平直通顺；砌筑一砖厚混水墙时宜采用外手挂线，可照顾砖墙两面平整，为下道工序控制抹灰厚度奠定基础。遇刮风时，应防止挂线成弧状。

②砌砖。砌筑墙体时，多孔砖的孔洞应垂直于受压面，砌筑前应试摆，砖要放平跟线。

③对抗震地区砌砖宜采用一铲灰、一块砖、一挤揉的“三一砌砖法”，即满铺、满挤操作法。对非抗震地区，除采用“三一砌砖法”外，也可采用铺浆法砌筑，铺浆长度不得超过 500 mm。砌砖时砖要放平，多孔砖的孔洞应垂直于砌筑面砌筑。里手高，墙面就要张；里手低，墙面就要背。砌砖应跟线，“上跟线，下跟棱，左右相邻要对平”。

④砌体灰缝应横平竖直。水平灰缝厚度和竖向灰缝宽度宜为 10 mm，但不应小于 8 mm，也不应大于 12 mm。砌体灰缝砂浆应饱满，水平灰缝的砂浆饱满度不得低于 80%；竖向灰缝宜采用挤浆或加浆填灌的方法，严禁用水冲浆灌缝。竖向灰缝不得出现透明缝、瞎缝和假缝。

⑤砌清水墙应随砌随刮去挤出灰缝的砂浆，等灰缝砂浆达到“指纹硬化”(手指压出清晰指纹而砂浆不粘手)时即可进行划缝，划缝深度为 8～10 mm，深浅一致，墙面清扫干净；砌混水墙应随砌随将舌头灰刮尽。

⑥砌筑过程中，要认真进行自检。砌完基础或每一楼层后，应校核砌体的轴线和标高；对砌体垂直度应随时检查。如发现有偏差超过允许范围，应随时纠正，严禁事后砸墙。

⑦砌体相邻工作段的高度差，不得超过一层楼的高度，也不宜大于 3.6 m。临时间断处的高度差，不得超过一步脚手架的高度。工作段的分段位置，宜设在伸缩缝、沉降缝、防震缝构造柱或门窗洞口处。

⑧常温条件下，每日砌筑高度应控制在 1.4 m 以内。

⑨隔墙顶应用立砖斜砌挤紧。

⑩墙面勾缝应横平竖直、深浅一致、搭接平顺。勾缝时，应采用加浆勾缝，并宜采用细砂拌制的 1∶1.5 水泥砂浆。当勾缝为凹缝时，凹缝深度宜为 4～5 mm。内墙也可用原浆勾缝，但必须随砌随勾，并使灰缝光滑密实。240 mm 厚承重墙的每层墙的最上一皮砖，砖砌体的阶台水平面上及挑出层，应整砖丁砌。

5)木砖预留和墙体拉结筋。

①木砖应提前做好防腐处理。预埋木砖应小头在外、大头在内，数量按洞口高度决定。洞口高在 1.2 m 以内，每边放 2 块；高 1.2～2 m，每边放 3 块；高 2～3 m，每边放 4 块。木砖位置一般在距洞口上边或下边三皮砖，中间均匀分布。

②钢门窗、暖卫管道、硬架支模等的预留孔，均应在砌筑时按设计要求预留，不得事后剔凿。

③墙体拉结筋的长度、形状、位置、规格、数量、间距等均应按设计要求留置，不得错放、漏放。

6)留槎。

①外墙转角处应双向同时砌筑；内外墙交接处必须留斜槎，严禁无可靠措施的内外墙分砌施工。对不能同时砌筑而又必须留置的临时间断处应砌成斜槎，斜槎水平投影长度不应小于高度的 2/3，留槎必须平直、通顺，如图 1-1 所示。

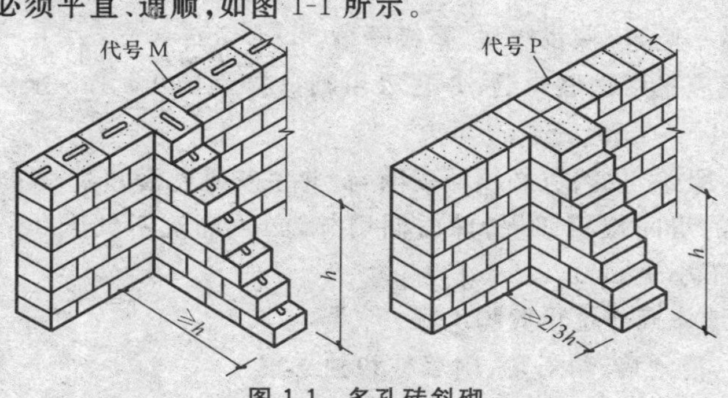

图 1-1　多孔砖斜砌

②非承重墙与承重墙或柱不同时砌筑时，可留阳槎加设预埋拉结筋。拉结筋沿墙高按设计要求或每 500 mm 预埋 2ϕ6 钢筋，其埋入长度从留槎处算起，每边不小于 1 000 mm，末端加 90°弯钩。

③施工洞口留阳槎也应按上述要求设水平拉结筋。

④留槎处继续砌砖时，应将其浇水充分湿润后方可砌筑。

7)施工洞口留设。洞口侧边离交接处外墙面不应小于 500 mm，洞口净宽度不应超过 1 m。施工洞口可留直槎，但直槎必须设成凸槎，并须加设拉结钢筋，在后砌施工洞口内的钢筋搭接长度不应小于 330 mm。

8)预埋混凝土砖、木砖。户门框、外窗框处采用预埋混凝土砖，室内门框采用木砖。混凝土砖由 C15 混凝土现场制作而成，和多孔砖尺寸大小相同；木砖预埋时应小头在外，大头在内，数量按洞口高度确定。洞口高在 1.2 m 以内，每边放 2 块；高 1.2～2 m，每边放 3 块；高 2～3 m，每边放 4 块。预埋砖的部位一般在洞口上边或下边四皮砖，中间均匀分布。木砖要提前做好防腐处理。

9)预留槽洞及埋设管道。施工中应准确预留槽洞位置，不得在已砌墙体上凿孔打洞；不应在墙面上留(凿)水平槽、斜槽或埋设水平暗管和斜暗管。墙体中的竖向暗管宜预埋；无法预埋需留槽时，预留槽深度及宽度不宜大于 95 mm×95 mm。管道安装完毕后，应采用强度等级不低于 C10 的细石混凝土或 M10 的水泥砂浆填塞。在宽度小于 500 mm 的承重小墙段及壁柱内不应埋设竖向管线。

10)墙体拉结筋。墙体拉结筋的位置、规格、数量、间距均应按设计要求留置，不应错放、漏放。

11)墙体顶面(圈梁底)砖孔应采用砂浆封堵，防止混凝土浆下漏。

12)过梁、梁垫的安装。

①安装过梁、梁垫时，其标高、位置及型号必须准确，坐浆饱满。如坐浆厚度大于 20 mm 时，要铺垫细石混凝土。当墙中有圈梁时，梁垫应和圈梁浇筑成整体。

②过梁两端支承长度应一致。

③所有大于 400 mm 宽的洞口均应按设计加过梁；小于 400 mm 的洞口可加设钢筋砖过梁。

13)构造柱做法。

①设置构造柱的墙体，应先砌墙，后浇混凝土。砌砖时，与构造柱连接处应砌成马牙槎，每个马牙槎沿高度方向的尺寸不宜超过 300 mm，马牙槎应先退后进，构造柱应有外露面。

②柱与墙拉结筋应按设计要求放置，设计无要求时，一般沿墙高 500 mm，每 120 mm 厚墙设置一根 ϕ6 的水平拉结筋，每边深入墙内不应小于 1 000 mm。

14)勾缝。

①墙面勾缝应横平竖直，深浅一致，搭接平顺。

②清水砖墙勾缝应采用加浆勾缝，并宜采用细砂拌制的 1∶1.5 水泥砂浆。当勾缝为凹缝时，凹缝深度宜为 4～5 mm。

③混水砖墙宜用原浆勾缝，但必须随砌随勾，并使灰缝光滑密实。

15)有防水要求的房间楼板四周，除门洞口外，必须浇筑不低于 120 mm 高的混凝土坎台，混凝土强度等级不小于 C20。

(5)不得在下列墙体或部位设置脚手眼。

1)120 mm 厚墙、清水墙、料石墙、附墙柱和独立柱。

2)过梁上与过梁成 60°角的三角形范围及过梁净跨度 1/2 的高度范围内。

3)宽度小于 1 m 的窗间墙。

4)砌体门窗洞口两侧 200 mm 和转角处 450 mm 范围内。

5)设计上不允许设置脚手眼的部位。

(三)普通砖柱与砖垛施工

(1)砌筑前应在柱的位置近旁立皮数杆。成排同断面的砖柱,可仅在两端的砖柱近旁立皮数杆。

(2)砖柱的各皮高低按皮数杆上皮数线砌筑。成排砖柱,可先砌两端的砖柱,然后逐皮拉通线,依通线砌筑中间部分的砖柱。

(3)柱面上下皮竖缝应相互错开 1/4 砖长以上。柱心无通缝。严禁采用包心砌法,即先砌四周后填心的砌法,如图 1-2 所示。

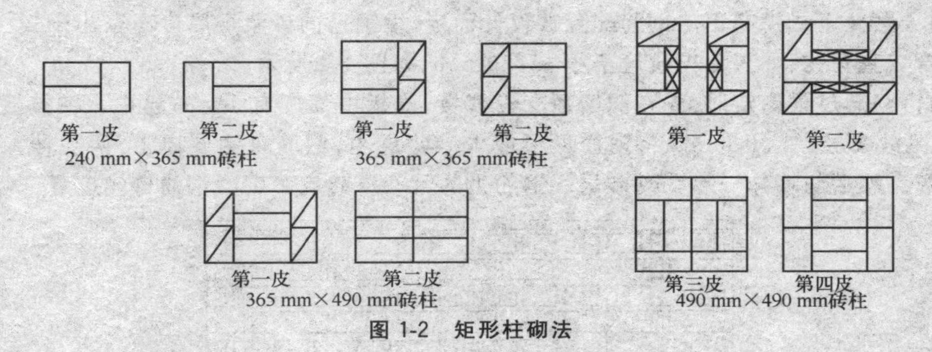

图 1-2　矩形柱砌法

(4)砖垛砌筑时,墙与垛应同时砌筑,不能先砌墙后砌垛或先砌垛后砌墙,其他砌筑要点与砖墙、砖柱相同。图 1-3 所示为砖墙附有不同尺寸砖垛的分皮砌法。

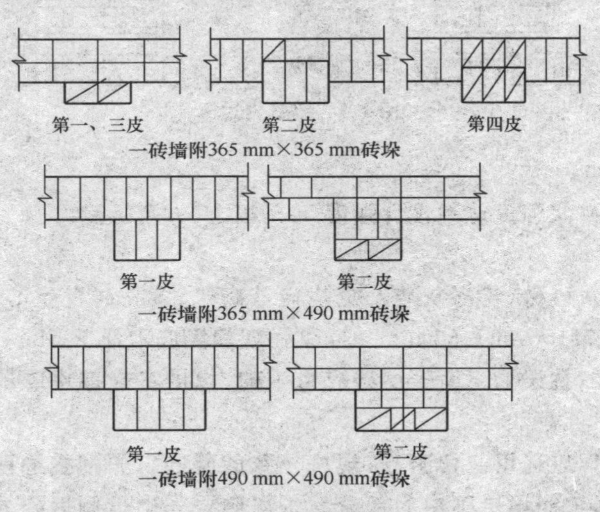

图 1-3　砖墙附砖垛分皮砌法

(5)砖垛应隔皮与砖墙搭砌,搭砌长度应不小于 1/4 砖长,砖垛外表上下皮垂直灰缝应相互错开 1/2 砖长。

(四)砖拱、过梁、檐口施工

1. 砖平拱

应用不低于 MU10 的砖与不低于 M5 的砂浆砌筑。砌筑时,在拱脚两边的墙端砌成斜

面，斜面的斜度为1/5～1/4，拱脚下面应伸入墙内不小于20 mm。在拱底处支设模板，模板中部应有1%的起拱。在模板上划出砖、灰缝位置及宽度，务必使砖的块数为单数。采用满刀灰法，从两边对称向中间砌，每块砖要对准模板上划线，正中一块应挤紧。竖向灰缝是上宽下窄成楔形，在拱底灰缝宽度应不小于5 mm；在拱顶灰缝宽度应不大于15 mm。

2. 砖弧拱

砌筑时，模板应按设计要求做成圆弧形。砌筑时应从两边对称向中间砌。灰缝成放射状，上宽下窄，拱底灰缝宽度不宜小于5 mm，拱顶灰缝宽度不宜大于25 mm。也可用加工好的楔形砖来砌，此时灰缝宽度应上下一样，控制在8～10 mm。

3. 钢筋砖过梁

(1)采用的砖的强度应不低于MU7.5，砌筑砂浆强度不低于M2.5，砌筑形式与墙体一样，宜用一顺一丁或梅花丁。钢筋配置按设计而定，埋钢筋的砂浆层厚度不宜小于30 mm，钢筋两端弯成直角钩，伸入墙内长度不小于240 mm，如图1-4所示。

(2)钢筋砖过梁砌筑时，先在洞口顶支设模板，模板中部应有1%的起拱。在模板上铺设1∶3水泥砂浆层，厚30 mm。将钢筋逐根埋入砂浆层中，钢筋弯钩要向上，两头伸入墙内长度应一致。然后与墙体一起平砌砖层。钢筋上的第一皮砖应丁砌。钢筋弯钩应置于竖缝内。

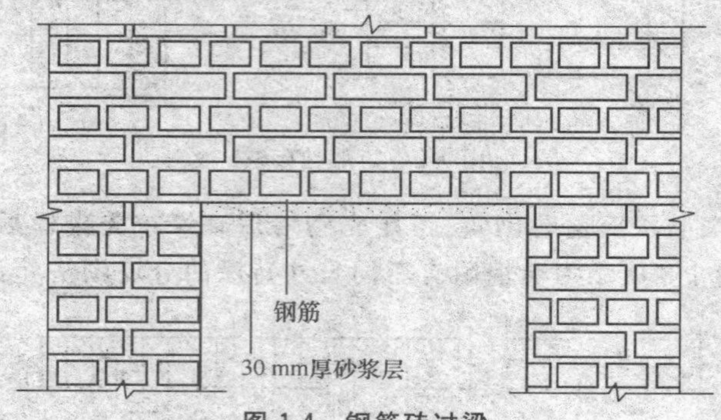

图1-4　钢筋砖过梁

4. 过梁底模板拆除

过梁底模板应待砂浆强度达到设计强度50%以上，方可拆除。

5. 砖挑檐

(1)可用普通砖、灰砂砖、粉煤灰砖及免烧砖等砌筑，多孔砖及空心砖不得砌挑檐。砖的规格宜采用240 mm×115 mm×53 mm。砂浆强度等级应不低于M5。

(2)无论哪种形式，挑层的下面一皮砖应为丁砌，挑出宽度每次应不大于60 mm，总的挑出宽度应小于墙厚。

(3)砖挑檐砌筑时，应选用边角整齐、规格一致的整砖。先砌挑檐两头，然后在挑檐外侧每一层底角处拉准线，依线逐层砌中间部分。每皮砖要先砌里侧后砌外侧，上皮砖要压住下皮挑出砖，才能砌上皮挑出砖。水平灰缝宜使挑檐外侧稍厚，里侧稍薄。灰缝宽度控制在8～10 mm范围内。竖向灰缝砂浆应饱满，灰缝宽度控制在10 mm左右。

(五)清水砖墙面勾缝施工

(1)勾缝前清除墙面黏结的砂浆、泥浆和杂物，并洒水湿润。脚手眼内也应清理干净，洒水湿润，并用与原墙相同的砖补砌严密。

(2)墙面勾缝应采用加浆勾缝，宜用细砂拌制的1∶1.5水泥砂浆。砖内墙也可采用原浆勾缝,但必须随砌随勾缝,并使灰缝光滑密实。

(3)砖墙勾缝宜采用凹缝或平缝,凹缝深度一般为 4～5 mm。

(4)墙面勾缝应横平竖直、深浅一致、搭接平整并压实抹光,不得出现丢缝、开裂和黏结不牢等现象。

(5)勾缝完毕,应清扫墙面。

(六)季节性施工

1. 冬期施工

(1)当室外日平均气温连续 5 d 平均气温低于 5℃或当日最低温度低于 0℃时即进入冬期施工,应采取冬期施工措施。对尚未砌筑的槽段要做好基土防冻保温措施。当室外日平均气温连续 5 d 稳定高于 5℃时解除冬期施工。

(2)冬期使用的砖,要求在砌筑前清除冰霜。正温施工时,砖可适当浇水,随浇随用,负温施工不应浇水。

(3)冬期施工砂浆稠度较常温适当加大 1～3 cm。但加大的砂浆稠度不宜超过 13 cm。

(4)材料加热时,水加热不超过 80℃,砂加热不超过 40℃,应采用两步投料法,即先拌和水泥和砂,再加水拌和。

(5)现场拌制砂浆。水泥宜用普通硅酸盐水泥,灰膏应防冻,如已受冻要融化后方可使用。砂中不得含有大于 10 mm 的冻结块。

(6)使用干拌砂浆。当气温或施工基面的温度低于 5℃时,无有效的保温、防冻措施不得施工。

(7)现场运输与储存砂浆应有有效的冬期施工措施。

(8)冬期施工时,对低于 M10 强度等级的砌筑砂浆,应比常温施工提高一级,且砂浆使用时的温度不应低于 5℃。

(9)施工中忽遇雨雪,应采取有效措施防止雨雪损坏未凝结的砂浆。

(10)砌筑后,应及时用保温材料对新砌筑的砌体进行覆盖,砌筑面不得留有砂浆,继续砌筑前,应清扫砌筑面。

(11)基土不冻胀时,基础可在冻结的地基上砌筑;基土有冻胀性时,必须在未冻的地基上砌筑。在基槽、基坑回填土前应采取防止地基受冻结的措施。

2. 雨期施工

(1)雨期施工时,应防止基槽灌水和雨水冲刷砂浆,砂浆的稠度应适当减小。每日砌筑高度不宜大于 1.2 m,收工时应覆盖砌体表面。

(2)承重墙、围护墙雨天不得施工,已砌完的砌体宜进行防雨保护。继续施工时,须复核墙体的垂直度,如果墙体垂直度超过允许偏差,则应拆除重砌。

细节五　施工质量标准

施工质量标准,见表 1-47。

表 1-47　砖砌体工程质量要求

项　目	内　容
一般规定	(1)适用于烧结普通砖、烧结多孔砖、混凝土多孔砖、混凝土实心砖、蒸压灰砂砖、蒸压粉煤灰砖等砌体工程。 (2)用于清水墙、柱表面的砖,应边角整齐,色泽均匀。

续表

项　目	内　容
一般规定	(3)砌体砌筑时，混凝土多孔砖、混凝土实心砖、蒸压灰砂砖、蒸压粉煤灰砖等块体的产品龄期不应小于28 d。 (4)有冻胀环境和条件的地区，地面以下或防潮层以下的砌体，不应采用多孔砖。 (5)不同品种的砖不得在同一楼层混砌。 (6)砌筑烧结普通砖、烧结多孔砖、蒸压灰砂砖、蒸压粉煤灰砖砌体时，砖应提前1～2 d适度湿润，严禁采用干砖或处于吸水饱和状态的砖砌筑，块体湿润程度宜符合下列规定： 1)烧结类块体的相对含水率为60%～70%； 2)混凝土多孔砖及混凝土实心砖不需浇水湿润，但在气候干燥炎热的情况下，宜在砌筑前对其喷水湿润。其他非烧结类块体的相对含水率为40%～50%。 (7)采用铺浆法砌筑砌体，铺浆长度不得超过750 mm；当施工期间气温超过30℃时，铺浆长度不得超过500 mm。 (8)240 mm厚承重墙的每层墙的最上一皮砖，砖砌体的阶台水平面上及挑出层的外皮砖，应整砖丁砌。 (9)弧拱式及平拱式过梁的灰缝应砌成楔形缝，拱底灰缝宽度不宜小于5 mm，拱顶灰缝宽度不应大于15 mm，拱体的纵向及横向灰缝应填实砂浆；平拱式过梁拱脚下面应伸入墙内不小于20 mm；砖砌平拱过梁底应有1%的起拱。 (10)砖过梁底部的模板及其支架拆除时，灰缝砂浆强度不应低于设计强度的75%。 (11)多孔砖的孔洞应垂直于受压面砌筑。半盲孔多孔砖的封底面应朝上砌筑。 (12)竖向灰缝不应出现瞎缝、透明缝和假缝。 (13)砖砌体施工临时间断处补砌时，必须将接槎处表面清理干净，洒水湿润，并填实砂浆，保持灰缝平直。 (14)夹心复合墙的砌筑应符合下列规定： 1)墙体砌筑时，应采取措施防止空腔内掉落砂浆和杂物； 2)拉结件设置应符合设计要求，拉结件在叶墙上的搁置长度不应小于叶墙厚度的2/3，并不应小于60 mm； 3)保温材料品种及性能应符合设计要求。保温材料的浇注压力不应对砌体强度、变形及外观质量产生不良影响
主控项目	(1)砖和砂浆的强度等级必须符合设计要求。 抽检数量：每一生产厂家，烧结普通砖、混凝土实心砖每15万块，烧结多孔砖、混凝土多孔砖、蒸压灰砂砖及蒸压粉煤灰砖每10万块各为一验收批，不足上述数量时按一批计，抽检数量为1组。砂浆试块的抽检数量按每一检验批且不超过250 m^3 砌体的各类、各强度等级的普通砌筑砂浆，每台搅拌机应至少抽检一次。验收批的预拌砂浆、蒸压加气混凝土砌块专用砂浆，抽检可为3组。 检验方法：检查砖和砂浆试块试验报告。 (2)砌体灰缝砂浆应密实饱满，砖墙水平灰缝的砂浆饱满度不得低于80%；砖柱水平灰缝和竖向灰缝饱满度不得低于90%。 抽检数量：每检验批抽查不应少于5处。 检验方法：用百格网检查砖底面与砂浆的黏结痕迹面积，每处检测3块砖，取其平均值。 (3)砖砌体的转角处和交接处应同时砌筑，严禁无可靠措施的内外墙分砌施工。在抗震设防烈度为8度及8度以上地区，对不能同时砌筑而又必须留置的临时间断处应砌成斜槎，普通砖砌体斜槎水平投影长度不应小于高度的2/3，多孔砖砌体的斜槎长高比不应小于1/2。

续表

项　目	内　容
主控项目	斜槎高度不得超过一步脚手架的高度。 抽检数量:每检验批抽查不应少于 5 处。 检验方法:观察检查。 (4)非抗震设防及抗震设防烈度为 6 度、7 度地区的临时间断处,当不能留斜槎时,除转角处外,可留直槎,但直槎必须做成凸槎,且应加设拉结钢筋,拉结钢筋应符合下列规定: 1)每 120 mm 墙厚放置 1ϕ6 拉结钢筋(120 mm 厚墙应放置 2ϕ6 拉结钢筋); 2)间距沿墙高不应超过 500 mm,且竖向间距偏差不应超过 100 mm; 3)埋入长度从留槎处算起每边均不应小于 500 mm,对抗震设防烈度 6 度、7 度的地区,不应小于 1 000 mm; 4)末端应有 90°弯钩,如图 1-5 所示。 抽检数量:每检验批抽查不应少于 5 处。 检验方法:观察和尺量检查
一般项目	(1)砖砌体组砌方法应正确,上下错缝,清水墙、窗间墙无通缝;混水墙中不得有长度大于 300 mm 的通缝,长度 200～300 mm 的通缝每间不超过 3 处,且不得位于同一面墙体上。砖柱不得采用包心砌法。 抽检数量:每检验批抽查不应少于 5 处。 检验方法:观察检查。砌体组砌方法抽检每处应为 3～5 m。 (2)砖砌体的灰缝应横平竖直,厚薄均匀,水平灰缝厚度及竖向灰缝宽度宜为 10 mm,但不应小于 8 mm,也不应大于 12 mm。 抽检数量:每检验批抽查不应少于 5 处。 检验方法:水平灰缝厚度用尺量 10 皮砖砌体高度折算;竖向灰缝宽度用尺量 2 m 砌体长度折算。 (3)砖砌体尺寸、位置的允许偏差及检验应符合表 1-48 的规定

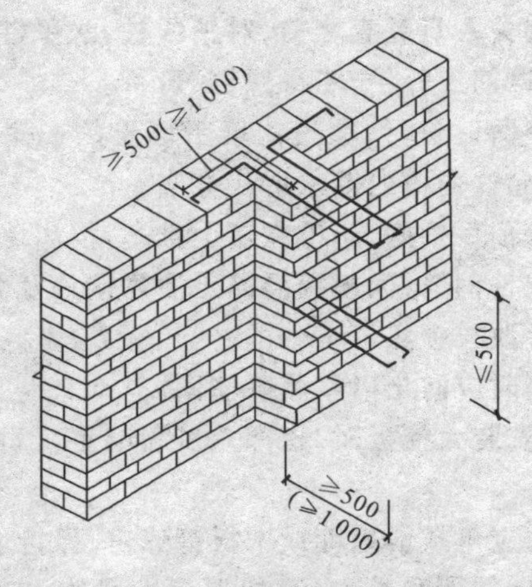

图 1-5　直槎处拉结钢筋示意(单位:mm)

表 1-48　砖砌体尺寸、位置的允许偏差及检验

<table>
<tr><th>项次</th><th colspan="3">项　目</th><th>允许偏差/mm</th><th>检验方法</th><th>抽检数量</th></tr>
<tr><td>1</td><td colspan="3">轴线位移</td><td>10</td><td>用经纬仪和尺或用其他测量仪器检查</td><td>承重墙、柱全数检查</td></tr>
<tr><td>2</td><td colspan="3">基础、墙、柱顶面标高</td><td>±15</td><td>用水准仪和尺检查</td><td>不应少于 5 处</td></tr>
<tr><td rowspan="3">3</td><td rowspan="3">墙面垂直度</td><td colspan="2">每层</td><td>5</td><td>用 2 m 托线板检查</td><td>不应少于 5 处</td></tr>
<tr><td rowspan="2">全高</td><td>≤10 m</td><td>10</td><td rowspan="2">用经纬仪、吊线和尺或其他测量仪器检查</td><td rowspan="2">外墙全部阳角</td></tr>
<tr><td>>10 m</td><td>20</td></tr>
<tr><td rowspan="2">4</td><td rowspan="2">表面平整度</td><td colspan="2">清水墙、柱</td><td>5</td><td rowspan="2">用 2 m 靠尺和楔形塞尺检查</td><td rowspan="2">不应少于 5 处</td></tr>
<tr><td colspan="2">混水墙、柱</td><td>8</td></tr>
<tr><td rowspan="2">5</td><td rowspan="2">水平灰缝平直度</td><td colspan="2">清水墙</td><td>7</td><td rowspan="2">拉 5 m 线和尺检查</td><td rowspan="2">不应少于 5 处</td></tr>
<tr><td colspan="2">混水墙</td><td>10</td></tr>
<tr><td>6</td><td colspan="3">门窗洞口高、宽(后塞口)</td><td>±10</td><td>用尺检查</td><td>不应少于 5 处</td></tr>
<tr><td>7</td><td colspan="3">外墙上下窗口偏移</td><td>20</td><td>以底层窗口为准，用经纬仪或吊线检查</td><td>不应少于 5 处</td></tr>
<tr><td>8</td><td colspan="3">清水墙游丁走缝</td><td>20</td><td>以每层第一皮砖为准，用吊线和尺检查</td><td>不应少于 5 处</td></tr>
</table>

四节点　施工成品保护

(1)基础墙砌完后，未经有关人员复查之前，对轴线桩、水平桩应注意保护，不得碰撞。

(2)抗震构造柱钢筋和拉结筋应保护，不得踩倒、弯折。

(3)基础墙回填土，两侧应同时进行，暖气沟墙不填土的一侧应加支撑，防止回填时挤歪挤裂。回填土应分层夯实，不允许向槽内灌水取代夯实。

(4)回填土运输时，先将墙顶保护好，不得在墙上推车，损坏墙顶和碰撞墙体。

(5)墙体拉结筋、抗震构造柱钢筋、大模板混凝土墙体钢筋及各种预埋件、暖卫、电气管线等，均应注意保护，不得任意拆改或损坏。

(6)砂浆稠度应适宜，砌墙时应防止砂浆溅脏墙面。

(7)在吊放平台脚手架或安装大模板时，指挥人员和起重机司机应认真指挥和操作，防止碰撞已砌好的砖墙。

(8)在高车架进料口周围，应用塑料薄膜或木板等遮盖，保持墙面洁净。

(9)尚未安装楼板或屋面板的墙和柱，当可能遇到大风时，应采取临时支撑等措施，以保证施工中墙体的稳定性。

细节七　施工质量问题

1. 砖砌体组砌混乱

(1)现象。

混水墙面组砌方法混乱，出现直缝和“二层皮”，砖柱采用包心砌法，里外皮砖层互不相咬，形成周圈通天缝，降低了砌体强度和整体性；砖规格尺寸误差对清水墙面影响较大，如组砌形式不当，形成竖缝宽窄不均，影响美观。

(2)原因分析。

因混水墙面要抹灰，操作人员容易忽视组砌形式，因此出现了多层砖的直缝和“二层皮”现象。

砌筑砖柱需要大量的七分砖来满足内外砖层错缝的要求，打制七分砖会增加工作量，影响砌筑效率，而且砖损耗很大，当操作人员思想不够重视，又缺乏严格检查的情况下，三七砖柱习惯于用包心砌法。

(3)防治措施。

应使操作者了解砖墙组砌形式不单纯是为了墙面美观，同时也是为了满足传递荷载的需要。因此，清、混水墙墙体中砖缝搭接不得少于 1/4 砖长；内外皮砖层最多隔 5 层砖就应有 1 层丁砖拉结(五顺一丁)。为了节约，允许使用半砖头，但也应满足 1/4 砖长的搭接要求，半砖头应分散砌于混水墙中。砖柱的组砌方法，应根据砖柱断面和实际使用情况统一考虑，但不得采用包心砌法。砖柱横、竖向灰缝的砂浆都必须饱满，每砌完 1 层砖，都要进行一次竖缝刮浆塞缝工作，以提高砌体强度。

墙体组砌形式的选用，应根据所砌部位的受力性质和砖的规格尺寸误差而定。一般清水墙面常选用一顺一丁和梅花丁组砌方法；在地震区，为增强齿缝受拉强度，可采用骑马缝组砌方法；砖砌蓄水池应采取三顺一丁组砌方法；双面清水墙，如工业厂房围护墙、围墙等，可采取三七缝组砌方法。由于一般砖长正偏差、宽度负偏差较多，采用梅花丁的组砌形式，可使所砌墙面的竖缝宽度均匀一致。在同一栋号工程中，应尽量使用同一砖厂的砖，以避免因砖的规格尺寸误差而经常变动组砌形式。

2. 砖缝砂浆不饱满，砂浆与砖黏结不牢

(1)现象。

砖层水平灰缝砂浆饱满度低于 80%；竖缝内无砂浆(瞎缝)，特别是空心砖墙，常出现较多的透明缝；砌筑清水墙采取大缩口缝深度大于 2 cm 以上，影响砂浆饱满度。砖在砌筑前未浇水湿润，干砖上墙，致使砂浆与砖黏结不良。

(2)原因分析。

M2.5 或小于 M2.5 的砂浆，如使用水泥砂浆，因水泥砂浆和易性差，砌筑时挤浆费劲，操作者用大铲或瓦刀铺刮砂浆后，使底灰产生空穴，砂浆不饱满。用干砖砌墙，使砂浆因早期脱水而降低强度。而干砖表面的粉屑起隔离作用，减弱了砖与砂浆的黏结。用推尺铺灰法砌筑，有时因铺灰过长，砌筑速度跟不上，砂浆中的水分被底砖吸收，使砌上的砖与砂浆失去黏结。

砌清水墙时，为了省去刮缝工序，采取了大缩口的铺灰方法，使砌体砖缝缩口深度达 2～3 cm，既减少了砂浆饱满度，又增加了勾缝工作量。

(3)防治措施。

改善砂浆和易性是确保灰缝砂浆饱满和提高黏结强度的关键。改进砌筑方法，不宜采取推尺铺灰法或摆砖砌筑，应推广"三一砌砖法"，即使用大铲，一块砖、一铲灰、一挤揉的砌筑方法。严禁用干砖砌墙。砌筑前1～2 d应将砖浇湿，使砌筑时砖的含水率达到10%～15%。

冬期施工时，在正温度条件下也应将砖面适当湿润后再砌筑。负温下施工无法浇砖时，砂浆的稠度应适当增大。对于抗震设防烈度为9度的地震区，在严冬无法浇砖情况下，不宜进行砌筑。

3. 清水墙面游丁走缝

(1)现象。

大面积的清水墙面常出现的丁砖竖缝歪斜、宽窄不匀，丁不压中(丁砖在下层条砖上不居中)，清水墙窗台部位与窗间墙部位的上下竖缝发生错位、搬家等，直接影响到清水墙面的美观。

(2)原因分析。

砖的长、宽尺寸误差较大，如砖的长为正偏差，宽为负偏差，砌一顺一丁时，竖缝宽度不易掌握，稍不注意就会产生游丁走缝。开始砌墙摆砖时，未考虑窗口位置对砖竖缝的影响，当砌至窗台处分窗口尺寸时，窗的边线不在竖缝位置，使窗间墙的竖缝搬家，上下错位。里脚手砌外清水墙，需经常探身穿看外墙面的竖缝垂直度，砌至一定高度后，穿看墙缝不太方便，容易产生误差，稍有疏忽就会出现游丁走缝。

(3)防治措施。

砌筑清水墙，应选取边角整齐、色泽均匀的砖。砌清水墙前应进行统一摆底，并先对现场砖的尺寸进行实测，以便确定组砌方法和调整竖缝宽度。摆底时应将窗口位置引出，使砖的竖缝尽量与窗口边线相齐，如安装不开，可适当移动窗口位置(一般不大于2 cm)。当窗口宽度不符合砖的模数时，应将七分头砖留在窗口下部的中央，以保持窗间墙处上下竖缝不错位。游丁走缝主要是丁砖游动所引起，因此在砌筑时，必须强调丁压中，即丁砖的中线与下层条砖的中线重合。

在砌大面积清水墙(如山墙)时，在开始砌的几层砖中，沿墙角1 m处，用线坠吊一次竖缝的垂直度，至少保持一步架高度有准确的垂直度。沿墙面每隔一定间距，在竖缝处弹墨线，墨线用经纬仪或线坠引测。当砌至一定高度(一步架或一层墙)后，将墨线向上引伸，以作为控制游丁走缝的基准。

4. 螺栓墙

(1)现象。

砌完一个层高的墙体时，同一砖层的标高差一皮砖的厚度，不能交圈。

(2)原因分析。

砌筑时，没有按皮数杆控制砖的层数。每当砌至基础顶面和在预制混凝土楼板上接砌砖墙时，由于标高偏差大，皮数杆往往不能与砖层吻合，需要在砌筑中用灰缝厚度逐步调整。如果砌同一层砖时，误将负偏差标高当作正偏差，砌砖时反而压薄灰缝，在砌至层高赶上皮数杆时，与相邻位置的砖墙正好差一皮砖，形成螺栓墙。

(3)防治措施。

砌墙前应先测定所砌部位基面标高误差，通过调整灰缝厚度，调整墙体标高。调整同一墙面标高误差时，可采取提(或压)缝的办法，砌筑时应注意灰缝均匀，标高误差应分配在一步架的各层砖缝中，逐层调整。挂线两端应相互呼应，注意同一条平线所砌砖的层数是否与皮数杆上的砖层数相等。当内外墙有高差，砖层数不好对照时，应以窗台为界由上向下倒清砖层数。

当砌至一定高度时，可穿看与相邻墙体水平线的平行度，以便及时发现标高误差。在墙体一步架砌完前，应进行抄平弹半米线，用半米线向上引尺检查标高误差，墙体基面的标高误差，应在一步架内调整完毕。

5. 清水墙面水平缝不直，墙面凹凸不平

(1)现象。

同一条水平缝宽度不一致，个别砖层冒线砌筑；水平缝下垂；墙体中部(两步脚手架交接处)凹凸不平。

(2)原因分析。

由于砖在制坯和晾干过程中，底条面因受压墩厚了一些，形成砖的两个条面大小不等，厚度差 2～3 mm。砌砖时，如若大小条面随意跟线，必然使灰缝宽度不一致，个别砖大条面偏大较多，不易将灰缝砂浆压薄，因而出现冒线砌筑。所砌的墙体长度超过 20 m，控线不紧，挂线产生下垂，跟线砌筑后，灰缝就会出现下垂现象。

搭脚手排木直接压墙，使接砌墙体出现"捞活"(砌脚手板以下部位)；挂立线时没有从下步脚手架墙面向上引伸，使墙体在两步架交接处，出现凹凸不平、平行灰缝不直等现象。由于第一步架墙体出现垂直偏差，接砌第二步架时进行了调整，因而在两步架交接处出现凹凸不平。

(3)防治措施。

砌砖应采取小面跟线，因一般砖的小面棱角裁口整齐，表面洁净。用小面跟线不仅能使灰缝均匀，而且可提高砌筑效率。挂线长度超长(15～20 mm)时，应加腰线砖探出墙面 3～4 cm，将挂线搭在砖面上，由角端穿看挂线的平直度，用腰线砖的灰缝厚度调平。

墙体砌至脚手架排木搭设部位时，预留脚手眼，并继续砌至高出脚手板面一层砖，以消灭"捞活"。挂立线应由下面一步架墙面引伸，立线延至下部墙面至少 50 cm。挂立线吊直后，拉紧平线，用线坠吊平线和立线，当线坠与平线，立线相重，即"三线归一"时，则可认为立线正确无误。

6. 清水墙面勾缝不符合要求

(1)现象。

清水墙面勾缝深浅不一致，竖缝不实，十字缝搭接不平，墙缝内残浆未扫净，墙面被砂浆严重污染；脚手眼处堵塞不严、不平，留有永久痕迹(堵孔与原墙面色泽不一致)；勾缝砂浆开裂、脱落。

(2)原因分析。

清水墙面勾缝前未经开缝，刮缝深度不够或用大缩口缝砌砖，使勾缝砂浆不平，深浅不一致。竖缝挤浆不严，勾缝砂浆悬空未与缝内底灰接触，与平缝十字搭接不平，容易开裂、脱落。脚手眼堵塞不严，补缝砂浆不饱满。堵孔砖与原墙面的砖色色泽不一致，在脚手眼处留下永久痕迹。勾缝前对墙面浇水湿润程度不够，使勾缝砂浆早期脱水而收缩开裂。墙缝内浮灰未清理干净，影响勾缝砂浆与灰缝内砂浆的黏结，日久后脱落。采取加浆勾缝时，因托灰板接触墙面，使墙面被勾缝水泥砂浆弄脏，留下印痕。如墙面胶水过湿，扫缝时墙面也容易被砂浆污染。

(3)防治措施。

勾缝前,必须对墙体砖缺棱掉角部位、瞎缝、刮缝深度不够的灰缝进行开凿。开缝深度为1 cm左右,缝子上下切口应开凿整齐。砌墙时应保存一部分砖供堵塞脚手眼用。脚手眼堵塞前,先将洞内的残余砂浆剔除干净,并浇水湿润(冲去浮灰),然后铺以砂浆用砖挤严。横、竖灰缝均应填实砂浆,顶砖缝采取喂灰方法塞严砂浆,以减少脚手眼对墙体强度的影响。勾缝前,应提前浇水冲刷墙面的浮灰(包括清除灰缝表层不实部分),待砖墙表皮略见干时,再开始勾缝。勾缝用1∶1.5水泥细砂砂浆,细砂应过筛,砂浆稠度以勾缝镏子挑起不落为宜。

外清水墙勾凹缝,凹缝深度为4～5 mm,为使凹缝切口整齐,宜将勾缝溜子作成倒梯形断面。操作时用溜子将勾缝砂浆压入缝内,并来回压实、切齐上下口。竖缝溜子断面构造相同,竖缝应与上下水平缝搭接平整,左右切口要齐。为防止托灰板对墙面的污染,应将板端刨成尖角,以减少与墙面的接触。勾完缝后,待勾缝砂浆略被砖面吸水起干,即可进行扫缝。扫缝应顺缝扫,先水平缝,后竖缝,扫缝时应不断地抖掉扫帚中的砂浆粉粒,以减少对墙面的污染。干燥天气,勾缝后应喷水养护。

7. 墙体留置阴槎,接槎不严

(1)现象。

砌筑时随意留槎,且多留置阴槎,槎口部位用砖碴填砌,使墙体断面遭受严重削弱。阴槎部位接槎砂浆不严,灰缝不顺直。

(2)原因分析。

操作人员对留槎问题缺乏认识,习惯于留直槎;由于施工操作不便,施工组织不当,造成留槎过多。后砌12 cm厚隔墙留置的阳槎不正不直,接槎时由于咬槎深度较大,使接槎砖上部灰缝不易堵严。斜槎留置方法不统一,留置大斜槎工作量大,斜槎灰缝平直度难以控制,使接槎部位不顺线。施工洞口随意留设,运料小车将混凝土、砂浆撒落到洞口留槎部位,影响接槎质量。填砌施工洞的砖,色泽与原墙不一致,影响清水墙面的美观。

(3)防治措施。

在安排施工组织计划时,对施工留槎应做统一考虑。外墙大角尽量做到同步砌筑不留槎,或一步架留槎处,二步架改为同步砌筑,以加强墙角的整体性。纵横墙交接处,有条件时尽量安排同步砌筑,如外脚手砌纵墙,横墙可以与此同步砌筑,工作面互不干扰,这样可尽量减少留槎部位,有利于保持房屋的整体性。斜槎宜采取18层斜槎砌法,为防止因操作不熟练,使接槎处水平缝不直,可以加立小皮数杆。清水墙留槎,如遇有门窗口,应将留槎部位砌至转角门窗口边,在门窗口框边立皮数杆,以控制标高。非抗震设防地区,当留斜槎确有困难时,应留引出墙面12 cm的直槎,并按规定设拉结筋,使咬槎砖缝便于接砌,以保证接槎质量,增强墙体的整体性。应注意接槎的质量。首先应将接槎处清理干净,然后浇水湿润,接槎时,槎面要填实砂浆,并保持灰缝平直。

细节八 施工质量记录

(1)砂、水泥、普通砖、多孔砖、外加剂、掺合料、干拌砂浆等原材料出厂合格证、检验报告以及复试报告。

(2)砂浆抗压强度试验报告。

(3)施工检查记录、隐蔽工程检查记录、预检工程检查记录。

(4)检验批质量验收记录、分项分部工程质量验收记录。

(5)冬期施工记录。

(6)设计变更及洽商记录。

(7)其他技术文件。

二、蒸压粉煤灰砖、蒸压灰砂砖砌体

细节一　施工材料准备

(一)粉煤灰砖

1. 分类

(1)类别:砖的颜色分为本色(N)和彩色(Co)。

(2)规格:砖的外形为直角六面体。砖的公称尺寸为:长度 240 mm、宽度 115 mm、高度 53 mm。

(3)等级。

1)强度等级分为 MU30、MU25、MU20、MU15、MU10。

2)质量等级根据尺寸偏差、外观质量、强度等级、干燥收缩分为优等品(A)、一等品(B)、合格品(C)。

(4)适用范围。

1)粉煤灰砖可用于工业与民用建筑的墙体和基础,但用于基础或用于易受冻融和干湿交替作用的建筑部位必须使用 MU15 及以上强度等级的砖。

2)粉煤灰砖不得用于长期受热(200℃以上)、受急冷急热和有酸性介质侵蚀的建筑部位。

2. 技术要求

(1)尺寸偏差和外观应符合表 1-49 的规定。

表 1-49　粉煤灰砖的尺寸偏差和外观　单位:mm

项目			指标		
			优等品(A)	一等品(B)	合格品(C)
尺寸允许偏差	长 L		±2	±3	±4
	宽 B		±2	±3	±4
	高 H		±1	±2	±3
对应高度差		≤	1	2	3
缺棱掉角的最小破坏尺寸		≤	10	15	20
完整面		不少于	二条面和一顶面或二顶面和一条面	一条面和一顶面	一条面和一顶面
裂纹长度	大面上宽度方向的裂纹(包括延伸到条面上的长度)	≤	30	50	70
	其他裂纹	≤	50	70	100
层裂			不允许		

注:在条面或顶面上破坏面的两个尺寸同时大于 10 mm 和 20 mm 者为非完整面。

(2)色差。色差应不显著。

(3)强度等级应符合表1-50的规定,优等品砖的强度等级应不低于MU15。

表1-50　粉煤灰砖的强度等级　　单位:MPa

强度等级	抗压强度		抗折强度	
	10块平均值≥	单块值≥	10块平均值≥	单块值≥
MU30	30.0	24.0	6.2	5.0
MU25	25.0	20.0	5.0	4.0
MU20	20.0	16.0	4.0	3.2
MU15	15.0	12.0	3.3	2.6
MU10	10.0	8.0	2.5	2.0

(4)抗冻性应符合表1-51的规定。

表1-51　粉煤灰砖的抗冻性

强度等级	抗压强度/MPa 平均值≥	砖的干质量损失/(%) 单块值≤
MU30	24.0	2.0
MU25	20.0	
MU20	16.0	
MU15	12.0	
MU10	8.0	

(5)干燥收缩值:优等品和一等品应不大于0.65 mm/m;合格品应不大于0.75 mm/m。

(6)碳化系数K_c≥0.8。

3. 粉煤灰砖抽样检测

(1)检验项目。出厂检验的项目包括外观质量、抗折强度和抗压强度。

(2)批量。每10万块为一批,不足10万块亦为一批。

(3)抽样。

1)用随机抽样法抽取100块砖进行外观质量检验。

2)从外观质量合格的砖样中按随机抽样法抽取2组20块砖样(每组10块),其中1组进行抗压强度和抗折强度试验,另1组备用。

(4)判定。

1)若外观质量不符合表1-49优等品规定的砖数不超过10块,判定该批砖外观质量为优等品;不符合一等品规定的砖数不超过10块,判定该批砖为一等品;不符合合格品规定的砖数不超过10块,判定该批砖为合格品。

2)该批砖的抗折强度与抗压强度级别由试验结果的平均值和最小值按产品技术要求判定。

3)每批砖的等级应根据外观质量、抗折强度、抗压强度、干燥收缩和抗冻性进行判定，应符合产品标准规定。

(二)蒸压灰砂砖

1. 蒸压灰砂砖分类

(1)分类。根据灰砂砖的颜色分为彩色(Co)和本色(N)。

(2)规格。砖的外形为直角六面体。砖的公称尺寸为长 240 mm、宽 115 mm、高53 mm。生产其他规格尺寸产品，由用户与生产厂协商确定。

(3)等级。

1)强度级别。根据抗压强度和抗折强度分为 MU25、MU20、MU15、MU10 四级。

2)质量等级。根据尺寸偏差和外观质量、强度及抗冻性分为优等品(A)、一等品(B)、合格品(C)。

(4)适用范围。

1)MU15、MU20、MU25 的砖可用于基础及其他建筑；MU10 的砖仅可用于防潮层以上的建筑。

2)灰砂砖不得用于长期受热 200℃以上、受急冷急热和有酸性介质侵蚀的建筑部位。

2. 技术要求

(1)尺寸偏差和外观应符合表 1-52 的规定。

(2)颜色应基本一致，无明显色差但对本色灰砂砖不作规定。

(3)抗压强度和抗折强度应符合表 1-53 的规定。

(4)抗冻性应符合表 1-54 的规定。

表 1-52　蒸压灰砂砖的尺寸偏差和外观

项目			指标		
			优等品	一等品	合格品
尺寸允许偏差/mm	长度	L	±2	±2	±3
	宽度	B	±2		
	高度	H	±1		
缺棱掉角	个数/个	≤	1	1	2
	最大尺寸/mm	≤	1	15	20
	最小尺寸/mm	≤	5	10	10
对应高度差/mm		≤	1	2	3
裂纹	条数/条	≤	1	1	2
	大面上宽度方向及其延伸到条面的长度/mm	≤	20	50	70
	大面上长度方向及其延伸到顶面上的长度或条、顶面水平裂纹的长度/mm	≤	30	70	100

表 1-53　蒸压灰砂砖的力学性能　　单位:MPa

强度级别	抗压强度		抗折强度	
	平均值≥	单块值≥	平均值≥	单块值≥
MU25	25.0	20.0	5.0	4.0
MU20	20.0	16.0	4.0	3.2
MU15	15.0	12.0	3.3	2.6
MU10	10.0	8.0	2.5	2.0

注:优等品的强度级别不得小于 MU15。

表 1-54　蒸压灰砂砖的抗冻性指标

强度级别	冻后抗压强度/MPa 平均值≥	单块砖的干质量损失/(%) ≤
MU25	20.0	2.0
MU20	16.0	2.0
MU15	12.0	2.0
MU10	8.0	2.0

注:优等品的强度级不得小于 MU15。

3. 蒸压灰砂砖抽样检测

(1)检验项目。

1)出厂检验项目包括尺寸偏差和外观质量、颜色、抗压强度和抗折强度。

2)形式检验项目包括技术要求中全部项目。

(2)批量。同类型的灰砂砖每 10 万块为一批,不足 10 万块亦为一批。

(3)抽样。

1)尺寸偏差和外观质量检验的样品用随机抽样法从堆场中抽取。其他检验项目的样品用随机抽样法从尺寸偏差和外观质量检验合格的样品中抽取。

2)抽样数量按表 1-55 进行。

表 1-55　抽样数量

项　目	抽样数量/块
尺寸偏差和外观质量	50($n_1=n_2=50$)
颜色	36
抗折强度	5
抗压强度	5
抗冻性	5

(4)判定规则。

1)尺寸偏差和外观质量。尺寸偏差和外观质量采用二次抽样方案,根据产品标准规定的质量指标,检查出其中不合格块数 d_1,按下列规则判定:

$d_1 \leqslant 5$ 时，尺寸偏差和外观质量合格；

$d_1 \geqslant 9$ 时，尺寸偏差和外观质量不合格。

$d_1 > 5$，且 $d_1 < 9$ 时，需再次从该产品批中抽样 50 块检验，检查出不合格品数 d_2，按下列规则判定：

$(d_1 + d_2) \leqslant 12$ 时，尺寸偏差和外观质量合格；

$(d_1 + d_2) \geqslant 13$ 时，尺寸偏差和外观质量不合格。

2)颜色。抽检样品应无明显色差判为合格。

3)抗压强度和抗折强度级别由试验结果的平均值和最小值按表 1-53 规定进行判定。

4)抗冻性如符合表 1-54 相应强度级别时判为符合该级别，否则判不合格。

5)总判定。

①每一批出厂产品的质量等级按出厂检验项目的检验结果和抗冻性检验结果综合判定。

②每一形式检验的质量等级按全部检验项目的检验结果综合判定。

③抗冻性和颜色合格，按尺寸偏差、外观质量和强度级别中最低的质量等级判定，其中有一项不合格则判该批产品不合格。

(三)砂、水泥、掺合料、砂浆

参见本部分细节解析“一、烧结普通砖、烧结多孔砖砖墙砌体中施工材料准备”的相关内容。

细节二　施工机具选用

参见本部分细节解析“一、烧结普通砖、烧结多孔砖砖墙砌体中施工机具选用”的相关内容。

细节三　施工作业条件

(1)办完地基、基础工程隐检手续。

(2)按标高抹好水泥砂浆防潮层。

(3)弹好轴线、墙身线，根据进场砖的实际规格尺寸，弹出门窗洞口位置线、经验线符合设计要求，办完预检手续。

(4)按设计要求立好皮数杆，皮数杆间距以 15～20 m 为宜，转角处均应设立。

(5)砂浆由试验室做好试配，准备好砂浆试模(6 块为一组)。

细节四　施工工艺要求

工艺流程：

拌制砂浆
↓
确定组砌方法→砖浇水→排砖撂底→砖墙砌筑→验收

1. 确定组砌方法、砖浇水、拌制砂浆

参见本部分细节解析“一、烧结普通砖、烧结多孔砖砖墙砌体中施工工艺要求”的相关内容。

2. 排砖撂底

基础大放角砌到基础墙时，要拉线检查轴线及边线，保证基础墙身位置正确。同时要对照皮数杆的砖层及标高，如有高低差时，应在水平灰缝中逐渐调整，使墙的层数与皮数杆相一致。

3. 砖基础砌筑

(1)砖基础砌筑前，基底垫层表面应清扫干净，洒水湿润。再盘墙角，每次盘角高度不应超过五层砖。

(2)基础垫层标高不一致或有局部加深部位，应从最低处往上砌筑，并应由高处向低处搭砌。当设计无要求时，搭接长度(L)不应小于基底的高差(H)，如图 1-6 所示，即 $L \geqslant H$，搭接长度范围内基础应按图 1-6 扩大砌筑。同时应经常拉线检查，以保持砌体平直通顺，防止出现螺丝墙。

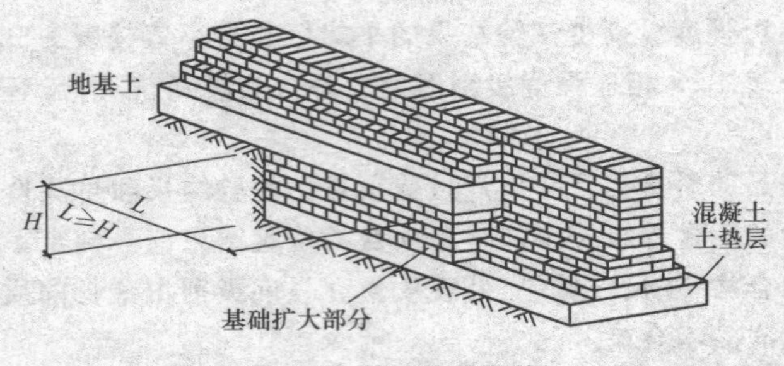

图 1-6　基础垫层砌筑

4. 抹防潮层

参见本部分细节解析“一、烧结普通砖、烧结多孔砖砖墙砌体中施工工艺要求”的相关内容。

5. 砖墙砌筑

(1)组砌方法、排砖、盘角、挂线、砌砖和留槎。

参见本部分细节解析“一、烧结普通砖、烧结多孔砖砖墙砌体中施工工艺要求”的相关内容。

(2)选砖。

砌清水墙应选棱角整齐，无弯曲、裂纹，色泽均匀，规格基本一致的砖。灰砂砖不宜与其他品种砖混合砌筑。

(3)木砖预埋。

木砖预埋时应小头在外，大头在内，数量按门窗洞口高度决定。洞口高度在 1.2 m 以内，每边放 2 块；高度在 1.2～2 m，每边放 3 块；高度在 2～3 m，每边放 4 块。预埋木砖的部位一般在洞口上边或下边四皮砖，中间均匀摆放。水电管道设备等留洞，应按设计要求与土建配合进行预留、预埋，不得事后剔凿。

(4)构造柱。

应按设计要求的断面和配筋施工。按设计图纸将构造柱位置弹线找准，并绑好柱内主筋和箍筋。砌砖时，与构造柱连接处砌成大马牙槎，大马牙槎应先退后进，每一个大马牙槎沿高度方向不宜超过 5 皮砖(300 mm)，并应沿墙高每隔 500 mm 设 $2\phi6$ 拉结钢筋，每边伸入墙内不宜小于 1 000 mm。构造柱与圈梁连接处，构造柱的纵筋应穿过圈梁主筋，保证构造柱纵筋上下贯通。构造柱马牙槎上落的砂浆和柱底散落的砂浆、砖块等杂物要清理干净。

(5)框架填充墙砌筑。

用蒸压灰砂砖、蒸压粉煤灰砖砌框架填充墙时，应先按设计要求检查预留(后焊)拉结筋的数量和质量，并按层高弹出皮数杆。采用“三一砌砖法”砌筑，在砌至框架梁下时，墙顶应用立砖斜砌挤紧，防止平砌挤不实。

(6)施工洞口留设。

洞口侧边离交接处墙面不应小于 500 mm，洞口净宽度不应超过 1 m。施工洞口可留直槎，但直槎必须设成凸槎，并须加设拉结钢筋，拉结钢筋的数量为每 240 mm 墙厚放置 2ϕ6 拉结钢筋，墙厚度每增加 120 mm 增加一根 1ϕ6 拉结钢筋，间距沿墙高不应超过 500 mm；埋入长度从留槎处算起每边均不应小于 1 000 mm；末端应有 90°弯钩。

6. 季节性施工

参见本部分细节解析"一、烧结普通砖、烧结多孔砖砖墙砌体中施工工艺要求"的相关内容。

细节五　施工质量标准

参见本部分细节解析"一、烧结普通砖、烧结多孔砖砖墙砌体中施工质量标准"的相关内容。

细节六　施工成品保护

参见本部分细节解析"一、烧结普通砖、烧结多孔砖砖墙砌体中施工成品保护"的相关内容。

细节七　施工质量问题

(1)砂浆配合比不准：散装水泥和砂都要车车过磅，计量要准确，搅拌时间要达到规定的要求。

(2)墙面不平：一砖半墙必须双面挂线，一砖墙反手挂线；舌头灰要随砌随刮平。

(3)皮数杆不平：抄平放线时，要细致认真；钉皮数杆的木桩要牢固，防止碰撞松动。皮数杆立完后，要复验，确保皮数杆标高一致。

(4)水平灰缝不平：盘角时灰缝要掌握均匀，每层砖都要与皮数杆对平，通线要绷紧穿平；砌筑时要左右照顾，避免接槎处接的高低不平。

(5)灰缝大小不匀：立皮数杆要保证标高一致，盘角时灰缝要掌握均匀，砌砖时小线要拉紧，防止一层线松，一层线紧。

(6)埋入砌体中的拉结筋位置不准：应随时注意正在砌的皮数，保证按皮数杆标明的位置放拉结筋，其外露部分在施工中不得任意弯折；并保证其长度符合设计要求。

(7)留槎不符合要求：砌体的转角和交接处应同时砌筑，否则应砌成斜槎。

(8)砌体临时间断处的高度差过大：一般不得超过一步架的高度。

(9)清水墙游丁走缝：排砖时必须把立缝排匀，砌完一步架高，每隔 2 m 间距在丁砖立楞处用托线板吊直弹线，二步架往上继续吊直弹线，由低往上所有七分头的长度应保持一致，对于质量要求较高的工程七分头宜采用无齿锯切割，上层分窗口位置时必同下窗口保持垂直。

(10)基础墙与上部墙错台：基础砖撂底要正确，收退大放角两边要相等，退到墙身之前要检查轴线和边线是否正确，如偏差较小可在基础部位纠正，不得在防潮层以上退台或出沿。

(11)窗口上部立缝变活：清水墙排砖时，为了使窗间墙、垛排成好活，把破活排在窗口中间或不明显位置，在砌过梁上第一皮砖时，不得变活。

(12)有高低台的基础应先砌低处，并由高处向低处搭接，如设计无要求，其搭接长度不应小于基础扩大部分的高度。

(13)砖墙鼓胀：内浇外砌墙体砌筑时，在窗间墙上、抗震柱两边分上、中、下留出 60 mm×120 mm 通孔，在抗震柱外墙面上垫木模板，用花篮螺栓与大模板连接牢固。混凝土要分层浇筑，振捣棒不可直接触及外墙。楼层圈梁外 3 皮 120 mm 砖墙也应认真加固。如在振捣时发现砖墙已鼓胀，则应及时拆掉重砌。

(14)混水墙粗糙：舌头灰未刮尽，半头砖集中使用，造成通缝，半头砖应分散使用在墙体

较大的面上。一砖厚墙背面偏差较大;砖墙错层造成螺栓墙。首层或楼层的一皮砖要查对皮数杆的标高及层高,防止到顶砌成螺栓墙。一砖厚墙应外手挂线。

(15)构造柱处砌筑不符合要求:构造柱砖墙应砌成马牙槎,设置好拉结筋,从柱脚开始两侧都应先退后进;当退 120 mm 时,宜上口一皮进 60 mm,再上一皮进 60 mm,以保证混凝土浇筑时上角密实。构造柱内的落地灰、砖渣杂物未清理干净,导致混凝土内夹渣。

细节八 施工质量记录

(1)材料(混凝土小型空心砌块、干拌砂浆、水泥、砂、钢筋等)的出厂合格证、进场复试报告。

(2)砂浆试块试验报告。

(3)分项工程质量检验评定。

(4)隐检、预检记录。

(5)质量检验评定资料。

(6)冬期施工记录。

(7)施工检查记录。

(8)设计变更及洽商记录。

(9)其他技术文件。

【典型实例】

一、烧结普通砖、烧结多孔砖砖墙砌体

施工技术交底记录(一)

工程名称	某施工工程	编　　号	×××××
施工单位	某建筑工程公司	交底日期	××年××月××日
交底摘要	烧结普通砖、烧结多孔砖砖墙砌体 砖基础砌筑、防潮层等的施工	分项工程名称	砖砌体工程施工
		页　　数	共 4 页，第 1 页

交底内容：

1. 材料准备

(1)水泥：采用 42.5 级普通硅酸盐水泥。

(2)砂：中砂，不得含有有害物质。

(3)水：自来水。

(4)烧结普通砖。

1)砖的外形为直角六面体，公称尺寸：长 240 mm、宽 115 mm、高 53 mm；配砖尺寸：175 mm×115 mm×53 mm。

2)砖的外形应平整、方正；外观应无明显的弯曲、缺棱、掉角、裂缝等缺陷，敲击时发出清脆的金属声，色泽均匀一致。

2. 机具选用

砂浆搅拌机、水平运输机械、瓦刀、铁锹、刨锛、手锤、钢凿、筛子、手推车、水准仪、经纬仪、钢卷尺、卷尺、锤线球、水平尺、磅秤、砂浆试模等。

3. 作业条件

(1)基槽或基础垫层已完成，并经过验收合格，办完隐检手续。

(2)设置龙门板或龙门桩，标出建筑物的主要轴线、基础、墙身轴线及标高；弹出基础轴线和边线；立好皮数杆(间距为 15～20 m，转角处均应设立)，办完预检手续。

(3)根据皮数杆最下面一层砖的标高，拉线检查基础垫层、表面标高是否合适；如第 1 层砖的水平灰缝大于 20 mm 时，应用细石混凝土找平，不得用砂浆或在砂浆中掺细砖或碎石处理。

(4)常温施工时，砌砖前 1 d 应将砖浇水湿润，以水浸入砖表面下 10～20 mm 深为宜；雨天作业不得使用含水率为饱和状态的砖。

(5)砌筑部位的灰渣、杂物应清除干净，基层浇水湿润。

(6)砂浆配合比已经试验室根据实际材料确定。准备好砂浆试模。应按试验确定的砂浆配合比拌制砂浆，且搅拌均匀。常温下拌和的砂浆应在拌好后 3～4 h 内用完；当气温超过 30℃ 时，应在 2～3 h 内用完。严禁使用过夜砂浆。

(7)基槽安全防护已完成，无积水，并通过了质检员的验收。

(8)脚手架应随砌随搭设；运输通道通畅，各类机具应准备就绪。

4. 工艺要求

施工流程：

地基验槽、砖基放线→材料见证取样、配置砂浆→排砖撂底、墙体盘角→立杆挂线、砌墙→验收养护

签字栏	交底人	×××	审核人	×××
	接受交底人	×××、×××、××		

工程名称	某施工工程	编　　号	×××××
施工单位	某建筑工程公司	交底日期	××年××月××日
交底摘要	烧结普通砖、烧结多孔砖砖墙砌体 砖基础砌筑、防潮层等的施工	分项工程名称	砖砌体工程施工
		页　　数	共 4 页，第 2 页

(1)砖基础砌筑前，基础垫层表面应清扫干净，洒水湿润。先盘墙角，每次盘角高度不应超过 5 层砖，随盘随靠平、吊直。

(2)砌基础墙应挂线，240 mm 墙反手挂线，370 mm 及以上墙应双面挂线。

(3)基础标高不一致或有局部加深部位，应从最低处往上砌筑，应经常拉线检查，以保持砌体通顺、平直，防止砌成螺栓墙。

(4)基础大放脚砌至基础上部时，要拉线检查轴线及边线，保证基础墙身位置正确。同时还要复核皮数杆的皮数及标高，如有偏差时，应在水平灰缝中逐渐调整，使砖墙的皮数与皮数杆一致。

(5)暖气沟挑檐砖及上一层压砖，均应用砖砌筑，灰缝要严实，挑檐砖标高必须正确。

(6)各种预留洞、预埋件、拉结筋按设计要求留置，避免以后剔凿影响砌体质量。

(7)变形缝的墙角应按直角要求砌筑，先砌的墙要把舌头灰刮尽；后砌的墙可采用缩口灰，掉入缝内的杂物应随时清理。

(8)安装管沟和洞口过梁的型号、标高必须正确，底灰饱满；如坐灰超过 20 mm 厚，可用细石混凝土铺垫，两端搭墙长度应一致。

(9)防潮层施工，将墙顶活动砖重新砌好，清扫干净，浇水湿润，随即抹防水砂浆。设计无规定时，一般厚度为 15～20 mm，防水粉掺量为水泥质量的 3%～5%。

(10)工完场清，做好成品保护工作，准备基础工程验收。

(11)工程验收后，应及时进行回填。

5. 质量要求

(1)主控项目。

1)砖和砂浆的强度等级必须符合设计要求。

抽检数量：执行《砌体结构工程施工质量验收规范》(GB 50203—2011)第 5.2.1 条的规定。

检验方法：查砖和砂浆试块试验报告。

2)砌体灰缝砂浆应密实饱满，砖墙水平灰缝的砂浆饱满度不得低于 80%；砖柱水平灰缝和竖向灰缝饱满度不得低于 90%。

抽检数量：每检验批抽查不应少于 5 处。

检验方法：用百格网检查砖底面与砂浆的黏结痕迹面积。每处检测 3 块砖，取平均值。

3)砖砌体的转角处和交接处应同时砌筑，严禁无可靠措施的内外墙分砌施工。在抗震设防烈度为 8 度及 8 度以上的地区，对不能同时砌筑而又必须留置的临时间断处应砌成斜槎，普通砖砌体斜槎水平投影长度不应小于高度的 2/3。

多孔砖砌体的斜槎长高比不应小于 1/2。斜槎高度不得超过一步脚手架的高度。

抽检数量：每检验批抽查不应少于 5 处。

检验方法：观察检查。

(2)一般项目。

1)砖砌体组砌方法应正确，上下错缝，内外搭砌。

签字栏	交底人	×××	审核人	×××
	接受交底人	×××、×××、××		

<table>
<tr><td>工程名称</td><td>某施工工程</td><td>编　　号</td><td>×××××</td></tr>
<tr><td>施工单位</td><td>某建筑工程公司</td><td>交底日期</td><td>××年××月××日</td></tr>
<tr><td rowspan="2">交底摘要</td><td rowspan="2">烧结普通砖、烧结多孔砖砖墙砌体
砖基础砌筑、防潮层等的施工</td><td>分项工程名称</td><td>砖砌体工程施工</td></tr>
<tr><td>页　　数</td><td>共 4 页，第 3 页</td></tr>
</table>

检验方法：观察检查。

2)砖砌体的灰缝应横平竖直，厚薄均匀。水平灰缝厚度及竖向灰缝宽度宜为 10 mm，但不应小于 8 mm，也不应大于 12 mm。

检验方法：水平灰缝厚度用尺量 10 皮砖砌体高度折算。竖向灰缝宽度用尺量 2 m 砌体长度折算。

6. 成品保护

(1)基础砌完后，未经有关人员复查前，应注意保护轴线桩、水平桩或龙门板，不得碰撞。

(2)对外露或预埋在基础内的暖卫、电气套管及其他预埋件应注意保护，不得损坏。

(3)应保护抗震构造柱钢筋和拉结筋，不得踩倒、弯折。

(4)基础墙回填土，两侧应同时进行。暖气沟墙未填土的一侧应加支撑，防止其在回填时被挤歪挤裂。回填土应分层夯实，不允许向槽内灌水取代夯实。

(5)回填土运输时，先将墙顶保护好，不得在墙上推车，以免损坏墙顶和碰撞墙体。

7. 安全措施

(1)建立健全安全环保责任制度、技术交底制度、检查制度等各项管理制度。

(2)现场施工用电严格执行《施工现场临时用电安全技术规范(附条文说明)》(JGJ 46—2005)。

(3)施工机械严格执行《建筑机械使用安全技术规程》(JGJ 33—2012)。

(4)现场各施工面安全防护设施齐全有效，个人防护用品使用正确。

(5)在操作之前必须检查操作环境是否符合安全要求，道路是否畅通，机具是否完好牢固，安全设施和防护用品是否齐全，经检查符合要求后方可施工。

(6)砌基础时，应检查和经常注意基坑土质变化情况，有无崩裂现象。堆放砌筑材料应离开坑边 1 m 以上。当深基坑装设挡土板或支撑时，操作人员应设梯子上下，不得攀跳。运料不得碰撞支撑，也不得踩踏砌体和支撑上下。

(7)墙身砌体高度超过地坪 1.2 m 以上时，应搭设脚手架。在 1 层以上或高度超过 4 m 时，采用里脚手架必须支搭安全网；采用外脚手架应设护身栏杆和挡脚板。

(8)脚手架上堆料量不得超过规定荷载，堆砖高度不得超过 3 皮侧砖，同一块脚手板上的操作人员不应超过两人。

(9)在楼层(特别是预制板面)施工时，堆放机具、砖块等物品不得超过使用荷载。如超过荷载时，必须经过验算采取有效加固措施后，方可堆放及进行施工。

(10)不得站在墙顶上做画线、刮缝及清扫墙面或检查大角垂直等工作。

(11)不得用不稳固的工具或物体在脚手板面垫高操作，更不得在未经过加固的情况下，在 1 层脚手架上随意再叠加 1 层。

(12)砍砖时应面向内打，防止碎砖跳出伤人。

(13)用于垂直运输的吊笼、滑车、绳索、刹车等，必须满足负荷要求，牢固无损；吊运时不得超载，并须经常检查，发现问题及时修理。

(14)用起重机吊砖要用砖笼；吊砂浆的料斗不能装得过满。吊杆回转范围内不得有人停留，吊件落到架子上时，砌筑人员要暂停操作，并避开到一边。

<table>
<tr><td rowspan="2">签字栏</td><td>交底人</td><td>×××</td><td>审核人</td><td>×××</td></tr>
<tr><td>接受交底人</td><td colspan="3">×××、×××、××</td></tr>
</table>

工程名称	某施工工程	编　　号	×××××
施工单位	某建筑工程公司	交底日期	××年××月××日
交底摘要	烧结普通砖、烧结多孔砖砖墙砌体 砖基础砌筑、防潮层等的施工	分项工程名称	砖砌体工程施工
		页　　数	共4页，第4页

(15)砖、石运输车辆两车前后距离平道上不小于2 m，坡道上不小于10 m；装砖时要先取高处后取低处，防止垛倒砸人。

(16)已砌好的山墙，应临时用联系杆(如檩条等)放置在各跨山墙上，使其联系稳定，或采取其他有效的加固措施。

8. 环保措施

(1)现场实行封闭化施工，有效控制噪声、扬尘、废物排放。

(2)每天砌筑作业结束后至少检查一次，固体废弃物是否用袋装集中清运到指定地点交当地环保部门清运处理。

(3)每天完工后，检查一次机械设备是否进行清理，按期保养，清理的废机油、棉纱是否集中回收到指定地点交环保部门清运处理。

签字栏	交底人	×××	审核人	×××
	接受交底人	×××、×××、××		

施工技术交底记录(二)

<table>
<tr><td>工程名称</td><td>某施工工程</td><td>编　　号</td><td>×××××</td></tr>
<tr><td>施工单位</td><td>某建筑工程公司</td><td>交底日期</td><td>××年××月××日</td></tr>
<tr><td rowspan="2">交底摘要</td><td rowspan="2">烧结普通砖、烧结多孔砖砖墙砌体
砌墙砌筑等的施工</td><td>分项工程名称</td><td>砖砌体工程施工</td></tr>
<tr><td>页　　数</td><td>共5页,第1页</td></tr>
<tr><td colspan="4">交底内容:
1. 材料准备
(1)砖:砖的品种、强度等级必须符合设计要求,并且规格一致,有出厂合格证或试验单。
(2)水泥:水泥要符合设计及规范要求,并有出厂合格证及试验报告,应按品种、强度等级、出厂日期分别堆放,并保持干燥。当遇水泥强度等级不明或出厂日期超过3个月(快硬性硅酸盐水泥超过1个月)时,应复查试验,并按试验结果使用。
(3)砂:用中砂。
(4)掺合料:用石灰膏时熟化时间不少于7 d。严禁使用冻结或脱水硬化的石灰膏。
2. 机具选用
搅拌机、手推车、磅秤、外用电梯、砖笼、胶皮管、筛子、大铲、瓦刀、扁子、托线板、线坠、小白线、卷尺、铁水平尺、皮数杆、小水桶、砖夹子、扫帚等。
3. 作业条件
(1)主体结构要经验收合格。楼面弹好墙身轴线、墙壁边线、门窗洞口线。
(2)基础两侧及房心土方回填完毕。
(3)在墙转角处、楼梯间及内、外墙交接处,已按标高立好皮数杆。皮数杆的间距不大于6 mm,并办好预检手续。
(4)砌筑部位(基础或楼板等)的灰渣、杂物要清除干净,并浇水湿润。
(5)随砌随搭好脚手架,垂直运输机具准备就绪。
4. 工艺要求
施工流程:
浇水湿砖→弹线、留槎→砖墙砌筑→验收
(1)本工程370 mm墙均是采用一顺一丁砌法,240 mm墙采用满丁满条砌法。在转角和丁字头处设皮数杆。砖上墙前1 d浇湿浇透,含水率宜为10%～15%,不准有干砖上墙砌筑。墙体采用MU10.0机制红砖,M10.0混合砂浆。
(2)砌筑前,先根据砖墙位置弹出轴线及边线。开始砌筑时先要进行摆砖,排出灰缝宽度。摆砖时应注意门窗位置对灰缝、整砖的影响,务必使各皮砖的竖缝相互错开。
(3)在砌筑砖墙前,要先将钢筋混凝土构造柱的位置弹出,并把构造柱插筋处理顺直。砌砖墙时,与构造柱联结处,应砌成马牙槎,每一马牙槎沿高度方向的尺寸不宜超过300 mm。砖墙与构造柱之间要按设计及规范要求放置拉结筋。
(4)墙预埋管道、箱盒和其他预埋件应于砌筑时正确留槎。
(5)外墙转角处要同时砌筑,内、外墙砌筑必须留斜槎,斜槎长度与高度的比不得小于2/3。临时间断处的高度差不得超过一步脚手架的高度。后砌隔墙、横墙和临时间断处留斜槎有困难时,可留直槎,并沿墙高按设计要求埋设钢筋,或按构造要求,每隔120 mm墙厚预埋1ϕ6钢筋,其埋入长度从留槎处算起每边</td></tr>
</table>

<table>
<tr><td rowspan="2">签字栏</td><td>交底人</td><td>×××</td><td>审核人</td><td>×××</td></tr>
<tr><td>接受交底人</td><td colspan="3">×××、×××、××</td></tr>
</table>

工程名称	某施工工程	编　　号	×××××
施工单位	某建筑工程公司	交底日期	××年××月××日
交底摘要	烧结普通砖、烧结多孔砖砖墙砌体砌墙砌筑等的施工	分项工程名称	砖砌体工程施工
		页　　数	共5页，第2页

均不小于500 mm，末端应有90°的弯钩。

(6)预留孔洞和穿墙管等均要按设计要求砌筑，不得事后凿墙。墙体抗震拉结筋的位置，钢筋规格、数量、间距，均要按设计要求留置，不得错放、漏放。

(7)砌筑门窗洞口时，采用后塞门窗框，则要按弹好的位置砌筑(一般洞口宽比门窗实际尺寸大10～20 mm)。

(8)砌体相邻工作段的高度差，不得超过一个楼层的高度，也不宜大于4 m。工作段的分段位置，宜设在伸缩缝、沉降缝、防震缝，或门窗洞口处。

(9)砌体临时间断处的高度差，不得超过一步脚手架的高度。

(10)砌体中的预埋件应做防腐处理。预埋木砖的木纹应与钉子垂直。

(11)应随时检查砌体表面的平整度、垂直度、灰缝厚度及砂浆饱满度等。

(12)砌筑完每一楼层后，应校核砌体的轴线和标高，在允许偏差范围内，偏差可在墙面上校正。

(13)雨天砌筑高度不宜超过1.2 m。砂浆稠度减少，收工时应覆盖砌体表面。

(14)严格控制砂子、水泥的质量和砂浆配比，尽量使用饮用水。砂浆宜采用中砂，并应过筛。

(15)砂浆应采用机械拌和，拌和时间自投料完毕算起，不得少于1.5 min。砂浆拌成后，使用时，均应盛入贮灰罐内。如出现泌水现象，应在砌筑前再次拌和。

(16)砂浆应随用随拌。水泥砂浆和水泥混合砂浆必须在拌成后3～4 h内使用完毕。

(17)如为了使水泥砂浆的保水性能良好，可掺入微沫剂，但必须经试验室先试验确定。

(18)砂浆强度等级应以标准养护，龄期28 d的试块抗压试验结果为准。

(19)每一楼层或250 m^3 砌体，至少制作1组试块。如砂浆强度等级或配合比变更时，应制作试块。

(20)砖砌体上下错缝，内外搭砌，水平灰缝的砂浆应饱满，其饱满度不得低于80%。竖向灰缝采用挤浆法施工，使其砂浆饱满。竖向灰缝不得低于90%。灰缝宽度一般为10 mm，但不应小于8 mm，也不应大于12 mm。

(21)砖砌体的转角处和交接处应同时砌筑，对不能同时施工的应砌成斜槎并加拉结筋。实心砖砌体的斜槎水平投影长度不应小于高度的2/3。

(22)埋入砖砌体中的拉结筋，应设置正确且平直，其外露部分在施工中不得任意弯折。拉接筋不得穿过烟道和通气孔道。如遇烟道或通气孔道时，拉结筋应分成两2股，沿孔道两侧平行设置。

(23)砌体筑接槎时，表面应清理干净，浇水湿润，并应填实砂浆，保持灰缝平直。

(24)墙体与构造柱之间每隔500 mm设2根 ϕ 6 水平拉筋，每边伸入墙内不应小于1 m。

(25)框架结构的房屋填充墙，应于框架中预埋的拉结筋连接。隔墙和填充墙的顶面与上部结构接触处，宜用侧砖或立砖斜砌挤紧。

(26)承重墙最上一皮砖，梁及梁垫下面以及挑檐、腰线，都应用丁砌法砌筑。

5. 质量标准

(1)主控项目。

签字栏	交底人	×××	审核人	×××
	接受交底人	×××、×××、××		

<table>
<tr><td>工程名称</td><td>某施工工程</td><td>编　　号</td><td>×××××</td></tr>
<tr><td>施工单位</td><td>某建筑工程公司</td><td>交底日期</td><td>××年××月××日</td></tr>
<tr><td rowspan="2">交底摘要</td><td rowspan="2">烧结普通砖、烧结多孔砖砖墙砌体
砌墙砌筑等的施工</td><td>分项工程名称</td><td>砖砌体工程施工</td></tr>
<tr><td>页　　数</td><td>共5页,第3页</td></tr>
<tr><td colspan="4">
1)砖和砂浆的强度等级必须符合设计要求。
2)砌体灰缝砂浆应密实饱满,砖墙水平灰缝的砂浆饱满度不得低于80%;砖柱水平灰缝和竖向灰缝饱满度不得低于90%。
3)非抗震设防及抗震设防烈度为6、7度地区的临时间断处,当不能留斜槎时,除转角处外,可留直槎,但直槎必须做成凸槎,且应加设拉结钢筋。
(2)一般项目。
1)砖砌体组砌方法应正确,内外搭砌,上、下错缝。
2)砖砌体的灰缝应横平竖直,厚薄均匀。
6. 成品保护
(1)墙体拉结筋,抗震构造柱钢筋,大模板混凝土墙体钢筋及各种预埋件、暖卫、电气管线等,均应注意保护,不得任意拆改或损坏。
(2)砂浆稠度应适宜,砌墙时应防止砂浆溅脏墙面。
(3)在吊放平台脚手架或安装大模板时,指挥人员和起重机司机要认真指挥和操作,防止碰撞刚砌好的砖墙。
(4)在高车架进料口周围,应用塑料薄膜或木板等遮盖,保持墙面洁净。
(5)尚未安装楼板或层面板的墙和柱,遇到大风时,应采取临时支撑等措施,以保证其稳定性。
7. 质量问题
(1)基础墙与墙错台:基础砖撂底要正确,收退大放角两边要相等,退到墙身之前要检查轴线和边线是否正确,如偏差较小,可在基础部位纠正,不得在防潮层以上退台或出沿。
(2)清水墙游丁走缝:排砖时必须把立缝排匀,砌完一步架高度,每隔2 m间距在丁砖立楞处用托线板吊直弹线,三步架往上继续吊直弹粉线,由底往上所有七分头的长度应保持一致,上层分窗口位置必须同下窗口保持垂直。
(3)灰缝大小不匀:立皮杆要保证标高一致,盘角时灰缝要掌握均匀,砌砖时小线要拉紧,防止一层线松,一层线紧。
(4)窗口上部立缝变活:清水墙排砖时,为了使窗间墙、垛排成好活,把破活排在中间位置,在砌过梁上第一行砖时,不得随意变动破活位置。
(5)砖墙鼓胀:外砖内模墙体砌筑时,在窗间墙上,抗震柱两边分上、中、下,留出6 cm×12 cm通孔,抗震柱外墙面垫5 cm厚木板,用花篮螺栓与大模板连接牢固。混凝土要分层浇灌,振捣棒不可直接触及外墙。楼层圈梁外3皮12 cm砖墙也应认真加固。如在振捣时发现砖墙已鼓胀,应及时拆掉重砌。
(6)混水墙粗糙:舌头灰未刮尽,半头砖集中使用造成通缝;一砖厚墙背面偏差较大;砖墙错层造成螺栓墙。半头砖要分散使用在较大的墙体上,首层或楼层的第一皮砖要查对皮数杆的标高及层高,防止到顶砌成螺栓墙,一砖厚墙采用外手挂线。
(7)构造柱砌筑不符合要求:构造柱砖墙应砌成大马牙槎,设置好拉结筋,从柱脚开始应先退后进,当退12 cm时上口一皮进6 cm,再上一皮进6 cm,以保证上角的混凝土浇筑密实。构造柱内的落地灰、砖渣杂物应清理干净,防止夹渣。
</td></tr>
</table>

<table>
<tr><td rowspan="2">签字栏</td><td>交底人</td><td>×××</td><td>审核人</td><td>×××</td></tr>
<tr><td>接受交底人</td><td colspan="3">×××、×××、××</td></tr>
</table>

工程名称	某施工工程	编　号	××××××
施工单位	某建筑工程公司	交底日期	××年××月××日
交底摘要	烧结普通砖、烧结多孔砖砖墙砌体砌墙砌筑等的施工	分项工程名称	砖砌体工程施工
		页　数	共5页，第4页

8. 安全措施

(1)冬期施工时，脚手板上如有冰霜、积雪，应先清除后才能上架子进行操作。

(2)如遇雨天及每天下班时，要做好防雨措施，以防雨水冲走砂浆，致使砌体倒塌。

(3)在同一垂直面内上下交叉作业时，必须设置安全隔板，下方操作人员必须佩戴安全帽。

(4)人工垂直往上或往下(深坑)传递砖石时，要搭递砖架子，架子的站人板宽度应不小于60 cm。

(5)已经就位的砌块，必须立即进行竖缝灌浆；对稳定性较差的窗间墙、独立柱和挑出墙面较多的部位，应加临时稳定支撑，以保证其稳定性。在台风季节，应及时进行圈梁施工，加盖楼板，或采取其他稳定措施。

(6)在砌块砌体上，不宜拉锚缆风绳，不宜吊挂重物，也不宜作为其他施工临时设施、支撑的支承点，如果确实需要时，应采取有效的构造措施。

(7)大风、大雨、冰冻等异常气候之后，应检查砌体是否有垂直度的变化，是否产生了裂缝，是否有不均匀下沉等现象。

(8)基坑边堆放材料距离坑边不得少于1 m，尚应按土质的坚实程度确定。当发现土壤出现水平或垂直裂缝时，应立即将材料搬离并进行基坑装顶加固处理。

(9)深基坑支顶的拆除，应随砌筑的高度，自上而下将支顶逐层拆除，并每拆一层，随即回填一层泥土，防止该层基土发生变化。当在坑内工作时，操作人员必须戴好安全帽。操作地段上面要有明显标志，警示基坑内有人操作。

(10)严禁使用砖及砌块做脚手架的支撑；脚手架搭设后应经检查方可使用，施工用的脚手板不得少于两块，其端头必须伸出架的支承横杆约200 mm，但也不许伸太长做成探头板；砌筑时不准随意拆改和移动脚手架，楼层屋盖上的盖板或防护栏杆不得随意挪动拆除。

(11)脚手架站脚的高度，应低于已砌砖的高度；每块脚手板上的操作人员不得超过两人；堆放砖块单行不得超过3皮；采用砖笼吊砖时，砖在架子上或楼板上要均匀分布，不应集中堆放；灰桶、灰斗应放置有序，使架子上保持畅通。

(12)在架子上砍砖时，操作人员应面向里把碎砖打在脚手板上，严禁把砖头打向架外；挂线用的坠砖，应绑扎牢固，以免坠落伤人。禁止用手向上抛砖运送，人工传递时，应稳递稳接，两人避免在同一垂直线上作业。

(13)砌砖使用的工具、材料应放在稳妥的地方，工作完毕应将脚手板和砖墙上的碎砖、灰浆等清扫干净，防止掉落伤人。

(14)砂浆搅拌机运转时，严禁将锹、耙等工具伸入罐内，必须进罐扒砂浆时，要停机进行。工作完毕，应将拌筒清洗干净。搅拌机应有专用开关箱，并应装有漏电保护器，停机时应拉断电闸，下班时电闸箱应上锁。

(15)采用手推车运输砂浆时，不得争先抢道，装车不应过满；卸车时应有挡车措施，不得用力过猛或撒把，以防车把伤人。

(16)使用井架提升砂浆时，应设置制动安全装置，升降应有明确信号，操作人员未离开提升台时，不得发出升降信号。

签字栏	交底人	×××	审核人	×××
	接受交底人	×××、×××、××		

工程名称	某施工工程	编　　号	××××××
施工单位	某建筑工程公司	交底日期	××年××月××日
交底摘要	烧结普通砖、烧结多孔砖砖墙砌体砌墙砌筑等的施工	分项工程名称	砖砌体工程施工
		页　　数	共5页，第5页

(17)施工现场应按消防要求配备消防器材及消防用水。消防用水的设置要综合考虑，既要满足消防要求，同时还要满足停水时，砌筑砂浆拌制的需要。

(18)施工中，应做好机械设备零部件的储备工作，以防因机械损坏不能及时修理而影响工期及砂浆初凝无法使用。

9. 环保措施

(1)室外砌筑工程，遇下雨时，应停止施工，并用塑料布覆盖已砌好的砌体，防雨水冲刷，砂浆流淌污染墙面及地面。

(2)雨后施工时，应及时检测砂子及机砖的含水率，及时调整配合比，避免因配合比不正确返工产生扬尘、噪声、固体废弃物并浪费材料；对于机砖含水率饱和的，禁止使用，以防砌筑时增大砂浆流动性而污染墙面、地面。

(3)每5 d检查一次沉淀池是否按规定清掏，清掏的杂物是否分类堆放，并交由环保部门统一清运。

(4)现场所有人员在施工前应掌握操作要领和环境控制要求，避免因人为不掌握环境控制措施而造成噪声、扬尘、废弃物、废水等污染环境。

签字栏	交底人	×××	审核人	×××
	接受交底人	×××、×××、××		

施工技术交底记录(三)

<table>
<tr><td>工程名称</td><td>某施工工程</td><td>编　　号</td><td>×××××</td></tr>
<tr><td>施工单位</td><td>某建筑工程公司</td><td>交底日期</td><td>××年××月××日</td></tr>
<tr><td rowspan="2">交底摘要</td><td rowspan="2">烧结普通砖、烧结多孔砖砖墙砌体的施工</td><td>分项工程名称</td><td>砖砌体工程施工</td></tr>
<tr><td>页　　数</td><td>共4页,第1页</td></tr>
</table>

交底内容:

1. 材料准备

黏土多孔砖、水泥、砂、掺合料、拉结钢筋、预埋件、木砖等。

2. 机具选用

搅拌机、手推车、磅秤、物料提升机、塔式起重机、砖笼、胶皮管、筛子、大铲、瓦刀、扁子、托线板、线坠、小白线、卷尺、水平尺、皮数杆、小水桶、砖夹子、扫把等。

3. 作业条件

(1)完成室外及房心回填土,基础工程结构施工完毕,并经有关单位验收合格。

(2)弹好墙身线、轴线,根据现场砌块的实际规格尺寸,再弹出门窗洞口位置线,经验线符合设计图纸的尺寸要求,办完验收手续。

(3)立皮数杆:用 30 mm×40 mm 木料制作。皮数杆上画有门窗洞口、木砖、拉接筋、圈梁、过梁的尺寸标高。按标高立好皮数杆。皮数杆的间距为 15 m。转角处距墙皮或墙角 50 mm 设置皮数杆。皮数杆应垂直、牢固、标高一致,经过复核,并办理验收手续。

(4)砂浆由试验室进行配合比试配,并准备好试模。

4. 工艺要求

施工流程:

墙体放线→制备砂浆→砌块排列→铺砂浆→砌块就位→校正→砌筑→勾缝

(1)墙体放线:砌体施工前,应按标高找平基础或楼层结构面,依据砌筑图放出第一皮砌块的轴线、砌体边线和洞口线。

(2)拌制砌筑砂浆:现场采用砂浆搅拌机拌和砂浆,严格按照配合比配制。

(3)砂浆配合比用质量比,计量精度:水泥为±2%,砂及掺合料为±5%。

(4)砂浆组批原则及取样规定。

1)以同一砂浆强度等级、同一配合比、同种原材料及每一楼层或 250 m^3 砌体(基础砌体可按一个楼层计)为一个取样单位。每一取样单位标准养护试块的留置不得少于 1 组(每组 6 块)。

2)干拌砂浆:同强度等级每 400 t 为一验收批,不足 400 t 也按一批计。每批从 20 个以上的不同部位取等量样品,总质量不少于 15 kg,并分成两份,一份送试,一份备用。

3)建筑地面用水泥砂浆,以每一层或 1 000 m^2 为一检验批,不足 1 000 m^2 也按一批计。

4)每批砂浆至少取样 1 组。改变配合比时,也应相应地留置试块。

5)搅拌机投料顺序:砂→水泥→掺合料→水。

6)砌块排列:按砌块排列图在砌体线范围内分块定尺、画线,排列砌块的方法和要求如下:砌块排列上、下皮应错缝搭砌,搭砌长度为砌块的 1/2,不得小于砌块高度的 1/3,也不应小于 90 mm;如果搭错缝长度不能满足规定的搭接要求,应根据砌体构造设计的规定采取压砌钢筋网片的措施。

7)外墙转角及纵横墙交接处,应将砌块分皮咬槎,交错搭砌。

8)砌块就位与校正:砖砌块砌筑前应提前 2 d 浇水湿润。应清除砌块表面的杂物。砌筑就位应先远后

<table>
<tr><td rowspan="2">签字栏</td><td>交底人</td><td>×××</td><td>审核人</td><td>×××</td></tr>
<tr><td>接受交底人</td><td colspan="3">×××、×××、××</td></tr>
</table>

工程名称	某施工工程	编　　号	×××××
施工单位	某建筑工程公司	交底日期	××年××月××日
交底摘要	烧结普通砖、烧结多孔砖砖墙砌体的施工	分项工程名称	砖砌体工程施工
		页　　数	共4页，第2页

近、先下后上、先外后内；每层开始时，应从转角处或定位砌块处开始。

9)砌筑墙体要同时砌筑，不得留斜槎。每天砌筑高度不超过1.8 m。

10)转角及交接处同时砌筑，不得留直槎，斜槎水平投影不应小于高度的2/3。

5. 质量要求

砖砌体工程施工质量要求应符合《砌体结构工程施工质量验收规范》(GB 50203—2011)的规定，见下表。

砖砌体工程尺寸、位置的允许偏差

项目			允许偏差/mm	检验方法	抽检数量
轴线位移			10	用经纬仪和尺或用其他测量仪器检查	承重墙、柱全数检查
基础、墙、柱顶面标高			±15	用水准仪和尺检查	不应小于5处
墙面垂直度	每层		5	用2 m托线板检查	不应小于5处
	全高	≥10 m	10	用经纬仪、吊线和尺或其他测量仪器检查	外墙全部阳角
		<10 m	20		
表面平整度	清水墙、柱		5	用2 m靠尺和楔形塞尺检查	不应小于5处
	混水墙、柱		8		
水平灰缝平直度	清水墙		7	拉5 m线和尺检查	不应小于5处
	混水墙		10		
门窗洞口高、宽(后塞口)			±10	用尺检查	不应小于5处
外墙上下窗口偏移			20	以底层窗口为准，用经纬仪或吊线检查	不应小于5处
清水墙游丁走缝			20	以每层第一皮砖为准，用吊线和尺检查	不应小于5处

6. 成品保护

(1)砌体材料运输、装卸过程中，严禁抛掷和倾倒。进场后，要按品种、规格分别堆放整齐，做好标志；堆放高度不能超过2 m。

(2)砌体墙上不得放脚手架排木，防止发生事故。

(3)砌体在墙上支撑圈梁模板时，防止撞动最上一皮砖。

签字栏	交底人	×××	审核人	×××
	接受交底人	×××、×××、××		

工程名称	某施工工程	编　　号	×××××
施工单位	某建筑工程公司	交底日期	××年××月××日
交底摘要	烧结普通砖、烧结多孔砖砖墙砌体的施工	分项工程名称	砖砌体工程施工
		页　　数	共4页，第3页

(4)支完模板后，保持模内清洁，防止掉入砖头、石子、木屑等杂物。

(5)墙体的拉结钢筋、框架结构柱预留锚固筋及各种预埋件、各种预埋管线等，均要注意保护，严禁任意拆改或损坏。

(6)砂浆稠度要适宜。砌砖操作、浇筑过梁、构造柱混凝土时，要防止砂浆流淌污染墙面。

(7)在吊放操作平台脚手架或安装模板、搬运材料时，防止碰撞已砌筑完成的墙体。

(8)有预留孔洞的墙面，要用与原墙相同规格和色泽的砖嵌砌严密，不留痕迹。

(9)垂直运输的外用电梯进料口周围，要用塑料纺织布或木板等遮盖，保持墙面清洁。

7. 质量问题

(1)墙身砌体高度超过地坪1.2 m以上，必须及时搭设好脚手架，不准用不稳定的工具或物体在脚手板上垫高工作。高处操作时要系好安全带，安全带挂靠地点牢固。

(2)垂直运输的吊笼、滑车、绳索、刹车等，必须满足荷载要求，吊运时不得超载；使用过程中要经常检查，若发现不符合规定者，要及时修理或更换。

(3)停放搅拌机械的基础要坚实平整，防止因地面下沉造成机械倾倒。

(4)进入施工现场，要正确穿戴安全防护用品。

(5)施工现场严禁吸烟，且不得酒后作业。

(6)从砖垛上取砌块时，先取高处，后取低处，防止砖垛倒塌伤人。

8. 安全措施

(1)搅拌机械操作人员应经过培训，掌握搅拌机的操作及维修保养要求后，方可进行机械操作。避免由于人的因素造成安全问题。

(2)砌筑工人中，中、高级工人不少于70%，并应具有同类工程的施工经验。砌筑作业前，应由项目技术员对砌筑工人进行环境交底，使工人在砌筑过程中安全施工，避免因人的原因造成安全隐患。

(3)每天施工前检查仓库、钢筋棚、木工棚及现场材料堆放处是否按规定设置了消防灭火器材，且灭火器材应完好可用。

9. 环保措施

(1)砌筑砂浆不得遗撒和污染作业面。

(2)施工垃圾应每天清理至砌筑垃圾房(池)，或堆放在指定的地点。

(3)现场的砂石料要用帆布覆盖，水泥库应维护严密，有防潮防水措施。

(4)砖在运输、装修时，严禁倾倒和抛掷，应由人工用专用夹子夹起，轻拿轻放并码放整齐，避免材料损坏，产生固体废弃物。

(5)四级风以上的天气严禁进行筛砂作业，以免扬尘。

(6)遇大风及干燥天气，应经常用喷雾器向砂子表面喷水湿润，增大表面砂子的含水率，以控制扬尘。

(7)砂浆运输车辆、灰槽应完好不渗漏，以免运输时污染地面。灰车，灰槽用完后，及时清洗。清洗应在搅拌站处集中进行，且应边清洗边将污水清扫到沉淀池，避免污水四溢污染周边环境，污水经两级沉淀后排出。

签字栏	交底人	×××	审核人	×××
	接受交底人	×××、×××、××		

<table>
<tr><td>工程名称</td><td>某施工工程</td><td>编　　号</td><td>××××××</td></tr>
<tr><td>施工单位</td><td>某建筑工程公司</td><td>交底日期</td><td>××年××月××日</td></tr>
<tr><td rowspan="2">交底摘要</td><td rowspan="2">烧结普通砖、烧结多孔砖砖墙砌体的施工</td><td>分项工程名称</td><td>砖砌体工程施工</td></tr>
<tr><td>页　　数</td><td>共4页,第4页</td></tr>
<tr><td colspan="4">(8)向现场运送材料的车辆,应密封严实,以防运输途中,材料遗洒污染城市道路。施工现场上路前,在施工出入口处的车辆冲洗处将车辆轮胎冲洗干净后,方可出门上路。车辆冲洗污水必须流入沉淀池沉淀后方可排出,以防污水四溢污染地面。
(9)现场所有人员在施工前应掌握操作要领并安全施工,避免因人为不掌握环境控制措施而造成扬尘、废弃物、废水污染环境。</td></tr>
</table>

<table>
<tr><td rowspan="2">签字栏</td><td>交底人</td><td>×××</td><td>审核人</td><td>×××</td></tr>
<tr><td>接受交底人</td><td colspan="3">×××、×××、××</td></tr>
</table>

二、蒸压粉煤灰砖、蒸压灰砂砖砌体

施工技术交底记录(一)

工程名称	某施工工程	编　　号	×××××
施工单位	某建筑工程公司	交底日期	××年××月××日
交底摘要	蒸压粉煤灰砖、蒸压灰砂砖砌体砂浆的拌制、组砌的方法等	分项工程名称	砖砌体工程施工
		页　　数	共3页,第1页

交底内容:

1. 材料准备

(1)砖:砖的品种、强度等级须符合设计要求,并应规格一致,有出厂证明或试验单。

(2)水泥:一般采用42.5级普通硅酸盐水泥。

(3)砂:中砂,并应过5 mm孔径的筛。配制M5以下的砂浆,砂的含泥量不超过10%;M5以上的砂浆,砂的含泥量不超过5%。不得含有草根等杂物。

(4)掺合料:石灰膏、电石膏、粉煤灰和磨细生石灰粉等。生石粉熟化时间不得少于7 d。

(5)其他材料:拉结钢筋、预埋件、木砖、防水粉等。

2. 机具选用

砂浆搅拌机、磅秤、手推车、大铲、刨锛、托线板、线坠、木折尺、灰槽(铁或橡胶的)、小水桶、砖夹子、小线、筛子、扫帚、八字靠尺板、钢筋卡子、铁抹子等。

3. 作业条件

(1)基槽、灰土地基均已完成,并办完隐检手续。

(2)已放好基础轴线及边线;立好皮数杆(一般间距为15～20 m,转角处均应设立),并办完预检手续。

(3)根据皮数杆最下面一层砖的标高,拉线检查基础垫层、表面标高是否合适;如第一层砖的水平灰缝大于20 mm,应先用细石混凝土找平,严禁在砌筑砂浆中掺细石处理或用砂浆垫平,更不允许砍砖包合子找平。

(4)常温施工时,黏土砖必须在砌筑前1 d浇水湿润,一般以水浸入砖四边1.5 cm左右为宜。

(5)砂浆配合比已经试验确定。现场准备好砂浆试模。

4. 工艺要求

施工流程:

拌制砂浆→确定组砌方法→排砖撂底→砌筑→抹防潮层

(1)拌制砂浆。

1)砂浆的配合比应采用质量比,并经试验确定。水泥称量的精确度控制在±2%以内;砂和掺合料等精确度控制在±5%以内。

2)砂浆应采用机械拌和。先倒砂子、水泥、掺合料,最后倒水。拌和时间不得少于1.5 min。

3)砂浆应随拌随用。水泥砂浆和水泥混合砂浆必须在拌成后3 h和4 h内用完。

4)对每个楼层或每250 m^3砌体中的各种砂浆,每台搅拌机至少应作1组试块(每组6块);如砂浆强度等级或配合比变更时,还应制作试块。

(2)确定组砌方法。

1)组砌方法的确定应正确,一般采用满丁满条排砖法。

2)砌筑时,必须里外咬槎或留踏步槎,上下层错缝。宜采用“三一 砌砖法”(即一铲灰、一块砖、一挤揉)。严禁使用水冲灌缝的方法施工。

签字栏	交底人	×××	审核人	×××
	接受交底人	×××、×××、××		

工程名称	某施工工程	编　号	×××××
施工单位	某建筑工程公司	交底日期	××年××月××日
交底摘要	蒸压粉煤灰砖、蒸压灰砂砖砌体砂浆的拌制、组砌的方法等	分项工程名称	砖砌体工程施工
		页　数	共3页,第2页

(3)排砖撂底。

1)基础大放脚的撂底尺寸及收退方法必须符合设计图纸规定。若是一层一退,里外均应砌丁砖;若是两层一退,第一层为条砖,第二层砌丁砖。

2)大放脚的转角处应按规定放七分头,其数量为一砖半厚墙放3块、二砖墙放4块,以此类推。

(4)砌筑。

1)砖基础砌筑前,基底垫层表面应清扫干净,洒水湿润。然后盘墙角。每次盘角高度不应超过5层砖。

2)基础大放脚砌到基础墙时,要拉线检查轴线及边线,保证基础墙身位置正确。同时要与皮数杆的砖层及标高进行对照;如有高低差时,应在水平灰缝中逐渐调整,使墙的层数与皮数杆一致。

3)基础墙角每次砌筑高度不应超过5层砖,随砌随靠平吊直,以保证基础墙横平竖直。砌基础墙应挂线,240 mm墙外手挂线,370 mm以上的墙应双面挂线。

4)基础标高不一致或有局部加深的部位,应从最低处往上砌筑。同时应经常拉线检查,以保持砌体平直通顺,防止出现螺栓墙。

5)基础墙上,承托暖气沟盖板的挑檐砖及上一层压砖,均应用丁砖砌筑。立缝碰头灰要打严实。挑檐砖层的标高必须正确。

6)基础墙上的各种预留洞口及埋件,以及接槎的拉结筋,应按设计标高、位置或交底要求留置,避免以后凿墙打洞影响墙体质量。

7)沉降缝两边的墙角应按直角要求砌筑。先砌的墙要把舌头灰刮尽;后砌的墙可采用缩口灰的方法。掉入沉降缝内的砂浆、碎砖和杂物应随时清除干净。

8)安装管沟和预留洞的过梁,其标高、型号、位置必须准确,底灰饱满;如坐灰超过20 mm厚时,要用细石混凝土铺垫。过梁两端的搭墙长度应一致。

(5)抹防潮层。

抹灰前应将墙顶活动砖修好,墙面要清扫干净,并浇水润湿。随即抹防水砂浆。设计无规定时,厚度一般为20 mm,防水粉掺量为水泥质量的3%～5%。

5. 质量要求

(1)主控项目。

1)砖和砂浆的强度等级必须符合设计要求。

2)砌体灰缝砂浆应密实饱满。

3)砖砌体的转角处和交接处应同时砌筑,严禁无可靠措施的内外墙分砌施工。

(2)一般项目。

1)砖砌体组砌方法应正确,内外搭砌,上、下错缝。

2)砖砌体的灰缝应横平竖直,厚薄均匀。

6. 成品保护

(1)基础墙砌完后,有关人员复查前,应注意保护轴线桩、水平桩龙门板,不得碰撞。

(2)应注意保护外露或预埋在基础内的暖卫、电气套管及其他预埋件,不得损坏。

(3)应加强对抗震构造柱钢筋和拉结筋的保护,不得踩倒、弯折。

签字栏	交底人	×××	审核人	×××
	接受交底人	×××、×××、××		

工程名称	某施工工程	编　　号	×××××
施工单位	某建筑工程公司	交底日期	××年××月××日
交底摘要	蒸压粉煤灰砖、蒸压灰砂砖砌体砂浆的拌制、组砌的方法等	分项工程名称	砖砌体工程施工
		页　　数	共3页,第3页

(4)基础墙两侧应同时回填土,否则未填土的一侧应加支撑。暖气沟墙内应加垫板支撑牢固,防止其被回填土挤歪挤裂。回填土严禁不分层夯实或采用向槽内灌水的所谓"水夯法"。

7. 质量问题

(1)砂浆配合比不准:水泥和砂都要车车过磅,计量要准确。要保证搅拌时间达到规定要求。

(2)冬期砌筑砂浆不得使用无水泥配制的砂浆。

(3)基础墙身位移过大:大放脚两边收退要均匀;砌到基础墙身时,要拉线找正墙的轴线和边线;砌筑时保持墙身垂直。若偏差较小时,可在基础部位纠正,不得在防潮层以上退台或出沿。

(4)墙面不平:一砖半墙必须双面挂线,一砖墙反手挂线;舌头灰要随砌随刮平。

(5)水平灰缝高低不平:盘角时灰缝要均匀,每层砖都要与皮数杆对平,通线要绷紧穿平。砌筑时要左右照顾,避免预留接槎处接得高低不平。

(6)皮数杆不平:找平放线时要细致认真;皮数杆的木桩要牢固,防止碰撞松动。皮数杆立完后,应再进行一次水平标高的复验,确保皮数杆高度一致。

(7)埋入砌体中的拉结筋位置不准:应随时注意砌的皮数,保证按皮数杆标明的位置放置拉结筋,且其外露部分在施工中不得任意弯折;要保证拉结筋长度符合图纸要求。

(8)留槎不符合要求:砌体的转角和交接处应同时砌筑,否则应砌成斜槎。

(9)有高低台的基础,应从低处砌起,并由高台向低台搭接。设计无要求时,搭接长度不应小于基础扩大部分的高度。

(10)砖临时间断处的高差过大:砌筑量不得超过一步脚手架的高度。

8. 安全措施

(1)对混凝土砌块施工人员进行岗位培训,熟悉有关安全技术规程和标准。现场操作必须戴安全帽。

(2)吊装小砌块时必须使用四周有围栏的吊盘,并应注意重心位置,严禁用起重机臂拖运小砌块。

(3)砖块装卸严禁倾卸丢掷,应轻码轻放,严禁碰撞掉角。

(4)砖块运输应使用专用砖块木箱(笼),使用起重叉车成箱装卸,运输过程采取相应防雨、防相互碰撞措施。

(5)砌筑使用的脚手架未经安全验收严禁使用。采用外脚手架应设防护和安全网围挡,脚手架上只能卧放两层砌块。

(6)砌筑高度超过 1.2 m 应搭设脚手架,同一脚手板上不应超过 2 人。

9. 环保措施

(1)当砂子中含有直径大于 1 cm 的冻结块或冰块时,应用锤子破碎或采用加热的方法去除砂中的冰块及冻结块,不宜采用过筛的方法,以避免扬尘。

(2)应尽量避免夜间施工。若夜间施工,照明灯罩的使用率应为 100%以减少光污染,并做到人走灯灭,避免浪费资源。

(3)砌筑时搭设脚手架应轻拿轻放,以减小噪声。脚手架铺设的木跳板上,每平方米内堆载不得超3 kN,以防因脚手板承载力不足而使砖下落,造成损坏,产生扬尘、固体废弃物。

签字栏	交底人	×××	审核人	×××
	接受交底人	×××、×××、××		

施工技术交底记录(二)

工程名称	某施工工程	编　　号	×××××
施工单位	某建筑工程公司	交底日期	××年××月××日
交底摘要	蒸压粉煤灰砖、蒸压灰砂砖砌体砖墙的砌筑、冬期施工等	分项工程名称	砖砌体工程施工
		页　　数	共4页,第1页

交底内容:

1. 材料准备

(1)砖:粉煤灰砖公称尺寸为240 mm×115 mm×53 mm,清水墙的砖应色泽均匀,边角整齐。

(2)水泥:品种与强度等级应根据砌体部位及所处环境确定,一般宜采用42.5级普通硅酸盐水泥或矿渣硅酸盐水泥。

(3)砂子:中砂,配制M5以下砂浆所用砂子的含泥量不超过10%。M5及其以上砂浆砂子的含泥量不超过5%,使用前用5 mm孔径的筛子过筛。

(4)掺合料:石灰膏熟化时间不少于7 d,严禁使用脱水硬化和冻结的石灰膏。

(5)其他材料:木砖防腐剂,墙体拉结钢筋及预埋件等。

2. 机具选用

搅拌机、手推车、磅秤、垂直运输设备、大铲、刨锛、瓦刀、扁子、托线板、线坠、小白线、卷尺、铁水平尺、皮数杆、小水桶、灰槽、砖夹子、扫帚等。

3. 作业条件

(1)完成室外及房心回填土,安装好暖气盖板。

(2)办完地基、基础工程隐检手续。

(3)按标高抹好水泥砂浆防潮层。

(4)弹好墙身线、轴线,根据现场砖的实际规格尺寸再弹出门窗洞口位置线,经验线符合设计图纸的尺寸要求,办完预检手续。

(5)按标高立好皮数杆,皮数杆的间距以15～20 m为宜。

(6)砂浆由试验室做好试配工作,准备好试模。

4. 工艺要求

施工流程:

作业准备→浇水湿砖→搅拌砂浆→砌砖墙→验收

(1)砖浇水。黏土砖必须在砌筑前1 d浇水湿润,一般以水浸入砖四边1.5 cm为宜,含水率为10%～15%,常温施工不得用干砖砌墙;雨期不得使用含水率达到饱和状态的砖砌墙;冬期浇水有困难,必须适当增大砂浆稠度。

(2)砂浆搅拌。砂浆配合比应采用质量比,计量精度水泥为±2%,砂灰膏控制在±5%以内。宜用机械搅拌,搅拌时间不少于1.5 min。

(3)砌筑砖墙。

1)组砌方法:砌体一般采用一顺一丁(满丁满条)、梅花丁或三顺一丁砌法。不采用五顺一丁砌法。砖柱不得采用先砌四周后填中心的包心砌法。

2)排砖撂底(干摆砖):外墙第一层砖撂底时,两山墙排丁砖,前后纵墙排条砖。根据弹好的门窗洞口位置线,认真核对窗间墙、垛尺寸长度是否符合排砖模数,如不符合模数时,可将门窗口的位置向左右移动。若有破活,七分头或丁砖应排在窗口中间,或附墙垛,或其他不明显部位。移动门窗口位置时,应注意暖卫主管及门窗口开启不受影响。另外在排砖时还要考虑在门窗口上边的砖墙合拢时也不出现破活。所以

签字栏	交底人	×××	审核人	×××
	接受交底人	×××、×××、××		

<table>
<tr><td>工程名称</td><td>某施工工程</td><td>编　　号</td><td>×××××</td></tr>
<tr><td>施工单位</td><td>某建筑工程公司</td><td>交底日期</td><td>××年××月××日</td></tr>
<tr><td rowspan="2">交底摘要</td><td rowspan="2">蒸压粉煤灰砖、蒸压灰砂砖砌体
砖墙的砌筑、冬期施工等</td><td>分项工程名称</td><td>砖砌体工程施工</td></tr>
<tr><td>页　　数</td><td>共4页，第2页</td></tr>
</table>

排砖时必须全盘考虑，即前后檐墙排每皮砖时，要考虑窗口后砌条砖，窗角上必须是七分头才是好活。

3)选砖：砌清水墙应选择棱角整齐，无弯曲、裂纹，颜色均匀，规格基本一致的砖。敲击时声音响亮，焙烧过火变色、变形的砖可用在基础及不影响外观的内墙上。

4)盘角：砌砖前应先盘角，每次盘角不要超过5层，新盘的大角，及时进行吊靠，如有偏差要及时修整。盘角时要仔细对照皮数杆的砖层和标高，控制好灰缝大小使水平灰缝均匀一致。大角盘好后再复查一次，平整和垂直完全符合要求后才可以挂线砌墙。

5)挂线：砌筑一砖半墙必须双面挂线，如果长墙几个人使用一根通线，中间应设几个支线点，小线要拉紧，每层砖都要穿线看平，使水平缝均匀一致，平直通顺；砌一砖厚混水墙时宜采用外手挂线，可以照顾砖墙两面平整，为控制抹灰厚度奠定基础。

6)砌砖：砌砖宜采用一铲灰、一块砖、一挤揉的“三一 砌砖法”，即满铺满挤操作法。砌砖时砖要放平，里手高，墙面就要张；里手低，墙面就要背。砌砖一定要跟线，“上跟线、下跟棱，左右相邻要对平”。水平灰缝厚度和竖向灰缝宽度一般为10 mm，但不应小于8 mm也不应大于12 mm。为保证清水墙面立缝垂直、不游丁走缝，当砌完一步架高时，宜每隔2 m左右水平间距在丁砖立楞位置弹两道垂直立线，以分段控制游丁走缝。在操作过程中，要认真进行自检，如出现偏差，应随时纠正，严禁事后砸墙。清水墙不允许有三分头，不得在上部任意变活、乱缝。砌筑砂浆应随搅拌随使用，水泥砂浆必须在3 h内用完，水泥混合砂浆必须在4 h内用完，不得使用过夜砂浆。砌清水墙应随砌随划缝，划缝深度为8～10 mm，深浅一致，清扫干净，混水墙应随砌随将舌头灰刮尽。

7)留槎：外墙转角处应同时砌筑。内、外墙交接处必须留斜槎，槎子长度不应小于墙体高度的2/3，槎子必须平直，通顺。分段位置应在变形缝或门窗口角处。隔墙与墙或柱子同时砌筑时可留阳槎加预埋拉结筋。沉墙每50 cm预留ϕ6钢筋2根，其埋入长度从墙的留槎处算起每边均不小于50 cm，末端应加90°弯钩。隔墙顶应用立砖斜砌挤紧。

8)木砖、预留孔洞和墙体拉结筋：木砖预埋时应小头在外、大头在内，数量按洞口高度决定。洞口高在1.2 m以内，每边放2块；高1.2～2 m每边放3块；高2～3 m每边放4块。预埋砖的部位一般在洞口上下边4皮砖，中间均匀分布。木砖要提前做好防腐处理。钢门窗安装的预留孔，硬架支模，暖卫管道均应按设计预留，不得事后剔凿。墙体抗震拉结筋的位置、钢筋规格、数量、间距长度、弯钩等均应按设计要求留置，不应错放、漏放。

9)安装过梁、梁垫：安装过梁、梁垫时其标高、位置及型号必须准确，坐灰饱满；如坐灰厚度超过2 cm时，要用豆石混凝土铺垫，过梁安装时两端支承点的长度应一致。

10)构造柱做法：凡设有构造柱的结构工程，在砌砖前，先根据设计图纸将构造柱位置进行弹线，并把构造柱插筋处理顺直。砌砖墙时与构造柱联结处砌成马牙槎，每一个马牙槎沿高度方向的尺寸不宜超过30 cm（即5皮砖）。砖墙与构造柱之间应沿墙高每50 cm设置2ϕ6水平拉结钢筋连接，每边伸入墙内不应少于1 m。

(4)冬期施工。在预计连续10 d内平均气温低于5℃或当日最低温度低于－3℃时，即进入冬期施工。冬期使用的砖要求在砌筑前清除冰霜，水泥宜用普通硅酸盐水泥，灰膏要防冻；如已受冻，要融化后方能使用。砂中不得含有大于1 cm的冻块，材料加热时，砂加热温度不超过40℃，水加热不超过80℃。砖正温

<table>
<tr><td rowspan="2">签字栏</td><td>交底人</td><td>×××</td><td>审核人</td><td>×××</td></tr>
<tr><td>接受交底人</td><td colspan="3">×××、×××、××</td></tr>
</table>

工程名称	某施工工程	编　　号	×××××
施工单位	某建筑工程公司	交底日期	××年××月××日
交底摘要	蒸压粉煤灰砖、蒸压灰砂砖砌体砖墙的砌筑、冬期施工等	分项工程名称	砖砌体工程施工
		页　　数	共4页，第3页

时适当浇水，负温即要停止，可适当增大砂浆稠度。冬期不应使用无水泥砂浆，砂浆中掺盐时，应用波美比重计检查盐溶液浓度。但对绝缘、保温或装饰有特殊要求的工程不得掺盐；砂浆使用温度不应低于5℃，掺盐量应符合冬施方案的规定。采用掺盐砂浆砌筑时，砌体中的钢筋应预先做防腐处理，涂防锈漆2道。

5. 质量标准

(1)主控项目。

1)砖和砂浆的强度等级必须符合设计要求。

2)砌体灰缝砂浆应密实饱满，砖墙水平灰缝的砂浆饱满度不得低于80%；砖柱水平灰缝和竖向灰缝饱满度不得低于90%。

3)砖砌体的转角处和交接处应同时砌筑，严禁无可靠措施的内外墙分砌施工。

4)在抗震设防烈度为8度及8度以上的地区，对不能同时砌筑而又必须留置的临时间断处应砌成斜槎，普通砖砌体斜槎水平投影长度不应小于高度的2/3。多孔砖砌体的斜槎长高比不应小于1/2。斜槎高度不得超过一步脚手架的高度。非抗震设防及抗震设防烈度为6度、7度地区的临时间断处，当不能留斜槎时，除转角处外，可留直槎，但直槎必须做成凸槎，且应加设拉结钢筋，拉结钢筋应符合下列规定：

①每120 mm墙厚放置1ϕ6拉结钢筋(120 mm厚墙应放置2ϕ6拉结钢筋)。

②间距沿墙高不应超过500 mm；且竖向间距偏差不应超过100 mm。

③埋入长度从留槎处算起每边均不应小于500 mm，对抗震设防烈度为6度、7度的地区，不应小于1 000 mm。

④末端应有90°弯钩。

(2)一般项目。

1)砖砌体组砌方法应正确，内外搭砌，上、下错缝。清水墙、窗间墙无通缝；混水墙中不得有长度大于300 mm的通缝，长度200～300 mm的通缝每间不超过3处，且不得位于同一面墙体上。砖柱不得采用包心砌法。

2)砖砌体的灰缝应横平竖直，厚薄均匀。水平灰缝厚度及竖向灰缝宽度宜为10 mm，但不应小于8 mm，也不应大于12 mm。

3)砖砌体尺寸、位置的允许偏差及检验应符合《砌体结构工程施工质量验收规范》(GB 50203—2011)的规定。

6. 成品保护

(1)墙体拉结筋，抗震构造柱钢筋，大模板混凝土墙体钢筋及各种预埋件、暖卫、电气管线等，均应注意保护，不得任意拆改或损坏。

(2)砂浆稠度应适宜，砌墙时应防止砂浆溅脏墙面。

(3)在吊放平台脚手架或安装大模板时，指挥人员和起重机司机要认真指挥和操作，防止碰撞刚砌好的砖墙。

(4)在高车架进料口周围，应用塑料薄膜或木板等遮盖，保持墙面洁净。

(5)尚未安装楼板或层面板的墙和柱，遇到大风时，应采取临时支撑等措施，保证其稳定性。

7. 质量问题

(1)基础墙与墙错台：基础砖撂底要正确，收退大放角两边要相等，退到墙身之前要检查轴线和边线是否正确，如偏差较小，可在基础部位纠正，不得在防潮层以上退台或出沿。

签字栏	交底人	×××	审核人	×××
	接受交底人	×××、×××、××		

<table>
<tr><td>工程名称</td><td>某施工工程</td><td>编　　号</td><td>×××××</td></tr>
<tr><td>施工单位</td><td>某建筑工程公司</td><td>交底日期</td><td>××年××月××日</td></tr>
<tr><td rowspan="2">交底摘要</td><td rowspan="2">蒸压粉煤灰砖、蒸压灰砂砖砌体
砖墙的砌筑、冬期施工等</td><td>分项工程名称</td><td>砖砌体工程施工</td></tr>
<tr><td>页　　数</td><td>共 4 页，第 4 页</td></tr>
<tr><td colspan="4">

(2)清水墙游丁走缝：排砖时必须把立缝排匀，砌完一步架高度，每隔 2 m 间距在丁砖立楞处用托线板吊直弹线，三步架往上继续吊直弹粉线，由底往上所有七分头的长度应保持一致，上层分窗口位置时必须同下窗口保持垂直。

(3)灰缝大小不匀：立皮杆要保证标高一致，盘角时灰缝要掌握均匀，砌砖时小线要拉紧，防止一层线松，一层线紧。

(4)窗口上部立缝变活：清水墙排砖时，为了使窗间墙、垛排成好活，把破活排在中间位置，在砌过梁上第一行砖时，不得随意变动破活位置。

(5)砖墙鼓胀：外砖内模墙体砌筑时，在窗间墙上，抗震柱两边分上、中、下，留出 6 cm×12 cm 通孔，抗震柱外墙面垫 5 cm 厚木板，用花篮螺栓与大模板连接牢固。混凝土要分层浇灌，振捣棒不可直接触及外墙。楼层圈梁外 3 皮 12 cm 砖墙也应认真加固。如在振捣时发现砖墙已鼓胀，应及时拆掉重砌。

(6)混水墙粗糙：舌头灰未刮尽，半头砖集中使用造成通缝；一砖厚墙背面偏差较大；砖墙错层造成螺栓墙。半头砖要分散使用在较大的墙体上，首层或楼层的第一皮砖要查对皮数杆的标高及层高，防止到顶砌成螺栓墙；一砖厚墙采用外手挂线。

(7)构造柱砌筑不符合要求：构造柱砖墙应砌成大马牙槎，设置好拉结筋，从柱脚开始应先退后进，当齿深 12 cm 时上口一皮进 6 cm，再上一皮进 12 cm，以保证上角的混凝土浇筑密实。构造柱内的落地灰、砖渣杂物应清理干净，防止夹渣。

</td></tr>
</table>

<table>
<tr><td rowspan="2">签字栏</td><td>交底人</td><td>×××</td><td>审核人</td><td>×××</td></tr>
<tr><td>接受交底人</td><td colspan="3">×××、×××、××</td></tr>
</table>

第二部分　砌块砌体工程施工

【细节解析】

一、混凝土小型空心砌块砌体

细节一　施工材料准备

混凝土小型空心砌块：品种、强度等级必须符合设计要求，砌块的强度等级不小于MU7.5，并有出厂合格证、试验单。施工时所用的小砌块的产品龄期不应小于28 d。严禁使用断裂小砌块。小砌块进场应用叉车装卸。

(一)普通混凝土小型空心砌块

1. 普通混凝土小型空心砌块产品分类

(1)普通混凝土小型空心砌块是以水泥、砂、碎石或卵石、水等预制成的。混凝土小型空心砌块各部位名称如图2-1所示。

(2)普通混凝土小型空心砌块按尺寸偏差、外观质量分为优等品、一等品和合格品。

(3)普通混凝土小型空心砌块按其强度等级分为：MU3.5、MU5.0、MU7.5、MU10.0、MU15.0、MU20.0六个强度等级。

2. 普通混凝土小型空心砌块技术要求

(1)普通混凝土小型空心砌块主规格尺寸为390 mm×190 mm×190 mm，其他规格尺寸可由供需双方协商确定。最小外壁厚应不小于30 mm，最小肋厚应不小于25 mm，空心率应不小于25%。

(2)普通混凝土小型空心砌块的尺寸允许偏差应符合表2-1的规定。

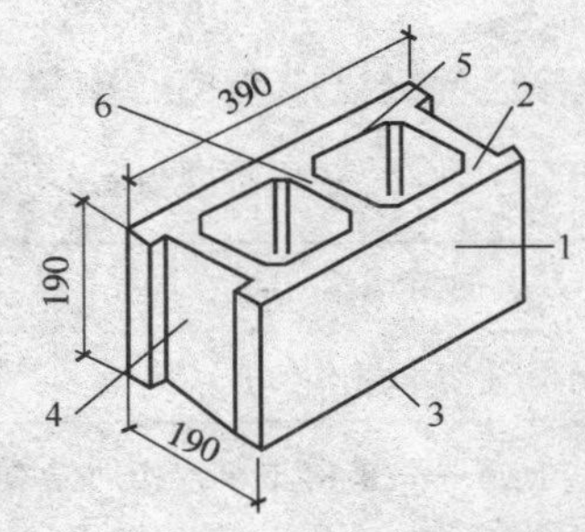

图2-1　混凝土小型空心砌块(单位:mm)
1—条面；2—坐浆面(肋厚较小的面)；
3—铺浆面(肋厚较大的面)；
4—顶面；5—壁；6—肋

表2-1　普通混凝土小型空心砌块的尺寸允许偏差　　单位:mm

项目名称	优等品(A)	一等品(B)	合格品(C)
长度	±2	±3	±3
宽度	±2	±3	±3
高度	±2	±3	+3，-4

(3)普通混凝土小型空心砌块外观质量应符合表2-2的要求。

表 2-2　普通混凝土小型空心砌块外观质量

项　目			优等品	一等品	合格品
弯曲/mm		≤	2	2	3
掉角缺棱	个数不多于		0	2	2
	掉角缺棱三个方向投影尺寸的最小值/mm	≤	0	20	30
裂纹延伸的投影尺寸累计/mm		≤	0	20	30

(4)普通混凝土小型空心砌块强度等级应符合表 2-3 的要求。

表 2-3　普通混凝土小型空心砌块强度等级　　单位:MPa

强度等级	砌块抗压强度	
	平均值≥	单块最小值≥
MU3.5	3.5	2.8
MU5.0	5.0	4.0
MU7.5	7.5	6.0
MU10.0	10.0	8.0
MU15.0	15.0	12.0
MU20.0	20.0	16.0

(5)普通混凝土小型空心砌块的相对含水率应符合表 2-4 的规定。

表 2-4　普通混凝土小型空心砌块相对含水率

使用地区	潮湿	中等	干燥
相对含水率/(%)　≤	45	40	35

注:①潮湿——系指年平均相对湿度大于 75%的地区;

②中等——系指年平均相对湿度在 50%～75%之间的地区;

③干燥——系指年平均相对湿度小于 50%的地区。

(6)抗渗性:用于清水墙的砌块,其抗渗性应满足表 2-5 的规定。

表 2-5　普通混凝土小型空心砌块的抗渗性

项目名称	指　标
水面下降高度	三块中任一块≤10 mm

(7)抗冻性:普通混凝土小型空心砌块的抗冻性应符合表 2-6 的规定。

表 2-6　普通混凝土小型空心砌块的抗冻性

使用环境条件	抗冻等级	指　标
非采暖地区	不规定	—

续表

使用环境条件		抗冻等级	指　标
采暖地区	一般环境	D15	强度损失≤25% 质量损失≤5%
	干湿交替环境	D25	

注:①非采暖地区指最冷月份平均气温高于－5℃的地区。

②采暖地区指最冷月份平均气温低于或等于－5℃的地区。

(二)轻集料混凝土小型空心砌块

1. 轻集料混凝土小型空心砌块产品分类

(1)类别。按砌块孔的排数分为:单排孔、双排孔、三排孔和四排孔等。

(2)等级。

1)按砌块密度等级分为八级:700、800、900、1 000、1 100、1 200、1 300、1 400。

2)按砌块强度等级分为五级:MU2.5、MU3.5、MU5.0、MU7.5、MU10.0。

(3)轻集料。

1)最大料径不宜大于 9.5 mm。

2)轻集料应符合《轻集料及其试验方法　第 1 部分:轻集料》(GB/T 17431.1—2010)的要求。

2. 轻集料混凝土小型空心砌块技术要求

(1)轻集料混凝土小型空心砌块的主规格尺寸为 390 mm×190 mm×190 mm,其他规格尺寸可由供需双方商定。其尺寸允许偏差应符合表 2-7 的规定。

表 2-7　轻集料混凝土小型空心砌块规格尺寸偏差　　单位:mm

项　目	指　标
长度	±3
宽度	±3
高度	±3

(2)外观质量应符合表 2-8 的规定。

表 2-8　轻集料混凝土小型空心砌块外观质量

项　目			指标
最小外壁厚/mm	用于承重墙体	≥	30
	用于非承重墙体	≥	20
肋厚/mm	用于承重墙体	≥	25
	用于非承重墙体	≥	20
缺棱掉角	个数/块	≤	2
	三个方向投影的最大值/mm	≤	20
裂缝延伸的累积尺寸/mm		≤	30

(3)密度等级符合表2-9的规定。

表2-9　轻集料混凝土小型空心砌块密度等级

密度等级	砌块干燥表观密度的范围/(kg/m³)
700	≥610,≤700
800	≥710,≤800
900	≥810,≤900
1 000	≥910,≤1 000
1 100	≥1 010,≤1 100
1 200	≥1 110,≤1 200
1 300	≥1 210,≤1 300
1 400	≥1 310,≤1 400

(4)同一强度等级砌块的抗压强度和密度等级范围应同时满足表2-10的要求。

表2-10　轻集料混凝土小型空心砌块强度等级

强度等级	砌块抗压强度/MPa		密度等级范围
	平均值	最小值	
MU2.5	≥2.5	≥2.0	≤800
MU3.5	≥3.5	≥2.8	≤1 000
MU5.0	≥5.0	≥4.0	≤1 200
MU7.5	≥7.5	≥6.0	≤1 200 ≤1 300
MU10.0	≥10.0	≥8.0	≤1 200 ≤1 400

注:当砌块的抗压强度同时满足2个强度等级或2个以上强度等级要求时,应以满足要求的最高强度等级为准。

(5)吸水率不应大于20%,干缩收缩率应不大于0.065%。干缩率和相对含水率应符合表2-11的要求。

表2-11　干缩率和相对含水率

干缩率/(%)	相对含水率/(%)		
	潮湿	中等湿度	干燥
<0.03	≤45	≤40	≤35
≥0.03,≤0.045	≤40	≤35	≤30
>0.045,≤0.065	≤35	≤30	≤25

注:①相对含水率即砌块出厂含水率与吸水率之比。

$$W=\frac{\omega_1}{\omega_2}\times 100\% \tag{2-1}$$

式中　W——砌块的相对含水率，%；

ω_1——砌块出厂时的含水率，%；

ω_2——砌块的吸水率，%。

②使用地区的湿度条件：

潮湿——系指年平均相对湿度为大于75%的地区；

中等——系指年平均相对湿度为50%～75%的地区；

干燥——系指年平均相对湿度小于50%的地区。

(6)碳化系数和软化系数：碳化系数不应小于0.8；软化系数不应小于0.8。

(7)抗冻性应符合表2-12的要求。

表2-12　轻集料混凝土小型空心砌块抗冻性

使用条件	抗冻等级	质量损失率/(%)	强度损失率/(%)
温和与夏热冬暖地区	D15	≤5	≤25
夏热冬冷地区	D25		
寒冷地区	D35		
严寒地区	D50		

(8)放射性核素限量。

砌块的放射性核素限量应符合《建筑材料放射性核素限量》(GB 6566—2010)的要求。

(三)蒸压加气混凝土砌块

1. 加气混凝土在建筑应用中的特点

(1)性能特点。

1)密度小。加气混凝土的孔隙率一般在70%～80%，其中由铝粉发气形成的气孔占40%～50%，由水分形成的气孔占20%～40%。大部分气孔孔径为0.5～2 mm，平均孔径为1 mm左右。由于这些气孔的存在，加气混凝土通常密度为400～700 kg/m³，比普通混凝土轻3/5～4/5。

2)具有结构材料必要的强度。材料的强度与密度通常是呈正比关系，加气混凝土也有此性质。以体积密度500～700 kg/m³的制品来说，一般强度为2.5～6.0 MPa，具备了作为结构材料必要的强度条件，这是泡沫混凝土所不及的。

3)弹性模量和徐变较普通混凝土小。加气混凝土的弹性模量(0.147×10^4)～$(0.245\times10^4$ MPa)只及普通混凝土$(1.96\times10^4$ MPa)的1/10，因此在同样荷载下，其变形比普通混凝土大；加气混凝土的徐变系数(0.8～1.2)比普通混凝土的徐变系数(1～4)小，所以在同样受力状态下，其徐变系数比普通混凝土要小。

4)耐火性好。加气混凝土是不燃材料，在受热在80～100℃以上时，会出现收缩和裂缝，但在70℃以前不会损失强度，并且不散发有害气体，耐火性能卓越。

5)隔热保温性能好。和泡沫混凝土一样，加气混凝土具有隔热保温性能好的优点，它的导热系数为(0.116～0.212)W/(m·K)。

6)隔声性能较好。加气混凝土的吸声能力(吸声系数为0.2～0.3)比普通混凝土要好，但隔声能力因受质量定律支配，和质量成正比，所以加气混凝土要比普通混凝土差，但比泡沫混凝土要好。

7)耐久性好。加气混凝土的长期强度稳定性比泡沫混凝土好,但它的抗冻性和抗风化性比普通混凝土差,所以在使用中要有必要的处理措施。

8)易加工。加气混凝土可锯、可刨、可切、可钉、可钻。

9)干收缩性能满足建筑要求。加气混凝土的干燥收缩标准值为不大于 0.5 mm/m(温度20℃,相对湿度 43%±2%),如果含水率降低,干燥收缩值也相应减少,所以只要砌墙时含水率控制在 15%以下,砌体的收缩值就能满足建筑要求。

10)施工效率高。在同样质量的条件下,加气混凝土的块型大,施工速度快;在同样块型的条件下,加气混凝土比普通混凝土要轻,可以不用大的起重设备,砌筑费用少。

(2)用途。

1)加气混凝土制品的上述特点,使之适用于下面一些场合。

①高层框架混凝土建筑。多年的实践证明,加气混凝土在高层框架混凝土建筑中的应用是经济合理的,特别是用砌块来砌筑内外墙,已普遍得到社会的认同。

②抗震地区建筑。由于加气混凝土自重轻,其建筑的地震力就小,对抗震有利,和砖混建筑相比,同样的建筑、同样的地震条件下,震害程度相差一个地震设计设防级别,如砖混建筑7 度设防,它会受破坏,而此时加气混凝土建筑只达 6 度设防,就不会被破坏。

③严寒地区建筑。加气混凝土的保温性能好,200 mm 厚的墙的保温效果相当于 490 mm厚的砖墙的保温效果,因此它在寒冷地区的建筑经济效果突出,所以具有一定的市场竞争力。

④软质地基建筑。在相同地基条件下,加气混凝土建筑的层数可以增多,对经济有利。

2)加气混凝土的缺点,不适应场所。

①主要缺点是收缩大,弹性模量低,怕冻害。

②不适合下列场合:温度大于 80℃的环境;有酸、碱危害的环境;长期潮湿的环境,特别是在寒冷地区尤应注意。

(3)加气混凝土产品的品种及用途,见表 2-13。

表 2-13　加气混凝土产品的品种及用途

品　种	特　点	用　途
蒸压粉煤灰加气混凝土砌块	以水泥、石灰、石膏和粉煤灰为主要原料,以铝粉为发气剂,经搅拌、注模、静停、切割、蒸压养护而成。具有质轻、强度较高、可加工性好、施工方便、价格较低、保温隔热、节能效果好等优点	适用于低层建筑的承重墙、多层建筑的自承重墙、高层框架建筑的填充墙,以及建筑物的内隔墙、屋面和外墙的保温隔热层,特别适用于节能建筑的单一和复合外墙。少量作其他用途(保温方面如滑冰场和供热管道保温等)
加气混凝土砌块	由磨细砂、石灰,加水泥、水和发泡剂搅拌,经注模、静停、切割、蒸压养护而成。具有质量轻、强度较高、可加工性好、施工方便、价格较低、保温隔热、节能效果好等优点	适用于低层建筑承重墙、多层建筑自承重墙、高层框架填充墙,以及建筑物内隔墙、屋面和墙体的保温隔热层等

续表

品　种	特　点	用　途
蒸压粉煤灰加气混凝土屋面板	用经过防锈处理的U形钢筋网片、板端预埋件，与粉煤灰加气混凝土共同浇筑而成，具有质量轻、强度较高、整体刚度大、保温隔热、承重合一，抗震、节能效果好，施工方便、造价较低等优点	适用于建筑物的平屋面和坡屋面
加气混凝土隔墙板	带防锈防腐配筋。具有质量轻、强度较高、施工方便、造价较低、隔声效果好等优点	适用于建筑物分室和分户隔墙
加气混凝土外墙板	同屋面板	适用于建筑物外墙
加气混凝土集料空心砌块	以加气混凝土碎块作为集料，加水泥、粉煤灰和外加剂，制成空心砌块。具有质轻、施工方便、造价较低、保温隔热性能好等优点	适用于框架填充墙和隔墙
加气混凝土砌筑砂浆外加剂	掺有AM-1型外加剂的砌筑砂浆，具有黏着力大、保水性好、施工方便、保证灰缝饱满、砌体牢固等优点	适用于加气混凝土砌块砌筑。按外加剂20 kg、水泥50 kg、砂200～250 kg、水适量充分搅拌备用，砌筑时砌块可不浇水润湿，垂直缝可直接抹碰头灰
加气混凝土抹灰砂浆外加剂	掺有AM-2型外加剂的抹灰砂浆，具有良好的施工性能，可以使抹灰层与砌体黏结牢固，防止起鼓和开裂现象	适用于加气混凝土内外墙面抹灰。按外加剂20 kg、水泥50 kg、砂200～300 kg、水适量搅拌备用。砂浆强度等级以M5～M7.5为宜

2. 蒸压加气混凝土砌块产品分类

(1)砌块的规格尺寸见表2-14。

表2-14　蒸压加气混凝土砌块的规格尺寸　　单位：mm

长度 L	宽度 B	高度 H
600	100、120、125 150、180、200 240、250、300	200、240、250、300

注：如需要其他规格，可由供需双方协商解决。

(2)砌块按强度和干密度分级。

强度级别有：A1.0、A2.0、A2.5、A3.5、A5.0、A7.5、A10七个级别。

干密度级别有：B03、B04、B05、B06、B07、B08六个级别。

(3)砌块等级。

砌块按尺寸偏差与外观质量、干密度、抗压强度和抗冻性分为:优等品(A)、合格品(B)两个等级。

3. 蒸压加气混凝土砌块技术要求

(1)砌块的尺寸允许偏差和外观质量应符合表2-15的规定。

表2-15 蒸压加气混凝土砌块尺寸偏差和外观

项目		指标	
		优等品(A)	合格品(B)
尺寸允许偏差/mm	长度 L	±3	±4
	宽度 B	±1	±2
	高度 H	±1	±2
缺棱掉角	最小尺寸/mm ≤	0	30
	最大尺寸/mm ≤	0	70
	大于以上尺寸的缺棱掉角个数/个 ≤	0	2
裂纹长度	贯穿一棱二面的裂纹长度不得大于裂纹所在面的裂纹方向尺寸总和的	0	1/3
	任一面上的裂纹长度不得大于裂纹方向尺寸的	0	1/2
	大于以上尺寸的裂纹条数/条 ≤	0	2
爆裂、粘模和损坏深度/mm ≤		10	30
平面弯曲		不允许	
表面疏松、层裂		不允许	
表面油污		不允许	

(2)砌块的抗压强度应符合表2-16的规定。

表2-16 蒸压加气混凝土砌块的立方体抗压强度 单位:MPa

强度级别	立方体抗压强度	
	平均值≥	单组最小值≥
A1.0	1.0	0.8
A2.0	2.0	1.6
A2.5	2.5	2.0
A3.5	3.5	2.8
A5.0	5.0	4.0
A7.5	7.5	6.0
A10.0	10.0	8.0

(3)砌块的干密度应符合表 2-17 的规定。

表 2-17　蒸压加气混凝土砌块的干密度　　单位:kg/m³

干密度级别		B03	B04	B05	B06	B07	B08
干密度	优等品(A) ≤	300	400	500	600	700	800
	合格品(B) ≤	325	425	525	625	725	825

(4)砌块的强度级别应符合表 2-18 的规定。

表 2-18　蒸压加气混凝土砌块的强度级别

干密度级别		B03	B04	B05	B06	B07	B08
强度级别	优等品(A)	A1.0	A2.0	A3.5	A5.0	A7.5	A10.0
	合格品(B)			A2.5	A3.5	A5.0	A7.5

(5)砌块的干燥收缩、抗冻性和导热系数(干态)应符合表 2-19 的规定。

表 2-19　蒸压加气混凝土砌块干燥收缩、抗冻性和导热系数

干密度级别			B03	B04	B05	B06	B07	B08
干燥收缩值[1]	标准法/(mm/m) ≤		0.50					
	快速法/(mm/m) ≤		0.80					
抗冻性	质量损失/(%) ≤		5.0					
	冻后强度/MPa≥	优等品(A)	0.8	1.6	2.8	4.0	6.0	8.0
		合格品(B)			2.0	2.8	4.0	6.0
导热系数(干态)/[W/(m·K)] ≤			0.10	0.12	0.14	0.16	0.18	0.20

注:[1] 规定采用标准法、快速法测定砌块干燥收缩值,若测定结果发生矛盾不能判定时,则以标准法测定的结果为准。

(四)粉煤灰混凝土小型空心砌块

粉煤灰混凝土小型空心砌块指以粉煤灰、水泥、各种轻重集料、水为主要组分(也可加入外加剂等)拌和制成的小型空心砌块,其中粉煤灰用量不应低于原材料质量的 20%,水泥用量不应低于原材料质量的 10%。

1. 分类、等级

(1)分类:按孔的排数分为单排孔、双排孔和多排孔三类。

(2)等级。

1)按砌块抗压强度分为:MU3.5、MU5.0、MU7.5、MU10.0、MU15.0 和 MU20.0 六个等级;

2)按砌块密度等级分为:600、700、800、900、1 000、1 200 和 1 400 七个等级。

(3)粉煤灰应符合《用于水泥和混凝土中的粉煤灰》(GB/T 1596—2005)和《建筑材料放射性核素限量》(GB 6566—2010)的规定,对含水率不做规定,但应满足生产工艺要求。粉煤灰用量应不低于原材料干质量的 20%,也不高于原材料干质量的 50%。

(4)各种集料的最大粒径不大于 10 mm。

2. 技术要求

(1)主规格尺寸为 390 mm×190 mm×190 mm,其他规格尺寸可由供需双方商定。尺寸允许偏差应符合表 2-20 的要求。

表 2-20 粉煤灰混凝土小型空心砌块尺寸偏差 单位:mm

项目		指标
尺寸允许偏差	长度	±2
	宽度	±2
	高度	±2
最小外壁厚 ≥	用于承重墙	30
	用于非承重墙	20
肋厚 ≥	用于承重墙	25
	用于非承重墙	15

(2)粉煤灰混凝土小型空心砌块外观质量应符合表 2-21 的要求。

表 2-21 粉煤灰混凝土小型空心砌块外观质量

项目			指标
缺棱掉角	个数/个	≤	2
	三个方向投影的最小值/mm	≤	20
裂缝延伸投影的累计尺寸/mm		≤	20
弯曲/mm		≤	2

(3)粉煤灰混凝土小型空心砌块强度等级应符合表 2-22 的要求。

表 2-22 粉煤灰混凝土小型空心砌块强度等级 单位:MPa

强度等级	砌块抗压强度	
	平均值≥	单块最小值≥
MU3.5	3.5	2.8
MU5.0	5.0	4.0
MU7.5	7.5	6.0
MU10.0	10.0	8.0
MU15.0	15.0	12.0
MU20.0	20.0	16.0

(4)碳化系数应不小于 0.80;软化系数应不小于 0.80。

(5)干燥收缩率不应大于 0.060%。

(6)抗冻性应符合表 2-23 的要求。

表 2-23 粉煤灰混凝土小型空心砌块抗冻性

使用条件	抗冻指标	质量损失率/(%)	强度损失率/(%)
夏热冬暖地区	F_{15}	≤5	≤25
夏热冬冷地区	F_{25}		
寒冷地区	F_{35}		
严寒地区	F_{50}		

(7)放射性应符合《建筑材料放射性核素限量》(GB 6566—2010)的要求。

(五)水泥

(1)一般宜采用 32.5 级矿渣硅酸盐水泥。

(2)水泥进场使用前,应分批对其强度、凝结时间、安定性进行复验。

(3)当在使用中对水泥的质量有怀疑或水泥出厂超过 3 个月(快硬硅酸盐水泥超过 1 个月)时,应复查试验,并按结果使用。

(4)不同品种的水泥不得混合使用。

(六)砂

参见第一部分细节解析“一、烧结普通砖、烧结多孔砖砖墙砌体中施工材料准备”的相关内容。

(七)掺合料

(1)掺合料石灰膏,磨细生石灰,或采用粉煤灰等保水增稠材料,生石灰熟化时间不少于 7 d。粉煤灰应符合《用于水泥和混凝土中的粉煤灰》(GB/T 1596—2005)的规定。采用其他的掺合料,在使用前需进行试验验证,能满足砂浆和砌体性能时方可使用。

(2)外加剂包括减水剂、早强剂、促凝剂、缓凝剂、防冻剂、颜料等。外加剂的应用需符合《混凝土外加剂应用技术规范》(GB 50119—2003)以及有关标准的规定。

(八)水

砂浆拌和用水应符合《混凝土用水标准(附条文说明)》(JGJ 63—2006)的规定。

(九)砂浆

1. 砂浆的使用

(1)小砌块的基础砌体必须采用水泥砂浆砌筑,地坪以上的小砌块墙体应采用水泥混合砂浆砌筑。砌筑砂浆强度不小于 M7.5。

(2)清水墙的工程外墙应采用抗渗砂浆砌筑。

(3)同一检验批且不超一个楼层或 250 m^3 小砌块砌体所用的各种类型及强度等级的砌筑砂浆,至少应做一组试块(每组 6 块),如砂浆强度等级或配合比变更时,还应制作试块。每台搅拌机至少应抽检一次。

(4)优先采用干拌砂浆。干拌砂浆生产厂应提供法定检测部门出具的、在有效期限内的形式检验报告;干拌砂浆生产厂检测部门出具的出厂检验报告及生产日期证明;干拌砂浆使用说明书(包括砂浆特点、性能指标、使用范围、加水量范围、使用方法及注意事项)。

(5)干拌砂浆进场使用前,应分批对其抗压强度进行复验。

(6)存放日期自生产日起不超过90 d。超过90 d应重新取样进行检验,检验合格后可以继续使用。

2. 砌筑砂浆

(1)混凝土小型空心砌块砌筑砂浆。

1)砂浆种类。

①砌筑砂浆:由水泥、砂、水以及根据需要掺入的掺合料和外加剂等组分,按一定比例,采用机械拌和制成。

②干拌砂浆:由水泥、钙质消石灰粉、砂、掺合料以及外加剂按一定比例干混合制成的混合物称为干拌砂浆,干拌砂浆在施工现场加水经机械拌和后即成为砌筑砂浆。

2)技术要求。

①混凝土小型空心砌块砌筑砂浆物理力学性能应符合表2-24的规定。

表2-24 混凝土小型空心砌块砌筑砂浆物理力学性能指标

项目	指　　标					
强度等级	MB5	MB7.5	MB10	MB15	MB20	MB25
抗压强度/MPa	≥5.0	≥7.5	≥10.0	≥15.0	≥20.0	≥25.0
稠度/mm	50～80					
保水性/(%)	≥88					
密度/(kg/m³)	≥1 800					
凝结时间/h	4～8					
砌块砌体抗剪强度/MPa	≥0.16	≥0.19	≥0.22	≥0.22	≥0.22	≥0.22

②抗冻性。抗冻性应符合《混凝土小型空心砌块和混凝土砖砌筑砂浆》(JC 860—2008)的规定。

③抗渗压力。防水性砌筑砂浆的抗渗压力应不小于0.60 MPa。

④放射性。混凝土小型空心砌块砌筑砂浆放射性物质应符合《建筑材料放射性核素限量》(GB 6566—2010)的规定。

3)制备。

①原材料:所有原材料应按不同品种分开贮存,不得混杂,防止其质量变化。

②计量。

a. 计量设备应具有法定计量部门签发的有效合格证。

b. 所有原材料按质量计量。

③搅拌。

a. 砂浆必须采用机械搅拌。

b. 搅拌加料顺序和搅拌时间:先加细集料、掺合料和水泥干拌1 min,再加水湿拌。总的搅拌时间不得少于4 min。若加外加剂,则在湿拌1 min后加入。

c. 冬期施工：采用热水搅拌时，热水温度不超过 80℃。

(2)蒸压加气混凝土用砌筑砂浆。

蒸压加气混凝土用砌筑砂浆是由水泥、砂、掺合料和外加剂制成的用于蒸压加气混凝土的砌筑材料。

砌筑砂浆与抹面砂浆性能应符合表 2-25 的规定。

表 2-25　砌筑砂浆与抹面砂浆性能表

项　目	砌筑砂浆	抹面砂浆
干密度/(kg/m³)	≤1 800	水泥砂浆≤1 800 石膏砂浆≤1 500
分层度/mm	≤20	水泥砂浆≤20
凝结时间/h	贯入阻力达到 0.5 MPa 时，3～5 h	水泥砂浆：贯入阻力达到0.5 MPa时，3～5 h；石膏砂浆：初凝≥1 终凝≤8
导热系数/[W/(m·K)]	≤1.1	石膏砂浆≤1.0
抗折强度/MPa	—	石膏砂浆≥2.0
抗压强度/MPa	2.5、5.0	水泥砂浆：2.5、5.0 石膏砂浆≥4.0
黏结强度/MPa	≥0.20	水泥砂浆≥0.15 石膏砂浆≥0.30
抗冻性 25 次/(%)	质量损失≤5 强度损失≤20	水泥砂浆：质量损失≤5 强度损失≤20
收缩性能	收缩值≤1.1 mm/m	水泥砂浆：收缩值≤1.1 mm/m 石膏砂浆：收缩值≤0.06%

注：有抗冻性能和保温性能要求的地区，砂浆性能还应符合抗冻性和导热性能的规定。

(十)拉结钢筋网片

墙体拉结钢筋网片应采用 ϕ 4 镀锌焊接钢筋网片，外墙宜用重镀锌焊接钢筋网片。钢筋网片纵向钢筋与横向钢筋宜采用平焊连接。

(十一)小型空心砌块及配套块规格

1. 小型空心砌块

(1)小砌块规格表(一)，见表 2-26。

表 2-26　小砌块规格表(一)　　单位:mm

砌块系列	规格编号	代号	规格尺寸(长×宽×高)	块型示意	备注
90宽度系列	K412A	412A	390×90×190	390 / 190 / 90 / 90	一端面设槽
	K412B	412B			二端面设槽
	K411A	411A	390×90×90		一端面设槽
	K411B	411B			二端面设槽
	K312A	312A	290×90×190	290 / 190 / 90 / 90	一端面设槽
	K312B	312B			二端面设槽
	K311A	311A	290×90×90		一端面设槽
	K311B	311B			二端面设槽
	K212A	212A	190×90×190	190 / 190 / 90 / 90	一端面设槽
	K212B	212B			二端面设槽
	K211A	211A	190×90×90		一端面设槽
	K211B	211B			二端面设槽

(2)小砌块规格表(二),见表 2-27。

表 2-27　小砌块规格表(二)　　单位:mm

砌块系列	规格编号	代号	规格尺寸(长×宽×高)	块型示意	备注
140宽度系列	K41.52A	41.52A	390×140×190	390 / 190 / 90 / 140	一端面设槽
	K41.52B	41.52B			二端面设槽
	K41.51A	41.51A	390×140×90		一端面设槽
	K41.51B	41.51B			二端面设槽
	K31.52A	31.52A	290×140×190	290 / 190 / 90 / 140	一端面设槽
	K31.52B	31.52B			二端面设槽
	K31.51A	31.51A	290×140×90		一端面设槽
	K31.51B	31.51B			二端面设槽
	K21.52A	21.52A	190×140×190	190 / 190 / 90 / 140	一端面设槽
	K21.52B	21.52B			二端面设槽
	K21.51A	21.51A	190×140×90		一端面设槽
	K21.51B	21.51B			二端面设槽

注:规格编号栏内的 1.5 数字为 140 mm 宽度系列小砌块的标志尺寸。

(3)小砌块规格表(三),见表 2-28。

表 2-28　小砌块规格表(三)　　单位:mm

砌块系列	规格	代号	规格尺寸(长×宽×高)	单排孔块型示意	二排孔块示意	备注
190宽度系列	K422A	422A	390×190×190			一端面设槽
	K422B	422B				二端面设槽
	K421A	421A	390×190×90			一端面设槽
	K421B	421B				二端面设槽
	K322A	322A	290×190×190			一端面设槽
	K322B	322B				二端面设槽
	K321A	321A	290×190×90			一端面设槽
	K321B	321B				二端面设槽
	K222A	222A	190×190×190			一端面设槽
	K222B	222B				二端面设槽
	K221A	221A	190×190×90			一端面设槽
	K221B	221B				二端面设槽

(4)小砌块规格表(四),见表 2-29。

表 2-29　小砌块规格表(四)　　单位:mm

砌块系列	规格	代号	规格尺寸(长×宽×高)	单排孔块型示意	三排孔块示意	备注
240宽度系列	K42.52A	42.52A	390×240×190			一端面设槽
	K42.52B	42.52B				二端面设槽
	K42.51A	42.51A	390×240×90			一端面设槽
	K42.51B	42.51B				二端面设槽
	K32.52A	32.52A	290×240×190			一端面设槽
	K32.52B	32.52B				二端面设槽
	K32.51A	32.51A	290×240×90			一端面设槽
	K32.51B	32.51B				二端面设槽
	K22.52A	22.52A	190×240×190			一端面设槽
	K22.52B	22.52B				二端面设槽
	K22.51A	22.51A	190×240×90			一端面设槽
	K22.51B	22.51B				二端面设槽

注:规格编号栏内的 2.5 数字为 240 mm 宽度系列小砌块的标志尺寸。

(5)小砌块规格表(五),见表2-30。

表2-30 小砌块规格表(五) 单位:mm

砌块系列	规格	代号	规格尺寸(长×宽×高)	单排孔块型示意	三排孔块型示意	备注
290宽度系列	K432A	432A	390×290×190	390、190、90、290	390、190、90、290	一端面设槽
	K432B	432B				二端面设槽
	K431A	431A	390×290×90			一端面设槽
	K431B	431B				二端面设槽
	K332A	332A	290×290×190	290、190、90、290	290、190、90、290	一端面设槽
	K332B	332B				二端面设槽
	K331A	331A	290×290×90			一端面设槽
	K331B	331B				二端面设槽
	K232A	232A	190×290×190	190、190、90、290	190、190、90、290	一端面设槽
	K232B	232B				二端面设槽
	K231A	231A	190×290×90			一端面设槽
	K231B	231B				二端面设槽

注:①小砌块的长、宽、高在规格编号中按标志尺寸(构造尺寸加砌筑灰缝厚度)确定。

②290 mm宽度的单排孔系列规格宜用于砌筑防火墙。

2. 配套块

(1)小砌块配套块规格表(一),见表2-31。

表2-31 小砌块配套块规格表(一) 单位:mm

砌块系列	规格编号	代号	转角块块型示意	规格编号	代号	洞口块块型示意
90宽度系列配套块	J312	J2	90、b、90、90、190+b	D412	D4	90、b、190、90、90、300
	J311	J1	90、b、90、90、190+b	D211	D2	90、b、190、90、90、90

注:①转角与洞口块型示意图的 b 尺寸由各地外墙保温或隔热要求确定。

②转角与洞口块亦可为实心块。

(2)小砌块配套块规格表(二),见表2-32。

表 2-32　小砌块配套块规格表(二)　单位:mm

砌块系列	规格编号	代号	芯柱块块型示意
190宽度系列配套块(一)	X422	X4	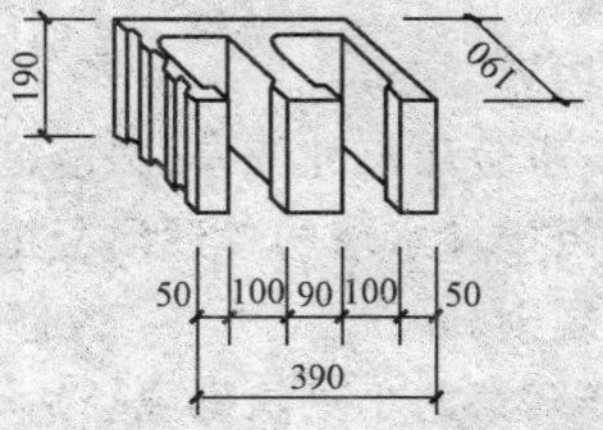 190 190 50 100 90 100 50 390
	X422A	X4A	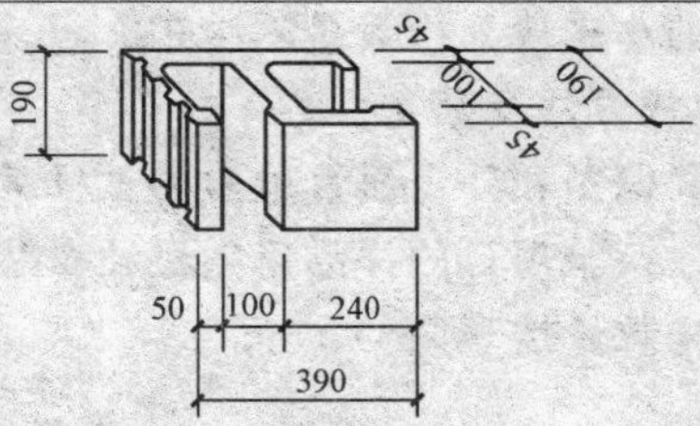 190 45 100 45 190 50 100 240 390
	X222	X2	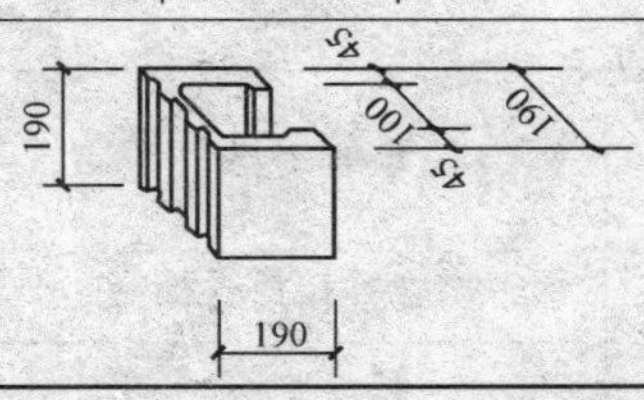 190 45 100 45 190 190

(3)小砌块配套块规格表(三),见表 2-33。

表 2-33　小砌块配套块规格表(三)　单位:mm

砌块系列	规格编号	代号	配筋带块块型示意	规格编号	代号	吸声块块型示意
190宽度系列配套块(二)	P422	P4	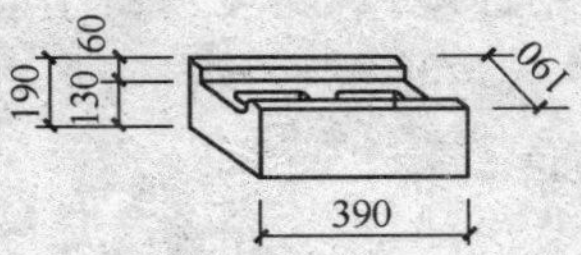 190 130 60 190 390	Y422	Y4	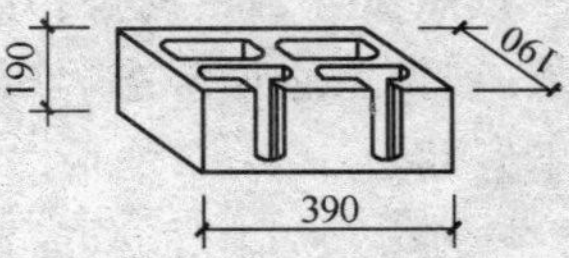 190 190 390
	P322	P3	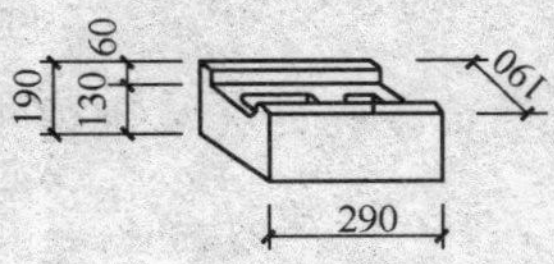 190 130 60 190 290	Y222	Y2	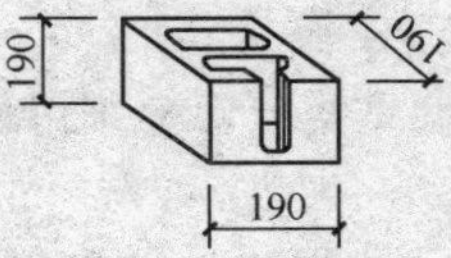 190 190 190
	P222	P2	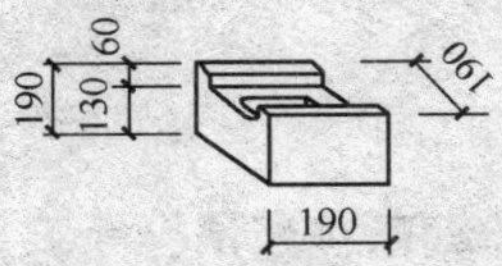 190 130 60 190 190			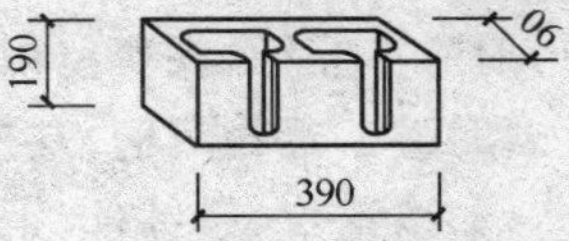 190 90 390

注:①配筋带块可以在施工现场根据需要采用不同宽度系列的小砌块切割肋而成。

②吸声砌块适用于体育场馆,声扰工业用房类建筑。

(十二)混凝土小型空心砌块质量控制

(1)进场时,现场应对其外观质量、龄期和规格尺寸进行检查,同时检查其合格证并取样送试验室检验。

(2)检验内容。

包括外观质量和尺寸偏差、强度检验、吸水率及相对含水率;轻集料混凝土空心砌块还应做密度检验;用于清水墙的普通混凝土小型砌块还应进行抗渗性检验。

(3)抽样规则。

每一生产厂家的小砌块到现场后,每1万块为一验收批,至少抽检一组,用于多层建筑基础和底层的小砌块抽检数量不少于2组。

(4)取样方法及数量。

1)尺寸偏差和外观质量检验的试样采用随机抽样法,在每一检验批的产品堆垛中抽取。

2)其他检验项目的样品用随机抽样法从外观质量和尺寸偏差检验后的样品中抽取。

3)抽样数量按表2-34进行。

表2-34 抽样数量

项次	检验项目	抽样数量/块	
		普通混凝土小型砌块	轻集料混凝土小型空心砌块
1	外观质量和尺寸偏差	32	32
2	强度等级	5	5
3	相对含水率	3	3
4	抗冻性	10	10
5	抗渗性	3	—

(5)保管要求。

按照设计选用的规格组织混凝土小型砌块进场,运到现场的小型砌块,应分规格分等级堆放,堆垛上应设标志,堆放现场必须平整,并做好排水措施。小型砌块堆放时,注意堆放高度不宜超过1.6 m,堆垛之间应保持适当的通道。

细节二 施工机具选用

1. 主要机具

参见第一部分细节解析“一、烧结普通砖、烧结多孔砖砖墙砌体中施工机具选用”的相关内容。

2. 施工机具选用基本要求

(1)混凝土小砌块砌筑时使用的砂浆搅拌机、切割机应选用噪声低、能耗低的设备,避免使用时噪声超标,耗费能源。

(2)砂浆运输车辆、灰槽应完好,不渗漏。

(3)水准仪、经纬仪、钢卷尺、线坠、水平尺、磅秤、砂浆试模等工具配备齐全且各器具均检定合格,以确保施工精度。

细节三　施工作业条件

(1)对进场的小砌块型号、规格、数量、质量和堆放位置、次序等已经进行检查、验收,能满足施工要求。

(2)所需机具设备已准备就绪,并已安装就位。

(3)小型空心砌块砌筑施工前,必须做完混凝土基础,办完隐检预检手续。

(4)小砌块基层已经清扫干净,并在基层上弹出纵横墙轴线、边线、门窗洞口位置线及其他尺寸线,经验线符合设计图纸要求,预检合格。

(5)按砌筑操作需要,找好标高,立好皮数杆(一般间距 10 m,转角处均应设立)。皮数杆应垂直、牢固、标高一致。

(6)上道工序已经验收合格,并办理交接手续。

(7)砌筑砂浆和灌孔洞用混凝土根据设计要求,经试验确定配合比。

(8)搭设好操作和卸料架子。

(9)配制异形尺寸砌块。

(10)小型空心砌块砌筑施工前不得浇水。在施工期间气候异常干燥时,可提前稍喷水湿润。轻集料小砌块,应根据施工时实际气温和砌筑情况而定,必要时按当地气温情况提前洒水湿润。严禁雨天施工;小砌块表面有浮水时,亦不得施工。

细节四　施工工艺要求

工艺流程:

拌制砂浆
↓
墙体放线→砌块排列→砌筑→校正→竖缝填实砂浆→勒缝→灌芯柱混凝土→验收

1. 放线、立皮数杆

(1)砌筑前应在基础面或楼面上定出各层的轴线位置和标高,并用 1∶2 水泥砂浆或 C15 细石混凝土找平。

(2)在房屋四角或楼梯间转角处设立皮数杆,皮数杆间距不得超过 15 m。根据砌块高度和灰缝厚度计算皮数杆和排数,皮数杆上应画出各皮小砌块的高度及灰缝厚度。在皮数杆上相对小砌块上边线之间拉准线,小砌块依准线砌筑。

2. 砌块排列

(1)按砌块排列图在墙体线范围内分块定尺、画线,排列砌块的方法和要求如下。

1)小型空心砌块在砌筑前,应根据工程设计施工图,结合砌块品种、规格,绘制砌体砌块的排列图,围护结构,应预先设计好地导墙、工分带、接顶方法等,经审核无误后,按图排列砌块。

2)小型空心砌块排列应从基础面开始,排列时尽可能采用主规格的砌块(390 mm× 190 mm×190 mm),砌体中主规格砌块应占总量的 75%～80%。

3)外墙转角及纵横墙交接处,应将砌块分皮咬槎,交错搭砌,如果不能咬槎时,按设计要求采取其他的构造措施。

(2)小砌块墙内不得混砌其他墙体材料。镶砌时,应采用与小砌块材料强度同等级的预制混凝土块。

(3)施工洞口留设:洞口侧边离交接处墙面不应小于 500 mm,洞口净宽度不应超过 1 m。洞口两侧应沿墙高每 3 皮砌块设 2ϕ 4 拉结钢筋网片,锚入墙内的长度不小于 1 000 mm。

(4)样板墙砌筑:在正式施工前,应先砌筑样板墙,经各方验收合格后,方可正式砌筑。

3. 拌制砂浆

参见第一部分细节解析"一、烧结普通砖、烧结多孔砖砖墙砌体中施工工艺要求"的相关内容。

4. 砌筑

(1)每层应从转角处或定位砌块处开始砌筑。应砌一皮、校正一皮,拉线控制砌体标高和墙面平整度。皮数杆应竖立在墙的转角处和交接处,间距宜不小于 15 m。

(2)在基础梁顶和楼面圈梁顶砌筑第一皮砌块时,应满铺砂浆。

(3)砌筑时,小砌块包括多排孔封底小砌块、带保温夹芯层的小砌块均应底面朝上反砌于墙上。

(4)小砌块墙体砌筑形式应每皮顺砌,上下皮应对孔错缝搭砌,竖缝应相互错开 1/2 主规格小砌块长度,搭接长度不应小于 90 mm。墙体的个别部位不能满足上述要求时,应在灰缝中设置拉结钢筋或 4ϕ 4 钢筋点焊网片。网片两端与竖缝的距离不得小于 400 mm。但竖向通缝仍不能超过两皮小砌块。

(5)墙体转角处和纵横墙交接处应同时砌筑。临时间断处应砌成斜槎,斜槎水平投影长度不应小于斜槎高度。严禁留直槎。

(6)设置在水平灰缝内的钢筋网片和拉接筋应放置在小砌块的边肋上(水平墙梁、过梁钢筋应放在边肋内侧),且必须设置在水平灰缝的砂浆层中,不得有露筋现象。拉结筋的搭接长度不应小于 $55d$,单面焊接长度不小于 $10d$。钢筋网片的纵横筋不得重叠点焊,应控制在同一平面内。

(7)砌筑小砌块的砂浆应随铺随砌,墙体灰缝应横平竖直。水平灰缝宜采用坐浆法满铺小砌块全部壁肋或多排孔小砌块的封底面;竖向灰缝应采取满铺端面法,即将小砌块端面朝上铺满砂浆再上墙挤紧,然后加浆插捣密实。墙体的水平灰缝厚度和竖向灰缝宽度宜为 10 mm,但不应大于 12 mm,也不应小于 8 mm。

(8)砌体水平灰缝的砂浆饱满度,应按净面积计算不得低于 90%;小砌块应采用双面碰头灰砌筑,不得出现瞎缝、透明缝。

(9)小砌块墙体孔洞中需填充隔热或隔声材料时,应砌一皮灌填一皮。应填满,不得捣实。充填材料必须干燥、洁净,品种、规格应符合设计要求。卫生间等有防水要求的房间,当设计选用灌孔方案时,应及时灌注混凝土。

(10)砌筑带保温夹芯层的小砌块墙体时,应将保温夹芯层一侧靠置室外,并应对孔错缝。左右相邻小砌块中的保温夹芯层应相互衔接,上下皮保温夹芯层之间的水平灰缝处应砌入同质保温材料。

(11)小砌块夹芯墙施工宜符合下列要求。

1)内外墙均应按皮数杆依次往上砌筑。

2)内外墙应按设计要求及时砌入拉结件。

3)砌筑时灰缝中挤出的砂浆与空腔槽内掉落的砂浆应在砌筑后及时清理。

(12)固定圈梁、挑梁等构件侧模的水平拉杆、扁铁或螺栓应从小砌块灰缝中预留 4ϕ10 孔穿入,不得在小砌块块体上凿安装洞。内墙可利用侧砌的小砌块孔洞进行支模,模板拆除后应采用 C20 混凝土将孔洞填实。

(13)墙体顶面(圈梁底)砌块孔洞应采取封堵措施(如铺细钢丝网、窗纱等),防止混凝土下漏。

(14)安装预制梁、板时，必须先找平后灌浆，不得干铺。预制楼板安装也可采用硬架支模法施工。

(15)窗台梁两端伸入墙内的支承部位应预留孔洞。孔洞口的大小、部位与上下皮小砌块孔洞，应保证与门窗两侧的芯柱竖向贯通。

(16)木门窗框与小砌块墙体两侧连接处的上、中、下部位应砌入埋有沥青木砖的小砌块(190 mm×190 mm×190 mm)或实心小砌块，并用铁钉、射钉或膨胀螺栓固定。

(17)门窗洞口两侧的小砌块孔洞灌填 C20 混凝土后，其门窗与墙体的连接方法可按实心混凝土墙体施工。

(18)对设计规定或施工所需的孔洞、管道、沟槽和预埋件等，应在砌筑时进行预留或预埋，不得在已砌筑的墙体上打洞和凿槽。

(19)水、电管线的敷设安装应按小砌块排块图的要求与土建施工进度密切配合，不得事后凿槽打洞。

(20)照明、电信、闭路电视等线路可采用内穿 12 号钢丝的白色增强阻燃塑料管。水平管线宜预埋于专供水平管用的实心带凹槽小砌块内，也可敷设在圈梁模板内侧或现浇混凝土楼板(屋面板)中。竖向管线应随墙体砌筑埋设在小砌块孔洞内。管线出口处应采用 U 形小砌块(190 mm×190 mm×190 mm)竖砌，内埋开关、插座或接线盒等配件，四周用水泥砂浆填实。冷、热水水平管可采用实心带凹槽的小砌块进行敷设。立管宜安装在 E 形小砌块的一个开口孔洞中。待管道试水验收合格后，采用 C20 混凝土浇灌封闭。

(21)安装电盒、配电箱的砌块应用混凝土灌实，将电盒、配电箱固定牢固，如图 2-2 所示。

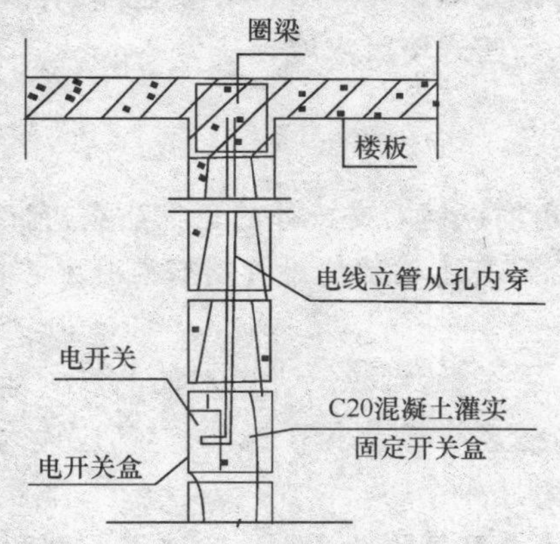

图 2-2　电盒、配电箱固定

(22)卫生设备安装宜采用筒钻成孔。孔径不得大于 120 mm，上下左右孔距应相隔一块以上的小砌块。

(23)严禁在外墙和纵、横承重墙沿水平方向凿长度大于 390 mm 的沟槽。

(24)安装后的管道表面应低于墙面 4～5 mm，并与墙体卡牢固定，不得有松动、反弹现象。浇水湿润后用 1∶2 水泥砂浆填实封闭。外设 10 mm×10 mm 的 $\phi0.5$～$\phi0.8$ 钢丝网，网宽应跨过槽口，每边不得小于 80 mm。

(25)有防水要求的房间楼板四周，除门洞口外，必须浇筑不低于 120 mm 高的混凝土坎台，混凝土强度等级不小于 C20。

(26)墙体施工段的分段位置宜设在伸缩缝、沉降缝、防震缝、构造柱或门窗洞口处。相邻

施工段的砌筑高差不得超过一个楼层高度，也不应大于 4 m。

(27)墙体伸缩缝、沉降缝和防震缝内，不得夹有砂浆、碎砌块和其他杂物。

(28)墙体与构造柱连接处应砌成马牙槎。从每层柱脚开始，先退后进，形成 100 mm 宽、200 mm 高的凹凸槎口。柱墙间采用 2ϕ 6 的拉结钢筋、间距宜为 400 mm，每边伸入墙内长度为 1 000 mm 或伸至洞口边。

(29)小砌块墙体砌筑应采用双排外脚手架或平台里脚手架进行施工，严禁在砌筑的墙体上设脚手孔洞。

(30)清水墙的工程，外墙砌筑宜采用抗渗砌块。

(31)小砌块砌筑完成后，宜 28 d 后抹灰。外墙抹灰必须待屋面工程全部完工后进行。

(32)顶层内粉刷必须待钢筋混凝土平屋面保温、隔热层施工完成后方可进行；对钢筋混凝土坡屋面，应在屋面工程完工后进行。

(33)墙面设有钢丝网的部位，应先采用有机胶拌制的水泥浆或界面剂等材料满涂后，方可进行抹灰施工。

(34)抹灰前墙面不宜洒水。天气炎热干燥时可在操作前 1～2 h 适度喷水。

5. 校正

砌筑时每层均应进行校正，需要移动砌体中的小砌块或小砌块被撞动时，应重新铺砌。

6. 竖缝填实砂浆

每砌筑一皮，小砌块的竖凹槽部位应用砂浆填实。

7. 勒缝

混水墙面必须用原浆做勾缝处理。缺灰处应补浆压实，并宜做成凹缝，凹进墙面 2 mm。清水墙宜用 1∶1 水泥砂浆勾缝，凹进墙面深度一般为 3 mm。

8. 芯柱施工

(1)芯柱设置要点。

1)在外墙转角、楼梯间四角的纵横墙交接处的三个孔洞，宜设置素混凝土芯柱。

2)5 层及 5 层以上的房屋，应在上述部位设置钢筋混凝土芯柱。

(2)芯柱构造要求。

1)芯柱截面不宜小于 120 mm×120 mm，宜用不低于 C20 的细石混凝土浇筑。

2)钢筋混凝土芯柱每孔内插竖筋不应小于 1ϕ10，底部应伸入室内地面下 500 mm 或与基础梁锚固，顶部与屋盖圈梁锚固。

3)在钢筋混凝土芯柱处，沿墙高每隔 600 mm 应设 ϕ 4 钢筋网片拉结，每边伸入墙体不小于 600 mm，如图 2-3 所示。

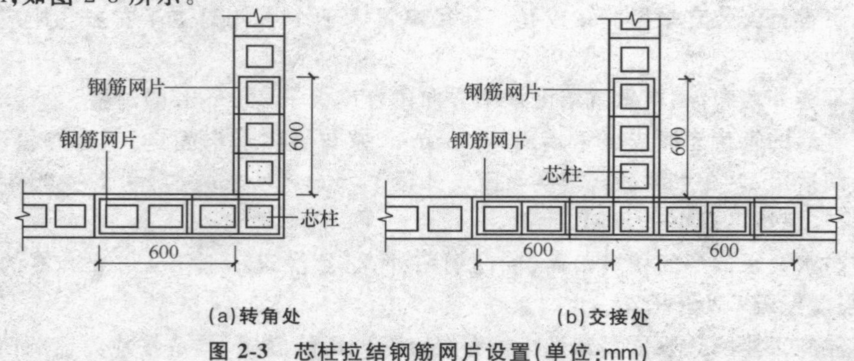

图 2-3　芯柱拉结钢筋网片设置(单位:mm)

4)芯柱应沿房屋的全高贯通,并与各层圈梁整体现浇,可采用图 2-4 所示的做法。芯柱竖向插筋应贯通墙身且与圈梁连接,插筋不应少于 1ϕ12。芯柱应伸入室外地下 500 mm 或锚入小于 500 mm 基础圈梁内。芯柱混凝土应贯通楼板,当采用装配式钢筋混凝土楼板时,可采用图 2-5 的方式实施贯通措施。

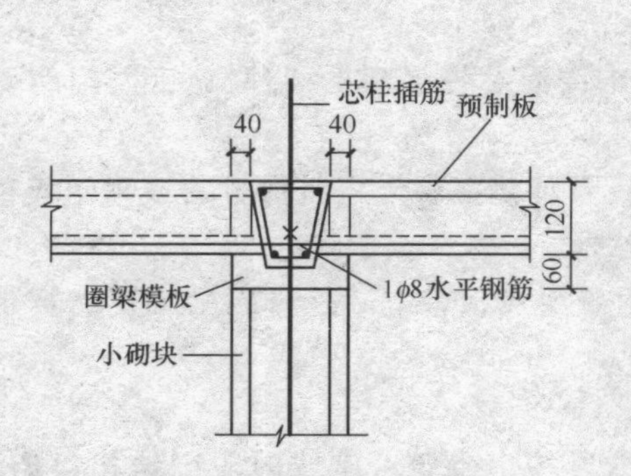

图 2-4　芯柱贯穿预制楼板的构造(单位:mm)

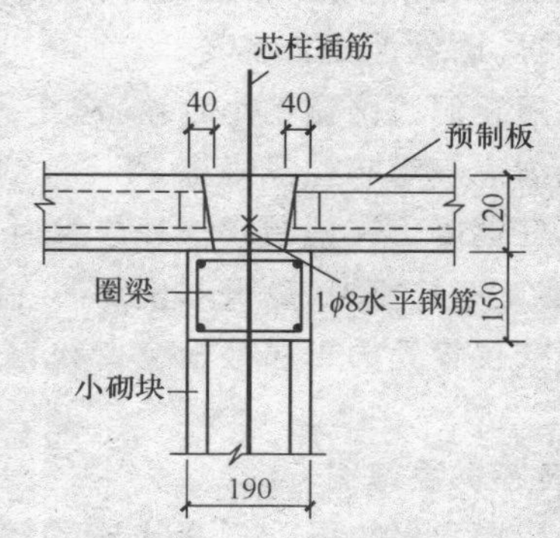

图 2-5　芯柱贯穿楼板的构造(单位:mm)

5)芯柱部位宜采用不封底的通孔小砌块,当采用半封底小砌块时,砌筑前打掉孔洞毛边。

6)在楼地面砌筑第一皮小砌块时,在芯柱部位,应用开口砌块(或 U 形砌块)砌出操作孔,在操作孔侧面宜用预留连通孔,必须清除芯柱孔内的杂物及削掉孔内凸出的砂浆,用水冲洗干净,校正钢筋位置并绑扎或焊接固定后,方可浇筑混凝土。

7)芯柱钢筋应与基础或基础梁中的预埋钢筋连接,上下楼层的钢筋可在楼板面上搭接,搭接长度应小于 $40d$。

8)砌完一个楼层高度后,应连续浇筑芯柱混凝土。每浇筑 400～500 mm 高度捣实一次,或边浇筑边捣实。浇筑混凝土前,先注入适量水泥浆;严禁灌满一个楼层后再捣实,宜采用机械捣实;混凝土坍落度不应小于 50 mm。

9)芯柱与圈梁应整体现浇,如采用槽形小砌块作圈梁模壳时,其底部必须留出芯柱通过的孔洞。

10)楼板在芯柱部位应留缺口,保证芯柱贯通。

(3)灌芯柱混凝土。

1)芯柱所有孔洞均应灌实混凝土。每层墙体砌筑完后,砌筑砂浆强度达到指纹硬化时,方可浇灌芯柱混凝土;每一层的芯柱必须在 1 d 内浇灌完毕。

2)灌芯柱混凝土,应遵守下列规定。

①清除孔洞内的砂浆与杂物,并用水冲洗。

②砌筑砂浆强度达到指纹硬化时,方可浇灌芯柱混凝土。

③在浇灌芯柱混凝土前应先注入适量与芯柱混凝土相同的去石子水泥砂浆,再浇灌混凝土。

④浇灌芯柱的混凝土,宜选用专用的小砌块灌孔混凝土,当采用普通混凝土时,其坍落度不宜小于 180 mm。

⑤校正钢筋位置,并绑扎或焊接牢固。

⑥浇灌混凝土时,先计算好小砌块芯柱的体积,并用灰桶等作为计量工具实地测量单个芯柱所需混凝土量,以此作为其他芯柱混凝土用量的依据。

⑦浇灌混凝土至顶部芯柱与圈梁交接处时,可在圈梁下留置施工缝,预留 200 mm 不浇满,届时和混凝土圈梁一起浇筑,以加强芯柱和圈梁的连接。

⑧每个层高混凝土应分两次浇灌，浇灌到1.4 m左右，采用钢筋插捣或 ϕ 30 振捣棒振捣密实，然后再继续浇灌，并插(振)捣密实；当过多的水被墙体吸收后应进行复振，但必须在混凝土初凝前进行。

⑨浇灌芯柱混凝土时，应设专人检查记录芯柱混凝土强度等级、坍落度、混凝土的灌入量和振捣情况，确保混凝土密实。

3)在门窗洞口两侧的小砌块，应按设计要求浇灌芯柱混凝土；临时施工洞口两侧砌块的第一个孔洞应浇灌芯柱混凝土。

4)芯柱混凝土在预制楼盖处应贯通，采用设置现浇混凝土板带的方法或预制板预留缺口的方法，实施芯柱贯通，确保不削弱芯柱断面尺寸。

5)芯柱位置处的每层楼板应留缺口或浇一条现浇板带。芯柱与圈梁或现浇板带应浇筑成整体。

(4)夹芯保温施工。

1)结构层和保护层的混凝土砌块墙同时分段往上砌筑。砌筑时先砌结构层砌块，砌至600 mm高时，放置聚苯板，再砌筑外层保护层砌块，砌至600 m高时，放置拉结钢筋网片，依次往上砌筑。

2)也可先将全楼结构层砌块墙砌完，一边砌一边放置拉结钢筋网片或拉结钢筋(设拉结筋的部位不设拉结网片)，再放置聚苯板，其后自下而上按楼层砌筑保护层砌块，并砌入钢筋网片。这种施工方法可减少砌筑工序对保护层装饰性砌块的污染。

9. 季节性施工

参见第一部分细节解析“一、烧结普通砖、烧结多孔砖砖墙砌体中施工工艺要求”的相关内容。

细节五 施工质量标准

施工质量标准，见表2-35。

表2-35 施工质量验收标准

项　目	内　容
一般规定	(1)适用于普通混凝土小型空心砌块和轻集料混凝土小型空心砌块(以下简称“小砌块”)等砌体工程。 (2)施工前，应按房屋设计图编绘小砌块平、立面排块图，施工中应按排块图施工。 (3)施工采用的小砌块的产品龄期不应小于28 d。 (4)砌筑小砌块时，应清除表面污物，剔除外观质量不合格的小砌块。 (5)砌筑小砌块砌体，宜选用专用小砌块砌筑砂浆。 (6)底层室内地面以下或防潮层以下的砌体，应采用强度等级不低于C20(或Cb20)的混凝土灌实小砌块的孔洞。 (7)砌筑普通混凝土小型空心砌块砌体，不需对小砌块浇水湿润，如遇天气干燥炎热，宜在砌筑前对其喷水湿润；对轻集料混凝土小砌块，应提前浇水湿润，块体的相对含水率宜为40%～50%。雨天及小砌块表面有浮水时，不得施工。 (8)承重墙体使用的小砌块应完整、无破损、无裂缝。 (9)小砌块墙体应孔对孔、肋对肋错缝搭砌。单排孔小砌块的搭接长度应为块体长度的1/2；多排孔小砌块的搭接长度可适当调整，但不宜小于小砌块长度的1/3，且不应小于90 mm。墙体的个别部位不能满足上述要求时，应在灰缝中设置拉结钢筋或钢筋网片，但竖向通缝仍不得超过两皮小砌块。

续表

项　目	内　容
一般规定	(10)小砌块应将生产时的底面朝上反砌于墙上。 (11)小砌块墙体宜逐块坐(铺)浆砌筑。 (12)在散热器、厨房和卫生间等设备的卡具安装处砌筑的小砌块,宜在施工前用强度等级不低于C20(或Cb20)的混凝土将其孔洞灌实。 (13)每步架墙(柱)砌筑完后,应随即刮平墙体灰缝。 (14)芯柱处小砌块墙体砌筑应符合下列规定: 1)每一楼层芯柱处第一皮砌块应采用开口小砌块; 2)砌筑时应随砌随清除小砌块孔内的毛边,并将灰缝中挤出的砂浆刮净。 (15)芯柱混凝土宜选用专用小砌块灌孔混凝土。浇筑芯柱混凝土应符合下列规定: 1)每次连续浇筑的高度宜为半个楼层,但不应大于 1.8 m; 2)浇筑芯柱混凝土时,砌筑砂浆强度应大于 1 MPa; 3)清除孔内掉落的砂浆等杂物,并用水冲淋孔壁; 4)浇筑芯柱混凝土前,应先注入适量与芯柱混凝土成分相同的去石砂浆; 5)每浇筑 400～500 mm 高度捣实一次,或边浇筑边捣实。 (16)小砌块复合夹心墙的砌筑应符合《砌体结构工程施工质量验收规范》(GB 50203—2011)的规定
主控项目	(1)小砌块和芯柱混凝土、砌筑砂浆的强度等级必须符合设计要求。 抽检数量:每一生产厂家,每 1 万块小砌块为一验收批,不足 1 万块按一批计,抽检数量为 1 组;用于多层建筑的基础和底层的小砌块抽检数量不应少于 2 组。砂浆试块的抽检数量应执行《砌体结构工程施工质量验收规范》(GB 50203—2011)的有关规定。 检验方法:检查小砌块和芯柱混凝土、砌筑砂浆试块试验报告。 (2)砌体水平灰缝和竖向灰缝的砂浆饱满度,按净面积计算不得低于 90%。 抽检数量:每检验批抽查不应少于 5 处。 检验方法:用专用百格网检测小砌块与砂浆黏结痕迹,每处检测 3 块小砌块,取其平均值。 (3)墙体转角处和纵横交接处应同时砌筑。临时间断处应砌成斜槎,斜槎水平投影长度不应小于斜槎高度。施工洞口可预留直槎,但在洞口砌筑和补砌时,应在直槎上下搭砌的小砌块孔洞内用强度等级不低于 C20(或 Cb20)的混凝土灌实。 抽检数量:每检验批抽查不应少于 5 处。 检验方法:观察检查。 (4)小砌块砌体的芯柱在楼盖处应贯通,不得削弱芯柱截面尺寸;芯柱混凝土不得漏灌。 抽检数量:每检验批抽查不应少于 5 处。 检验方法:观察检查
一般项目	(1)砌体的水平灰缝厚度和竖向灰缝宽度宜为 10 mm,但不应小于 8 mm,也不应大于 12 mm。 抽检数量:每检验批抽查不应少于 5 处。 检验方法:水平灰缝厚度用尺量 5 皮小砌块的高度折算;竖向灰缝宽度用尺量 2 m 砌体长度折算。 (2)小砌块砌体尺寸、位置的允许偏差应按《砌体结构工程施工质量验收规范》(GB 50203—2011)的规定执行

细节六 施工成品保护

(1)装门窗框时,应注意保护好固定框的埋件,应参照相关图集施工,使门框固定牢固。

(2)砌体上的设备槽孔以预留为主,因漏埋或未预留时,应采取措施,不应剔凿而损坏砌体的完整性。

(3)砌筑施工应及时清除落地砂浆。

(4)拆除施工架子时,应注意保护墙体及门窗口角。

(5)清水墙砌筑完毕后,宜从圈梁处向下用塑料薄膜覆盖墙体,以免墙体受到污染。

细节七 施工质量问题

(1)砌体砂浆不饱满。小砌块砌体的水平灰缝按净面积计算水平灰缝砂浆饱满度达不到90%;竖向灰缝砂浆饱满度达不到90%,且存在瞎缝、透明缝。原因如下。

1)砂浆在拌制时稠度与黏结性控制不好或在砌筑过程中,有泌水现象的砂浆未再次拌和后使用,影响铺灰均匀,且砂浆与砌块接触不充分。

2)铺灰过长或砌筑速度慢,使砂浆水分被吸干,砂浆干结、黏性差,后砌的块材底部砂浆难以达到饱满程度。

3)轻集料小砌块比普通小砌块吸水率高,砌筑前未提前浇水湿润,砂浆失水过快。

4)由于小砌块壁肋厚度仅为 25~35 mm,如铺灰还是沿用传统方法,未采用套板法或其他方法,则铺灰的面积本身达不到90%。

5)仅对小砌块顶面两端拉灰,未将凹槽内灌满砂浆,造成竖缝实际为假缝,削弱砌体水平抗拉能力。

6)单排孔砌块未认真做到孔对孔、肋对肋,造成竖缝与上皮肋错位,影响竖缝砂浆饱满。

7)小砌块砌筑时未将壁肋厚的一面朝上反砌,减少铺浆面积。

(2)严禁使用过期水泥,严格按配比计量、拌制砂浆,并按规定留置,养护好砂浆试块,确保砂浆强度满足设计要求。

(3)按设计和规范的规定,设置拉结带、拉结筋及压砌钢筋网片。在砌筑时做出标志,便于检查,以防遗漏。

(4)严格按皮数杆控制分层高度,掌握铺灰厚度。基底不平时,事先用细石混凝土找平,及时检查墙面垂直度、平整度。

(5)做好专业之间的协调配合,确保孔洞、埋件的位置、尺寸及标高的准确,避免事后剔凿开洞,影响砌体质量。

(6)砌筑时,不得使用含水率过大的砌块,被水浸透的砌块严禁上墙,一般相对含水率应控制在40%以内,即现场宜采用喷洒润湿的砌块,不宜采用浇水浸泡砌块的方法。

(7)对于断裂砌块应黏结加工后再使用,严禁直接使用碎块砌筑。

(8)在砌筑门窗洞口时,应事先预制符合要求的混凝土垫块,并按设计构造图放置;过梁端部应按规定砌好四皮砖或放混凝土垫块;在门窗洞口上口设钢筋混凝土带并整道墙贯通,以确保门窗洞口构造做法符合规定。

(9)在结构施工时应按设计要求在板、梁底部预留好拉结筋,做到墙顶连接牢固。

(10)砌筑前应根据墙体尺寸及砌块规格,制作皮数杆,并将灰缝做好标志,拉通线砌筑,做到灰缝基本一致、墙面平整。

(11)砌体开裂。原因是砌块龄期不足 28 d,使用了断裂的小砌块,与其他块材混砌,砂浆不饱满,砌块含水率过大(砌筑前一般不须浇水)等。

(12)第一皮砌块底铺砂浆厚度不均匀。原因是基底未事先用细石混凝土找平,必然造成砌筑时灰缝厚度不一致,应注意基底找平。

细节八　施工质量记录

(1)材料(混凝土小型空心砌块、干拌砂浆、水泥、砂、钢筋等)的出厂合格证、进场复试报告。

(2)砂浆试块试验报告。

(3)分项工程质量检验评定。

(4)隐检、预检记录。

(5)质量检验评定资料。

(6)冬期施工记录。

(7)设计变更及洽商记录。

(8)其他技术文件。

二、填充墙砌体

细节一　施工材料准备

(一)砌块

空心砖、加气混凝土砌块、轻集料混凝土小型空心砌块等材料的品种、规格、强度等级、密度必须符合设计要求,规格应一致。砌块进场应有产品合格证书及出厂检测报告、试验报告单。施工时所用的小砌块的产品龄期不应小于 28 d,宜大于 35 d。

填充墙砌体砌筑前要求控制含水率的块材应提前 2 d 喷水、洒水湿润。蒸压加气混凝土砌块砌筑时,应向砌筑面适量洒水。

(二)烧结空心砌块

1. 类别

(1)类别。按主要原材料分为黏土砌块(N)、页岩砌块(Y)、煤矸石砌块(M)、粉煤灰砌块(F)。

(2)规格。砌体的外形为直角六面体,如图 2-6 所示。其长度、宽度、高度尺寸应符合下列要求,单位为毫米(mm):

长:390,290;

宽:240,190,180(175),140,115;

高:90。

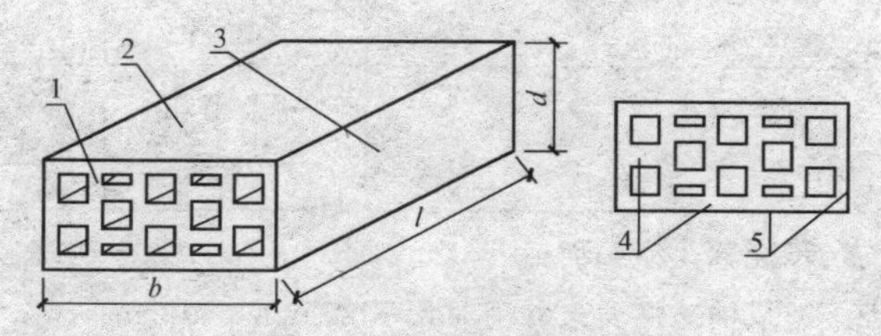

图 2-6　烧结空心砌块外形示意

1—顶面;2—大面;3—条面;4—肋;5—壁;

l—长度;b—宽度;d—高度

其他规格尺寸由供需双方协商确定。

(3)等级。

1)抗压强度分为 MU10.0、MU7.5、MU5.5、MU3.5、MU2.5。

2)体积密度分为 800 级、900 级、1 000 级、1 100 级。

3)在强度、密度、抗风化性能和放射性物质等方面合格的砖和砌体,根据尺寸偏差、外观质量空洞排列及其结构、泛霜、石灰爆裂、吸水率分为优等品(A)、一等品(B)和合格品(C)三个质量等级。

2. 技术要求

(1)尺寸允许偏差应符合表 2-36 的规定。

表 2-36 烧结空心砌块尺寸允许偏差

单位:mm

尺寸	优等品		一等品		合格品	
	样本平均偏差	样本极差 ≤	样本平均偏差	样本极差 ≤	样本平均偏差	样本极差 ≤
>300	±2.5	6.0	±3.0	7.0	±3.5	8.0
>200～300	±2.0	5.0	±2.5	6.0	±3.0	7.0
100～200	±1.5	4.0	±2.0	5.0	±2.5	6.0
<100	±1.5	3.0	±1.7	4.0	±2.0	5.0

(2)砌块的外观质量应符合表 2-37 的规定。

表 2-37 烧结空心砌块外观质量

单位:mm

项目		优等品	一等品	合格品
弯曲 ≤		3	4	5
缺棱掉角的三个破坏尺寸不得同时大于		15	30	40
垂直度差 ≤		3	4	5
未贯穿裂纹	大面上宽度方向及其延伸到条面的长度 ≤	不允许	100	120
	大面上长度方向或条面上水平面方向的长度 ≤	不允许	120	140
贯穿裂纹	大面上宽度方向及其延伸到条面的长度 ≤	不允许	40	60
	壁、肋沿长度方向、宽度方向及其水平方向的长度 ≤	不允许	40	60
肋、壁内残缺长度 ≤		不允许	40	60
完整面不少于		一条面和一大面	一条面或一大面	—

注:凡有下列缺陷之一者,不能称为完整面:

①缺损在大面、条面上造成的破坏面尺寸同时大于 20 mm×30 mm;

②大面、条面上裂纹宽度大于 1 mm,其长度超过 70 mm;

③压陷、粘底、焦花在大面、条面上的凹陷或凸出超过 2 mm,区域尺寸同时大于 20 mm×30 mm。

(3)强度等级应符合表 2-38 的规定。

表 2-38　烧结空心砌块强度等级　　单位:MPa

<table>
<tr><th rowspan="3">强度等级</th><th colspan="3">抗压强度/MPa</th><th rowspan="3">密度等级范围/(kg/m³)</th></tr>
<tr><th rowspan="2">抗压强度平均值 $\bar{f}\geqslant$</th><th>变异系数 $\delta\leqslant0.21$</th><th>变异系数 $\delta>0.21$</th></tr>
<tr><th>强度标准值 $f_k\geqslant$</th><th>单块最小抗压强度值 $f_{min}\geqslant$</th></tr>
<tr><td>MU10.0</td><td>10.0</td><td>7.0</td><td>8.0</td><td rowspan="4">≤1 100</td></tr>
<tr><td>MU7.5</td><td>7.5</td><td>5.0</td><td>5.8</td></tr>
<tr><td>MU5.0</td><td>5.0</td><td>3.5</td><td>4.0</td></tr>
<tr><td>MU3.5</td><td>3.5</td><td>2.5</td><td>2.8</td></tr>
<tr><td>MU2.5</td><td>2.5</td><td>1.6</td><td>1.8</td><td>≤800</td></tr>
</table>

(4)密度等级应符合表 2-39 的规定。

表 2-39　烧结空心砌块密度等级　　单位:kg/m³

密度等级	5 块密度平均值
800	≤800
900	801～900
1 000	901～1 000
1 100	1 001～1 100

(5)孔洞排列及其结构应符合表 2-40 的规定。

表 2-40　烧结空心砌块孔洞排列及其结构

<table>
<tr><th rowspan="2">等级</th><th rowspan="2">孔洞排列</th><th colspan="2">孔洞排数/排</th><th rowspan="2">孔洞率/(%)</th></tr>
<tr><th>宽度方向</th><th>高度方向</th></tr>
<tr><td>优等品</td><td>有序交错排列</td><td>$b\geqslant200$ mm　≥7
$b<200$ mm　≥5</td><td>≥2</td><td rowspan="3">≥40</td></tr>
<tr><td>一等品</td><td>有序排列</td><td>$b\geqslant200$ mm　≥5
$b<200$ mm　≥4</td><td>≥2</td></tr>
<tr><td>合格品</td><td>有序排列</td><td>≥3</td><td>—</td></tr>
</table>

注:b 为宽度的尺寸。

(6)每组砖和砌块的吸水率平均值应符合表 2-41 的规定。

表 2-41　烧结空心砌块吸水率

<table>
<tr><th rowspan="2">等　级</th><th colspan="2">吸水率/(%)　≤</th></tr>
<tr><th>黏土砌块、页岩砌块、煤矸石砌块</th><th>粉煤灰砌块[①]</th></tr>
<tr><td>优等品</td><td>16.0</td><td>20.0</td></tr>
</table>

续表

等　级	吸水率/(%) ≤	
	黏土砌块、页岩砌块、煤矸石砌块	粉煤灰砌块[1]
一等品	18.0	22.0
合格品	20.0	24.0

注：[1]粉煤灰掺入量(体积比)小于30%时，按黏土砌块的规定判定。

(7)抗风化性能应符合表2-42规定。

表2-42　烧结空心砌块抗风化性能

分类	饱和系数 ≤			
	严重风化区		非严重风化区	
	平均值	单块最大值	平均值	单块最大值
黏土砌块	0.85	0.87	0.88	0.90
粉煤灰砌块				
页岩砌块	0.74	0.77	0.78	0.80
煤矸石砌块				

(8)产品中不允许有欠火砖、酥砖。

(9)放射性物质。原材料中掺入煤矸石、粉煤灰及其他工业废渣的砌块，应进行放射性物质检测，放射性物质应符合《建筑材料放射性核素限量》(GB 6566—2010)的规定。

(三)蒸压灰砂多孔砖

1. 分类

(1)产品规格。

1)蒸压灰砂多孔砖规格，见表2-43。

表2-43　蒸压灰砂多孔砖规格　　单位：mm

长	宽	高
240	115	90
240	115	115

注：①经供需双方协商可生产其他规格的产品。

②对于不符合表2-43尺寸的砖，用长×宽×高的尺寸来表示。

2)孔洞采用圆形或其他孔形；孔洞应垂直于大面。

(2)产品等级。

1)根据抗压强度将强度级别分为MU30、MU25、MU20、MU15四个等级。

2)根据强度级别、尺寸偏差和外观质量将产品分为：

优等品(A)；

合格品(C)。

2. 技术要求

(1)尺寸允许偏差、外观质量应符合表 2-44 的规定。孔洞排列上下左右应对称,分布均匀;圆孔直径不大于 22 mm;非圆孔内切直径不大于 15 mm;孔洞外壁厚度不小于 10 mm;肋厚度不小于 7 mm;孔洞率不小于 25%。

表 2-44　蒸压灰砂多孔砖尺寸允许偏差、外观质量

<table>
<tr><th colspan="2" rowspan="3">项　目</th><th colspan="4">指　标</th></tr>
<tr><th colspan="2">优等品</th><th colspan="2">合格品</th></tr>
<tr><th>样本平均偏差</th><th>样本极差≤</th><th>样本平均偏差</th><th>样本极差≤</th></tr>
<tr><td rowspan="3">尺寸允许偏差</td><td>长度/mm</td><td>±2.0</td><td>4</td><td>±2.5</td><td>6</td></tr>
<tr><td>宽度/mm</td><td>±1.5</td><td>3</td><td>±2.0</td><td>5</td></tr>
<tr><td>高度/mm</td><td>±1.5</td><td>2</td><td>±1.5</td><td>4</td></tr>
<tr><td rowspan="2">缺棱掉角</td><td>最大尺寸/mm ≤</td><td colspan="2">10</td><td colspan="2">15</td></tr>
<tr><td>大于以上尺寸的缺棱掉角个数/个 ≤</td><td colspan="2">0</td><td colspan="2">1</td></tr>
<tr><td rowspan="3">裂纹长度</td><td>大面宽度方向及其延伸到条面的长度/mm ≤</td><td colspan="2">20</td><td colspan="2">50</td></tr>
<tr><td>大面长度方向及其延伸到顶面或条面长度方向及其延伸到顶面的水平裂纹长度/mm ≤</td><td colspan="2">30</td><td colspan="2">70</td></tr>
<tr><td>大于以上尺寸的裂纹条数/条≤</td><td colspan="2">0</td><td colspan="2">1</td></tr>
</table>

(2)抗压强度应符合表 2-45 的规定。

表 2-45　蒸压灰砂多孔砖抗压强度　单位:MPa

强度等级	抗压强度	
	平均值≥	单块最小值≥
MU30	30.0	24.0
MU25	25.0	20.0
MU20	20.0	16.0
MU15	15.0	12.0

(3)抗冻性应符合表 2-46 的规定。

表 2-46　蒸压灰砂多孔砖抗冻性

强度等级	冻后抗压强度/MPa 平均值≥	单块砖的干质量损失/(%)≤
MU30	24.0	2.0
MU25	20.0	
MU20	16.0	
MU15	12.0	

(四)砂、水泥、掺合料、砂浆

参见第一部分细节解析"一、烧结普通砖、烧结多孔砖砖墙砌体中施工材料准备"的相关内容。

(五)螺栓、锚固胶

化学植筋的钢筋及螺杆,应采用 HRB400、HRB335 级带肋钢筋及 Q235、Q345 钢螺杆。锚杆应有质量合格证书(含钢号、尺寸规格等)、产品安装(使用)说明书和进场复验报告,锚固胶应有出厂质量保证书及检测报告。

一切外露的后锚固连接件及预埋件、木砖等,应有可靠的防腐、防火措施。

(六)其他砌块及材料

加气混凝土小型空心砌块、轻集料混凝土小型空心砌块等及其相关材料,其技术要求可参见第二部分细节解析"一、混凝土小型空心砌块砌体中施工材料准备"的相关内容。

细节二 施工机具选用

参见第一部分细节解析"一、烧结普通砖、烧结多孔砖砖墙砌体中施工机具选用"的相关内容。

细节三 施工作业条件

(1)主体分部中承重结构已施工完毕,已经有关部门验收合格。

(2)弹出轴线、墙边线、门窗洞口线,经复核,办理预检手续。

(3)立皮数杆。宜用 30 mm×40 mm 木料制作,皮数杆上注明门窗洞口、木砖、拉结筋、圈梁等的尺寸标高。皮数杆间距 15～20 m,转角处均应设立,一般距墙皮或墙角 50 mm 为宜。皮数杆应垂直、牢固、标高一致,经复核,办理预检手续。

(4)根据最下面一皮砖的标高,拉通线检查,如水平灰缝厚度超过 20 mm,用细石混凝土找平,不得用砂浆找平或砍砖包合子找平。

(5)砌筑前,应将地基梁顶面或楼层结构面按标高找平,依据砌筑图放出轴线、砌体边线和洞口线;将地基梁顶面或楼面清扫干净,洒水湿润。

(6)砂浆配合比经试验室确定,准备好砂浆试模。

细节四 施工工艺要求

工艺流程:

拌制砂浆 ↓

放线、立皮数杆→ 排砖撂底→砌筑填充墙→ 验收

1. 放线、立皮数杆、排砖撂底、拌制砂浆

参见第一部分细节解析"一、烧结普通砖、烧结多孔砖砖墙砌体中施工工艺要求"的相关内容。

2. 砌筑填充墙

(1)组砌方法应正确,上、下错缝,交接处咬槎搭砌,掉角严重的砖或砌块不宜使用。

(2)砌筑灰缝应横平竖直,砂浆饱满。空心砖、轻集料混凝土小型空心砌块的砌体水平、竖向灰缝为 8～12 mm;蒸压加气混凝土砌体水平灰缝宜为 15 mm,竖向灰缝为 20 mm。

(3)用轻集料小型空心砌块或蒸压加气混凝土砌块砌筑墙体时,墙底部应砌烧结普通砖或普通混凝土小型砌块,或现浇混凝土坎台等,高度不宜小于 200 mm。

(4)有防水要求的房间楼板四周,除门洞口外,必须浇筑不低于 120 mm 高的混凝土坎台,混凝土强度等级不小于 C20。

(5)空心砖的砌筑应上下错缝，砖孔方向应符合设计要求；当设计无具体要求时，宜将砖孔置于水平位置；当砖孔垂直砌筑时，水平铺灰应用套板。砖竖缝应先挂灰后砌筑。

(6)填充墙砌筑时应错缝搭砌，蒸压加气混凝土砌块搭砌长度不应小于砌块长度的 1/3，并不小于 150 mm；轻集料混凝土小型空心砌块搭砌长度不应小于 90 mm。

(7)按设计要求设置构造柱、圈梁、过梁或现浇混凝土带。各种预留洞、预埋件等，应按设计要求设置，避免后剔凿。

(8)空心砖砌筑时，管线留置采用的方法，当设计无具体要求时，可采用穿砖孔预埋或弹线定位后用无齿锯开槽(用于加气混凝土砌块)，不得留水平槽。管道安装后用混凝土堵填密实，外贴耐碱玻纤布，或按设计要求处理。

(9)墙体转角处和纵横墙交接处应同时砌筑。临时间断处应砌成斜槎，斜槎水平投影长度不应小于高度的 2/3。

3. 填充墙与结构的拉结

(1)拉结方式：拉结钢筋的生根方式可采用预埋铁件、贴模箍、锚栓、植筋等连接方式，并符合以下要求。

1)锚栓或植筋施工。锚栓不得布置在混凝土的保护层中，有效锚固深度不得包括装饰层或抹灰层；锚孔应避开受力主筋，废孔应用锚固胶或高强度等级的树脂水泥砂浆填实。

2)锚栓和植筋施工方法应符合要求。

3)采用预埋铁件或贴模箍施工方法时，其生根数量、位置、规格应符合设计要求，焊接长度符合设计或规范要求。

(2)填充墙与结构墙柱连接处，必须按设计要求设置拉结筋或通长混凝土配筋带；设计无要求时，墙与结构墙柱处及 L 形、T 形墙交接处，设拉结筋，竖向间距不大于 500 mm，埋压 2 根 ϕ 6 钢筋。平铺在水平灰缝内，两端伸入墙内不小于 1 000 mm，如图 2-7 所示。

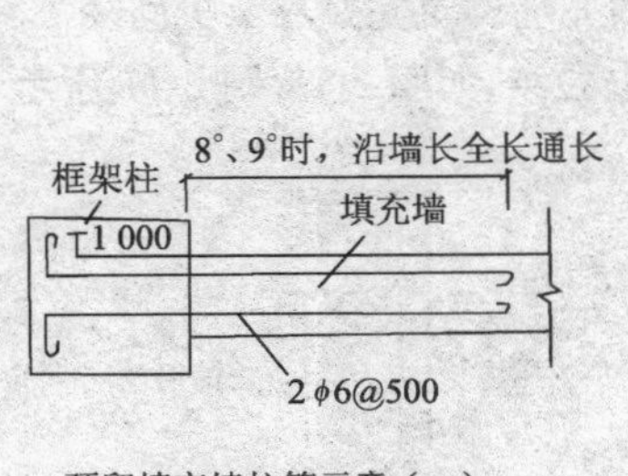

预留填充墙拉筋示意（一）

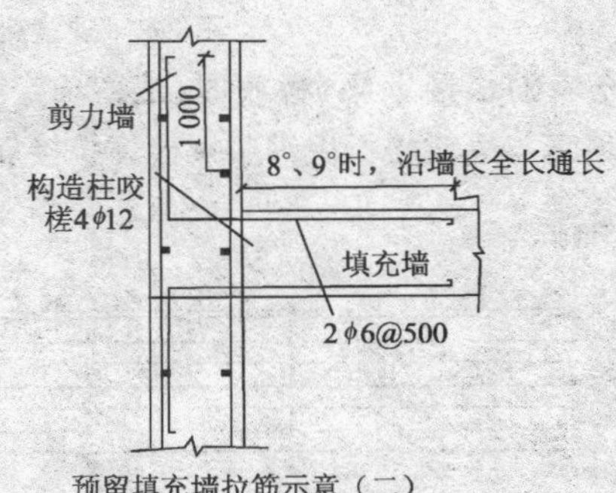

预留填充墙拉筋示意（二）

图 2-7　预留拉筋大样(单位:mm)

1)墙长大于层高的 2 倍时，宜设构造柱，如图 2-8 所示。

2)墙高超过 4 m 时，半层高或门洞上皮宜设置与柱连接且沿墙全长贯通的混凝土现浇带，如图 2-9 所示。

(3)设置在砌体水平灰缝中的钢筋的锚固长度不宜小于 $50d$，且其水平或垂直弯折段的长度不宜小于 $20d$ 和 150 mm；钢筋的搭接长度不应小于 $55d$。

(4)填充墙砌体留置的拉结钢筋或网片的位置应与块体皮数相符合。拉结钢筋或网片应置于灰缝中，其规格、数量、间距、埋置长度应符合设计要求，竖向位置偏差不应超过一皮高度。

(5)转角及交接处同时砌筑，不得留直槎，斜槎高不大于 1.2 m。拉通线砌筑时，随砌、随

吊、随靠，保证墙体垂直、平整，不允许砸砖修墙。

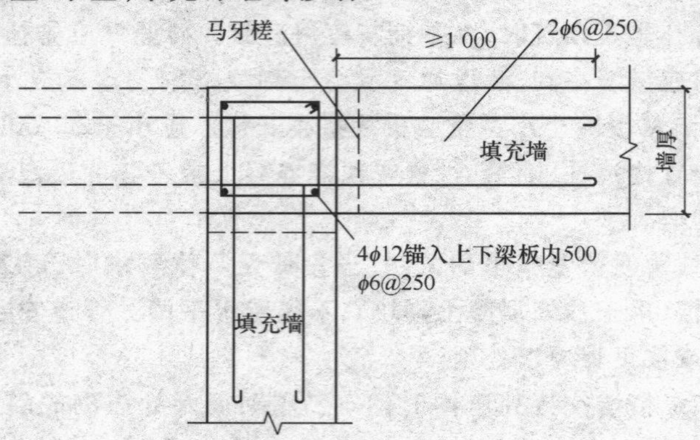

图 2-8　填充墙构造柱大样(单位:mm)

(构造柱截面不小于墙厚×240)

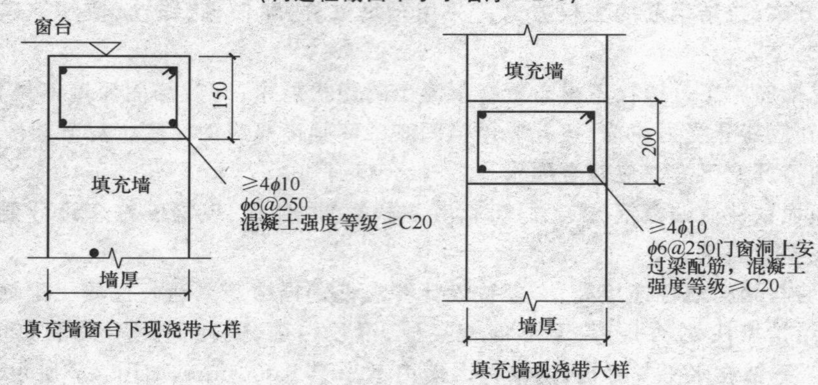

图 2-9　现浇带大样(单位:mm)

(6)填充墙砌至接近梁、板底时，应留一定空隙，待填充墙砌筑完并应至少间隔 7 d 后，将缝隙填实。并且墙顶与梁或楼板用钢胀螺栓焊拉接筋或预埋筋拉结，如图 2-10、图 2-11 所示。

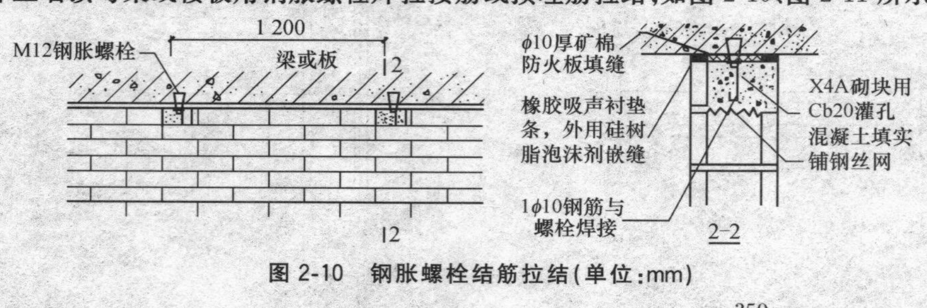

图 2-10　钢胀螺栓结筋拉结(单位:mm)

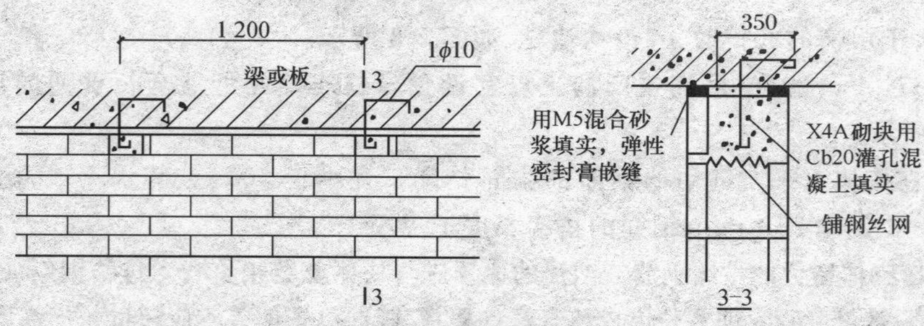

图 2-11　预埋筋拉结(单位:mm)

(7)混凝土小型空心砌块砌筑的隔墙顶接触梁板底的部位应采用实心小砌块斜砌楔紧；房屋顶层的内隔墙应离该处屋面板板底 15 mm,缝内采用 1∶3 石灰砂浆或弹性腻子嵌塞。

(8)钢筋混凝土结构中的砌体填充墙,宜与框架柱脱开或采用柔性连接,如图 2-12 所示。

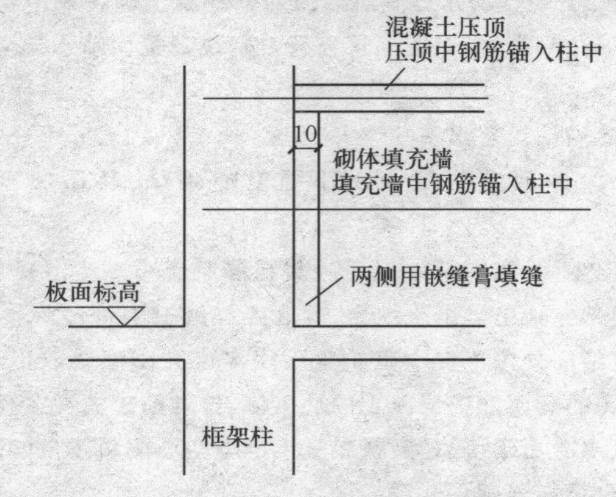

图 2-12　框架柱与非结构体填充墙连接做法(单位:mm)

(9)蒸压加气混凝土和轻集料混凝土小型砌块除底部、顶部和门窗洞口处,不得与其他块材混砌。

(10)加气混凝土砌块的孔洞宜用砌块碎末以水泥、石膏及胶修补。

4. 填充墙在门窗口两侧的处理

(1)空心砖墙在门框两侧,应用实心砖砌筑,每边不小于 240 mm,用以埋设木砖及铁件固定门窗框、安放混凝土过梁。

(2)空心砖、轻集料混凝土小型空心砌块砌筑填充墙,窗洞口两侧砌块,面向洞口者应是无槽一端,窗框固定在预制混凝土锚固块上。

(3)轻集料混凝土小型空心砌块砌体每日砌筑高度不宜超过 1.8 m。

5. 季节性施工

参见第一部分细节解析"一、烧结普通砖、烧结多孔砖砖墙砌体中施工工艺要求"的相关内容。

细节五　施工质量标准

质量验收标准,见表 2-47。

表 2-47　质量验收标准

项　目	内　容
一般规定	(1)适用于烧结空心砖、蒸压加气混凝土砌块、轻集料混凝土小型空心砌块等填充墙砌体工程。 (2)砌筑填充墙时,轻集料混凝土小型空心砌块和蒸压加气混凝土砌块的产品龄期不应小于 28 d,蒸压加气混凝土砌块的含水率宜小于 30%。 (3)烧结空心砖、蒸压加气混凝土砌块、轻集料混凝土小型空心砌块等的运输、装卸过程中,严禁抛掷和倾倒;进场后应按品种、规格堆放整齐,堆置高度不宜超过 2 m。蒸压加气混凝土砌块在运输及堆放中应防止雨淋。 (4)吸水率较小的轻集料混凝土小型空心砌块及采用薄灰砌筑法施工的蒸压加气混凝土砌块,砌筑前不应对其浇(喷)水湿润;在气候干燥炎热的情况下,对吸水率较小的轻集料混凝土小型空心砌块宜在砌筑前喷水湿润。 (5)采用普通砌筑砂浆砌筑填充墙时,烧结空心砖、吸水率较大的轻集料混凝土小型空心

续表

项 目	内 容
一般规定	砌块应提前1～2 d浇(喷)水湿润。蒸压加气混凝土砌块采用蒸压加气混凝土砌块砌筑砂浆或普通砌筑砂浆砌筑时,应在砌筑当天对砌块砌筑面喷水湿润。块体湿润程度宜符合下列规定: 1)烧结空心砖的相对含水率60%～70%; 2)吸水率较大的轻集料混凝土小型空心砌块、蒸压加气混凝土砌块的相对含水率40%～50%。 (6)在厨房、卫生间、浴室等处采用轻集料混凝土小型空心砌块、蒸压加气混凝土砌块砌筑墙体时,墙底部宜现浇混凝土坎台,其高度宜为150 mm。 (7)填充墙拉结筋处的下皮小砌块宜采用半盲孔小砌块或用混凝土灌实孔洞的小砌块;薄灰砌筑法施工的蒸压加气混凝土砌块砌体,拉结筋应放置在砌块上表面设置的沟槽内。 (8)蒸压加气混凝土砌块、轻集料混凝土小型空心砌块不应与其他块体混砌,不同强度等级的同类块体也不得混砌。 注:窗台处和因安装门窗需要,在门窗洞口处两侧填充墙上、中、下部可采用其他块体局部嵌砌;对与框架柱、梁不脱开方法的填充墙,填塞填充墙顶部与梁之间缝隙可采用其他块体。 (9)填充墙砌体砌筑,应待承重主体结构检验批验收合格后进行。填充墙与承重主体结构间的空(缝)隙部位施工,应在填充墙砌筑14 d后进行
主控项目	(1)烧结空心砖、小砌块和砌筑砂浆的强度等级应符合设计要求。 抽检数量:烧结空心砖每10万块为一验收批,小砌块每1万块为一验收批,不足上述数量时按一批计,抽检数量为1组。混凝土砌块专用砂浆砂浆试块的抽检数量按每一检验批且不超过250 m^3 砌体的各类、各强度等级的普通砌筑砂浆,每台搅拌机应至少抽检一次。验收批的预拌砂浆、蒸压加气混凝土砌块专用砂浆,抽检可为3组。 检验方法:查砖、小砌块进场复验报告和砂浆试块试验报告。 (2)填充墙砌体应与主体结构可靠连接,其连接构造应符合设计要求,未经设计同意,不得随意改变连接构造方法。每一填充墙与柱的拉结筋的位置超过一皮块体高度的数量不得多于一处。 抽检数量:每检验批抽查不应少于5处。 检验方法:观察检查。 (3)填充墙与承重墙、柱、梁的连接钢筋,当采用化学植筋的连接方式时,应进行实体检测。锚固钢筋拉拔试验的轴向受拉非破坏承载力的检验值应为6.0 kN。抽检钢筋在检验值作用下应基材无裂缝、钢筋无滑移宏观裂损现象;持荷2 min期间荷载值降低不大于5%。 抽检数量:按表2-48确定。 检验方法:原位试验检查
一般项目	(1)填充墙砌体尺寸、位置的允许偏差及检验方法应符合表2-49的规定。 抽检数量:每检验批抽查不应少于5处 (2)填充墙砌体的砂浆饱满度及检验方法应符合表2-50的规定 抽检数量:每检验批抽查不应少于5处。 (3)填充墙留置的拉结钢筋或网片的位置应与块体皮数相符合。拉结钢筋或网片应置于灰缝中,埋置长度应符合设计要求,竖向位置偏差不应超过一皮高度。 抽检数量:每检验批抽查不应少于5处。 检验方法:观察和用尺量检查。

续表

项　目	内　容
一般项目	(4)砌筑填充墙时应错缝搭砌，蒸压加气混凝土砌块搭砌长度不应小于砌块长度的 1/3；轻集料混凝土小型空心砌块搭砌长度不应小于 90 mm；竖向通缝不应大于 2 皮。 抽检数量：每检验批抽查不应少于 5 处。 检验方法：观察检查。 (5)填充墙的水平灰缝厚度和竖向灰缝宽度应正确，烧结空心砖、轻集料混凝土小型空心砌块砌体的灰缝应为 8～12 mm；蒸压加气混凝土砌块砌体当采用水泥砂浆、水泥混合砂浆或蒸压加气混凝土砌块砌筑砂浆时，水平灰缝厚度和竖向灰缝宽度不应超过 15 mm；当蒸压加气混凝土砌块砌体采用蒸压加气混凝土砌块黏结砂浆时，水平灰缝厚度和竖向灰缝宽度宜为 3～4 mm。 抽检数量：每检验批抽查不应少于 5 处。 检验方法：水平灰缝厚度用尺量 5 皮小砌块的高度折算；竖向灰缝宽度用尺量 2 m 砌体的长度折算

表 2-48　检验批抽检锚固钢筋样本最小容量

检验批的容量	样本最小容量	检验批的容量	样本最小容量
≤90	5	281～500	20
91～150	8	501～1 200	32
151～280	13	1 201～3 200	50

表 2-49　填充墙砌体尺寸、位置的允许偏差及检验方法

项次	项　目		允许偏差/mm	检验方法
1	轴线位移		10	用尺检查
2	垂直度(每层)	≤3 m	5	用 2 m 托线板或吊线、尺检查
		>3 m	10	
3	表面平整度		8	用 2 mm 靠尺和楔形尺检查
4	门窗洞口高、宽(后塞口)		±10	用尺检查
5	外墙上、下窗口偏移		20	用经纬仪或吊线检查

表 2-50　填充墙砌体砂浆饱满度及检验方法

砌体分类	灰缝	饱满度及要求	检验方法
空心砖砌体	水平	≥80%	采用百格网检查块体底面或侧面砂浆的黏结痕迹面积
	垂直	填满砂浆，不得有透明缝、瞎缝、假缝	
蒸压加气混凝土砌块、轻骨料混凝土小型空心砌块砌体	水平	≥80%	
	垂直	≥80%	

细节六 施工成品保护

(1)暖卫、电气管线及预埋件应注意保护,防止碰撞损坏。

(2)预埋的拉结筋应加强保护,不得踩倒、弯折。

(3)手推车应平稳行驶,防止碰撞墙体。

(4)墙上不得放脚手架排木,防止发生事故。

(5)当每层砌筑墙体的高度超过 1.2 m 时,应及时搭设好操作平台。严禁用不稳定的物体在脚手架板面垫高工作。

细节七 施工质量问题

1. 填充墙与混凝土框架柱交接部位出现裂缝

(1)现象。

填充墙与混凝土框架柱交接处出现竖向裂缝,有的墙体较长,在墙中部也会出现竖向沿灰缝的裂缝;一般外墙比内墙更易产生。

(2)原因分析。

1)块体产品质量不合格。

2)产品龄期未满 28 d 即使用;或进场后露天堆放浸水。砌筑后墙体干缩造成开裂。

3)填充墙拉结筋未按规定设置或拉结筋不直,影响柱与砌体的拉结。

4)砌筑时竖缝砂浆不饱满,尤其小砌块顶面凹槽内不填砂浆,造成假缝,降低砌体的水平拉结能力。

5)砌筑砂浆黏结性差或铺灰过长,砂浆脱水影响黏结性能,降低抗剪能力。

6)墙体过长未在墙中采取竖向构造措施,使砌体干缩值增大开裂。

7)干燥或高温条件下砌筑,未采取养护措施,当砌体干缩过早过快时,砂浆的强度尚低,难以抵抗干缩引起的拉、剪应力。

2. 梁、板底墙体裂缝

(1)现象。

填充墙与梁、板底交接处出现水平裂缝。

(2)原因分析。

1)填充墙在砌至梁、板底部时未留空隙,直接砌到顶。

2)虽然留置空隙但时间过短即镶砌,墙体沉积不充分,尤其封砌外墙井架洞口或内墙施工过入洞口墙体。

3)墙体高度过高时,未在墙中采取水平构造措施。

4)梁、板底空隙镶砌时砂浆稠度过大,或用混凝土填嵌时坍落度过大;与梁、板结构不严密,产生收水裂缝。

3. 墙体顶面不平直

砌到顶部时不好使线,墙体容易里出外进,应在梁底或板底弹出墙边线,认真按线砌筑,以保证墙体顶部平直通顺。

4. 门窗框两侧漏砌实心砖

门窗两侧砌实心砖,便于埋设木砖或铁件,固定门窗框,并安放混凝土过梁。

5. 墙体剔凿

预留孔洞、预埋件应在砌筑时预留、预埋，防止事后剔凿，以免影响质量。

6. 拉结筋不合砖皮数

混凝土墙、柱内预埋拉结筋经常不能与砖皮数吻合，应预先计算砖皮数模数、位置，标高控制准确，不应将拉结筋弯折使用。

7. 预埋在墙、柱内的拉结筋任意弯折、切断

注意保护预埋在墙、柱内的拉结筋，不允许任意弯折或切断。

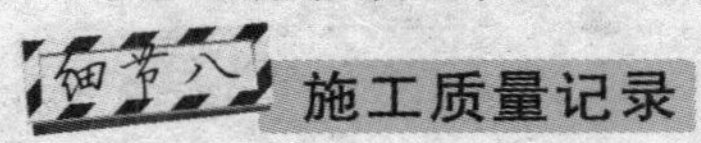

参见第一部分细节解析“一、烧结普通砖、烧结多孔砖砖墙砌体中施工质量记录”的相关内容。

【典型实例】

一、混凝土小型空心砌块砌体

施工技术交底记录(一)

工程名称	某施工工程	编　　号	×××××
施工单位	某建筑工程公司	交底日期	××年××月××日
交底摘要	混凝土小型空心砌体砌块 砌筑、芯柱混凝土的浇筑等	分项工程名称	砌块砌体工程施工
		页　　数	共4页,第1页

交底内容:

1. 材料准备

(1)砌块。混凝土小型空心砌块的品种、强度等级必须符合设计要求,且砌块的强度等级不小于MU7.5,并有出厂合格证、试验单。砌筑砂浆强度不小于M7.5。施工时所用的小砌块的产品龄期不应小于28 d。严禁使用断裂小砌块。小砌块进场应用叉车装卸。

(2)水泥。

1)一般宜采用42.5级的普通硅酸盐水泥或矿渣硅酸盐水泥。

2)水泥进场使用前,应分批对其强度、凝结时间、安定性进行复验。

3)当在使用中对水泥的质量有怀疑或水泥出厂超过3个月(快硬硅酸盐水泥超过1个月)时,应复查试验,并按结果使用。

4)不同品种的水泥不得混合使用。

(3)砂。用中砂,砂含泥量不超过5%,不得含有草根等杂物,使用前用5 mm孔径的筛子过筛。

(4)掺合料。石灰膏,磨细生石灰,或采用粉煤灰等保水增稠材料,生石灰熟化时间不少于7 d。

(5)拉结钢筋网片。墙体拉结钢筋网片应采用ϕ4镀锌焊接钢筋网片,外墙宜用重镀锌焊接钢筋网片。钢筋网片纵向钢筋与横向钢筋宜采用平焊连接。

(6)其他材料。预埋件、刷防腐剂的木砖等。

2. 机具选用

(1)机械。切割机、搅拌机、磅秤、垂直运输设备。

(2)工具。夹具、手锯、灰斗、吊篮、大铲、小撬棍、手推车、拖线板、线坠、皮数杆、小白线、卷尺、靠尺、小平尺、灰槽。

3. 作业条件

(1)小型空心砌块砌筑施工前,必须做完地基,办完隐检预检手续。

(2)放好砌体墙身位置线、门窗口等位置线,经验线符合设计图纸要求,预检合格。

(3)按砌筑操作需要,找好标高,立好皮数杆(一般间距10 m,转角处均应设立)。

(4)搭设好操作和卸料架子。

(5)配制异形尺寸砌块。经试配已确定砂浆配合比。

4. 工艺要求

施工流程:

签字栏	交底人	×××	审核人	×××
	接受交底人	×××、×××、××		

工程名称	某施工工程	编　　号	×××××
施工单位	某建筑工程公司	交底日期	××年××月××日
交底摘要	混凝土小型空心砌体砌块 砌筑、芯柱混凝土的浇筑等	分项工程名称	砌块砌体工程施工
		页　　数	共4页，第2页

拌制砂浆
↓
墙体放线──→砌块排列──→砌筑──→校正──→竖缝填实砂浆
勒缝──→灌芯柱混凝土──→验收

(1)墙体放线：砌体施工前，应将基础面或楼层结构面按标高找平，依据砌筑图放出一皮砌块的轴线、砌体边线和洞口线。

(2)砌块排列：按砌块排列图在墙体线范围内分块定尺、划线，排列砌块的方法和要求如下。

1)小型空心砌块在砌筑前，应根据工程设计施工图，结合砌块的品种、规格绘制砌体砌块的排列图。围护结构或二次结构，应预先设计好地导墙、工分带、接顶方法等，经审核无误，按图排列砌块。

2)小型空心砌块排列应从基础面开始，排列时尽可能采用主规格的砌块(390 mm×290 mm×190 mm)。砌体中主规格砌块应占总量的75%～80%。

3)外墙转角及纵、横墙交接处，应将砌块分皮咬槎，交错搭砌；不能咬槎时，按设计要求采取其他的构造措施。

(3)小砌块砌筑前不须浇水湿润，在天气干燥炎热的情况下，可提前洒水湿润小砌块；小砌块表面有浮水或受潮后，干燥后方可使用。

(4)砂浆试块制作：同一楼层且不超过250 m^3砌体的各类型及强度等级的砌筑砂浆，应至少做2组试块，每台搅拌机应至少抽检1次。

(5)地下部分小砌块应用水泥砂浆砌筑，芯柱所有孔洞均应灌实混凝土。

(6)样板墙砌筑：在正式施工前，应先砌筑样板墙，经各方验收合格后方可正式砌筑。

(7)砌筑。

1)每层应从转角处或定位砌块处开始砌筑。应砌一皮，校正一皮，拉线控制砌体标高和墙面平整度。

2)在基础梁顶和楼面圈梁顶砌筑第一皮砌块时，应满铺砂浆。

3)小砌块应底面朝上反砌于墙上，并宜采用专用砂浆砌筑。

4)小砌块墙体应对孔错缝搭砌，搭接长度不应小于90 mm。墙体的个别部位不能满足上述要求时，应在灰缝中设置拉结钢筋或钢筋网片，但竖向通缝仍不得超过2皮小砌块。

5)墙体转角处和纵、横墙交接处应同时砌筑。临时间断处应砌成斜槎，斜槎水平投影长度不应小于高度的2/3。

6)设置在灰缝内的钢筋网片应放置在小砌块的边肋上(水平墙梁、过梁钢筋应放在边肋内侧)。搭接长度不应小于55d，单面焊接长度不小于10d。

7)墙体的水平灰缝厚度和竖向灰缝宽度宜为10 mm，但不应大于12 mm，也不应小于8 mm。

8)砌体水平灰缝的砂浆饱满度，应按净面积计算，不得低于90%；小砌块应采用双面碰头灰砌筑，竖向灰缝饱满度不得小于80%，不得出现瞎缝、透明缝。

9)当雨量较大时应停止砌筑，并用防雨材料对墙体进行遮盖；继续施工时，须复核墙体的垂直度；如果墙体垂直度超过允许偏差，则应拆除重砌。

10)小砌块砌筑完成后，宜28 d后抹灰。

签字栏	交底人	×××	审核人	×××
	接受交底人	×××、×××、××		

工程名称	某施工工程	编　号	×××××
施工单位	某建筑工程公司	交底日期	××年××月××日
交底摘要	混凝土小型空心砌体砌块砌筑、芯柱混凝土的浇筑等	分项工程名称	砌块砌体工程施工
		页　数	共4页,第3页

(8)施工洞口留设:洞口侧边离交接处墙面不应小于500 mm,洞口净宽度不应超过1 m。洞口两侧应沿墙高每3皮砌块设2ϕ4拉结钢筋网片,锚入墙内的长度不小于1 000 mm。

(9)灌芯柱混凝土,应遵守下列规定。

1)清除孔洞内的砂浆与杂物,并用水冲洗。

2)砌筑砂浆强度大于1 MPa时,方可浇筑芯柱混凝土。

3)浇筑芯柱混凝土前,应先注入适量与芯柱混凝土相同的去石水泥砂浆,再浇灌混凝土。

4)浇灌芯柱的混凝土,宜选用专用的小砌块灌孔混凝土;采用普通混凝土时,其坍落度不宜小于180 mm。

5)浇筑混凝土时,先计算好小砌块芯柱的体积,并用灰桶等作为计量工具实地测量单个芯柱所需混凝土量,以此作为其他芯柱混凝土用量的依据。

6)浇筑混凝土至顶部时,应预留50 mm不浇满,届时和混凝土圈梁一起浇筑,以加强芯柱和圈梁的连接。

7)每层混凝土应分两次浇灌,浇筑到1.4 m左右,采用钢筋插捣或ϕ30振捣棒振捣密实,然后再继续浇灌,并插(振)捣密实。

(10)在门窗洞口两侧的小砌块,应按设计要求浇筑芯柱混凝土;临时施工洞口两侧砌块的第一个孔洞应浇筑芯柱混凝土。

(11)小砌块预埋木砖处应用混凝土浇筑密实。

(12)安装电盒、配电箱的砌块应用混凝土灌实,将电盒、配电箱固定牢固。

(13)需要移动砌体中的小砌块或小砌块被撞动时,应重新铺砌。

(14)勾缝:混水墙应用原浆勾缝,清水墙宜用1∶1水泥砂浆勾缝,深度一般为3 mm。

(15)冬期施工:在连续5 d平均气温低于5℃或当日最低温度低于0℃时即进入冬期施工,应采取冬期施工措施。冬期使用的小砌块砌筑前应清除冰霜。水泥宜用普通硅酸盐水泥,灰膏应防冻;如已受冻,应融化后方可使用。砂中不得含有大于10 mm的冻块,材料加热时,水加热不超过80℃,砂加热不超40℃。冬期施工可适当增大砂浆稠度。

(16)雨期施工:应防止雨水冲刷砂浆,砂浆的稠度应适当减小;每日砌筑高度不宜大于1.2 m;收工时应覆盖砌体表面。

5. 质量标准

(1)主控项目。

1)小砌块和芯柱混凝土、砌筑砂浆的强度等级必须符合设计要求。

2)砌体水平灰缝和竖向灰缝的砂浆饱满度,按净面积计算不得低于90%。

3)墙体转角处和纵横交接处应同时砌筑。

(2)一般项目。

小砌块砌体尺寸、位置的允许偏差应按《砌体结构工程施工质量验收规范》(GB 50203—2011)的规定执行。

签字栏	交底人	×××	审核人	×××
	接受交底人	×××、×××、××		

<table>
<tr><td>工程名称</td><td>某施工工程</td><td>编　　号</td><td>×××××</td></tr>
<tr><td>施工单位</td><td>某建筑工程公司</td><td>交底日期</td><td>××年××月××日</td></tr>
<tr><td rowspan="2">交底摘要</td><td rowspan="2">混凝土小型空心砌体砌块
砌筑、芯柱混凝土的浇筑等</td><td>分项工程名称</td><td>砌块砌体工程施工</td></tr>
<tr><td>页　　数</td><td>共4页,第4页</td></tr>
</table>

6. 成品保护

(1)装门窗框时,应注意保护好固定框的埋件,应参照相关图集施工,使门框固定牢固。

(2)砌体上的设备槽孔以预留为主,因漏埋或未预留时应采取措施,不因剔凿而损坏砌体的完整性。

(3)砌筑施工应及时清除落地砂浆。

(4)拆除施工架子时,注意保护墙体及门窗口角。

(5)清水墙砌筑完毕后,宜从圈梁处向下用塑料薄膜覆盖墙体,以免墙体受到污染。

7. 质量问题

(1)小砌块砌体开裂:原因是砌块龄期不足28 d,使用了断裂的小砌块,与其他块材混砌,砂浆不饱满,砌块含水率过大(砌筑前一般不须浇水)等。

(2)第一皮砌块底铺设砂浆厚度不均匀:原因是基底未事先用细石混凝土找平,必然造成砌筑时灰缝厚度不一,所以应注意砌筑基底找平。

(3)拉结钢筋或压砌钢筋网片不符合设计要求:应按设计和规范的规定设置拉结带和拉结钢筋及压砌钢筋网片。

(4)砌体错缝不符合设计和规范的规定:未按砌块排列组砌图施工。应注意砌块的规格并正确地组砌。

(5)砌体偏差超规定:控制每皮砌块高度不准确。应严格按皮数杆高度控制,掌握铺灰厚度。

<table>
<tr><td rowspan="2">签
字
栏</td><td>交底人</td><td>×××</td><td>审核人</td><td>×××</td></tr>
<tr><td>接受交底人</td><td colspan="3">×××、×××、××</td></tr>
</table>

施工技术交底记录(二)

工程名称	某施工工程	编　　号	×××××
施工单位	某建筑工程公司	交底日期	××年××月××日
交底摘要	混凝土小型空心砌体砌块的施工	分项工程名称	砌块砌体工程施工
		页　　数	共4页,第1页

交底内容:

1. 材料准备

(1)空心砌块:强度不低于MU3.0的黏土空心砌块(240 mm×180 mm×115 mm),砌块进场后,厂家需及时提供产品的出厂合格证、产品检测报告等相关资料。

(2)实心砖:MU7.5黏土砖(规格240 mm×115 mm×53 mm),应色泽均匀,边角整齐,无弯曲、裂纹,规格基本一致,敲击时声音响亮,并须有出厂合格证、试验报告单。

(3)砂:中砂,不得含有草根等有害杂物,使用前需过5 mm筛,含泥量不得大于5%。进场后,在使用前取样作试验(以同一产地、同一规格、同一进厂时间及每400 m^3或600 t为一验收批)。试验项目为:颗粒级配、含泥量、泥块含量等。

(4)水泥:强度为42.5,材料入场时应有生产厂家的出厂质量证明书、试验报告单,内容需包括:厂别、品种、出厂日期、出厂编号和试验数据。

(5)石灰膏:必须经过充分熟化,生石灰熟化时不得少于7 d,严禁使用脱水硬化和冻结的石灰膏。

(6)钢筋:HPB335级、HRB400级。

(7)水:自来水或不含有害物质的洁净水。

(8)其他材料:预埋件、木砖等,提前做好防锈防腐处理。

2. 机具选用

垂直运输机、砂浆机、弯曲机 、切断机、焊机、振捣器、磅秤、手推车、灰筒、皮数杆、托线板、水平尺。

3. 作用条件

(1)主体结构要经验收合格。楼面弹好墙身轴线、墙壁边线、门窗洞口线。

(2)基础两侧及房心土方回填完毕。

(3)在墙转角处、楼梯间及内、外墙交接处,已按标高立好皮数杆。皮数杆的间距不大于6 mm,并办好预检手续。

(4)砌筑部位(基础或楼板等)的灰渣、杂物清除干净,并浇水湿润。

(5)随砌随搭好脚手架。垂直运输机具准备就绪。

4. 工艺要求

施工流程:

墙体放线→拌制砂浆→砌墙→验收

(1)构墙柱上弹好1 m建筑标高线,在楼地面上弹好墙身线、门洞口线;在结构墙上、框架柱上弹好填充墙立边线、过梁位置线、拉结带位置线,根据排砖图弹出每层砖、灰缝(按1 cm)、墙拉筋位置线,并经过工长和质检员验收。

(2)拌制砂浆。

1)根据砂浆配合比,砂浆组成材料的配料允许偏差应控制在下列规定之内:水泥为±2%;砂、石灰膏为±5%。砂浆配合比为质量比。在拌制砂浆前,应将质量比转换成体积比,通过料斗来计量。砂浆配合比应挂牌。

签字栏	交底人	×××	审核人	×××
	接受交底人	×××、×××、××		

工程名称	某施工工程	编　　号	×××××
施工单位	某建筑工程公司	交底日期	××年××月××日
交底摘要	混凝土小型空心砌体砌块的施工	分项工程名称	砌块砌体工程施工
		页　　数	共4页，第2页

2)水泥混合砂浆搅拌采用砂浆搅拌机，先将砂及水泥投入，干拌均匀后，再投入石灰膏加水搅拌均匀。

3)砂浆搅拌时间，自投料结束算起，水泥砂浆及水泥混合砂浆不得少于120 s。掺用掺合料的砂浆不得少于180 s。

4)砂浆拌成后和使用时，均应盛入贮灰器中。如砂浆出现泌水现象，应在砌筑前再次拌和。

5)砂浆应随拌随用，混合砂浆必须在拌和后4 h内使用完毕，严禁使用隔夜砂浆。

6)同一强度、同一配合比、同种材料的砌筑砂浆及每一楼层或250 m^3 砌体为一取样单位，每取样单位至少制作1组标准养护试块(每组6块)。

(3)砌墙。

1)砌块在使用前应提前2 d浇水湿润(气温在0℃以下不湿水，适当增大砂浆稠度)，一般以水浸入砖四边15 mm为宜，含水率为10%～15%。

2)根据放出的墙体及门洞口位置线，先进行排砖撂底(在地面或楼面上不少于3皮炉灰砖)，核对墙体长度与砖模数是否符合。

3)墙体上下错缝、内外搭砌，采用一顺一丁的砌筑形式。砌砖采用一铲灰、一块砖、一挤揉的三一砌砖法。

4)砌砖时应挂线施工，通线长度不得过长，线中间应设支线点，线使用时应拉紧，每层砖都要穿线看平，使水平缝均匀一致，平直通顺。

5)水平灰缝及竖向灰缝宽度为10 mm，最小不小于8 mm，最大不大于12 mm。砌体水平灰缝砂浆饱满度按净面积计算，不应低于90%。竖向灰缝施工应采用加浆方法，使其砂浆饱满，严禁用水冲浆灌缝；砌筑时应刮浆适宜，并加浆填灌，不得出现透明缝、瞎缝；竖缝的砂浆饱满度不应低于80%。

6)每砌筑一定高度墙体(一般以圈梁或配筋带为界)，采用带线的方法检查灰缝宽度及灰缝是否顺直，并用靠尺检查墙体平整度及垂直度是否符合要求，如出现偏差应随时纠正。

7)内外墙体应连续砌筑，一般不得留槎，如必须留槎时应留置斜槎，其水平投影长度不应小于高度的2/3。

8)砌至接近梁、板底时，留出一定空隙(控制在200 mm左右)，待填充墙砌筑完间隔7 d沉降稳定后，再采用实心砖斜砌挤紧，并用砂浆填实空隙。

(4)门窗洞口。

门洞宽不小于1.5 m时，应设置100 mm厚钢筋混凝土抱框。门宽在1.5 m以内时可不设抱框，但洞口两边应用实心砖或多孔砖砌筑，且每边不少于3块混凝土预制块，均匀分布，以作为门窗与墙体的固定点。木门应预埋木砖，木砖预先做好防腐处理，距洞口的上、下边各240 mm，中间均匀分布。

(5)水电配合事宜。

空心砖墙的各种水电暗管、沟槽、洞口和门窗洞的埋件及建筑配件的位置要准确，水电施工队伍应明确管洞的位置，应在砌筑时预留或预埋，不得在以后剔墙凿洞。对于小便斗、台板等需要在墙上设固定点的位置，应提供详细尺寸，土建在固定点留设位置采用实心砖砌筑。

5. 成品保护

(1)外露或预埋在墙体里的各种管线及其他预埋件，应注意保护，不得碰撞损坏。

签字栏	交底人	×××	审核人	×××
	接受交底人	×××、×××、××		

工程名称	某施工工程	编　　号	×××××
施工单位	某建筑工程公司	交底日期	××年××月××日
交底摘要	混凝土小型空心砌体砌块的施工	分项工程名称	砌块砌体工程施工
		页　　数	共4页,第3页

(2)应加强对抗震构造柱预留钢筋和拉结筋的保护,不得随意碰撞损坏。

(3)砂浆稠度应适宜,砌体操作时应防止砂浆流淌弄脏墙面。

(4)墙过梁底部的模板,应在灰缝砂浆强度达到设计规定的50%以上时,方可拆除。

(5)预留有脚手眼的墙面,应用与原墙相同规格和色泽的砖嵌严实,保护墙面洁净。

(6)在垂直运输施工电梯进料口周围,应用塑料纺织布或木板等遮盖,保护墙面洁净。

(7)砌块在装运过程中,应轻放轻装,计算好各房间及各层间数量,按规格分别堆放整齐。

(8)搭拆脚手架时应防止碰坏已砌筑完成的墙体和门窗洞口棱角。

(9)墙体砌筑完成后,如需增加预留孔洞或槽坑,开凿后墙体有松动或砌块不完整时,必须立即进行处理补强。

(10)落地砂浆应及时清除,保持施工场地清净,以免影响下道工序施工。

(11)门框安装后应将门口框两侧从地面起300～600 mm高度范围钉临时铁皮保护,防止推车时撞损。

(12)在砌筑围护工程中,水电专业及时配合预埋管线,以避免后期剔凿对结构质量造成隐患。

(13)在构造柱、圈、梁、模板支设时,严禁在砌体上硬撑、硬拉。

6. 安全措施

(1)建立安全施工保证体系,落实安全施工岗位责任制。

(2)特殊工种人员必须持证上岗。

(3)现场设施定期检查,保证临电接地、漏电保护器、开关齐备有效。

(4)作业面施工时,必须注意现场临电的设置、使用,不得随意拉设电线、电箱。

(5)加强“四口”“五临边”的防护,严禁任意拆除。

(6)砌块堆放场地必须坚实,码放整齐,堆放高度不超过1.6 m。

(7)施工人员必须戴好安全帽。在使用脚手架砌筑时,施工人员必须系好安全带,穿防滑胶底鞋。

(8)手持电动工具使用前,必须做空载检查,运转正常后方可使用。所有用电设备在拆修或移动时,必须断电后方可进行。

(9)大于或等于4 m的高墙体砌筑时,应搭设双排架,并设置好安全网。

(10)施工班组长必须对班组作业区的现场文明施工负责,落实到人。

7. 环保措施

(1)加强施工现场、垃圾站的管理,做好剩余材料的分拣、回收工作。

(2)施工完毕后,剩余材料及时收集整理,严禁随意乱扔。

(3)现场废料及加工厂木屑等,应按照指定地点堆放,然后由专用车辆运至场外废弃场。

(4)现场临时道路每天洒水清扫,防止扬尘。出场车辆应进行清扫处理,防止沿途遗撒。

(5)合理安排施工工序,尽量降低噪声。

(6)定位放线时,应根据施工图及砌体排列组砌图放出墙体轴线、外边线、线及第一皮砌块的分块线,且经复核无误后方可砌筑,以免因放线失误影响尺寸不正确而导致返工,产生扬尘、噪声及固体废弃物,污染环境,浪费材料。

(7)砌块排列时,应尽量采用主规格,以加快砌筑速度,节省劳动力。砌块排列应对孔错缝搭砌,搭砌长度

签字栏	交底人	×××	审核人	×××
	接受交底人	×××、×××、××		

<table>
<tr><td>工程名称</td><td>某施工工程</td><td>编　　号</td><td>×××××</td></tr>
<tr><td>施工单位</td><td>某建筑工程公司</td><td>交底日期</td><td>××年××月××日</td></tr>
<tr><td rowspan="2">交底摘要</td><td rowspan="2">混凝土小型空心砌体砌块的施工</td><td>分项工程名称</td><td>砌块砌体工程施工</td></tr>
<tr><td>页　　数</td><td>共 4 页，第 4 页</td></tr>
<tr><td colspan="4">不应小于 90 mm。外墙转角及纵横墙交接处，应分皮咬槎交错搭砌，以避免因砌体的整体性不符合要求而返工，浪费砌块及砂浆。
(8)砌筑时，普通混凝小砌块一般不宜浇水，以免砌筑时灰浆流失造成污染。天气干燥炎热的情况下，可提前 1 d 进行洒水湿润，同时也可冲去浮尘避免砌筑过程中扬尘。但不宜过多，以免灰浆流失，造成墙面、地面污染。小砌块浇水应在搅拌站处集中进行，以确保污水经沉淀池沉淀后排出。
(9)每砌完一块砌块后，应随即进行灰缝的勾缝(原浆勾缝)，勾缝时，应随时用灰板接灰，以防灰落地污染地面。
(10)应尽量避免夜间施工。若夜间施工，照明灯罩的使用率应为 100%，以减少光污染。
(11)芯柱混凝土浇筑时，应控制混凝土坍落度(普通混凝土坍落度不应小于 90 mm，专用小砌块灌孔混凝土坍落度不小于 180 mm)以免在浇筑中出现卡颈和振捣不密实等缺陷而返工，产生扬尘、噪声、固体废弃物，污染环境、浪费资源。凝土浇筑时，要避免碰撞钢筋及墙体，以减少噪声。</td></tr>
</table>

<table>
<tr><td rowspan="2">签字栏</td><td>交底人</td><td>×××</td><td>审核人</td><td>×××</td></tr>
<tr><td>接受交底人</td><td colspan="3">×××、×××、××</td></tr>
</table>

二、填充墙砌体

施工技术交底记录(一)

工程名称	某施工工程	编　　号	×××××
施工单位	某建筑工程公司	交底日期	××年××月××日
交底摘要	填充墙砌体的施工	分项工程名称	砌块砌体工程施工
		页　　数	共4页,第1页

交底内容:

1. 材料准备

(1)空心砖、加气混凝土砌块、轻集料混凝土小型空心砌块等材料的品种、规格、强度等级必须符合设计要求,规格应一致。有出厂证明、试验报告单。施工时所用的小砌块的产品龄期不应小于28 d,不宜大于35 d。

(2)水泥。

1)一般宜采用42.5级的普通硅酸盐水泥或矿渣硅酸盐水泥。

2)水泥进场使用前,应分批对其强度、凝结时间、安定性进行复验。

3)当在使用中对水泥的质量有怀疑或水泥出厂超过3个月(快硬硅酸盐水泥超过1个月)时,应复查试验,并按结果使用。

4)不同品种的水泥不得混合使用。

(3)砂。用中砂,砂含泥量不超过5%,不得含有草根等杂物,使用前用5 mm孔径的筛子过筛。

(4)掺合料。选用石灰膏、粉煤灰、磨细生石灰粉等。生石灰熟化时不得少于7 d。也可采用保水增稠材料代替传统的石灰膏等。

(5)其他材料。拉结钢筋、预埋件、木砖等,提前做好防腐处理。

2. 机具选用

垂直运输机械、搅拌机、翻斗车、磅秤、吊斗、砖笼、手推车、胶皮管、筛子、铁锹、灰桶、喷水壶、托线板、线坠、水平尺、小白线、砖夹子、大铲、瓦刀、刨锛、工具袋等。

3. 作业条件

(1)主体分部中承重结构已施工完毕,已经有关部门验收合格。

(2)弹出轴线、墙边线、门窗洞口线,经复核,办理预检手续。

(3)立皮数杆:宜用30 mm×40 mm木料制作,皮数杆上注明门窗洞口、木砖、拉结筋、圈梁等的尺寸标高。皮数杆间距为15~20 m,转角处均应设立,一般距墙皮或墙角50 mm为宜。皮数杆应垂直、牢固、标高一致,经复核,办理预检手续。

(4)根据最下面一皮砖的标高拉通线检查,如水平灰缝厚度超过20 mm,用细石混凝土找平,不得用砂浆找平或砍砖包含子找平。

(5)砂浆配合比经试验室确定,准备好砂浆试模。

4. 工艺要求

施工流程:

拌制砂浆
↓
放线立皮数杆→排砖撂底→砌筑填充墙→验收

签字栏	交底人	×××	审核人	×××
	接受交底人	×××、×××、××		

工程名称	某施工工程	编　　号	×××××
施工单位	某建筑工程公司	交底日期	××年××月××日
交底摘要	填充墙砌体的施工	分项工程名称	砌块砌体工程施工
		页　　数	共4页,第2页

(1)砌筑前,将地基梁顶面或楼面清扫干净,洒水湿润。

(2)根据设计图纸各部位尺寸排砖撂底,使组砌方法合理,便于操作。

(3)拌制砂浆。

1)砂浆配合比应采用质量比,计量精度水泥为±2%,砂、灰膏计量偏差控制在±5%以内。

2)应用机械搅拌,搅拌时间不少于 2 min。水泥粉煤灰砂浆和掺用掺合料的砂浆搅拌时间不得少于 3 min,掺用有机塑化剂的砂浆应为 3～5 min。

3)施工中采用水泥砂浆代替水泥混合砂浆时,应重新确定砂浆的强度等级。

4)砂浆应随拌随用,水泥砂浆和水泥混合砂浆必须在拌成后 3～4 h 内使用完。当施工期间最高温度超过 30℃时,应分别在拌成后 2～3 h 内使用完毕。超过上述时间的砂浆,不得使用,且不应再次拌和后使用。

5)每一楼层且不超过 250 m^3 砌体的各种强度等级的砂浆,每台搅拌机至少应作 1 组试块(每组 6 块);砂浆材料、配合比变动时,还应制作试块。

(4)砌体施工前,应将地基梁顶面或楼层结构面按标高找平,依据砌筑图放出轴线、砌体边线和洞口线。

(5)砌填充墙体。

1)组砌方法应正确,上下错缝,交接处咬槎搭砌;掉角严重的砖或砌块不宜使用。

2)空心砖、轻集料混凝土小型空心砌块的砌体水平灰缝宽度为 8～12 mm;蒸压加气混凝土水平灰缝宽度宜为 15 mm,竖向灰缝宽度为 20 mm。

3)用轻集料小型空心砌块或蒸压加气混凝土砌块砌筑墙体时,墙底部应砌烧结普通砖、多孔砖或普通混凝土小型砌块,或现浇混凝土坎台等,高度不宜小于 200 mm。

4)填充墙砌筑时应错缝搭砌,蒸压加气混凝土砌块搭砌长度不应小于砌块长度的 1/3;轻集料混凝土小型空心砌块搭砌长度不应小于 90 mm;竖向通缝不应大于 500 mm。

5)按设计要求设置构造柱、圈梁、过梁或现浇混凝土带。各种预留洞、预埋件等应按设计要求设置,避免事后剔凿。

(6)填充墙与结构的拉接。

1)填充墙与结构墙柱连接处,必须按设计要求设置拉结筋,设计无要求时,竖向间距不大于 500 mm,埋压 2 根 $\phi 6$ 钢筋,平铺在水平灰缝内,两端伸入墙内不小于 1 000 mm。

2)设置在砌体水平灰缝中的钢筋的锚固长度不宜小于 $50d$,且其水平或垂直弯折段的长度不宜小于 $20d$ 和 150 mm;钢筋的搭接长度不应小于 $55d$。

3)填充墙砌体留置的拉结钢筋或网片的位置应与块体皮数相符合。拉结钢筋或网片应埋置于灰缝中,埋置长度应符合设计要求,竖向位置偏差不应超过 1 皮高度。

4)转角及交接处同时砌筑时不得留直槎,斜槎高不大于 1.2 m。拉通线砌筑时,随砌、随吊、随靠,保证墙体垂直、平整,不允许砸砖修墙。

5)填充墙砌至接近梁、板底时,应留一定空隙,待填充墙砌筑完,并在至少间隔 7 d 后,方可用烧结普通砖将其斜砌挤紧。

签字栏	交底人	×××	审核人	×××
	接受交底人	×××、×××、××		

工程名称	某施工工程	编　　号	×××××
施工单位	某建筑工程公司	交底日期	××年××月××日
交底摘要	填充墙砌体的施工	分项工程名称	砌块砌体工程施工
		页　　数	共4页，第3页

6)蒸压加气混凝土和轻集料混凝土小型砌块除底部、顶部和门窗洞口处，不得与其他块材混砌。

(7)加气混凝土砌块的孔洞宜用砌块碎末拌水泥、石膏及胶进行修补。

(8)加气混凝土砌块与门窗口连接。

1)加气混凝土砌块如采用后塞口时，将预制埋有木块或铁件的混凝土块，按洞口高度在2 m内每侧砌置3块，洞口高度大于2 m时砌置4块，混凝土块四周的砂浆要饱满密实。安装门框时用手钻在边框上预先钻好钉眼，然后用钉子将门框与混凝土内的木砖钉牢。

2)也可将门窗洞口周边做成钢筋混凝土边框，边框与门窗木框边缝的余量每边为15 mm，混凝土边框内预留木砖或铁埋件。门窗上口及洞口一般可做成钢筋混凝土拉结带，且全长贯通，以增强加气混凝土墙体在门窗洞口等薄弱部位的整体性。

3)门洞上角过梁端部或其他可能出现裂缝的薄弱部位，应钉钢丝网，减少抹灰裂缝。

4)门窗口过梁部位，当洞口宽度小于500 mm，又无钢筋混凝土带时，可采用3个砌块先加工成楔形，用黏土砂浆事前黏结成过梁形状，经自然养护2～3 d后使用。砌筑时先在门窗口上槛及压脊部位铺黏土砂浆，然后安装就位。当洞口宽度大于500 mm时，上口可按上述做成钢筋混凝土拉带梁。

(9)空心砖墙的门窗框两侧应用实心砖砌筑，每边不小于240 mm，用以埋设木砖及铁件固定门窗框、安放混凝土过梁。

5. 质量标准

(1)主控项目。

1)烧结空心砖、小砌块和砌筑砂浆的强度等级应符合设计要求。

2)填充墙砌体应与主体结构可靠连接，其连接构造应符合设计要求，未经设计同意，不得随意改变连接构造方法。

3)填充墙与承重墙、柱、梁的连接钢筋，当采用化学植筋的连接方式时，应进行实体检测。

(2)一般项目。

1)填充墙砌体尺寸、位置的允许偏差及检验方法应符合下表的规定。

填充墙砌体一般尺寸允许偏差

项目		允许偏差/mm	检验方法
轴线位移		10	用尺检查
垂直度(每层)	≤3 m	5	用2 m托线板或吊线、尺检查
	>3 m	10	
表面平整度		8	用2 m靠尺和楔形塞尺检查
门窗洞口高、宽(后塞口)		±10	用尺检查
外墙上、下窗口偏移		20	用经纬仪或吊线检查

签字栏	交底人	×××	审核人	×××
	接受交底人	×××、×××、××		

<table>
<tr><td>工程名称</td><td>某施工工程</td><td>编　　号</td><td>×××××</td></tr>
<tr><td>施工单位</td><td>某建筑工程公司</td><td>交底日期</td><td>××年××月××日</td></tr>
<tr><td rowspan="2">交底摘要</td><td rowspan="2">填充墙砌体的施工</td><td>分项工程名称</td><td>砌块砌体工程施工</td></tr>
<tr><td>页　　数</td><td>共4页，第4页</td></tr>
<tr><td colspan="4">
2)填充墙留置的拉结钢筋或网片的位置应与块体皮数相符合。
3)砌筑填充墙时应错缝搭砌。
4)填充墙的水平灰缝厚度和竖向灰缝宽度应正确。
6. 成品保护
(1)暖卫、电气管线及预埋件应注意保护，防止碰撞损坏。
(2)预埋的拉结筋应加强保护，不得踩倒、弯折。
(3)手推车应平稳行驶，防止碰撞墙体。
(4)墙上不得放脚手架排木，防止发生事故。
7. 质量问题
(1)砌体开裂：原因是砌块(烧结空心砖除外)龄期不足28 d，使用了断裂的小砌块，与其他块材混砌，砂浆不饱满等。
(2)填充墙与梁、板底交接处易出现水平裂缝：原因是未按要求间隔7 d补砌，未按要求补砌挤紧。
(3)墙体顶面不平直：砌到顶部时不好使线，墙体容易里出外进，应在梁底或板底弹出墙边线，认真按线砌筑，以保证墙体顶部平直通顺。
(4)门窗框两侧漏砌实心砖：门窗两侧砌实心砖，便于埋设木砖或铁件，固定门窗框，并安放混凝土过梁。
(5)墙体剔凿：预留孔洞、预埋件应在砌筑时预留、预埋，防止事后剔凿，以免影响墙体质量。
(6)拉结筋不合砖皮数：混凝土墙、柱内预埋拉结筋经常不能与砖皮数吻合，应预先计算砖皮数模数、位置，准确控制标高，不应将拉结筋弯折使用。
(7)预埋在墙、柱内的拉结筋任意弯折、切断：应注意保护，不允许任意弯折或切断拉结筋。
8. 安全措施
(1)采用手推车运输砂浆时，不得争先抢道，装车不应过满；卸车时应有挡车措施，不得用力过猛或撒把，以防车把伤人。
(2)现场各施工面安全防护设施齐全有效，个人防护用品使用正确。
9. 环保措施
(1)小砌块应用苫布苫盖，以防雨淋，小砌块潮湿，砌筑时砂浆流淌污染墙面、地面。若砂子被雨淋，雨后施工时，应及时检测砂子的含水率，及时调整配合比，避免因配合比不正确而返工，产生扬尘、噪声、固体废弃物并浪费材料。
(2)冬期不宜采用冻结法施工，以免因砂浆强度降低影响砌体质量造成返工产生扬尘、噪声、固体废弃物污染环境浪费资源。
</td></tr>
</table>

<table>
<tr><td rowspan="2">签字栏</td><td>交底人</td><td>×××</td><td>审核人</td><td>×××</td></tr>
<tr><td>接受交底人</td><td colspan="3">×××、×××、××</td></tr>
</table>

施工技术交底记录(二)

工程名称	某施工工程	编　　号	×××××
施工单位	某建筑工程公司	交底日期	××年××月××日
交底摘要	填充墙砌体砂浆的拌制等	分项工程名称	砌块砌体工程施工
		页　　数	共4页,第1页

交底内容:

1. 材料准备

(1)空心砖、实心砖:品种、规格、强度等级必须符合设计要求,规格应一致。有出厂证明、试验报告单。

(2)水泥:一般用42.5级普通硅酸盐水泥,有出厂证明、复试报告。

(3)砂:宜用中砂,过5 mm孔径筛子,配制M5以下砂浆,砂含泥量不超过10%,M5及其以上砂浆,砂的含泥量不超过5%,且不含草根等杂物。

(4)掺合料:选用石灰膏、粉煤灰、磨细生石灰粉等。生石灰熟化时不得少于7 d。

(5)水:用自来水或不含有害物质的洁净水。

(6)其他材料:拉结钢筋、预埋件、木砖等,提前做好防腐处理。

2. 机具选用

搅拌机、翻斗车、磅秤、吊斗、砖笼、手推车、胶皮管、筛子、铁锹、半截灰桶、喷水壶、托线板、线坠、水平尺、小白线、砖夹子、大铲、瓦刀、刨锛、工具袋等。

3. 作业条件

(1)主体分部中承重结构已施工完毕,已经有关部门验收。

(2)弹出轴线、墙边线、门窗洞口线,经复核,办理预检手续。

(3)立皮数杆:宜用30 mm×40 mm木料制作,皮数杆上注明门窗洞口、木砖、拉结筋、圈梁、过梁的尺寸标高。皮数杆间距15～20 mm,转角处均应设立,一般距墙皮或墙角50 mm为宜。皮数杆应垂直、牢固、标高一致,经复核,办理预检手续。

(4)根据最下面第一皮砖的标高,拉通线检查,如水平灰缝厚度超过20 mm,用细石混凝土找平,不得用砂浆找平或砍砖包合子找平。

(5)常温天气在砌筑前1 d将砖浇水湿润,冬期施工应清除表面冰霜。

(6)砂浆配合比经试验室确定,准备好砂浆试模。

4. 工艺要求

施工流程:

施工准备→排砖撂底→砌空心砖墙→验评

(1)砌筑前,基础墙或楼面清扫干净,洒水湿润。

(2)根据设计图纸各部位尺寸,排砖撂底,使组砌方法合理,便于操作。

(3)拌制砂浆。

1)砂浆配合比应用质量比,计量精度:水泥±2%,砂及掺合料±5%。

2)宜用机械搅拌,投料顺序为砂→水泥→掺合料→水,搅拌时间不少于1.5 min。

3)砂浆应随拌随用,水泥或水泥混合砂浆一般在拌和后3～4 h内用完,严禁用过夜砂浆。

4)每一楼层或250 m^3砌体的各种强度等级的砂浆,每台搅拌机至少应作1组试块(每组6块),砂浆材料、配合比变动时,还应制作试块。

(4)砌空心砖墙体。

签字栏	交底人	×××	审核人	×××
	接受交底人	×××、×××、××		

工程名称	某施工工程	编　　号	×××××
施工单位	某建筑工程公司	交底日期	××年××月××日
交底摘要	填充墙砌体砂浆的拌制等	分项工程名称	砌块砌体工程施工
		页　　数	共4页，第2页

1)组砌方法应正确，上下错缝，交接处咬槎搭砌，掉角严重的空心砖不宜使用。

2)水平灰缝不宜大于 15 mm，应砂浆饱满，平直道顺，立缝用砂浆填实。

3)空心砌块墙在地面或楼面上先砌 3 皮实心砖或多孔砖，空心砖墙砌至梁或楼板下，用实心砖斜砌挤紧，并用砂浆填实。

4)空心砌块墙按设计要求设置构造柱、圈梁、过梁或现浇混凝土带。

5)各种预留洞、预埋件等，应按设计要求设置，避免后剔凿。

6)空心砌块墙门窗框两侧用实心砖砌筑，每边不少于 24 cm。

7)转角及交接处同时砌筑，不得留直槎，斜槎高度不大于 1.2 m。

8)拉通线砌筑时，随砌、随吊、随靠，保证墙体垂直、平整，不允许砸砖修墙。

(5)冬、雨期施工。

1)冬期砂浆宜用普通硅酸盐水泥拌制，砂子不得含冻块。

2)空心砖表面粉尘、霜雪应清除干净，砖不宜浇水，适当增大砂浆稠度。

3)采用掺盐砂浆，其掺盐量、材料加热温度应按冬施方案规定执行，砂浆使用温度不应低于 5℃。拉结筋、预埋件要做好防腐处理。

5. 质量标准

(1)主控项目。

1)烧结空心砖、小砌块和砌筑砂浆的强度等级应符合设计要求。

抽检数量：烧结空心砖每 10 万块为一验收批，小砌块每 1 万块为一验收批，不足上述数量时按一批计，抽检数量为 1 组。砂浆试块的抽检数量执行《砌体结构工程施工质量验收规范》(GB 50203—2011)的有关规定。

检验方法：查砖、小砌块进场复验报告和砂浆试块试验报告。

2)填充墙砌体应与主体结构可靠连接，其连接构造应符合设计要求，未经设计同意，不得随意改变连接构造方法。每一填充墙与柱的拉结筋的位置超过一皮块体高度的数量不得多于一处。

抽检数量：每检验批抽查不应少于 5 处。

检验方法：观察检查。

3)填充墙与承重墙、柱、梁的连接钢筋，当采用化学植筋的连接方式时，应进行实体检测。锚固钢筋拉拔试验的轴向受拉非破坏承载力检验值应为 6.0 kN。抽检钢筋在检验值作用下应基材无裂缝、钢筋无滑移宏观裂损现象；持荷 2 min 期间荷载值降低不大于 5%。

抽检数量：按下表确定。

检验方法：原位试验检查。

检验批抽检锚固钢筋样本最小容量

检验批的容量	样本最小容量	检验批的容量	样本最小容量
≤90	5	281～500	20
91～150	8	501～1 200	32
151～280	13	1 201～3 200	50

签字栏	交底人	×××	审核人	×××
	接受交底人	×××、×××、××		

工程名称	某施工工程	编　　号	×××××
施工单位	某建筑工程公司	交底日期	××年××月××日
交底摘要	填充墙砌体砂浆的拌制等	分项工程名称	砌块砌体工程施工
		页　　数	共4页,第3页

(2)一般项目。

1)填充墙砌体的砂浆饱满度及检验方法应符合下表的规定。

填充墙砌体砂浆饱满度及检验方法

砌体分类	灰缝	饱满度及要求	检验方法
空心砖砌体	水平	≥80%	采用百格网检查块材底面砂浆的黏结痕迹面积
	垂直	填满砂浆,不得有透明缝、瞎缝、假缝	
蒸压加气混凝土砌块、轻骨料混凝土小型空心砌块砌体	水平	≥80%	
	垂直	≥80%	

抽检数量:每检验批抽查不应少于5处。

2)填充墙留置的拉结钢筋或网片的位置应与块体皮数相符合。拉结钢筋或网片应置于灰缝中,埋置长度应符合设计要求,竖向位置偏差不应超过一皮高度。

抽检数量:每检验批抽查不应少于5处。

检验方法:观察和用尺量检查。

3)砌筑填充墙时应错缝搭砌,蒸压加气混凝土砌块搭砌长度不应小于砌块长度的1/3;轻集料混凝土小型空心砌块搭砌长度不应小于90 mm;竖向通缝不应大于2皮。

抽检数量:每检验批抽查不应少于5处。

检验方法:观察检查。

4)填充墙的水平灰缝厚度和竖向灰缝宽度应正确,烧结空心砖、轻集料混凝土小型空心砌块砌体的灰缝应为8～12 mm;蒸压加气混凝土砌块砌体当采用水泥砂浆、水泥混合砂浆或蒸压加气混凝土砌块砌筑砂浆时,水平灰缝厚度和竖向灰缝宽度不应超过15 mm;当蒸压加气混凝土砌块砌体采用蒸压加气混凝土砌块黏结砂浆时,水平灰缝厚度和竖向灰缝宽度宜为3～4 mm。

抽检数量:每检验批抽查不应少于5处。

检验方法:水平灰缝厚度用尺量5皮小砌块的高度折算;竖向灰缝宽度用尺量2 m砌体长度折算。

6. 质量问题

(1)砂浆强度不够:注意不使用过期水泥,计量要准确,保证搅拌时间,砂浆试块的制作、养护、试压应符合规定。

(2)墙体顶面不平直:砌到顶部时不好使线,墙体容易里出外进,应在梁底或板底弹出墙边线,认真按线砌筑,以保证墙体顶部平直通顺。

(3)门窗框两侧漏砌实心砖:门窗两侧砌实心砖,便于埋设木砖或铁件,固定门窗框,并安放混凝土过梁。

(4)空心砖墙事后剔凿:预留孔洞、预埋件应准备预留、预埋,防止事后剔凿,以免影响墙体质量。

签字栏	交底人	×××	审核人	×××
	接受交底人	×××、×××、××		

工程名称	某施工工程	编　　号	×××××
施工单位	某建筑工程公司	交底日期	××年××月××日
交底摘要	填充墙砌体砂浆的拌制等	分项工程名称	砌块砌体工程施工
		页　　数	共4页,第4页

(5)拉结筋不合砖行:混凝土墙、柱内预埋拉结筋经常不能与砖行灰缝吻合,应预先计算砖行模数、位置、标高控制准确,不应将拉结筋弯折使用。

(6)墙、柱内预埋的拉结筋不允许任意弯折、切断,应注意保护。

7. 成品保护

(1)先装门窗框时,在砌筑过程中应对所立的框进行保护;后装门窗框时,应注意固定框的埋件牢固,不可损坏和使其松动。

(2)砌体上的设备槽孔以预留为主,漏埋或未预留时,应采取措施,不得因剔凿而损坏砌体的完整性。

(3)砌筑施工应及时清除落地砂浆。

(4)拆除施工架子时,注意保护墙体及门窗口角。

8. 安全措施

(1)上下脚手架应用走斜道。不准站在砖墙上做砌筑、画线检查大角垂直度和清扫墙面等工作。

(2)砌砖使用的工具应放在稳妥的地方。斩砖应面向墙面,工作完毕应将脚手板和墙上非碎砖、砂浆清扫干净,防止掉落伤人。

(3)山墙砌完后应立即安装条和临时支撑,防止倒塌。

(4)起吊砌块的夹具要牢固,就位放稳后方可松开夹具。

(5)没有外架子时檐口应搭设防护栏杆和防护立网。

(6)砌筑脚手架未经交接、验收不准使用。验收使用后不准随意拆改,楼层预留孔洞的盖板或设置的护栏不得任意挪动。

(7)在架子上打砖,操作人员要面向里;把砖头打在架子上,严禁把砖头等物抛出墙外,避免伤人;挂线用的坠砖必须绑扎牢固,防止坠落伤人。

(8)一般架子上堆砖不准超过3层侧砖,半截大桶盛灰不得超过容器的2/3。当采用砖笼子往楼上递砖时,要均匀分布,不得集中堆放。砖笼不准直接吊放在架子上。

9. 环保措施

(1)现场实行封闭化施工,有效控制噪声、扬尘、废物排放。

(2)砌筑砂浆不得遗撒和污染作业面。

(3)砖在运输、装修时,严禁倾倒和抛掷,应用人工用专用夹子夹起,轻拿轻放并码放整齐,避免材料损坏,产生固体废弃物。

(4)施工完毕后,剩余材料及时收集整理,严禁随意乱扔。

签字栏	交底人	×××	审核人	×××
	接受交底人	×××、×××、××		

第三部分　料石砌体工程施工

【细节解析】

细节一　施工材料准备

（一）石料

（1）料石砌体所用的石材应质地坚实，无风化剥落和裂纹，应有出厂合格证。用于清水墙、柱表面石材，尚应色泽均匀。石材表面的泥垢、水锈等杂质，砌筑前应清除干净。

（2）料石按其加工面的平整程度分为细料石、粗料石和毛料石三种。

（3）石材的强度等级：MU100、MU80、MU60、MU50、MU40、MU30、MU20。

（二）砂、水泥、掺合料、水、砂浆

参见第一部分细节解析“一、烧结普通砖、烧结多孔砖砖墙砌体中施工材料准备”的相关内容。

（三）拉结筋

钢筋的级别、直径应符合设计要求。进场时，应对其规格、级别或品种进行检查，同时检查其出厂合格证，并按批量取样送试验室进行复验。

细节二　施工机具选用

参见第一部分细节解析“一、烧结普通砖、烧结多孔砖砖墙砌体中施工机具选用”的相关内容。

细节三　施工作业条件

（1）垫层已施工完毕，并已办完隐检手续。回填完基础两侧及房心土方，安装好暖气盖板。

（2）根据图纸要求，做好测量放线工作，设置水准基点桩，立好皮数杆。有坡度要求的砌体，立好坡度门架。

（3）基础、垫层表面已弹好轴线及墙身线，立好皮数杆，间距约 15 m 为宜。转角处应设皮数杆，皮数杆上应注明砌筑皮数及砌筑高度等。

（4）砌筑前拉线检查基础或垫层表面、标高尺寸是否符合设计要求，如第一皮水平灰缝厚度超过 20 mm 时，应用细石混凝土找平，不得用砌筑砂浆掺石子代替。

（5）砂浆配合比由试验室确定，计量设备经检验合格，砂浆试模已经备好。

（6）毛石应按需要的数量堆放于砌筑部位附近；料石应按规格和数量在砌筑前组织人员集中加工，按不同规格分类堆放、码齐，以备使用。

（7）所需机具设备已准备就绪，并已安装就位。

细节四　施工工艺要求

工艺流程：

砂浆拌制
↓
准备作业→试排撂底→料石砌筑→验收

1. 准备作业

准备作业：砌筑前，应对弹好的线进行复查，位置、尺寸应符合设计要求。

2. 试排撂底

根据进场石料的规格、尺寸、颜色进行试排、撂底、确定组砌方法。

3. 砂浆拌制

参见第一部分细节解析"一、烧结普通砖、烧结多孔砖砖墙砌体中施工工艺要求"的相关内容。

4. 料石砌筑

(1)砌筑要求。

1)料石砌体应采用铺浆法砌筑。砂浆必须饱满，叠砌面的粘灰面积(即砂浆饱满度)应大于80%。

2)料石砌体的转角处和交接处应同时砌筑。对不能同时砌筑而又必须留置的临时间断处，应砌成踏步槎。

(2)砌筑。

1)砌筑料石砌体时，料石应放置平稳。砂浆铺设厚度应略高于规定灰缝厚度，其高出厚度：细料石宜为3～5 mm；粗料石、毛料石宜为6～8 mm。

2)料石基础砌体的第一皮应用丁砌层座浆砌筑。阶梯形料石基础，上级阶梯的料石应至少压砌下级阶梯的1/3。

3)料石砌体应上下错缝搭砌。砌体厚度等于或大于两块料石宽度时，如同皮内全部采用顺砌，每砌两皮后，应砌一皮丁砌层；如同皮内采用丁顺组砌，丁砌石应交错设置，其中心间距不应大于2 m。

4)料石砌体水平灰缝厚度，应按料石种类确定，细料石砌体不宜大于5 mm；粗料石和毛料石砌体不宜大于20 mm。

5)料石墙长度超过设计规定时，应按设计要求设置变形缝，料石墙分段砌筑时，其砌筑高低差不得超过1.2 m。

6)在料石和毛石或砖的组合墙中，料石砌体和毛料石砌体或砖砌体应同时砌筑，并每隔2～3皮料石层用丁砌层与毛料石砌体或砖砌体拉结砌合。丁砌料石的长度宜与组合墙厚度相同。

(3)毛石砌筑。

1)砌筑毛石基础的第一皮石块应座浆，并将大面向下。毛石基础的扩大部分，如做成阶梯形，上级阶梯的石块应至少压砌下级阶梯的1/2，相邻阶梯的毛石应相互错缝搭砌。

2)毛料石砌体的第一皮及转角处、交接处和洞口处，应用较大的平毛石砌筑。砌体的最上一皮，宜选用较大的毛石砌筑。

3)毛料石砌体宜分皮卧砌，各皮石块间应利用自然形状经敲打修整使能与先砌石块基本

吻合、搭砌紧密;应上下错缝,内外搭砌,不得采用外面侧立石块中间填心的砌筑方法;中间不得有铲口石(尖石倾斜向外的石块)、斧刃石和过桥石(仅在两端搭砌的石块)。

4)毛料石砌体的灰缝厚度宜为20～30 mm,石块间不得有相互接触的现象。石块间较大的空隙应先填塞砂浆后用碎石块嵌实,不得采用先摆碎石块后塞砂浆或干填碎石块的方法。

5)毛料石砌体必须设置拉结石。拉结石应均匀分布,相互错开,毛石基础同皮内每隔2 m左右设置一块;毛石墙一般每0.7 m^2 墙面至少应设置一块,且同皮内的中距不应大于2 m。

拉结石的长度,如基础宽度或墙厚等于或小于400 mm,应与宽度或厚度相等;如基础宽度或墙厚大于400 mm,可用两块拉结石内外搭接,搭接长度不应小于150 mm,且其中一块长度不应小于基础宽度或墙厚的2/3。

6)在毛石和实心砖的组合墙中,毛料石砌体与砖砌体应同时砌筑,并每隔4～6皮砖用2～3皮丁砖与毛料石砌体拉结砌合。两种砌体间的空隙应用砂浆填满。

7)毛石墙和砖墙相接的转角处和交接处应同时砌筑。转角处、交接处应自纵墙(或横墙)每隔4～6皮砖高度引出不小于120 mm与横墙(或纵墙)相接。

8)砌筑毛石挡土墙应符合下列规定:

①每砌3～4皮为一个分层高度,每个分层高度应找平一次;

②两个分层高度分层处的错缝不得小于80 mm。

9)料石挡土墙,当中间部分用毛石砌筑时,丁砌料石伸入毛石部分的长度不应小于200 mm。

10)挡土墙的泄水孔当设计无规定时,施工应符合下列规定:

①泄水孔应均匀设置,在每米高度上间隔2 m左右设置一个泄水孔;

②泄水孔与土体间铺设长宽各为300 mm、厚200 mm的卵石或碎石做疏水层。

11)挡土墙内侧回填土必须分层夯填,分层松土厚度应为300 mm。墙顶土面应有适当坡度使流水流向挡土墙外侧面。

(4)基础砌筑。

1)基础砌筑形式有丁顺叠砌和丁顺组砌。丁顺叠砌是一皮顺石与一皮丁石相隔砌筑,上下皮竖缝相互错开1/2石宽;丁顺组砌是同皮内1～3块顺石与一块丁石相隔砌筑,丁石中距不大于2 m,上皮丁石坐中于下皮顺石,上下皮竖缝相互错开至少1/2石宽,如图3-1所示。

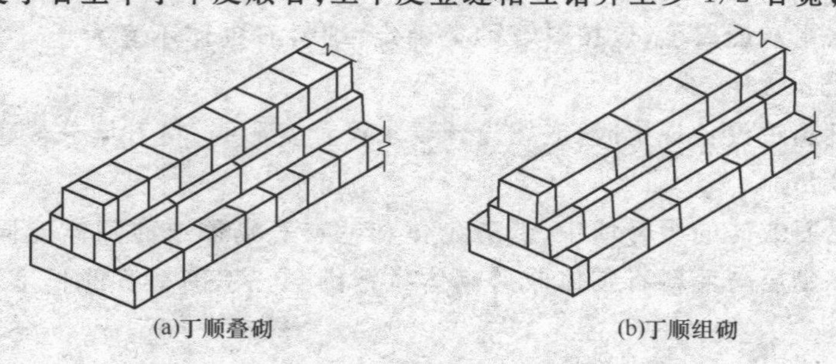

图3-1 料石基础砌筑形式

2)阶梯形料石基础,上阶料石应至少压砌下阶料石的1/3。

5. 墙体砌筑

(1)料石墙砌筑形式有二顺一丁、丁顺组砌和全顺叠砌。二顺一丁是两皮顺石与一皮丁石相间,宜用于墙厚等于两块料石宽度时;丁顺组砌是同皮内每1～3块顺石与一块丁石相隔砌筑,丁石中距不大于2 m,上皮丁石坐中于下皮顺石,上下皮竖缝相互错开至少1/2石宽,宜用于墙厚等于或大于两块料石宽度时；全顺是每皮均匀为顺砌石，上下皮错缝相互错开 1/2 石长，宜用于墙厚度等于石宽时，如图 3-2 所示。

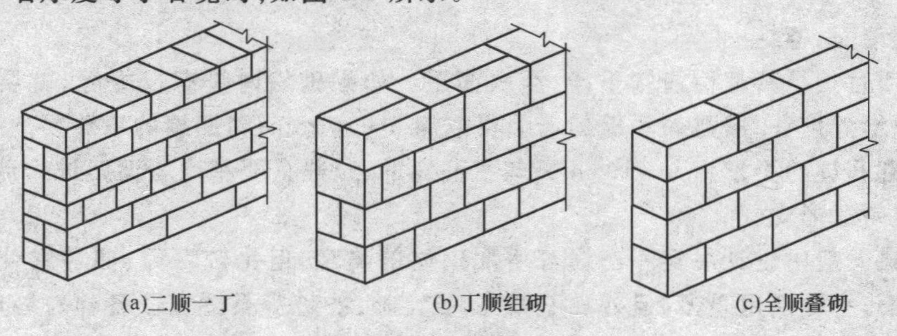
(a)二顺一丁　(b)丁顺组砌　(c)全顺叠砌

图 3-2　料石墙砌筑

(2)砌料石墙面应双面挂线(除全顺砌筑形式外)，第一皮可按所放墙边砌筑，以上各皮均按准线砌筑，可先砌转角处和交接处，后砌中间部分。

(3)料石可与毛石或砖砌成组合墙。料石与毛石的组合墙，料石在外，毛石在里；料石与砖的组合墙，料石在里，砖在外，也可料石在外，砖在里。

(4)砌筑时，砂浆铺设厚度应略高于规定灰缝厚度，其高出厚度：细料石宜为3～5 mm；粗料石、毛料石宜为 6～8 mm。

(5)在料石和毛石或砖的组合墙中，料石和毛石或砖应同时砌起，并每隔 2～3 皮料石用丁砌石与毛石或砖拉结砌合，丁砌料石的长度宜与组合墙厚度相同。

(6)料石墙的转角处及交接处应同时砌筑，如不能同时砌筑，应留置斜槎。

(7)料石清水墙中不得留脚手眼。

6. 料石柱砌筑

(1)石柱有整石柱和组砌柱两种。整石柱每一皮料石是整块的，只有水平灰缝无竖向灰缝；组砌柱每皮由几块料石组砌，上下皮竖缝相互错开，如图 3-3 所示。

(a) 整石柱　(b) 组砌柱

图 3-3　料石柱

(2)料石柱砌筑前，应在柱座面上弹出柱身边线，在柱座侧面弹出柱身中心。

(3)砌整石柱时，应将石块的叠砌面清理干净。先在柱座面上抹一层水泥砂浆，厚约 10 mm，再将石块对准中心线砌上，以后各皮石块砌筑应先铺好砂浆，对准中心线，将石块砌上。石块如有竖向偏移，可用铜片或铝片在灰缝边缘内垫平。

(4)砌组砌柱时，应按规定的组砌形式逐皮砌筑，上下皮竖缝相互错开，无通天缝，不得使用垫片。

(5)砌筑料石柱，应随时用线坠检查整个柱身的垂直度，如有偏斜应拆除重砌，不得用敲

击方法去纠正。

7. 石墙面勾缝

(1)清理墙面、抠缝。

勾缝前用竹扫帚将墙面清扫干净,洒水润湿。如果砌墙时没有抠好缝,就要在勾缝前抠缝,并确定抠缝深度,一般是勾平缝的墙缝要抠深 5～10 mm;勾凹缝的墙缝要抠深 20 mm;勾三角凸和半圆凸缝的要抠深 5～10 mm;勾平凸缝的,一般只要稍比墙面凹进一点就可以。

(2)确定勾缝形式。

勾缝形式一般由设计决定。凸缝可增加砌体的美观,但比较费力;凹缝常使用于公共建筑的装饰墙面;平缝使用最多,但外观不漂亮,挡土墙、护坡等最适宜。各种勾缝形式如图 3-4 所示。

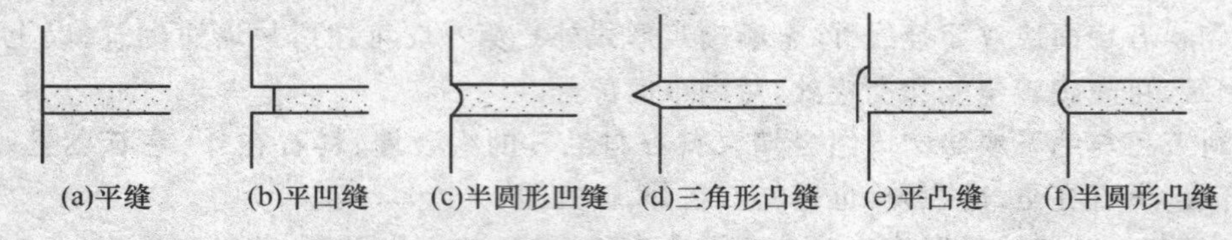

图 3-4　石墙的勾缝形式

(3)砂浆拌制。

1)勾缝一般使用 1∶1 水泥砂浆,稠度 4～5 cm,砂子可采用粒径为 0.3～1 mm 的细砂,一般可用 3 mm 孔径的筛子过筛。因砂浆用量不多,一般采取人工拌制。

2)砂浆初凝后,如移动已砌筑的石块,应将原砂浆清理干净,重新铺浆砌筑。

(4)勾缝。

勾缝应自上而下进行,先勾水平缝后勾竖缝。如果原组砌的石墙缝纹路不好看,也可增补一些砌筑灰缝,但要补得好看可另在石面上做出一条假缝,不过这只适用于勾凸缝的情况。

1)勾平缝:用勾缝工具把砂浆嵌入灰缝中,要嵌塞密实,缝面与石面相平,并把缝面压光。

2)勾凸缝:先用小抿子把勾缝砂浆填入灰缝中,将灰缝补平,待初凝后抹上第二层砂浆。第二层砂浆可顺着灰缝抹 0.5～1 cm 厚,并盖住石棱 5～8 mm,待收水后,将多余部分切掉,但缝宽仍应盖住石棱 3～4 mm,并要将表面压光压平,切口溜光。

3)勾凹缝:灰缝应抠进 20 mm 深,用特制的溜子把砂浆嵌入灰缝内,要求比石面深10 mm 左右,将灰缝面压平溜光。

8. 季节性施工

参见第一部分细节解析“一、烧结普通砖、烧结多孔砖砖墙砌体中施工工艺要求”的相关内容。

细节五　施工质量标准

施工质量标准,见表 3-1。

表 3-1　施工质量标准

项　目	内　容
一般规定	(1)适用于毛石、毛料石、粗料石、细料石等砌体工程。 (2)石砌体采用的石材应质地坚实,无裂纹和无明显风化剥落;用于清水墙、柱表面的石材,尚应色泽均匀;石材的放射性应经检验,其安全性应符合现行国家标准《建筑材料放射性核素限量》(GB 6566—2010)的有关规定。

续表

<table>
<tr><th>项　目</th><th>内　容</th></tr>
<tr><td>一般规定</td><td>(3)石材表面的泥垢、水锈等杂质，砌筑前应清除干净。
(4)砌筑毛石基础的第一皮石块应坐浆，并将大面向下；砌筑料石基础的第一皮石块应用丁砌层坐浆砌筑。
(5)毛料石砌体的第一皮及转角处、交接处和洞口处，应用较大的平毛石砌筑。每个楼层(包括基础)砌体的最上一皮，宜选用较大的毛石砌筑。
(6)毛石砌筑时，对石块间存在较大的缝隙，应先向缝内填灌砂浆并捣实，然后再用小石块嵌填，不得先填小石块后填灌砂浆，石块间不得出现无砂浆相互接触现象。
(7)砌筑毛石挡土墙应按分层高度砌筑，并应符合下列规定：
1)每砌3～4皮为一个分层高度，每个分层高度应将顶层石块砌平；
2)两个分层高度间分层处的错缝不得小于80 mm。
(8)料石挡土墙，当中间部分用毛石砌筑时，丁砌料石伸入毛石部分的长度不应小于200 mm。
(9)毛石、毛料石、粗料石、细料石砌体灰缝厚度应均匀，灰缝厚度应符合下列规定：
1)毛石砌体外露面的灰缝厚度不宜大于40 mm；
2)毛料石和粗料石的灰缝厚度不宜大于20 mm；
3)细料石的灰缝厚度不宜大于5 mm。
(10)挡土墙的泄水孔当设计无规定时，施工应符合下列规定：
1)泄水孔应均匀设置，在每米高度上间隔2 m左右设置一个泄水孔；
2)泄水孔与土体间铺设长宽各为300 mm、厚200 mm的卵石或碎石作疏水层。
(11)挡土墙内侧回填土必须分层夯填，分层松土厚度宜为300 mm。墙顶土面应有适当坡度使流水流向挡土墙外侧面。
(12)在毛石和实心砖的组合墙中，毛料石砌体与砖砌体应同时砌筑，并每隔4～6皮砖用2～3皮丁砖与毛石砌体拉结砌合；两种砌体间的空隙应填实砂浆。
(13)毛石墙和砖墙相接的转角处和交接处应同时砌筑。转角处、交接处应自纵墙(或横墙)每隔4～6皮砖高度引出不小于120 mm与横墙(或纵墙)相接</td></tr>
<tr><td>主控项目</td><td>(1)石材及砂浆强度等级必须符合设计要求。
抽检数量：同一产地的同类石材抽检不应少于1组。混凝土砌块专用砂浆试块的抽检数量按每一检验批且不超过250 m^3 砌体的各类、各强度等级的普通砌筑砂浆，每台搅拌机应至少抽检一次。验收批的预拌砂浆、蒸压加气，抽检可为3组的有关规定执行。
检验方法：料石检查产品质量证明书，石材、砂浆检查试块试验报告。
(2)砌体灰缝的砂浆饱满度不应小于80%。
抽检数量：每检验批抽查不应少于5处。
检验方法：观察检查</td></tr>
<tr><td>一般项目</td><td>(1)石砌体尺寸、位置的允许偏差及检验方法应符合表3-2的规定。
抽检数量：每检验批抽查不应少于5处。
(2)石砌体的组砌形式应符合下列规定：
1)内外搭砌，上下错缝，拉结石、丁砌石交错设置；
2)毛石墙拉结石每0.7 m^2 墙面不应少于1块。
检查数量：每检验批抽查不应少于5处。
检验方法：观察检查</td></tr>
</table>

表 3-2 料石砌体尺寸、位置的允许偏差及检验方法

项次	项目		允许偏差/mm							检验方法
			毛石砌体		料石砌体					
					毛料石		粗料石		细料石	
			基础	墙	基础	墙	基础	墙	墙、柱	
1	轴线位置		20	15	20	15	15	10	10	用经纬仪和尺检查，或用其他测量仪器检查
2	基础和墙砌体顶面标高		±25	±15	±25	±15	±15	±15	±10	用水准仪和尺检查
3	砌体厚度		+30	+20 −10	+30	+20 −10	+15	+10 −5	+10 −5	用尺检查
4	墙面垂直度	每层	—	20	—	20	—	10	7	用经纬仪、吊线和尺检查，或用其他测量仪器检查
		全高	—	30	—	30	—	25	10	
5	表面平整度	清水墙、柱	—	—	—	20	—	10	5	细料石用 2 m 靠尺和楔形塞尺检查，其他用两直尺垂直于灰缝拉 2 m 线和尺检查
		混水墙、柱	—	—	—	20	—	15	—	
6	清水墙水平灰缝平直度		—	—	—	—	—	10	5	拉 10 m 线和尺检查

细节六 施工成品保护

(1)料石墙砌筑完后，未经有关人员检查验收，轴线桩、水准桩、皮数杆应加以保护，不得碰砸、拆除。

(2)细料石墙、柱、垛，应用木板、塑料布保护，防止损坏棱角或污染表面。

细节七 施工质量问题

1. 石块黏结不牢

(1)现象。

1)石块之间无砂浆，即石块直接接触形成“瞎缝”。

2)石块与砂浆黏结不牢，个别石块出现松动。

3)石块叠砌块的粘灰面积(砂浆饱满度)小于 80%。

(2)原因分析。

1)石块表面有风化层剥落，或表面有泥垢、水锈等，影响石块与砂浆的黏结。

2)料石砌体采用有垫法(铺浆加垫法)砌筑，砌体以垫片(金属或石)来支承石块自重和控制砂浆层厚度,砂浆凝固后会产生收缩,料石与砂浆层之间形成缝隙。

3)砌体灰缝过大,砂浆收缩后形成缝隙。

4)砌筑砂浆凝固后,碰撞或移动已砌筑的石块。

(3)预防措施。

1)料石砌体所用石块应质地坚实,无风化剥落和裂纹。石块表面的泥垢和影响黏结的水锈等杂质应清除干净。

2)料石砌体应采用铺浆法砌筑。

3)料石砌筑不得采用先铺浆后加垫,即先按灰缝厚度铺上砂浆,再砌石块,最后用垫片来调整石块的位置。也不得采用先加垫后塞砂浆的砌法,即先用垫片按灰缝厚度将料石垫平,再将砂浆塞入灰缝内。

4)按施工规范要求控制砂浆层厚度。有关规定如下。

料石砌体的灰缝厚度按不同种类料石分别有不同的要求:细石料不大于 5 mm;粗料石和毛料石不大于 20 mm。

5)砌筑砂浆凝固后,不得再移动或碰撞已砌筑的石块。如必须移动,再砌筑时,应将原砂浆清理干净,重新铺砂浆。

2. 墙面垂直度及表面平整度误差过大

(1)现象。

1)墙面垂直度偏差超过规范规定值。

2)墙表面凹凸不平,表面平整度超过规范规定值。

(2)原因分析。

1)砌墙未挂线。

2)砌筑时没有随时检查砌体表面的垂直度,以致出现偏差值后,未能及时纠正。

3)在浇筑混凝土构造柱或圈梁时,墙体未采取必要的加固措施,以致将部分料石砌体挤动变形,造成墙面倾斜。

(3)预防措施。

1)砌筑时必须认真跟线。在满足墙体里外皮错缝搭接的前提下,尽可能将石块较平整的大面朝外砌筑。不规则毛石块未经修凿不得使用。

2)砌筑中认真检查墙面垂直度,发现偏差过大时,及时纠正。

3)浇筑混凝土构造柱和圈梁时,必须加好支撑。混凝土应分层浇灌,振捣不得过度。

3. 墙身标高误差过大

(1)现象。

1)层高或圈梁标高误差过大。

2)门窗洞口标高偏差过大。

(2)原因分析。

1)砌料石墙时,不按规范规定设置皮数杆,或皮数杆计算或画法错误,标记不清。

2)皮数杆安装的起始标高不准;皮数杆固定不牢固,错位变形。

3)砌筑时,不按皮数杆控制层数。

(3)防治措施。

1)画皮数杆前,应根据图纸要求,石块厚度和灰缝最大厚度限值,计算确定适宜的灰缝厚度。当无法满足设计标高的要求时,应及时办理技术核定。

2)立皮数杆前先测出所砌部位基础标高误差。当每一层灰缝厚度大于 20 mm 时,应用细石混凝土铺垫。

3)皮数杆标记要清楚;安装标高要准确,安装应牢固,经过逐个检查合格后方可砌筑。

4)砌筑时应按皮数杆拉线控制标高。

5)砌筑料石墙时,砂浆铺设厚度应略高于规定灰缝厚度值,其高出厚度为:细料石和半细料石宜为 3~5 mm;粗料石和毛料石宜为 6~8 mm。

6)在墙体第一步架砌完前,应弹(画)出地面以上 50 cm 线,用来检查复核墙体标高误差。发现误差应在本步架标高内予以调整。

4. 砂浆强度不稳定

材料计量要准确,搅拌时间要达到规定的要求。试块的制作、养护、试压要符合规定。

5. 水平灰缝不平

皮数杆应立牢固,标高一致,砌筑时小线要拉紧穿平,墙面砌筑跟线。

6. 料石质量不符合要求

对进场的料石品种、规格、颜色验收时要严格把关,不符合要求时拒收,不用。

7. 勾缝粗糙

应叼灰操作,灰缝深度一致,横竖缝交接平整,表面洁净。

细节八 施工质量记录

(1)材料出厂合格证及复试报告。

(2)砂浆试块试验报告。

(3)分项工程质量检验评定。

(4)隐检、预检记录。

(5)冬期施工记录。

(6)设计变更及洽商记录。

(7)施工检查记录。

(8)其他技术资料。

【典型实例】

施工技术交底记录(一)

<table>
<tr><td>工程名称</td><td>某施工工程</td><td>编　　号</td><td>×××××</td></tr>
<tr><td>施工单位</td><td>某建筑工程公司</td><td>交底日期</td><td>××年××月××日</td></tr>
<tr><td rowspan="2">交底摘要</td><td rowspan="2">料石砌体工程施工
中砂浆的拌制、料石砌筑等</td><td>分项工程名称</td><td>料石砌体工程施工</td></tr>
<tr><td>页　　数</td><td>共 3 页，第 1 页</td></tr>
</table>

交底内容：

1. 材料准备

(1)石料：其品种、规格、颜色必须符合设计要求和有关施工规范的规定，应有出厂合格证。

(2)砂：宜用粗、中砂。用 5 mm 孔径筛过筛，配制小于 M5 的砂浆，砂的含泥量不得超过 10%；等于或大于 M5 的砂浆，砂的含泥量不得超过 5%，不得含有草根等杂物。

(3)水泥：一般采用 42.5 级矿渣硅酸盐水泥和普通硅酸盐水泥。有出厂证明及复试单。如出厂日期超过 3 个月，应按复验结果使用。

(4)水：应用自来水或不含有害物质的洁净水。

(5)其他材料：拉结筋、预埋件应做好防腐处理。

2. 机具选用

搅拌机、筛子、铁锹、小手锤、大铲、托线板、线坠、水平尺、钢卷尺、小白线、半截大桶、扫帚、工具袋、手推车、皮数杆等。

3. 作业条件

(1)基础、垫层已施工完毕，并已办完隐检手续。

(2)基础、垫层表面已弹好轴线及墙身线，立好皮数杆，其间距以 15 mm 左右为宜。转角处应设皮数杆，皮数杆上应注明砌筑皮数及砌筑高度等。

(3)砌筑前拉线检查基础、垫层表面，标高尺寸是否符合设计要求；如第一皮水平灰缝厚度超过 20 mm 时，应用细石混凝土找平，不得用砂浆掺石子代替。

(4)砂浆配合比由试验室确定；计量设备经过检验；砂浆试模已经备好。

4. 工艺要求

施工流程：

砂浆搅拌
↓
作业准备→试排撂底→砌料石→验评

(1)砌筑前，应对弹好的线进行复查，位置、尺寸应符合设计要求，根据进场石料的规格、尺寸、颜色进行试排、撂底，确定组砌方法。

(2)砂浆拌制。

1)砂浆配合比应用质量比，水泥计量精度在±2%以内。

2)宜采用机械搅拌，投料顺序为砂子→水泥→掺合料→水。搅拌时间不少于 90 s。

<table>
<tr><td rowspan="2">签字栏</td><td>交底人</td><td>×××</td><td>审核人</td><td>×××</td></tr>
<tr><td>接受交底人</td><td colspan="3">×××、×××、××</td></tr>
</table>

工程名称	某施工工程	编　　号	×××××
施工单位	某建筑工程公司	交底日期	××年××月××日
交底摘要	料石砌体工程施工中砂浆的拌制、料石砌筑等	分项工程名称	料石砌体工程施工
		页　　数	共3页,第2页

3)应随拌随用,拌制后应在3 h内使用完毕;如气温超过30℃,应在2 h内用完,严禁用过夜砂浆。

4)砂浆试块:基础按一个楼层或250 m^3 砌体,每台搅拌机做1组试块(每组6块);如材料配合比有变更时,还应做试块。

(3)料石砌筑。

1)组砌方法应正确,料石砌体应上下错缝,内外搭砌,料石基础第一皮应用丁砌。坐浆砌筑,踏步形基础,上级料石应压下级料石至少1/3。

2)料石砌体水平灰缝厚度,应按料石种类确定,细料石砌体不宜大于5 mm;半细料石砌体不宜大于10 mm;粗料石砌体不宜大于20 mm。

3)料石墙长度超过设计规定时,应按设计要求设置变形缝,料石墙分段砌筑时,其砌筑高低差不得超过1.2 m。

5. 质量要求

(1)主控项目。

1)石材及砂浆强度等级必须符合设计要求。

2)砌体灰缝的砂浆饱满度不应小于80%。

(2)一般项目。

1)石砌体尺寸、位置的允许偏差及检验方法应符合下表的规定。

石砌体尺寸、位置的允许偏差及检验方法

项目		允许偏差/mm							检验方法
		毛料石砌体		料石砌体					
				毛料石		粗料石		细料石	
		基础	墙	基础	墙	基础	墙	墙、柱	
轴线位置		20	15	20	15	15	10	10	用经纬仪和尺检查,或用其他测量仪器检查
基础和墙砌体顶面标高		±25	±15	±25	±15	±15	±15	±10	用水准仪和尺检查
砌体厚度		+30	+20 −10	+30	+20 −10	+15	+10 −5	+10 −5	用尺检查
墙面垂直度	每层	—	20	—	20	—	10	7	用经纬仪、吊线和尺检查,或用其他测量仪器检查
	全高	—	30	—	30	—	25	10	

签字栏	交底人	×××	审核人	×××
	接受交底人	×××、×××、××		

工程名称	某施工工程	编　　号	×××××
施工单位	某建筑工程公司	交底日期	××年××月××日
交底摘要	料石砌体工程施工 中砂浆的拌制、料石砌筑等	分项工程名称	料石砌体工程施工
		页　　数	共3页,第3页

续表

项目		允许偏差/mm							检验方法
		毛料石砌体		料石砌体					
		基础	墙	毛料石		粗料石		细料石	
				基础	墙	基础	墙	墙、柱	
表面平整度	清水墙、柱	—	—	—	20	—	10	5	细料石用2 m靠尺和楔形塞尺检查,其他用两直尺垂直于灰缝拉2 m线和尺检查
	混水墙、柱	—	—	—	20	—	15	—	
清水墙水平灰缝平直度		—	—	—	—	—	10	5	拉10 m线和尺检查

2)石砌体的组砌形式应符合下列规定：

①内外搭砌,上下错缝,拉结石、丁砌石交错设置；

②毛石墙拉结石每0.7 m^2 墙面不应少于1块。

6. 成品保护

(1)料石墙砌筑完后,未经有关人员检查验收,轴线桩、水准桩、皮数杆应加以保护,不得碰坏、拆除。

(2)砌体中埋没的构造筋应注意保护,不得随意踩倒弯折。

(3)细料石墙、柱、垛,应用木板、塑料布保护,防止损坏棱角或污染。

7. 质量问题

(1)砂浆强度不稳定:材料计量要准确,搅拌时间要达到规定的要求。试块的制作、养护、试压要符合规定。

(2)水平灰缝不平:皮数杆应立牢固,标高一致,砌筑时小线要拉紧,穿平墙面,砌筑跟线。

(3)料石质量不符合要求:对进场的料石品种、规格、颜色在验收时要严格把关。不符合要求时拒收,不用。

(4)勾缝粗糙:应叨灰操作,灰缝深度一致,横竖缝交接平整,表面洁净。

签字栏	交底人	×××	审核人	×××
	接受交底人	×××、×××、××		

施工技术交底记录(二)

工程名称	某施工工程	编　　号	×××××
施工单位	某建筑工程公司	交底日期	××年××月××日
交底摘要	料石砌体工程施工 中毛石的砌筑等	分项工程名称	料石砌体工程施工
		页　　数	共4页,第1页

交底内容:

1. 材料准备

(1)毛石:坚实未风化,无裂缝、夹层、杂质。

(2)水泥:42.5级复合硅酸盐水泥。

(3)砂:中砂。

(4)水:自来水。

2. 机具设备

砂浆搅拌机(含计量设备)、单轮车、双轮手推翻斗车、大铲、小手锤、托线板、线坠、皮数杆、钢卷尺、灰槽子、砖夹子、筛子、工具袋、半截大桶。

3. 作业条件

(1)基槽或基础钢筋混凝土垫层均已完成,并验收,办完隐检手续。

(2)已设置龙门板,标出建筑物的主要轴线,标出基础及墙身轴线和标高;并弹出基础轴线和边线;立好皮数杆(间距为15 m,转角处均应设立)。

(3)砌筑前拉线检查基础、垫层表面,标高尺寸是否符合设计图纸要求,当第一皮的水平灰缝大于30 mm时,应用细石混凝土找平,不得用砂浆或在砂浆中掺细砖或碎石处理。

(4)常温施工时,毛石必须在砌筑的前1 d浇水湿润,用水适当将石块淋湿。

(5)砂浆配合比已经试验室确定,现场准备好砂浆试模(6块为1组)。

4. 工艺要求

施工流程:

作业准备→拌制砂浆→试排撂底→砌毛石→验评

(1)拌制砂浆。

1)宜用机械搅拌,投料顺序为:砂→水泥→水,搅拌时间不少于15 min。

2)砂浆应随拌随用,水泥砂浆须在拌成后3 h内使用完,不允许使用过夜砂浆。

(2)毛石砌筑。

1)毛石的形状不规整,不易砌平,为保证毛石基础的整体刚度和传力均匀,每一台阶应不少于2～3皮毛石。

2)砌筑时,应双面挂线,分层砌筑,每层高度为30～40 cm,大体砌平。基础最下一皮毛石应选用较大的石块,使大面朝下,放置平稳,并灌浆。以上各层均应铺灰坐浆砌筑,不得用先铺石后灌浆的方法,转角及阴阳角外露部分,应选用方正平整的毛石(俗称角石)互相拉结砌筑。

3)大、中、小毛石应搭配使用,使砌体平稳。形状不规则的石块,应用大锤将其棱角适当加工后使用。灰缝要饱满密实,厚度一般控制在30～40 cm之间。石块上、下皮竖缝必须错开不小于10 cm,角石不小于15 cm,做到丁顺交错排列。

4)为保证砌体结合牢靠,每隔0.7 m^2 应垂直墙面砌一块拉结石,水平距离不大于2 m,上下左右拉结石应错开,形成梅花形。转角、内外墙交接处均应选用拉结石砌筑。填心的石块应根据石块自然开头交错放

签字栏	交底人	×××	审核人	×××
	接受交底人	×××、×××、××		

工程名称	某施工工程	编　　号	×××××
施工单位	某建筑工程公司	交底日期	××年××月××日
交底摘要	料石砌体工程施工中毛石的砌筑等	分项工程名称	料石砌体工程施工
		页　　数	共4页，第2页

置，尽量使石块间缝隙最小。过大缝隙，应铺浆用小石块填入，使之稳固，用锤轻敲使密实，严禁石块间无浆直接接触，出现干缝、通缝。基础的扩大部分为阶梯形部分，上级阶梯的石块应至少压砌下级阶梯石块的1/2，相邻阶梯的毛石应相互错缝搭砌，以保证整体性。

5)每砌完一层，必须校对中心线，找平一次，检查有无偏斜现象。基础上表面配平宜用片石，因其咬劲大。基础侧面要保持大体平整、垂直，不得有倾斜、内陷和外鼓现象。砌好后外侧石缝应用砂浆勾严。

6)墙基需留槎时，不得留在外墙转角或纵墙与横墙的交接处，至少应离开1.0～1.5 m的距离。接槎应作成阶梯式，不得留直槎或斜槎。基础中的预留孔洞，要按图纸要求事先留出，不得砌完后凿洞。沉降缝应分成两段砌筑，不得搭接。

7)在砌筑过程中，如需调整石块时，应将毛石提起，刮去原有砂浆重新砌筑。严禁用敲击方法调整，以防松动周围砌体。当基础砌至顶面一层时，上皮石块伸入墙内长度应不小于墙厚的1/2，亦即上一皮石块排出或露出部分的长度不应大于该石块的1/2长度，以免因连接不好而影响砌体强度。

8)每天砌完后，应在当天砌的砌体上铺一层灰浆，且表面粗糙。施工时，对刚砌完的砌体，应用草袋覆盖养护5～7 d，避免风吹、日晒、雨淋。毛石基础全部砌完，要及时在基础两边均匀分层回填土，分层夯实。

5. 质量标准

(1)石砌体尺寸、位置的允许偏差应符合下表的规定。

石砌体尺寸、位置的允许偏差及检验方法

项目		允许偏差/mm							检验方法
		毛料石砌体		料石砌体					
				毛料石		粗料石		细料石	
		基础	墙	基础	墙	基础	墙	墙、柱	
轴线位置		20	15	20	15	15	10	10	用经纬仪和尺检查，或用其他测量仪器检查
基础和墙砌体顶面标高		±25	±15	±25	±15	±15	±15	±10	用水准仪和尺检查
砌体厚度		+30	+20 −10	+30	+20 −10	+15	+10 −5	+10 −5	用尺检查
墙面垂直度	每层	—	20	—	20	—	10	7	用经纬仪、吊线和尺检查，或用其他测量仪器检查
	全高	—	30	—	30	—	25	10	

签字栏	交底人	×××	审核人	×××
	接受交底人	×××、×××、××		

工程名称	某施工工程	编　　号	×××××
施工单位	某建筑工程公司	交底日期	××年××月××日
交底摘要	料石砌体工程施工中毛石的砌筑等	分项工程名称	料石砌体工程施工
		页　　数	共4页,第3页

续表

项目		允许偏差/mm							检验方法
		毛料石砌体		料石砌体					
				毛料石		粗料石		细料石	
		基础	墙	基础	墙	基础	墙	墙、柱	
表面平整度	清水墙、柱	—	—	—	20	—	10	5	细料石用2 m靠尺和楔形塞尺检查,其他用两直尺垂直于灰缝拉2 m线和尺检查
	混水墙、柱	—	—	—	20	—	15	—	
清水墙水平灰缝平直度		—	—	—	—	—	10	5	拉10 m线和尺检查

(2)石砌体的组砌形式应符合下列规定:内外搭砌,上下错缝,拉结石、丁砌石交错设置;毛石墙拉结石每0.7 m^2 墙面不应少于1块。

6. 成品保护

(1)基础墙砌筑完毕,应继续加强龙门板、龙门桩、水平桩的保护,防止碰撞损坏。

(2)外露或埋设在基础内的排水、电气管线及其他预埋件,应注意保护,不得随意碰撞、折改或损坏。

(3)不得在已完成的砌体上修凿石块和堆放石料。

(4)墙体表面要清理干净,且不得留设脚手架眼和开凿孔洞。

(5)砌体两侧回填土方时,应同步进行,以防止回填土将砌体挤压变形。

7. 质量问题

(1)基础大放脚两边收退要均匀,砌筑至基础墙顶面时,拉准线校正墙的轴线和边线;砌筑时保持墙身的垂直度。

(2)砌体转角和交接处因不能同时砌筑而留槎时,必须按有关规定砌成梯级斜槎。

(3)基底应先坐浆,不得直接摆砌石块,不允许墙身坐浆不饱满、部分不坐浆、先填心后填塞砂浆等,造成石料直接接触。

(4)拉结石应按施工要求设置,设置的数量不足会造成石料搭砌无错缝或错缝不足。

(5)砌筑前受污染的石块没有冲洗干净会影响石料粘贴能力。

(6)墙面嵌缝前没有将松散的砂浆清理干净,没有浇水湿润,压入缝内的水泥砂浆与石缝黏结不牢,会造成嵌缝不够密实。

签字栏	交底人	×××	审核人	×××
	接受交底人	×××、×××、××		

工程名称	某施工工程	编　　号	×××××
施工单位	某建筑工程公司	交底日期	××年××月××日
交底摘要	料石砌体工程施工中毛石的砌筑等	分项工程名称	料石砌体工程施工
		页　　数	共4页，第4页

8. 安全措施

(1)进入施工区必须戴安全帽。

(2)车子运输毛石、砂浆等应注意稳定，不得高速行驶，前后车距离应不少于2 m。

(3)在操作地点临时堆放材料时，要放在平整坚实的地面上，不得放在湿润积水或泥土松软崩裂的地方。基坑0.5～1.0 m以内不准堆料。

(4)操作工人应戴上厚布手套、口罩及防护镜，防止石屑、粉尘飞入眼中和口中，必要时还应戴耳塞，防止噪声侵害。

(5)石块不得往下掷。

(6)搬运石块应检查搬运工具及绳索是否牢固，抬石应用双绳。

(7)砌筑时，脚手架上堆石不可过多，应随砌随运。

(8)用锤打石时，应先检查铁锤有无破裂，锤柄是否牢固。打锤要按照石纹走向落锤，锤口要平，落锤要准，同时要看清附近情况有无危险，然后落锤，以免伤人。

(9)石块不得往下抛掷。运石上下时，脚手板要钉装牢固，并钉防滑条。

(10)不准勉强在超过胸部以上的墙体上进行砌筑，以免将墙体碰撞倒塌或上石时失手掉下造成安全事故。

9. 环保措施

(1)料石试排时，必须按照组砌图进行，以保证砌体组砌合理，避免盲目组砌质量不符合要求而返工，产生扬尘、噪声及固体废弃物污染环境、浪费材料。

(2)石材加工时，应组织人员集中加工，加工场地应四周封挡，以降低噪声及扬尘。

(3)砌筑时，石材应提前1～2 d浇水湿润。以防止粉尘飞扬，污染环境。

(4)砌筑可采用铺浆法。铺浆时，应轻轻均匀摊铺，避免用力过猛而使砂浆落地污染地面。砌筑时先砌转角处、交接洞口处，再向中间砌筑。料石间应搭砌紧密，逐块卧砌坐浆，使砂浆饱满，砌体整体强度满足要求且外形美观。以免因强度及外观不合格造成返工。

(5)在潮湿或有水的环境中施工时，操作人员应穿雨靴。工作中应戴帆布手套，以免石材磨损伤手。施工现场禁止大声喧哗以控制人为噪声。

(6)墙体预埋拉结筋、预埋件等应做防腐处理。防腐剂应在库房内存放，并远离火源。预埋件、拉结筋做防腐处理时，应在专用场地进行，并远离火源，派专人看管，同时配备消火栓，以最大限度地降低火灾发生的可能性及降低火灾损失，减少环境污染。

(7)墙体砌完后，要用喷雾器向墙面喷水雾，并及时清理墙体表面污物，以防扬尘及墙面污染。清理的废弃物用袋装至指定地点，集中外运。

(8)砌筑时搭设脚手架应轻拿轻放，以减小噪声。脚手架铺设的木跳板上每平方米内堆载不得超过3 kN，以防因脚手板承载力不足使砖下落，造成损失，产生扬尘、固体废弃物。

签字栏	交底人	×××	审核人	×××
	接受交底人	×××、×××、××		

施工技术交底记录(三)

<table>
<tr><td>工程名称</td><td>某施工工程</td><td>编　　号</td><td>×××××</td></tr>
<tr><td>施工单位</td><td>某建筑工程公司</td><td>交底日期</td><td>××年××月××日</td></tr>
<tr><td rowspan="2">交底摘要</td><td rowspan="2">料石砌体工程施工中的垂直运输、砂浆的制备、毛石基础的砌筑等</td><td>分项工程名称</td><td>料石砌体工程施工</td></tr>
<tr><td>页　　数</td><td>共2页,第1页</td></tr>
<tr><td colspan="4">交底内容:
1. 材料准备
(1)毛石的材质地坚实,无风化剥落和裂纹。毛石应呈块状,其中部厚度不小于150 mm。
(2)砌筑毛石用1∶6水泥砂浆。
2. 工具选用
手推车、大铲、铁锹、溜槽。
3. 作业条件
(1)开挖:本工程采用机械开挖,如到达设计标高后却仍未见受力土层,应继续开挖,直至受力土层(黄土)。
(2)验槽:在机械开挖到设计标高或受力土层后,对基底进行人工清理,并请监理验槽。
(3)砌筑:监理验槽通过后方可进行毛石基础的砌筑。
4. 工艺要求
(1)垂直运输:由于本工程毛石基础的垂直运输距离较短,运输量较小,毛石基础砌筑工程采用溜槽作为垂直运输工具。
(2)楼地面弹线:砌体施工前,应将基底按标高找平,依据基础图放出第一皮砌体的轴线、边线。
(3)制备砂浆:本工程砂浆采用1台自落式滚筒搅拌机拌和。搅拌水泥砂浆时,应先将砂、水泥投入,干拌均匀后,再加水搅拌均匀。水泥砂浆搅拌时间,自投料完算起不得少于2 min。拌成后的砂浆,稠度应在70～100 mm之间,分层度不应大于20 mm,颜色一致。砂浆拌成后和使用时,均应盛入贮灰器。如砂浆出现泌水现象,应在砌筑前要用铁锹或铁抹子等工具用人工再次拌和,但不得加水。砂浆随拌随用,拌制好的水泥砂浆应在3 h内用完,不得使用过夜砂浆。
(4)毛石基础砌筑。
1)毛石基础应采用铺浆法砌筑,砂浆必须饱满,叠砌面的贴灰面积(即砂浆饱满度)应不小于80%。
2)毛石基础的第一皮石块坐浆,并将石块的大面向下。毛石基础的转角处、交接处应用较大的平毛石砌筑。
3)砌筑时宜分层卧砌,应利用毛石自然形状经敲打修整,使石块能与先砌毛石基本吻合、搭接紧密。毛石应上下错缝,内外搭砌,不得采用外面侧立毛石后中间填心的砌筑方法,中间不得有铲口石(尖石侧倾斜向外的石头)、斧刃石(尖石向下的石头)和过桥石(仅两端搭砌的石头)。
4)毛料石砌体的灰缝厚度宜为20～30 mm,石块间不得有相互接触现象。石块间较大的空隙应先填塞砂浆,尔后用碎石块嵌实,不得采用先摆碎石块后塞砂浆或干塞碎石的方法。
5)砌筑过程中必须设置拉结石。拉结石应均匀分布。一般每0.7 m^2墙面至少设置1块。基础宽度大于400 mm时,可用2块拉结石内外搭接,搭接长度不应小于150 mm,且其中一块拉结石长度不应小于基础宽度的2/3。
6)基础每日砌筑高度,不应超过1.2 m。</td></tr>
</table>

<table>
<tr><td rowspan="2">签字栏</td><td>交底人</td><td>×××</td><td>审核人</td><td>×××</td></tr>
<tr><td>接受交底人</td><td colspan="3">×××、×××、××</td></tr>
</table>

工程名称	某施工工程	编　　号	××××××
施工单位	某建筑工程公司	交底日期	××年××月××日
交底摘要	料石砌体工程施工中的垂直运输、砂浆的制备、毛石基础的砌筑等	分项工程名称	料石砌体工程施工
		页　　数	共2页,第2页

5. 质量标准

(1)石材及砂浆强度等级必须符合设计要求。

抽检数量:同一产地的同类石材抽检不应少于1组。砂浆试块的抽检数量执行《砌块结构工程施工质量验收规范》(GB 50203—2011)的有关规定。

检验方法:料石检查产品质量证明书,石材、砂浆检查试块试验报告。

(2)砌体灰缝的砂浆饱满度不应小于80%。

抽检数量:每检验批抽查不应少于5处。

检验方法:观察检查。

6. 安全措施

(1)严禁在基坑3 m范围内堆放毛石。

(2)要随时注意边坡的稳定性,如有异常情况,人员马上撤离现场,确保人员安全。

(3)用溜槽向基坑内运送石料时不得抛扔;溜槽下不得站人。

(4)在毛石基础上,不宜吊挂重物,也不宜作为其他施工临时设备、支撑的支撑点。

签字栏	交底人	×××	审核人	×××
	接受交底人	×××、×××、××		

施工技术交底记录(四)

工程名称	某施工工程	编　　号	×××××
施工单位	某建筑工程公司	交底日期	××年××月××日
交底摘要	料石砌体的砌筑施工	分项工程名称	料石砌体工程施工
		页　　数	共3页,第1页

交底内容:

1. 材料准备

(1)石料:其品种、规格、颜色必须符合设计要求和有关施工规范的规定,应有出厂合格证。

(2)砂:宜用粗、中砂。

(3)水泥:一般采用42.5级水泥。有出厂证明及复试单。如出厂日期超过3个月,应按复验结果使用。

(4)砂浆:基础砌体必须采用水泥砂浆砌筑,地坪以上的砌体应采用水泥混合砂浆砌筑。

(5)水:应用自来水或不含有害物质的洁净水。

(6)其他材料:拉结筋,预埋件应做好防腐处理。

2. 机具选用

搅拌机、筛子、铁锹、小手锤、大铲、托线板、线坠、水平尺、钢卷尺、小白线、半截大桶、扫帚、工具袋、手推车、皮数杆等。

3. 作业条件

(1)根据图纸要求,做好测量放线工作,设置水准基点桩,立好皮数杆。有坡度要求的砌体,立好坡度门架。

(2)料石应按规格和数量在砌筑前组织人员集中加工,按不同规格分类堆放、码齐,以备使用。

(3)所需机具设备已准备就绪,并已安装就位。

(4)基础清扫后,在基层上弹出纵横墙轴线、边线、门窗洞口位置线及其他尺寸线,并复核其标高。

(5)墙体石体砌筑前,应办理完地基基础工程隐检手续,回填完基础两侧及房心土方,安装好暖气盖板。

(6)砌筑砂浆应根据设计要求,经试验确定配合比。

4. 工艺要求

施工流程:

砂浆拌制
↓
作业准备→试排石块→砌料石→验收

(1)砌筑前,应对弹好的线进行复查,位置、尺寸应符合设计要求。根据进场石材进行试排,确定组砌方法。

(2)砌筑料石。

1)料石柱有整石柱和组砌柱两种。整石柱每一皮料石是整块的,只有水平灰缝无竖向灰缝;组砌柱每皮由几块料石组砌,上下皮竖缝相互错开。

2)料石柱砌筑前,应在柱座面上弹出身边线,在柱座侧面弹出柱身中心。

3)砌整石柱时,应将石块的叠砌面清理干净。先在柱座面上抹一层水泥砂浆,厚约10 mm,再将石块对准中心线砌上,以后各皮石块砌筑应先铺好砂浆,对准中心线,将石块砌上。石块如有竖向偏移,可用铜片或铝片在灰缝边缘内垫平。

4)砌组砌柱时,应按规定的组砌形式逐皮砌筑,上下皮竖缝相互错开,无通天缝,不得使用垫片。

签字栏	交底人	×××	审核人	×××
	接受交底人	×××、×××、××		

<table>
<tr><td>工程名称</td><td>某施工工程</td><td>编　　号</td><td>×××××</td></tr>
<tr><td>施工单位</td><td>某建筑工程公司</td><td>交底日期</td><td>××年××月××日</td></tr>
<tr><td rowspan="2">交底摘要</td><td rowspan="2">料石砌体的砌筑施工</td><td>分项工程名称</td><td>料石砌体工程施工</td></tr>
<tr><td>页　　数</td><td>共3页,第2页</td></tr>
</table>

5)砌筑料石柱,应随时用线坠检查整个柱身的垂直度,如有偏斜应拆除重砌,不得用敲击方法去纠正。

5. 质量标准

(1)主控项目。

1)石材及砂浆强度等级必须符合设计要求。

抽检数量:同一产地的同类石材抽检不应少于1组。砂浆试块的抽检数量执行《砌块结构工程施工质量验收规范》(GB 50203—2011)的有关规定。

检验方法:料石检查产品质量证明书,石材、砂浆检查试块试验报告。

2)砌体灰缝的砂浆饱满度不应小于80%。

抽检数量:每检验批抽查不应少于5处。

检验方法:观察检查。

(2)一般项目。

1)石砌体尺寸、位置的允许偏差及检验方法应符合下表的规定。

石砌体尺寸、位置的允许偏差及检验方法

<table>
<tr><td rowspan="4" colspan="2">项目</td><td colspan="7">允许偏差/mm</td><td rowspan="4">检验方法</td></tr>
<tr><td colspan="2">毛料石砌体</td><td colspan="5">料石砌体</td></tr>
<tr><td rowspan="2">基础</td><td rowspan="2">墙</td><td colspan="2">毛料石</td><td colspan="2">粗料石</td><td>细料石</td></tr>
<tr><td>基础</td><td>墙</td><td>基础</td><td>墙</td><td>墙、柱</td></tr>
<tr><td colspan="2">轴线位置</td><td>20</td><td>15</td><td>20</td><td>15</td><td>15</td><td>10</td><td>10</td><td>用经纬仪和尺检查,或用其他测量仪器检查</td></tr>
<tr><td colspan="2">基础和墙砌体顶面标高</td><td>±25</td><td>±15</td><td>±25</td><td>±15</td><td>±15</td><td>±15</td><td>±10</td><td>用水准仪和尺检查</td></tr>
<tr><td colspan="2">砌体厚度</td><td>+30</td><td>+20
−10</td><td>+30</td><td>+20
−10</td><td>+15</td><td>+10
−5</td><td>+10
−5</td><td>用尺检查</td></tr>
<tr><td rowspan="2">墙面垂直度</td><td>每层</td><td>—</td><td>20</td><td>—</td><td>20</td><td>—</td><td>10</td><td>7</td><td rowspan="2">用经纬仪、吊线和尺检查,或用其他测量仪器检查</td></tr>
<tr><td>全高</td><td>—</td><td>30</td><td>—</td><td>30</td><td>—</td><td>25</td><td>10</td></tr>
</table>

<table>
<tr><td rowspan="2">签字栏</td><td>交底人</td><td>×××</td><td>审核人</td><td>×××</td></tr>
<tr><td>接受交底人</td><td colspan="3">×××、×××、××</td></tr>
</table>

工程名称	某施工工程	编　　号	×××××
施工单位	某建筑工程公司	交底日期	××年××月××日
交底摘要	料石砌体的砌筑施工	分项工程名称	料石砌体工程施工
		页　　数	共3页，第3页

续表

项目		允许偏差/mm							检验方法
		毛料石砌体		料石砌体					
				毛料石		粗料石		细料石	
		基础	墙	基础	墙	基础	墙	墙、柱	
表面平整度	清水墙、柱	—	—	—	20	—	10	5	细料石用2 m靠尺和楔形塞尺检查，其他用两直尺垂直于灰缝拉2 m线和尺检查
	混水墙、柱	—	—	—	20	—	15	—	
清水墙水平灰缝平直度		—	—	—	—	—	10	5	拉10 m线和尺检查

抽检数量：每检验批抽查不应少于5处。

2)石砌体的组砌形式应符合下列规定。

①内外搭砌，上下错缝，拉结石、丁砌石交错设置；

②毛石墙拉结石每0.7 m^2 墙面不应少于1块。

检查数量：每检验批抽查不应少于5处。

检验方法：观察检查。

6. 安全措施

(1)上下脚手架应走斜道。不准站在砖墙上做砌筑、画线检查大角垂直度和清扫墙面等工作。

(2)砌砖使用的工具应放在稳妥的地方。斩砖应面向墙面，工作完毕应将脚手板和墙上非碎砖、砂浆清扫干净，防止掉落伤人。

(3)山墙砌完后应立即安装临时支撑，防止倒塌。

(4)起吊砌块的夹具要牢固，就位放稳后方可松开夹具。

(5)没有外架子时檐口应搭设防护栏杆和防护立网。

(6)砌筑脚手架未经交接、验收不准使用。验收使用后不准随意拆改，楼层预留孔洞的盖板或设置的护栏不得任意挪动。

(7)在架子上打砖，操作人员要面向里；把砖头打在架子上，严禁把砖头等物抛出墙外，避免伤人，挂线用的坠砖必须绑扎牢固，防止坠落伤人。

(8)一般架子上堆砖不准超过3层侧砖，半截大桶盛灰不得超过容器的2/3；当采用砖笼子往楼上递砖时，要均匀分布，不得集中堆放。砖笼不准直接吊放在架子上。

签字栏	交底人	×××	审核人	×××
	接受交底人	×××、×××、××		

第四部分　砖混结构工程施工

【细节解析】

一、砖混、外砖内模结构构造柱、圈梁、板缝钢筋绑扎

细节一　施工材料准备

(一)热轧光圆钢筋

1. 尺寸、外形、质量及允许偏差

(1)公称直径范围及推荐直径。

钢筋的公称直径范围为6～22 mm,推荐的钢筋公称直径为6 mm、8 mm、10 mm、12 mm、16 mm、20 mm。

(2)公称横截面面积与理论质量。

钢筋的公称横截面面积与理论质量,见表4-1。

表4-1　热轧光圆钢筋公称横截面面积与理论质量

公称直径/mm	公称横截面面积/mm²	理论质量/(kg/m)
6(6.5)	28.27(33.18)	0.222(0.260)
8	50.27	0.395
10	78.54	0.617
12	113.1	0.888
14	153.9	1.21
16	201.1	1.58
18	254.5	2.00
20	314.2	2.47
22	380.1	2.98

注:表中理论质量按密度为7.85 g/cm³计算。公称直径6.5 mm的产品为过渡性产品。

(3)光圆钢筋的截面形状及尺寸允许偏差。

1)光圆钢筋的截面形状如图4-1所示。

2)光圆钢筋的直径允许偏差和不圆度应符合表4-2的规定。钢筋实际质量与理论质量的偏差符合表4-4的规定时,钢筋直径允许偏差不作交货条件。

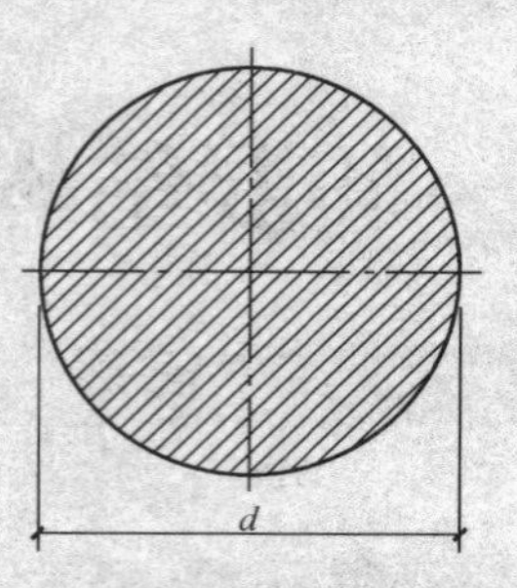

图 4-1 光圆钢筋的截面形状

d—钢筋直径

表 4-2 热轧光圆钢筋直径允许偏差和不圆度 单位:mm

公称直径	允许偏差	不圆度
6(6.5)	±0.3	≤0.4
8		
10		
12		
14	±0.4	
16		
18		
20		
22		

(4)热轧光圆钢筋交货要求,见表 4-3。

表 4-3 热轧光圆钢筋交货要求

项目	内容
长度	钢筋可按直条或盘卷交货。 直条钢筋定尺长度应在合同中注明
弯曲度	直条钢筋的弯曲度应不影响正常使用,总弯曲度不大于钢筋总长度的 0.4%
端部	钢筋端部应剪切正直,局部变形应不影响使用
质量	钢筋按实际质量交货,也可按理论质量交货。 直条钢筋实际质量与理论质量的允许偏差应符合表 4-4 的规定
盘重	按盘卷交货的钢筋,每根盘条质量应不小于 500 kg,每盘质量应不小于 1 000 kg
长度允许偏差	按定尺长度交货的直条钢筋其长度允许偏差范围为 0~50 mm

(5)质量允许偏差。

直条钢筋质量允许偏差,见表 4-4。

表 4-4　直条钢筋质量允许偏差

公称直径/mm	实际质量与理论质量的偏差/(%)
6～12	±7
14～22	±5

2. 技术要求

(1)牌号及化学成分。

1)钢筋牌号及化学成分(熔炼分析)应符合表 4-5 的规定。

表 4-5　热轧光圆钢筋化学成分

牌　号	化学成分(质量分数)/(%)≤				
	C	Si	Mn	P	S
HPB235	0.22	0.30	0.65	0.045	0.050
HPB300	0.25	0.55	1.50		

2)钢中残余元素铬、镍、铜含量应各不大于 0.30%,供方如能保证可不作分析。

3)钢筋的成品化学成分允许偏差应符合《钢的成品化学成分允许偏差》(GB/T 222—2006)的规定。

(2)冶炼方法。

钢以氧气转炉、电炉冶炼。

(3)力学性能、工艺性能。

1)钢筋的屈服强度 R_{eL}、抗拉强度 R_m、断后伸长率 A、最大力总伸长率 A_{gt} 等力学性能特征值应符合表 4-6 的规定。表 4-6 所列各力学性能特征值,可作为交货检验的最小保证值。

表 4-6　热轧光圆钢筋力学性能

牌　号	R_{eL}/MPa	R_m/MPa	A/(%)	A_{gt}/(%)	冷弯试验 180° d—弯芯直径 a—钢筋公称直径
	≥				
HPB235	235	370	25.0	10.0	$d=a$
HPB300	300	420			

2)根据供需双方协议,伸长率类型可从 A 或 A_{gt} 中选定。经协议确定,则伸长率采用 A,仲裁检验时采用 A_{gt}。

3)弯曲性能。

按表 4-6 规定的弯芯直径变曲 180°后,钢筋受弯曲部位表面不得产生裂纹。

4)表面质量。

①钢筋应无有害的表面缺陷,按盘卷交货的钢筋应将头尾有害缺陷部分切除。

②试样可使用钢丝刷清理,清理后的质量、尺寸、横截面积和拉伸性能满足要求,锈皮、表面不平整或氧化铁皮不作为拒收的理由。

③当带有上述规定的缺陷以外的表面缺陷的试样不符合拉伸性能或弯曲性能要求时,则

认为这些缺陷是有害的。

(二)热轧带肋钢筋

1. 尺寸、外形、质量及允许偏差

(1)公称直径范围及推荐直径。

钢筋的公称直径范围为6～50 mm,推荐的钢筋公称直径为6 mm,8 mm,10 mm,12 mm,16 mm,20 mm,25 mm,32 mm,40 mm,50 mm。

(2)公称横截面面积与理论质量。

钢筋的公称横截面面积与理论质量见表4-7。

表4-7 热轧带肋钢筋公称横截面面积与理论质量

公称直径/mm	公称横截面面积/mm^2	理论质量/(kg/m)
6	28.27	0.222
8	50.27	0.395
10	78.54	0.617
12	113.1	0.888
14	153.9	1.21
16	201.1	1.58
18	254.5	2.00
20	314.2	2.47
22	380.1	2.98
25	490.9	3.85
28	615.8	4.83
32	804.2	6.31
36	1 018	7.99
40	1 257	9.87
50	1 964	15.42

注:表4-7中理论质量按密度为7.85 g/cm^3 计算。

(3)带肋钢筋的表面形状及尺寸允许偏差。

1)带肋钢筋横肋设计原则应符合下列规定。

①横肋与钢筋轴线的夹角β不应小于45°,当该夹角不大于70°时,钢筋相对两面上横肋的方向应相反。

②横肋公称间距不得大于钢筋公称直径的0.7倍。

③横肋侧面与钢筋表面的夹角α不得小于45°。

④钢筋相邻两面上横肋末端之间的间隙(包括纵肋宽度)总和不应大于钢筋公称周长的20%。

⑤当钢筋公称直径不大于12 mm时,相对肋面积不应小于0.055;公称直径为14 mm和16 mm时,相对肋面积不应小于0.060;公称直径大于16 mm时,相对肋面积不应小于0.065。

⑥相对肋面积 f_r 按式(4-1)确定：

$$f_r=\frac{KF_R\sin\beta}{\pi dl} \tag{4-1}$$

式中　K——横肋排数(如三面，$K=2$)；

F_R——一个肋的纵向截面积(mm^2)；

β——横肋与钢筋轴线的夹角；

d——钢筋公称直径(mm)；

l——横肋间距(mm)。

已知钢筋的几何参数，相对肋面积也可用近似式(4-2)计算：

$$f_r=4h_{1/4}h\frac{(d\pi-\sum f_i)}{6d\pi l} \tag{4-2}$$

式中　$\sum f_i$——钢筋相邻两面上横肋末端之间的间隙(包括纵肋宽度)总和(mm)；

h——横肋中点高(mm)；

$h_{1/4}$——横肋长度 1/4 处高(mm)。

2)带肋钢筋通常带有纵肋，也可不带纵肋。

3)带有纵肋的月牙肋钢筋，其外形如图 4-2 所示，尺寸及允许偏差符合表 4-8 的规定。钢筋实际质量与理论质量的偏差符合表 4-9 的规定时，钢筋内径偏差不作交货条件。

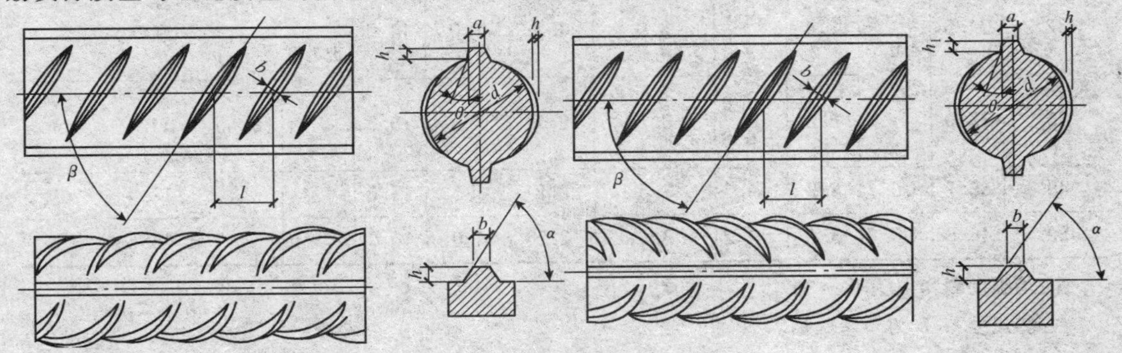

图 4-2　月牙肋钢筋(带纵肋)表面及截面形状

d—钢筋内径；α—横肋斜角；h—横肋高度；β—横肋与轴线夹角；h_1—纵肋高度；

θ—纵肋斜角；a—纵肋顶宽；l—横肋间距；b—横肋顶宽

4)不带纵肋的月牙肋钢筋，其内径尺寸可按表 4-8 的规定做适当调整，但质量允许偏差仍应符合表 4-9 的规定。

表 4-8　热轧带肋钢筋尺寸允许偏差　　单位：mm

公称直径 d	内径 d_1		横肋高 h		纵肋高 h_1 ≤	横肋宽 b	纵肋宽 a	间距 l		横肋末端最大间隙(公称周长的 10%弦长)
	公称尺寸	允许偏差	公称尺寸	允许偏差				公称尺寸	允许偏差	
6	5.8	±0.3	0.6	±0.3	0.8	0.4	1.0	4.0	±0.5	1.8
8	7.7	±0.4	0.8	+0.4 −0.3	1.1	0.5	1.5	5.5		2.5

续表

公称直径 d	内径 d_1		横肋高 h		纵肋高 h_1 $\leqslant$	横肋宽 b	纵肋宽 a	间距 l		横肋末端最大间隙（公称周长的10%弦长）
	公称尺寸	允许偏差	公称尺寸	允许偏差				公称尺寸	允许偏差	
10	9.6		1.0	±0.4	1.3	0.6	1.5	7.0		3.1
12	11.5		1.2		1.6	0.7	1.5	8.0		3.7
14	13.4	±0.4	1.4	+0.4 −0.5	1.8	0.8	1.8	9.0	±0.5	4.3
16	15.4		1.5		1.9	0.9	1.8	10.0		5.0
18	17.3		1.6	±0.5	2.0	1.0	2.0	10.0		5.6
20	19.3		1.7		2.1	1.2	2.0	10.0		6.2
22	21.3	±0.5	1.9		2.4	1.3	2.5	10.5	±0.8	6.8
25	24.2		2.1	±0.6	2.6	1.5	2.5	12.5		7.7
28	27.2		2.2		2.7	1.7	3.0	12.5		8.6
32	31.0	±0.6	2.4	+0.8 −0.7	3.0	1.9	3.0	14.0	±1.0	9.9
36	35.0		2.6	+1.0 −0.8	3.2	2.1	3.5	15.0		11.1
40	38.7	±0.7	2.9	±1.1	3.5	2.2	3.5	15.0	—	12.4
50	48.5	±0.8	3.2	±1.2	3.8	2.5	4.0	16.0		15.5

注：①纵肋斜角 θ 为 $0°\sim30°$。

②尺寸 a、b 为参考数据。

表 4-9 热轧带肋钢筋质量允许偏差

公称直径/mm	实际质量与理论质量的偏差/(%)
6～12	±7
14～20	±5
22～50	±4

(4)热轧带肋钢筋交货要求，见表 4-10。

表 4-10 热轧带肋钢筋交货要求

项 目	内 容
长度	钢筋通常按定尺长度交货，具体交货长度应在合同中注明。 钢筋可以盘卷交货，每盘应是一条钢筋，允许每批有5%的盘数(不足两盘时可有两盘)由两条钢筋组成。其盘重及盘径由供需双方协商确定

续表

项　目	内　容
弯曲度	直条钢筋的弯曲度应不影响正常使用，总弯曲度不大于钢筋总长度的0.4%
端部	钢筋端部应剪切正直，局部变形应不影响使用
质量	钢筋可按理论质量交货，也可按实际质量交货。按理论质量交货时，理论质量为钢筋长度乘以表4-7中钢筋的每米理论质量。 钢筋实际质量与理论质量的允许偏差应符合表4-9的规定
长度允许偏差	钢筋按定尺交货时的长度允许偏差为±25 mm。 当要求最小长度时，其偏差为+50 mm。 当要求最大长度时，其偏差为−50 mm

2. 技术要求

(1)牌号和化学成分。

1)钢筋牌号及化学成分和碳当量(熔炼分析)应符合表4-11的规定。根据需要，钢中还可加入V、Nb、Ti等元素。

表4-11　热轧带肋钢筋化学成分

牌号	化学成分(质量分数)/(%)≤					
	C	Si	Mn	P	S	Ceq
HRB335 HRBF335	0.25	0.80	1.60	0.045	0.045	0.52
HRB400 HRBF400						0.54
HRB500 HRBF500						0.55

2)碳当量Ceq(百分比)值可按公式(4-3)计算：

$$Ceq = C + Mn/6 + (Cr + V + Mo)/5 + (Cu + Ni)/15 \tag{4-3}$$

3)钢的氮含量应不大于0.012%。供方如能保证可不作分析。钢中如有足够数量的氮结合元素，含氮量的限制可适当放宽。

4)钢筋的成品化学成分允许偏差应符合《钢的成品化学成分允许偏差》(GB/T 222—2006)的规定，碳当量Ceq的允许偏差为+0.03%。

(2)交货形式。

钢筋通常按直条交货，直径不大于12 mm的钢筋也可按盘卷交货。

(3)力学性能。

1)钢筋的屈服强度R_{eL}、抗拉强度R_m、断后伸长率A、最大力总伸长率A_{gt}等力学性能特征值应符合表4-12的规定。表4-12所列各力学性能特征值，可作为交货检验的最小保证值。

2)直径 28～40 mm 各牌号钢筋的断后伸长率 A 可降低 1%;直径大于 40 mm 各牌号钢筋的断后伸长率 A 可降低 2%。

3)有较高要求的抗震结构适用牌号为:在已有牌号后加 E,例如:HRB400E、HRBF400E。该类钢筋除应满足以下①、②、③的要求外,其他要求与相对应的已有牌号钢筋相同。

①钢筋实测抗拉强度与实测屈服强度之比 $R^{\circ}_{m}/R^{\circ}_{eL}$ 不小于 1.25。

②钢筋实测屈服强度与表 4-12 规定的屈服强度特征值之比 R°_{eL}/R_{eL} 不大于 1.30。

③钢筋的最大力总伸长率 A_{gt} 不小于 9%。

4)对于没有明显屈服强度的钢筋,屈服强度特征值 R_{eL} 应采用规定非比例延伸强度 $R_{p0.2}$。

5)根据供需双方协议,伸长率类型可从 A 或 A_{gt} 中选定。如伸长率类型未经协议确定,则伸长率采用 A,仲裁检验时采用 A_{gt}。

表 4-12　热轧带肋钢筋力学性能

<table>
<tr><td rowspan="2">牌号</td><td>R_{eL}/MPa</td><td>R_m/MPa</td><td>A/(%)</td><td>A_{gt}/(%)</td></tr>
<tr><td colspan="4">≥</td></tr>
<tr><td>HRB335
HRBF335</td><td>335</td><td>455</td><td>17</td><td rowspan="3">7.5</td></tr>
<tr><td>HRB400
HRBF400</td><td>400</td><td>540</td><td>16</td></tr>
<tr><td>HRB500
HRBF500</td><td>500</td><td>630</td><td>15</td></tr>
</table>

(4)工艺性能。

1)弯曲性能。

按表 4-13 规定的弯芯直径弯曲 180°后,钢筋受弯曲部位表面不得产生裂纹。

表 4-13　热轧带肋钢筋弯芯直径　　单位:mm

<table>
<tr><td>牌号</td><td>公称直径 d</td><td>弯芯直径</td></tr>
<tr><td rowspan="3">HRB335
HRBF335</td><td>6～25</td><td>3d</td></tr>
<tr><td>28～40</td><td>4d</td></tr>
<tr><td>>40～50</td><td>5d</td></tr>
<tr><td rowspan="3">HRB400
HRBF400</td><td>6～25</td><td>4d</td></tr>
<tr><td>28～40</td><td>5d</td></tr>
<tr><td>>40～50</td><td>6d</td></tr>
<tr><td rowspan="3">HRB500
HRBF500</td><td>6～25</td><td>6d</td></tr>
<tr><td>28～40</td><td>7d</td></tr>
<tr><td>>40～50</td><td>8d</td></tr>
</table>

2)反向弯曲性能。

根据需方要求,钢筋可进行反向弯曲性能试验。

①反向弯曲试验的弯芯直径比弯曲试验相应增加一个钢筋公称直径。

②反向弯曲试验:先正向弯曲90°后再反向弯曲20°。两个弯曲角度均应在去载之前测量。经反向弯曲试验后,钢筋受弯曲部位表面不得产生裂纹。

(5)疲劳性能。

如需方要求,经供需双方协议,可进行疲劳性能试验。疲劳试验的技术要求和试验方法由供需双方协商确定。

(6)焊接性能。

1)钢筋的焊接工艺及接头的质量检验与验收应符合相关行业标准的规定。

2)普通热轧钢筋在生产工艺、设备有重大变化及新产品生产时进行形式检验。

3)细晶粒热轧钢筋的焊接工艺应经试验确定。

(7)晶粒度。

细晶粒热轧钢筋应做晶粒度检验,晶粒度不粗于9级,如供方能保证可不做晶粒度检验。

(8)表面质量。

1)钢筋应无有害的表面缺陷。

2)只要经钢丝刷刷过的试样的质量、尺寸、横截面积和拉伸性能不低于《钢筋混凝土用钢　第2部分:热轧带肋钢筋》(GB 1499.2—2007)的要求,锈皮、表面不平整或氧化铁皮不作为拒收的理由。

3)当带有上述规定的缺陷以外的表面缺陷的试样不符合拉伸性能或弯曲性能要求时,则认为这些缺陷是有害的。

(三)余热处理钢筋

余热处理钢筋是经热轧后立即穿水,进行表面控制冷却,然后利用芯部余热自身完成回火处理所得的成品钢筋。余热处理钢筋应符合《钢筋混凝土用余热处理钢筋》(GB 13014—1991)的规定。

(1)钢筋的公称横截面积与公称质量,见表4-14。

表4-14　钢筋的公称横截面积与公称质量

公称直径/mm	公称横截面面积/mm²	公称质量/(kg/m)
8	50.27	0.395
10	78.54	0.617
12	113.1	0.888
14	153.9	1.21
16	201.1	1.58
18	254.5	2.00
20	314.2	2.47
22	380.1	2.98
25	490.9	3.85
28	615.8	4.83

续表

公称直径/mm	公称横截面面积/mm^2	公称质量/(kg/m)
32	804.2	6.31
36	1 018	7.99
40	1 257	9.87

注:表中公称质量按密度为 7.85 g/cm^3 计算。

(2)带肋钢筋的表面形状及尺寸允许偏差。

1)HRB335、HRB400 级带肋钢筋,当钢筋公称直径不大于 12 mm 时,相对肋面积不应小于 0.055;公称直径为 14 mm 和 16 mm 时,相对肋面积不应小于 0.060;公称直径大于 16 mm 时,相对肋面积不小于 0.065。

2)余热处理 HRB400 级钢筋,采用月牙肋表面形状,其尺寸及允许偏差应符合表 4-15 的规定。

表 4-15　余热处理 HRB400 级钢筋尺寸及允许偏差　单位:mm

<table>
<tr><th rowspan="2">公称直径</th><th colspan="2">内径 d</th><th colspan="2">横肋高 h</th><th colspan="2">纵肋高 h_1</th><th rowspan="2">横肋宽 b</th><th rowspan="2">纵肋宽 a</th><th colspan="2">间距 l</th><th rowspan="2">横肋末端最大间隙(公称周长的 10%弦长)</th></tr>
<tr><th>公称尺寸</th><th>允许偏差</th><th>公称尺寸</th><th>允许偏差</th><th>公称尺寸</th><th>允许偏差</th><th>公称尺寸</th><th>允许偏差</th></tr>
<tr><td>8</td><td>7.7</td><td rowspan="6">±0.4</td><td>0.8</td><td>+0.4
−0.2</td><td>0.8</td><td rowspan="2">±0.5</td><td>0.5</td><td>1.5</td><td>5.5</td><td rowspan="6">±0.5</td><td>2.5</td></tr>
<tr><td>10</td><td>9.6</td><td>1.0</td><td>+0.4
−0.3</td><td>1.0</td><td>0.6</td><td>1.5</td><td>7.0</td><td>3.1</td></tr>
<tr><td>12</td><td>11.5</td><td>1.2</td><td rowspan="3">±0.4</td><td>1.2</td><td rowspan="5">±0.8</td><td>0.7</td><td>1.5</td><td>8.0</td><td>3.7</td></tr>
<tr><td>14</td><td>13.4</td><td>1.4</td><td>1.4</td><td>0.8</td><td>1.8</td><td>9.0</td><td>4.3</td></tr>
<tr><td>16</td><td>15.4</td><td>1.5</td><td>1.5</td><td>0.9</td><td>1.8</td><td>10.0</td><td>5.0</td></tr>
<tr><td>18</td><td>17.3</td><td>1.6</td><td>+0.5
−0.4</td><td>1.6</td><td>1.0</td><td>2.0</td><td>10.0</td><td>5.6</td></tr>
<tr><td>20</td><td>19.3</td><td rowspan="4">±0.5</td><td>1.7</td><td>±0.5</td><td>1.7</td><td>1.2</td><td>2.0</td><td>10.0</td><td rowspan="3">±0.8</td><td>6.2</td></tr>
<tr><td>22</td><td>21.3</td><td>1.9</td><td rowspan="3">±0.6</td><td>1.9</td><td rowspan="3">±0.9</td><td>1.3</td><td>2.5</td><td>10.5</td><td>6.8</td></tr>
<tr><td>25</td><td>24.2</td><td>2.1</td><td>2.1</td><td>1.5</td><td>2.5</td><td>10.5</td><td>7.7</td></tr>
<tr><td>28</td><td>27.2</td><td>2.2</td><td>2.2</td><td>1.7</td><td>3.0</td><td>12.5</td><td rowspan="4">±1.0</td><td>8.6</td></tr>
<tr><td>32</td><td>31.0</td><td rowspan="2">±0.6</td><td>2.4</td><td>+0.8
−0.7</td><td>2.4</td><td rowspan="3">±1.1</td><td>1.9</td><td>3.0</td><td>14.0</td><td>9.9</td></tr>
<tr><td>36</td><td>35.0</td><td>2.6</td><td>+1.0
−0.8</td><td>2.6</td><td>2.1</td><td>3.5</td><td>15.0</td><td>11.1</td></tr>
<tr><td>40</td><td>38.7</td><td>±0.7</td><td>2.9</td><td>±1.1</td><td>2.9</td><td>2.2</td><td>3.5</td><td>15.0</td><td>12.4</td></tr>
</table>

注:①纵肋斜角 θ 为 0°～30°。

②尺寸 a、b 为参考数据。

(3)质量允许偏差。

根据需方要求,钢筋按质量偏差交货时,其实际质量与公称质量的允许偏差应符合表4-16的规定。

表 4-16　钢筋实际质量与公称质量允许偏差

公称直径/mm	实际质量与公称质量的偏差/(%)
8～12	±7
14～20	±5
22～40	±4

(4)力学性能和工艺性能。

钢筋的力学性能工艺性能应符合表 4-17 的规定。当冷弯试验时,受弯曲部位外表面不得产生裂纹。

表 4-17　钢筋的力学性能工艺

表面形状	钢筋级别	强度等级代号	公称直径/mm	屈服点 σ_s/MPa	抗拉强度 σ_b/MPa	伸长率 δ_5/(%)	冷弯 d—弯芯直径 a—钢筋公称直径
				≥			
月牙肋	Ⅲ	KL400	8～25 28～40	440	600	14	90°　$d=3a$ 90°　$d=4a$

(四)冷轧带肋钢筋

冷轧带肋钢筋是热轧圆盘条经冷轧后在其表面有沿长度方向冷轧成均匀分布的三面或二面横肋的钢筋。冷轧带肋钢筋应符合国家标准《冷轧带肋钢筋》(GB 13788—2008)的规定。

1. 尺寸、外形、质量及允许偏差

(1)公称直径范围。

CRB550 钢筋的公称直径范围为 4～12 mm。CRB650 及以上牌号钢筋的公称直径为 4 mm,5 mm,6 mm。

(2)外形。

1)钢筋表面横肋应符合下列基本规定:

①横肋呈月牙形;

②横肋沿钢筋横截面周圈上均匀分布,其中三面肋钢筋有一面肋的倾角必须与另两面反向,二面肋钢筋一面肋的倾角必须与另一面反向;

③横肋中心线和钢筋纵轴线夹角 β 为 40°～60°;

④横肋两侧面和钢筋表面斜角 α 不得小于 45°,横肋与钢筋表面呈弧形相交;

⑤横肋间隙的总和应不大于公称周长的 20%($\sum f_i \leqslant 0.2\pi d$)。

2)三面肋钢筋的外形如图 4-3 所示。

3)二面肋钢筋的外形如图 4-4 所示。

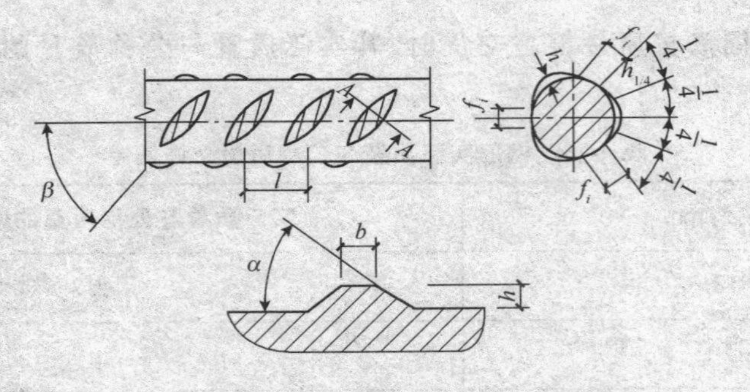

截面放大 A—A

图 4-3 三面肋钢筋表面及截面形状

α—横肋斜角；β—横肋与钢筋轴线夹角；h—横肋中点高

l—横肋间距；b—横肋顶宽；f_i—横肋间隙

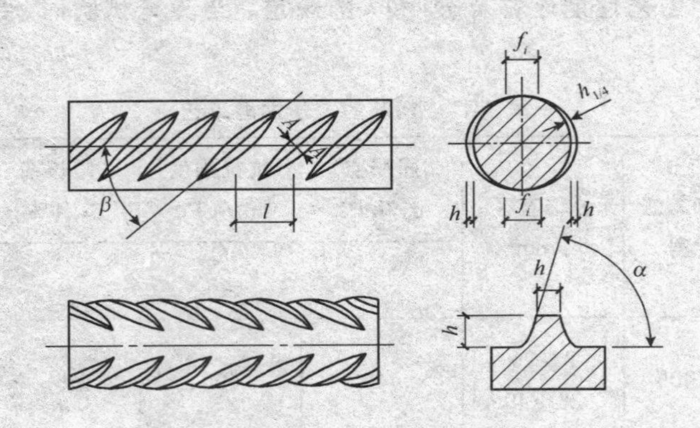

截面放大 A—A

图 4-4 二面肋钢筋表面及截面形状

α—横肋斜角；β—横肋与钢筋轴线夹角；h—横肋中点高度；

l—横肋间距；b—横肋顶宽；f_i—横肋间隙

(3)尺寸、质量及允许偏差。

三面肋和二面肋钢筋的尺寸、质量及允许偏差应符合表 4-18 的规定。

(4)长度。

钢筋通常按盘卷交货，CRB550 钢筋也可按直条交货。钢筋按直条交货时，其长度及允许偏差按供需双方协商确定。

(5)弯曲度。

直条钢筋的每米弯曲度不大于 4 mm，总弯曲度不大于钢筋全长的 0.4%。

(6)质量。

盘卷钢筋的质量不小于 100 kg。每盘应由一根钢筋组成，CRB650 及以上牌号钢筋不得有焊接接头。

直条钢筋按同一牌号、同一规格、同一长度成捆交货，捆重由供需双方协商确定。

表 4-18　三面肋和二面肋钢筋的尺寸、质量及允许偏差

公称直径 d /mm	公称横截面积 /mm^2	质量		横肋中点高		横肋 1/4 $h_{1/4}$ /mm	横肋顶宽 b /mm	横肋间距		横对肋面积 f_r ≥
		理论质量 /(kg/m)	允许偏差 /(%)	h /mm	允许偏差 /mm			l /mm	允许偏差 /(%)	
4	12.6	0.099		0.30		0.24		4.0		0.036
4.5	15.9	0.125		0.32		0.26		4.0		0.039
5	19.6	0.154		0.32		0.26		4.0		0.039
5.5	23.7	0.186		0.40		0.32		5.0		0.039
6	28.3	0.222		0.40		0.32		5.0		0.039
6.5	33.2	0.261		0.46	+0.10	0.37		5.0		0.045
7	38.5	0.302		0.46	−0.05	0.37		5.0		0.045
7.5	44.2	0.347		0.55		0.44		6.0		0.045
8	50.3	0.395	±4	0.55		0.44	−0.2d	6.0	±15	0.045
8.5	56.7	0.445		0.55		0.44		7.0		0.045
9	63.6	0.499		0.75		0.60		7.0		0.052
9.5	70.8	0.556		0.75	±0.10	0.60		7.0		0.052
10	78.5	0.617		0.75		0.60		7.0		0.052
10.5	86.5	0.679		0.75		0.60		7.4		0.052
11	95.0	0.746		0.85		0.68		7.4		0.056
11.5	103.8	0.815		0.95		0.76		8.4		0.056
12	113.1	0.888		0.95		0.76		8.4		0.056

注：①横肋 1/4 处高、横肋顶宽供孔型设计用。

②二面肋钢筋允许高度不大于 0.5h 的纵肋。

2. 技术要求

(1)牌号和化学成分。

制造钢筋的盘条应符合《低碳钢热轧圆盘条》(GB/T 701—2008)、《优质碳素钢热轧盘条》(GB/T 4354—2008)或其他有关标准的规定，盘条的牌号及化学成分见表 4-19。

表 4-19　冷轧带肋钢筋用盘条的参考牌号和化学成分

钢筋牌号	盘条牌号	化学成分/(%)					
		C	Si	Mn	V、Ti	S	P
CRB550 CRB650	Q215	0.19～0.15	≤0.30	0.25～0.55	—	≤0.050	≤0.045
	Q235	0.14～0.22	≤0.30	0.30～0.65	—	≤0.050	≤0.045

续表

钢筋牌号	盘条牌号	化学成分/(%)					
		C	Si	Mn	V、Ti	S	P
CRB800	24MnTi	0.19～0.27	0.17～0.37	1.20～1.60	Ti:0.01～0.05	≤0.045	≤0.045
	20MnSi	0.17～0.25	0.40～0.80	1.20～1.60	—	≤0.045	≤0.045
CRB970	41MnSiV	0.37～0.45	0.60～1.10	1.00～1.40	V:0.05～0.12	≤0.045	≤0.045
	60	0.57～0.65	0.17～0.37	0.50～0.80	—	≤0.035	≤0.035

CRB550、CRB650、CRB800、CRB970钢筋用盘条的参考牌号及化学成分(熔炼分析)见表4-19,60钢、70钢的Ni、Cr、Cu含量各大于0.25%。

(2)交货状态。

钢筋按冷加工状态交货。允许冷轧后进行低温回火处理。

(3)力学性能和工艺性能。

1)钢筋的力学性能和工艺性能应符合表4-20的规定。当进行弯曲试验时,受弯曲部位表面不得产生裂纹。反复弯曲试验的弯曲半径应符合表4-21的规定。

表4-20 力学性能和工艺性能

牌号	$R_{p0.2}$/MPa ≥	R_m/MPa ≥	伸长率/(%) ≥		弯曲试验180°	反复弯曲次数	应力松弛初始应力应相当于公称抗拉强度的70% 1 000 h松弛率/(%) ≤
			$A_{33.3}$	A_{100}			
CRB550	500	550	8.0	—	$D=3d$	—	—
CRB650	585	650	—	4.0	—	3	8
CRB800	720	800	—	4.0	—	3	8
CRB970	875	970	—	4.0	—	3	8

注:表中D为弯心直径,d为钢筋公称直径。

表4-21 反复弯曲试验的弯曲半径

单位:mm

钢筋公称直径	4	5	6
弯曲半径	10	15	15

2)钢筋的强屈比$R_m/R_{p0.2}$比值应不小于1.03。经供需双方协议可用$A_{gt}\geqslant 2.0\%$代替A。

3)供方在保证1 000 h松弛率合格基础上,允许使用推算法确定松弛。

(4)表面质量。

1)钢筋表面不得有裂纹、折叠、结疤、油污及其他影响使用的缺陷。

2)钢筋表面可有浮锈,但不得有锈皮及目视可见的麻坑等腐蚀现象。

(五)低碳钢热轧圆盘条

1. 牌号和化学成分

(1)低碳钢的牌号和化学成分(熔炼分析)应符合表4-22的规定。

表4-22　低碳钢热轧圆盘条的牌号和化学成分

牌号	化学成分(质量分数)/(%)				
	C	Mn	Si	S	P
			≤		
Q195	≤0.12	0.25～0.50	0.30	0.040	0.035
Q215	0.09～0.15	0.25～0.60			
Q235	0.12～0.20	0.30～0.70	0.30	0.045	0.045
Q275	0.14～0.22	0.40～1.00			

(2)允许用铝代硅脱氧。

(3)钢中铬、镍、铜、砷的残余含量应符合《碳素结构钢》(GB/T 700—2006)的有关规定。

(4)经供需双方协议并在合同中注明,可供应其他成分或牌号的盘条。

(5)盘条的成品化学成分允许偏差应符合《钢的成品化学成分允许偏差》(GB/T 222—2006)的规定。

2. 冶炼方法

钢以氧气转炉、电炉冶炼。

3. 交货状态

盘条以热轧状态交货。

4. 力学性能和工艺性能

盘条的力学性能和工艺性能应符合表4-23的规定。经供需双方协商并在合同中注明,可做冷弯性能试验。直径大于12 mm的盘条,冷弯性能指标由供需双方协商确定。

表4-23　建筑用盘条的力学性能和工艺性能

牌号	力学性能		冷弯试验180° d=弯心直径 a=试样直径
	抗拉强度 R_m/(N/mm²) ≤	伸后伸长率 $A_{11.3}$/(%) ≥	
Q195	410	30	$d=0$
Q215	435	28	$d=0$
Q235	500	23	$d=0.5a$
Q275	540	21	$d=1.5$

5. 表面质量

(1)盘条应将头尾有害缺陷切除。盘条的截面不应有缩孔、分层及夹杂。

(2)盘条表面应光滑,不应有裂纹、折叠、耳子、结疤,允许有压痕及局部的凸块、划痕、麻面,其

深度或高度(从实际尺寸算起)B级和C级精度不应大于0.10 mm,A级精度不得大于0.20 mm。

细节三 施工机具选用

施工机具1　钢筋冷拉机

(1)钢筋冷拉方法及机具选用。

1)国产钢筋冷拉机的分类及各自的特点,见表4-24。

表4-24　国产钢筋冷拉机的分类及各自的特点

冷拉机的分类	特点
卷扬机式冷拉机	它是利用卷扬机产生拉力来冷拉钢筋。由于它具有结构简单、易于制作和掌握操作技术,不受限制,便于实现单控和双控等特点,所以这是一般钢筋加工车间应用较广的形式
阻力轮式冷拉机	它是将电动机动力减速后通过阻力轮使钢筋拉长的冷拉方式,适用于冷拉直径为6～8 mm的圆盘钢筋,其冷拉率为6%～8%
液压式冷拉机	它是由液压泵的压力油通过液压缸拉伸钢筋,因而结构紧凑、工作平稳,自动化程度高,是有发展前途的冷拉机

2)钢筋冷拉机的操作工序。

各式冷拉机的工艺布置虽有所不同,但冷拉操作工序基本是一样的,主要工序:钢筋上盘→放圈→切断→夹紧夹点→冷拉→放松夹具→捆扎堆放→分批验收等。

3)钢筋的冷拉参数。

钢筋的冷拉参数有冷拉应力(钢筋单位面积上的拉力)和冷拉率(钢筋冷拉伸长值与钢筋冷拉前长度的百分率)。不同种类钢筋的冷拉参数见表4-25。

表4-25　各类钢筋冷拉参数

项次	钢筋种类	双控		单控
		冷拉应力/MPa	冷拉率/(%)	冷拉率/(%)
1	HPB235	—	—	≤10.0
2	HRB335	440	≤5.5	3.5～5.5
3	HRB400	520	≤5.0	3.5～5.0
4	RRB400	735	≤4.0	2.5～4.0

4)冷拉方法。

冷拉方法应按控制冷拉参数的不同,可分为只控制钢筋冷拉率的单控法和既要控制钢筋冷拉率,又要控制钢筋拉应力的双控法,见表4-26。

表4-26　冷拉机控制冷拉参数的分类

分类	内　容
单控法	控制冷拉率是通过试验方法确定的,因此在每一批钢筋冷拉前要首先确定这批钢筋的冷拉率不应超过表4-25所规定的范围。如果试验得出的冷拉率比冷拉参数中允许的最低值小,冷拉率就可以采用最低值。钢筋冷拉并卸去夹点后,由于弹性作用会发生一定的回缩,钢筋强度等级高的回缩率大,一般为0.3%～0.4%。如果是多根钢筋焊接而成的,还应抽查测定各段钢筋的冷拉率

续表

分类	内　容
双控法	它是以掌握冷拉应力为主,冷拉率作为控制。由于钢筋不均质情况的存在,同一批钢筋经冷拉后,要求达到一定强度的屈服标准,保证其冷拉质量,其强度比单控法要高出 7% 左右,因此预应力钢筋应尽可能采用双控法进行冷拉。如果是多根钢筋焊接而成,也应抽查每根钢筋的分段冷拉率不应超过表 4-25 所规定的范围

5)钢筋冷拉机的技术性能。

卷扬机式钢筋冷拉机见表 4-27,液压式钢筋冷拉机见表 4-28。

表 4-27　卷扬机式钢筋冷拉机主要技术性能

项　目	粗钢筋冷拉	细钢筋冷拉
卷扬机型号规格	JJM—5(5 t 慢速)	JJM—3(3 t 慢速)
滑轮直径及门数	计算确定	计算确定
钢丝绳直径/mm	24	15.5
卷扬机速度/(m/min)	＜10	＜10
测力器形式	千斤顶式测力器	千斤顶式测力器
冷拉钢筋直径/mm	12～36	6～12

表 4-28　液压式钢筋冷拉机主要技术性能

项　目		性能参数
冷拉钢筋直径/mm		12～18
冷拉钢筋长度/mm		9 000
最大拉力/kN		320
液压缸直径/mm		220
液压缸行程/mm		600
液压缸截面积/cm^2		380
高压油泵	型号	ZBD40
	压力/MPa	210
	流量/(mL/r)	40
	电动机型号	Y 型 6 级
	电动机功率/kW	7.5
	电动机转速/(r/min)	960
冷拉速度/(m/s)		0.04～0.05
回程速度/(m/s)		0.05
工作压力/MPa		32

续表

项　目		性能参数
台班产量/(根/台班)		700～720
油箱容量/L		400
总重/kg		1 250
低压油泵	型号	CB—B50
	压力/MPa	2.5
	流量/(L/min)	50
	电动机型号	Y 型 4 级
	电动机功率/kW	2.2
	电动机转速/(r/min)	1 430

(2)钢筋冷拉机的构造和工作原理。

1)卷扬机式钢筋冷拉机。

①构造。如图 4-5 所示,它主要由电动卷扬机、滑轮组、地锚、导向滑轮、夹具和测力机构等组成。主机采用慢速卷扬机,冷拉粗钢筋时选用 JM5 型;冷拉细钢筋时选用 JM3 型。

为提高卷扬机牵引力,降低冷拉速度,以适应冷拉作业需要,常配装多轮滑轮组。

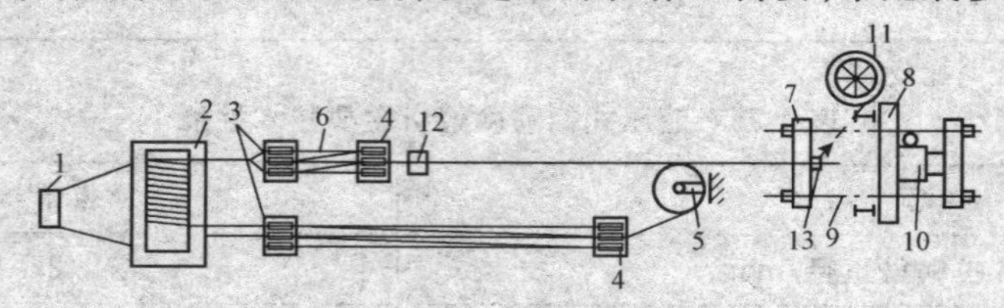

图 4-5　卷扬机式钢筋冷拉机结构示意

1—地锚;2—卷扬机;3—定滑轮组;4—动滑轮组;5—导向滑轮;6—钢丝绳;7—活动横梁;8—固定横梁;9—传力杆;10—测力器;11—放盘架;12—前夹具;13—后夹具

②工作原理。由于卷筒上钢丝绳是正、反向穿绕在两副动滑轮组上,因此,当卷扬机旋转时,夹持钢筋的一组动滑轮被拉向卷扬机,使钢筋被拉伸;而另一组动滑轮则被拉向导向滑轮,为下一次冷拉时交替使用。钢筋所受的拉力经传力杆、活动横梁传给测力装置,从而测出拉力的大小。拉伸长度可通过标尺测出或用行程开关来控制。

2)阻力轮式钢筋冷拉机。

①构造。如图 4-6 所示,由阻力轮、绞轮、变速器、调节槽和支承架等构成。

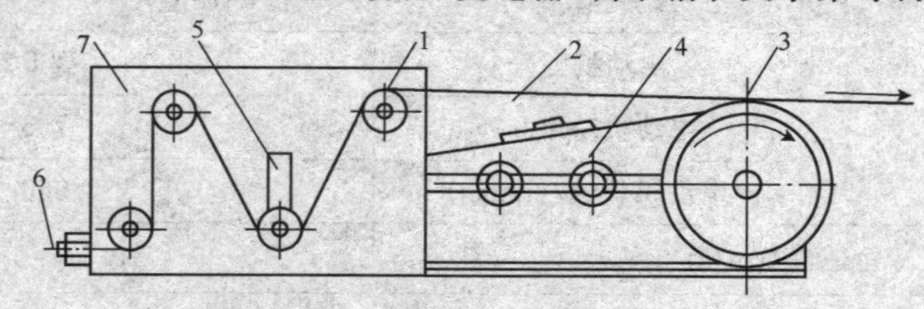

图 4-6　阻力轮式钢筋冷拉机结构示意

1—阻力轮;2—钢筋;3—绞轮;4—变速箱;5—调节槽;6—钢筋;7—支承架

②工作原理。电动机动力经变速器使绞轮以 40 m/min 的速度旋转，强力使钢筋通过四个不在一条直线上的阻力轮，使钢筋拉长。其中一个阻力轮的高度可调节，以便改变阻力大小，控制冷拉率。

3)液压式钢筋冷拉机。

①构造。如图 4-7 所示，其结构和预应力液压拉伸机相同，只是其活塞行程较大，一般大于 600 mm。

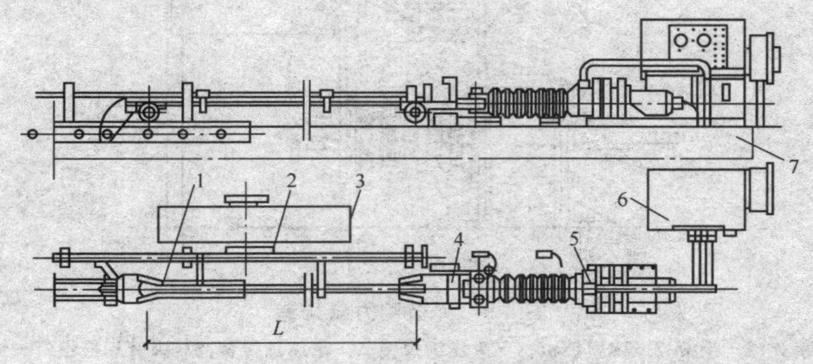

图 4-7　液压式钢筋冷拉机结构示意

1—尾端挂钩夹具；2—翻料架；3—装料小车；

4—前端夹具；5—液压张拉缸；6—泵阀控制器；7—混凝土基座

②工作原理。它由两台电动机分别带动高、低压力油泵，输出高、低压力油经由油管、液压控制阀，进入液压张拉缸，完成张拉钢筋和回程动作。

4)测力装置。

测力装置用于双控中对冷拉应力的测定，以保证钢筋的冷拉质量，常用的有千斤顶式测力计和弹簧式测力计等。

①千斤顶测力计。千斤顶测力计安装在冷拉作业线的末端，如图 4-8 所示。钢筋冷拉力通过活动横梁给千斤顶活塞一个作用力，活塞把力均匀地传给密闭油缸内的液压油，液压油将每平方厘米上受到的力，反应到压力表上，这就是冷拉力在压力表上的读数。

实际使用中，应将千斤顶测力计和压力表进行校验，换算出压力表读数和拉力的对照表。

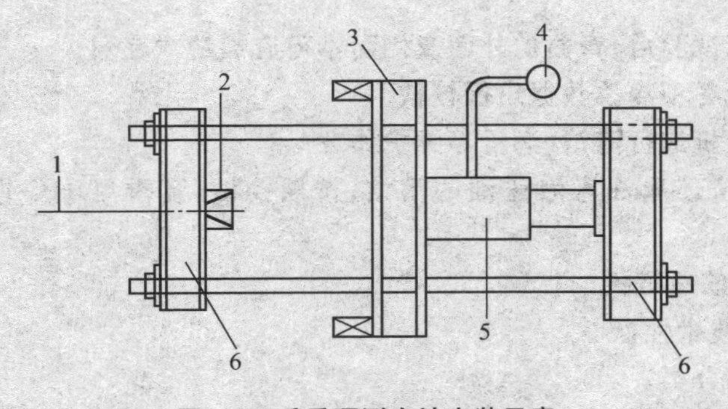

图 4-8　千斤顶测力计安装示意

1—钢筋；2—夹具；3—固定横梁；4—压力表；5—千斤顶；6—活动横梁

②弹簧测力器。它是将弹簧的压缩量换算成钢筋的冷拉力，并通过测力计表盘来放大测力的数值，也可以利用弹簧的压缩行程来安装钢筋冷拉自动控制装置。其构造如图 4-9 所示。

弹簧测力计的拉力和压缩量的关系，要预先反复测定后，列出对照表，并定期校核。

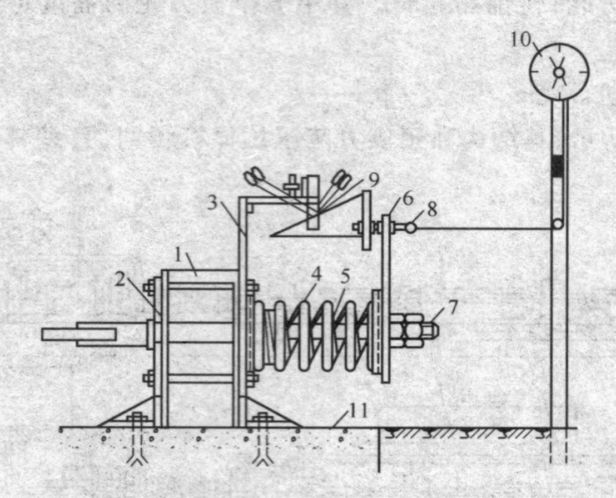

图 4-9　弹簧测力器构造

1－工字钢机架；2－铁板；3－弹簧挡板；4－大压缩弹簧；5－小压缩弹簧；6－弹簧后挡板；7－弹簧拉杆；8－活动螺钉；9－自动控制水银开关；10－弹簧压缩指针表；11－混凝土基础

(3)使用要点。

1)进行钢筋冷拉作业前，应先检查冷拉设备的能力和钢筋的力学性能是否相适应，防止超载。

2)对于冷拉设备和机具及电器装置等，在每班作业前要认真检查，并对各润滑部位加注润滑油。

3)成束钢筋冷拉时，各根钢筋的下料长度应一致，其互差不可超过钢筋长度的 0.1%，并不可大于 20 mm。

4)冷拉钢筋时，如焊接接头被拉断，可重焊再拉，但重焊部位不可超过两次。

5)低于室温冷拉钢筋时可适当提高冷拉力。用伸长率控制的装置，必须装有明显的限位装置。

6)外观检查冷拉钢筋时，其表面不应发生裂纹和局部缩颈；不得有沟痕、鳞落、砂孔、断裂和氧化脱皮等现象。

7)冷拉钢筋冷弯试验后，弯曲的外面及侧面不得有裂缝或起层。

8)定期对测力计各项冷拉数据进行校核。

9)作业后应对全机进行清洁、润滑等维护作业。

10)液压式冷拉机还应注意液压油的清洁，按期换油，夏季用 HC-11 号液压油，冬季用 HC-8 号液压油。

施工机具 2　钢筋冷拔机

(1)钢筋冷拔机技术性能。

1)钢筋冷拔机的分类。

钢筋冷拔机又称拔丝机，按其构造形式分为立式和卧式两种。立式按其作业性能可分为单次式(1/750 型)、直线式(4/650 型)、滑轮式(4/550 型、D5C 型)等；卧式构造简单，多用于施工现场拔钢丝，按其结构可分为单卷筒式和双卷筒式两种，后者效率较高。

2)钢筋冷拔机的基本参数。

冷拔机主参数为钢筋最大进料直径，其基本参数见表 4-29。

表 4-29　钢筋冷拔机基本参数

项　目	基本参数				
	4.0	6.5	8.0	10.0	12.0
钢筋抗拉强度/MPa	≤1 200		≤1 100		
拉拔力/kN	≥10	≥16	≥25	≥40	≥63
卷筒直径/mm	400	550	650	750	800
	450	600	700	800	900
	500	650	750	—	—

3)钢筋冷拔机的技术性能。

钢筋冷拔机主要技术性能见表 4-30。

表 4-30　钢筋冷拔机主要技术性能

项　目		1/750 型	4/650 型	4/550 型
卷筒个数及直径/(个/mm)		1/750	4/650	4/550
进料钢材直径/mm		9	7.1	6.5
成品钢丝直径/mm		4	3～5	3
钢材抗拉强度/MPa		1 300	1 450	1 100
成品卷筒的转速/(r/min)		30	40～80	60～120
成品卷筒的线速度/(m/min)		75	80～160	104～207
卷筒电动机	型号	JR3—250M—8	Z_2—92	ZJTT—W81—A/6
	功率/kW	40	40	40
	转速/(r/min)	750	1 000、2 000	440～1 320
通风机	型号	CQ13—J	CQ13—J	CQ11—J
	风量/(m^2/h)	2 800	2 800	1 500
	风压/MPa	12	12	12
	电动机型号	J02—22—2D_2—T_2	JO2H—22—2	JO2H—12—2
	功率/kW	2.2	2.2	1.1
	转数/(r/min)	2 880	2 900	2 900
冷却水总耗量/(m^3/h)		2	4.5	3
润滑油泵	型号		2CY—7.5/25—1	2CY—7.5/25—1
	流量/(m^3/h)		7.5	7.5
	电动机型号		JO2—31—4	J03—132S
	功率/kW		2.2	7.5
	转数/(r/min)		1 430	1 500

续表

项目		1/750 型	4/650 型	4/550 型
外形尺寸	长/mm	9 550	15 440	14 490
	宽/mm	3 000	4 150	3 290
	高/mm	3 700	3 700	3 700
质量/kg		6 030	20 125	12 085

(2)钢筋冷拔机构造和工作原理。

1)立式钢筋冷拔机。

①构造。图 4-10 为立式单筒冷拔机的构造,它是由电动机、支架、拔丝模、卷筒、阻力轮、盘料架等组成。

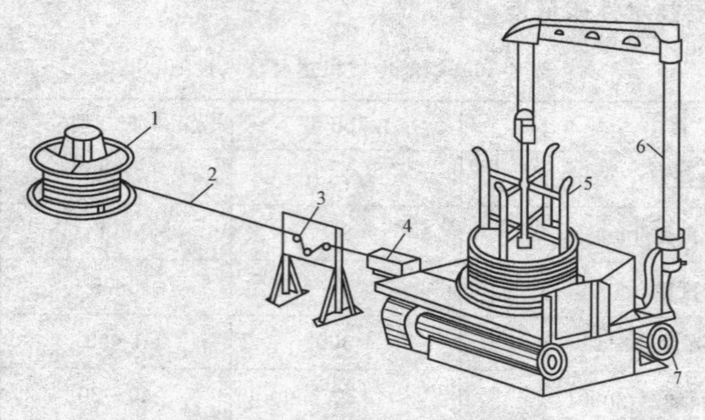

图 4-10 立式单筒冷拔机构造示意

1－盘料架;2－钢筋;3－阻力轮;4－拔丝模;5－卷筒;6－支架;7－电动机

②工作原理。电动机动力通过蜗轮、蜗杆减速后,驱动立轴旋转,使安装在立轴上的拔丝筒一起转动,卷绕着强行通过拔丝模的钢筋,完成冷拔工序。当卷筒上面缠绕的冷拔钢筋达到一定数量后,可用冷拔机上的辅助吊具将成卷钢筋卸下,再使卷筒继续进行冷拔作业。

③拔丝模。它是冷拔机的重要部件,其构造及规格直接影响钢筋冷拔的质量。拔丝模一般用白口铁和硬质合金组装而成。按其拔丝过程的作用不同,可将其划分四个工作区域,如图 4-11 所示。

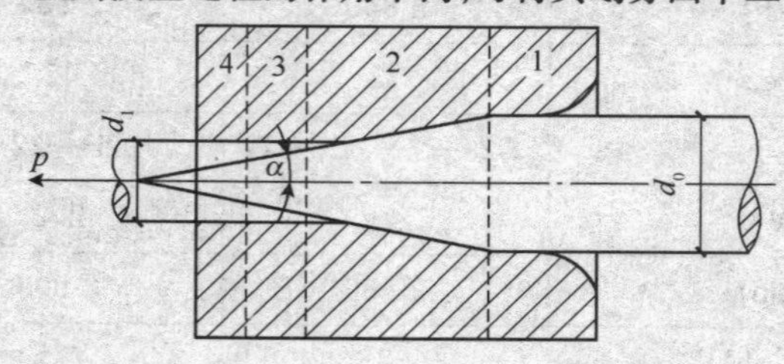

图 4-11 拔丝模构造示意

1－进口区;2－挤压区;3－定径区;4－出口区

a. 进口区。呈喇叭口形,便于被拉钢筋引入。

b. 挤压区。它是拔丝模的工作区域,被拔的粗钢筋拉过此区域时,被强力拉拔和挤压而变细。挤压区的角度为 14°～18°。拔制 ϕ 4 的钢筋为 14°;拔制 ϕ 5 的钢筋为 16°;拔制大于 ϕ 5的钢筋为 18°。

c. 定径区。又称圆柱形挤压区，它使钢筋保持一定的截面，其轴向长度约为所拔钢丝直径的1/2。

d. 出口区。拔制成一定直径的钢丝从此区域引出，卷绕在卷筒上。

拔丝模的选用是根据被拉钢筋的直径和可塑性而定。拔丝模的主要尺寸是其内径和模孔角度的大小，钢筋可塑性大的可多缩些(0.5～1 mm)；可塑性小的可少缩些(0.2～0.5 mm)，否则钢筋易被拉断。为减少钢筋和模孔的摩擦，防止金属粘附在模孔上，保证钢筋冷拔丝表面质量，降低钢筋冷拔时产生的摩擦热量，延长拔丝模寿命，必须加入适量的润滑剂进行润滑。

2)卧式钢筋冷拔机。

①构造。卧式钢筋冷拔机的卷筒是水平设置，有单筒、双筒之分，常用的为双筒，其构造如图4-12所示。

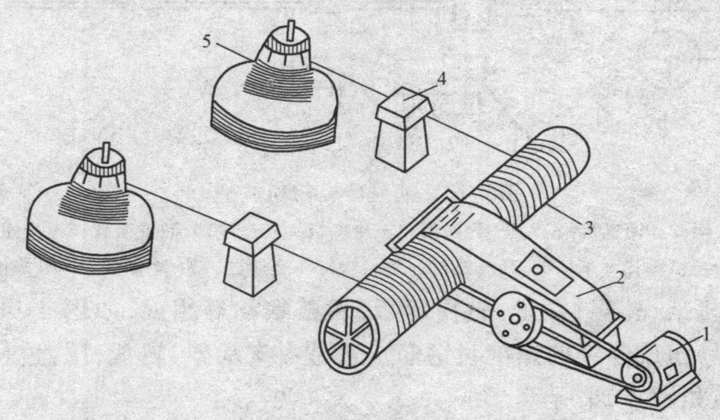

图4-12　卧式双筒冷拔机构造示意

1－电动机；2－减速器；3－卷筒；4－拔丝模盒；5－承料架

②工作原理。电动机经减速器减速后驱动左右卷筒以20 r/min的转速旋转，卷筒的缠绕强力使钢筋通过拔丝模完成拉拔工序，并将冷拔塑细后的钢筋缠绕在卷筒上，达到一定数量后卸下，使卷筒继续冷拔作业。

(3)使用要点。

1)冷拔机应有两人操作，密切配合。使用前，要检查机械各传动部分、电气系统、模具、卡具及保护装置等，确认正常后，方可作业。

2)开机前，应检查拔丝模的规格是否符合规定，在拔丝模盒中加入适量的润滑剂，并在作业中视情况随时添加，在钢筋头通过拔丝模以前也应抹少量润滑剂。

3)冷拔钢筋时，每道工序的冷拔直径应按机械出厂说明书规定进行，不可超量缩减模具孔径。无资料时，可每次缩减孔径0.5～1 mm。

4)轧头时，应先使钢筋的一端穿过模具长度达100～150 mm，再用夹具夹牢。

5)作业时，操作人员不可用手直接接触钢筋和滚筒。当钢筋的末端通过拔丝模后，应立即脱开离合器，同时用手闸挡住钢筋末端，注意防止弹出伤人。

6)拔丝过程中，当出现断丝或钢筋打结乱盘时应立即停机；待处理完毕后，方可开机。

7)冷拔机运转时，严禁任何人在沿钢筋拉拔方向站立或停留。冷拔卷筒用链条挂料时，操作人员必须离开链条甩动区域。不可在运转中清理或检查机械。

8)对钢号不明或无出厂合格证的钢筋，应在冷拔前取样检验。遇到扁圆的、带刺的、太硬的钢筋，不要勉强拔制，以免损坏拔丝模。

施工机具3　钢筋冷轧扭机

冷轧扭加工不仅大幅度提高钢筋强度，而且使钢筋具有连续不断的螺旋曲面，在钢筋混凝土中能产生较强的机械绞合力和法向应力，提高钢筋和混凝土的黏结力，提高构件的强度和刚度，从而达到节约钢材和水泥的目的。

(1)冷轧扭机的构造。

冷轧扭机是用于冷轧扭钢筋的专用设备，它是由放盘架、调直机构、冷轧机构、冷却润滑装置、定尺切断机构、下料架以及电动机、变速器等组成，如图4-13所示。

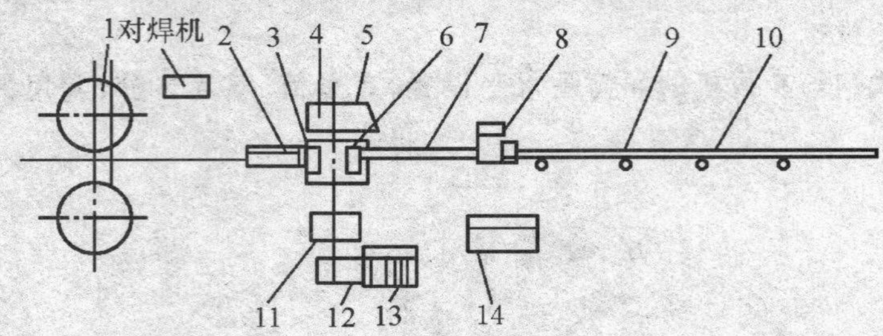

图4-13　钢筋冷轧扭机构造

1—放盘架；2—调直机构；3、7—导向架；4—冷轧机构；5—冷却、润滑装置；6—冷扭机构；
8—定尺切断机构；9—下料架；10—定位开关；11、12—变速器；13—电动机；14—操作控制台

冷轧机构是由机架、轧辊、螺母、轴向压板、调整螺栓等组成，如图4-14所示。扭转头的作用是把轧扁的钢筋扭成连续的螺旋状钢筋。它是由支承架、转盘、压盏、扭转辊、中心套、支承嘴等组成，其构造如图4-15所示。

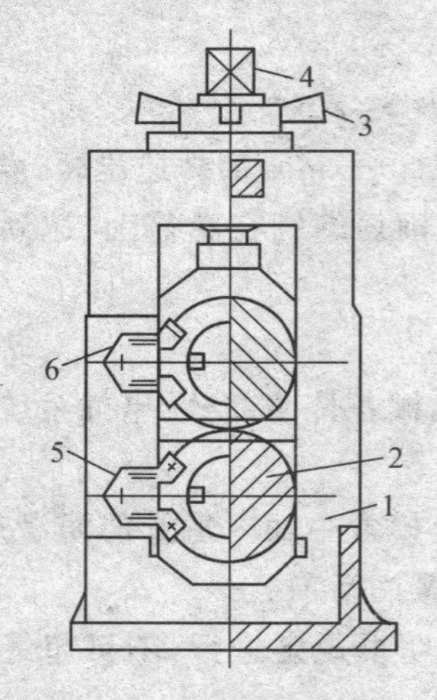

图4-14　冷扭机构示意

1—机构；2—轧辊；3—螺母；
4—压下螺丝；5—轴向压板；6—调整螺栓

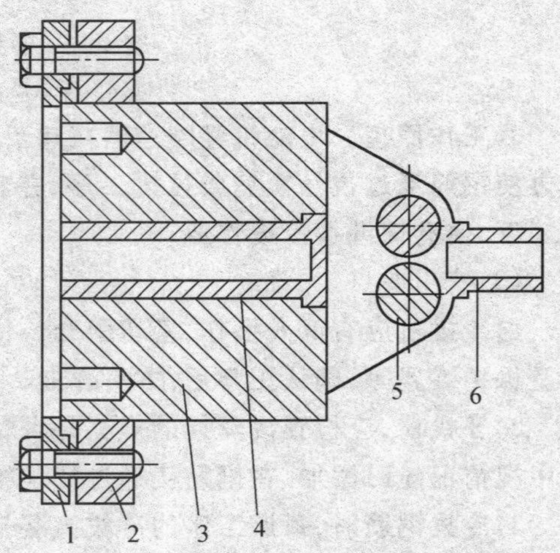

图4-15　冷扭机构扭转头示意

1—压盏；2—支承架；3—扭转盘；
4—中心套；5—扭转辊；6—支承嘴

(2)冷轧扭机的工作原理。

冷轧钢筋的外形及加工原理如图4-16所示。在轧扁过程中，钢筋的塑性变形主要在AC段形成。在A位置钢筋开始产生变形，在B位置钢筋线速度和轧辊速度相等，在C位置完成轧扁动作，钢筋的塑性变形结束，并开始和轧辊脱离接触。由于轧辊的挤压作用，钢筋在轴向产生伸长变形。轧扁的钢筋在轧辊的推动下，进入两扭转辊之间。此时应停机用人工将扭转辊旋转一定角度后固定，再次开机使扁钢筋继续前进。此时扭转辊将对扁钢筋产生一定的阻

力，由于每个扭转辊只和扁钢筋的一个侧边形成点接触，因此在接触点上便分解出一对使钢筋产生扭转的力偶，使钢筋产生扭转的塑性变形。扁钢筋在轧辊推动下通过扭转辊扭转后继续旋转前进，形成具有连续螺旋曲面的冷轧扭钢筋。只要调整扭转辊的角度，就可以改变冷扎扭钢筋的螺距。螺距越小，钢筋和混凝土的握裹力越大，但螺距过小，会使钢筋不易通过扭转辊缝而产生堆钢停机事故。

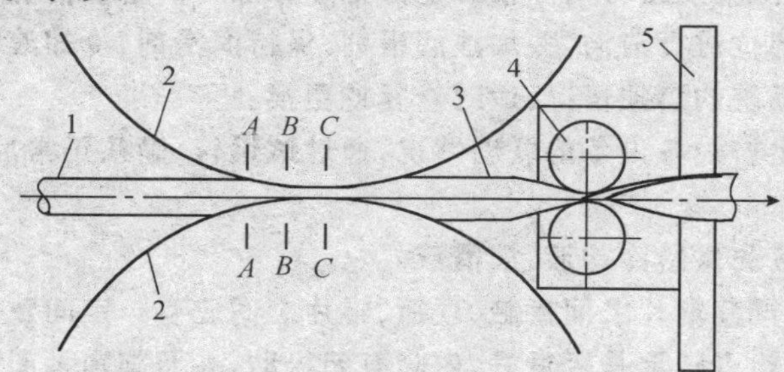

图 4-16　冷轧扭钢筋加工原理示意

1－圆钢筋；2－轧辊；3－冷轧扭钢筋；4－扭转辊；5－扭转盘

(3)使用要点。

1)使用前要检查冷轧扭生产线所有设备的联动情况，并充分润滑各运动件，经空载试运转确认正常后，方可投入使用。

2)在控制台上的操作人员必须精神集中，发现钢筋出现乱盘或打结时，要立即停机，待处理完毕后，方可开机。

3)在轧扭过程中如有失稳堆钢现象发生，应立即停机，以免损坏轧辊。

4)运转过程中任何人不得靠近旋转部件。机器周围不可乱堆异物，以防意外。

5)作业后，应堆放好成品，清理场地，清除各部杂物，切断电源。

6)定期检查变速器油量，不足时添加，油质不良时更换。

施工机具 4　冷轧带肋钢筋成形机

冷轧机按驱动方式可分为主动式和被动式两种。

(1)冷轧机的基本参数。

冷轧机主参数为冷轧带肋钢筋的最大成品直径，其基本参数见表 4-31 的规定。

表 4-31　冷轧机的基本参数

名称	参数值			
主参数/mm	6	8	10	12
钢筋抗拉强度/MPa	≥335			
轧制速度/(m/min)	≥60			
生产率/(kg/h)	≥700	≥1 200	≥1 750	≥2 800

(2)冷轧机的构造及工作原理。

冷轧机是通过三个互成 120°带有孔槽的辊片组成的轧辊组来完成减径或成形。轧辊组有前后两套，其辊片交错 60°，从而实现两道次变形。转动冷轧机的左右侧轴，经蜗轮、蜗杆机构传动，使三个辊片产生收缩或张开。线材通过前轧辊组出口处时断面略带圆角的三角形，再经后轧辊组轧制后，恢复到已缩成圆形断面或带肋钢筋。辊片可以单独或三只成组用电动

或手动调整。

(3)使用要点。

1)生产线的使用。

①在运行过程中,应防止钢筋打结乱线,如发生打结乱线时,应立即停机处理。

②经常检查导向、除锈及应力消除辊等受力钢筋摩擦处的磨损情况,适时修复或更换。

③定期对各润滑部位进行清洁,并加注润滑剂,保持润滑剂、冷却液的充足。

④定期检查传动系统的磨损情况,适时修复或更换。

⑤开机前应检查生产线各设备的联动情况,通过试运转,确认正常后方可作业。

2)冷轧机的使用。

①冷轧机工作前应先供给冷却液、润滑液。

②调节轧辊组时,严禁辊片之间接触、顶撞,辊片之间应有一定间隙。

③更换辊片时,应检查轴承是否良好,内套有无松动,并调整轴承间隙,加注润滑脂。

④经常检查轧辊组,不使其有松动。

⑤更换辊片时,应将两组轧辊头分离一定距离,并在每组辊片之间应有一定间隙后才可装取轧辊组。

⑥更换辊片或轴承后,必须重新调整孔形。

⑦每次更换辊片前,应在底座、导轨、齿轮、齿条上涂稀油,并清洗机架及清除轧辊组进出孔内的铁屑等杂物。

⑧根据钢筋外形尺寸来决定换辊。

施工机具5　钢筋切断机

钢筋切断机是把钢筋原材或已校直的钢筋按配料计算的长度要求进行切断的专用设备,广泛应用于施工现场和构件预制厂剪切 ϕ 6～40 mm 的钢筋。更换相应刀片,还可作为各种型钢的下料机。

(1)钢筋切断机的类型。

1)钢筋切断机的分类。

①按传动方式可分为机械式和液压式两种。

②按结构形式可分为手持式、立式、卧式、颚剪式四种,其中以卧式为基本型,使用最普遍。

③按工作原理可分为凸轮式和曲柄式两种。

2)钢筋切断机的基本参数及技术性能。

钢筋切断机基本参数见表4-32。机械式钢筋切断机主要技术性能见表4-33,液压式钢筋切断机主要技术性能见表4-34。

表4-32　钢筋切断机基本参数

<table>
<tr><th colspan="2">名称</th><th colspan="7">基本参数系列</th></tr>
<tr><td colspan="2">钢筋公称直径/mm</td><td>12</td><td>20</td><td>25</td><td>32</td><td>40</td><td>50</td><td>65</td></tr>
<tr><td colspan="2">钢筋抗拉强度 R_m/(N/mm²)</td><td colspan="7">≤450</td></tr>
<tr><td>液压传动</td><td>切断一根(或一束)钢筋所需的时间/s</td><td>≤2</td><td>≤3</td><td>≤5</td><td colspan="2">≤12</td><td colspan="2">≤15</td></tr>
<tr><td>机械传动</td><td>动刀片往复运动次数/min^{-1}</td><td colspan="5">≥32</td><td colspan="2">≥28</td></tr>
<tr><td colspan="2">两刀刃间开口度/mm</td><td>≥15</td><td>≥23</td><td>≥28</td><td>≥37</td><td>≥45</td><td>≥57</td><td>≥72</td></tr>
</table>

表 4-33　机械式钢筋切断机主要技术性能

项　目		型　号			
		GQ40	GQ40	AGQ40B	GQ50
切断钢筋直径/mm		6～40	6～40	6～40	6～50
切断次数/(次/min)		40	40	40	30
电动机型号		Y100L—2	Y100L—2	Y100L—2	Y132S—4
功率/kW		3	3	3	5.5
转速/(r/min)		2 880	2 880	2 880	1 450
外形尺寸	长/mm	1 150	1 395	1 200	1 600
	宽/mm	430	556	490	695
	高/mm	750	780	570	915
整机质量/kg		600	720	450	950
传动原理及特点		开式、插销离合器曲柄	凸轮、滑键离合器	全封闭曲柄连杆转键离合器	曲柄连杆传动半开式

表 4-34　液压式钢筋切断机主要技术性能

类　型		电动	手动	手持	
型号		DYJ—32	SYJ—16	GQ—12	GQ—20
切断钢筋直径/mm		8～32	16	6～12	6～20
工作总压力/kN		320	80	100	150
活塞直径/mm		95	36	—	—
最大行程/mm		28	30	—	—
液压泵柱塞直径/mm		12	8	—	—
单位工作压力/MPa		45.5	79	34	34
液压泵输油率/(L/min)		4.5	—	—	—
压杆长度/mm		—	438	—	—
压杆作用力/N		—	220	—	—
贮油量/kg		—	35	—	—
电动机	型号	Y 型	—	单相串激	单相串激
	功率/kW	3	—	0.567	0.750
	转速/(r/min)	1 440	—	—	—
外形尺寸	长/mm	889	680	367	420
	宽/mm	396	—	110	218
	高/mm	398	—	185	130
总质量/kg		145	6.5	7.5	14

(2)钢筋切断机的构造和工作原理。

1)手动液压钢筋切断机。

手动液压钢筋切断机体积小,使用轻便,但工作压力较小,只能切断直径 16 mm 以下的钢筋。

①构造。如图 4-17 所示,液压系统由活塞、柱塞、液压缸、压杆、拔销、复位弹簧、贮油筒及放、吸油阀等元件组成。

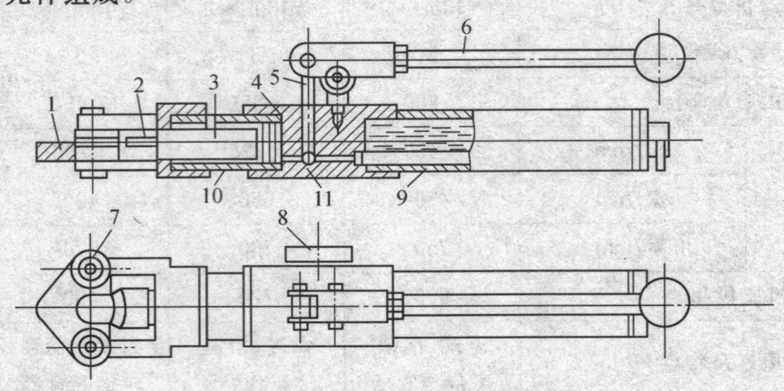

图 4-17 手动液压钢筋切断机构造

1—滑轨;2—刀片;3—活塞;4—缸体;5—柱塞;6—压杆;
7—拔销;8—放油阀;9—贮油筒;10—回位弹簧;11—吸油阀

②工作原理。先将放油阀按顺时针方向旋紧,撤动压杆,柱塞即提升,吸油阀被打开,液压油进入油室;提起压杆、液压油被压缩进入缸体内腔,从而推动活塞前进,安装在活塞前端的动切刀即可断料。断料后立即按逆时针方向旋开放油阀,在复位弹簧的作用下,压力油又流回油室,切刀便自动缩回缸内。如此周而复始,进行切筋。

2)电动液压式钢筋切断机。

①构造。如图 4-18 所示,它主要由电动机、液压传动系统、操纵装置、定、动刀片等组成。

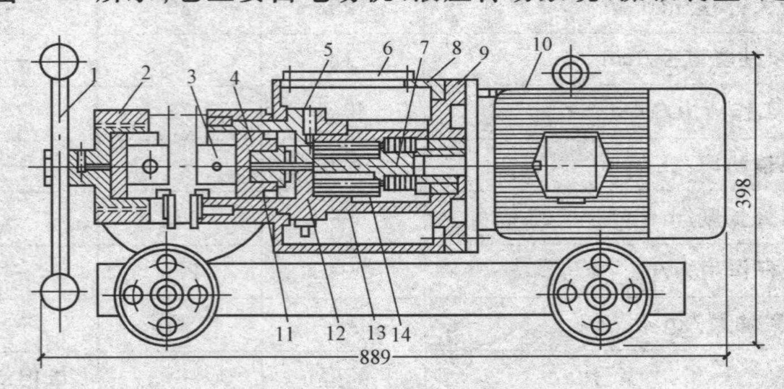

图 4-18 液压钢筋切断机构造

1—手柄;2—支座;3—主刀片;4—活塞;5—放油阀;6—观察玻璃;7—偏心轴;
8—油箱;9—连接架;10—电动机;11—皮碗;12—液压缸体;13—液压泵缸;14—柱塞

②工作原理。如图 4-19 所示,电动机带动偏心轴旋转,偏心轴的偏心面推动和它接触的柱塞作往返运动,使柱塞泵产生高压油压入液压缸体内,推动液压缸内的活塞,驱使动刀片前进,和固定在支座上的定刀片相错而切断钢筋。

3)卧式钢筋切断机。

卧式钢筋切断机属于机械传动,因其结构简单,使用方便,得到广泛采用。

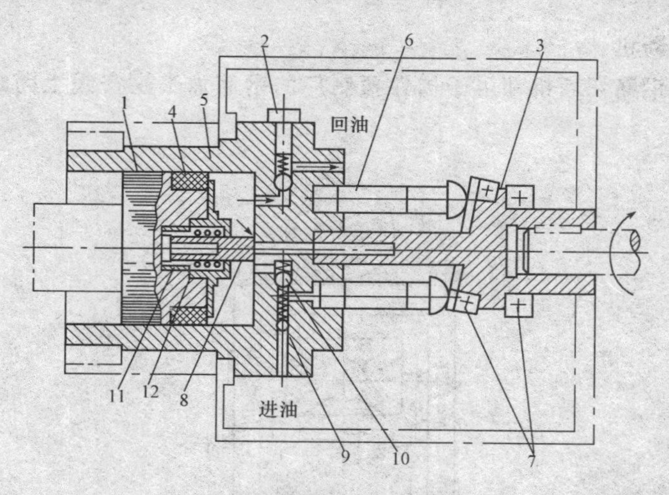

图 4-19　液压式钢筋切断机工作原理

1－活塞；2－放油阀；3－偏心轴；4－皮碗；5－液压缸体；6－柱塞；7－推力轴承；

8－主阀；9－吸油球阀；10－进油球阀；11－小回位弹簧；12－大回位弹簧

①构造。如图 4-20 所示，主要由电动机、传动系统、减速机构、曲轴机构、机体及切断刀等组成。适用于切断 6～40 mm 普通碳素钢筋。

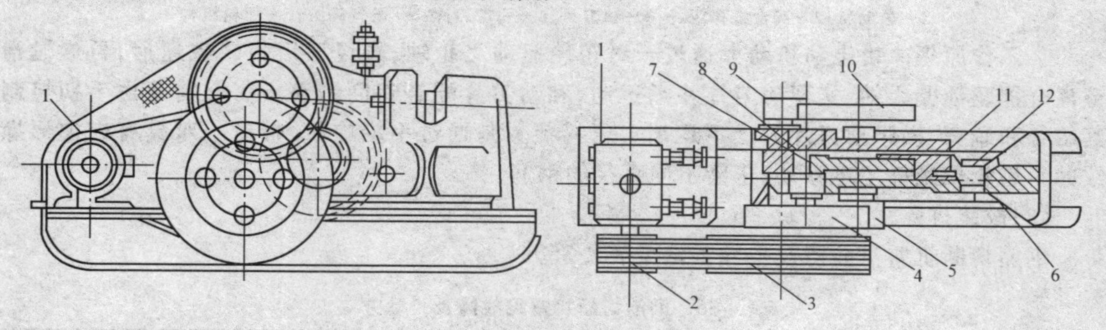

图 4-20　卧式钢筋切断机构造

1－电动机；2、3－V 带轮；4、5、9、10－减速齿轮；

6－固定刀片；7－连杆；8－曲柄轴；11－滑块；12－活动刀片

②工作原理。如图 4-21 所示，它由电动机驱动，通过 V 带轮、圆柱齿轮减速带动偏心轴旋转。在偏心轴上装有连杆，连杆带动滑块和动刀片在机座的滑道中作往复运动，并和固定在机座上的定刀片相配合切断钢筋。切断机的刀片选用碳素工具钢并经热处理制成，一般前角度为 3°，后角度为 12°。一般固定刀片和动刀片之间的间隙为 0.5～1 mm。在刀口两侧机座上装有两个挡料架，以减少钢筋的摆动现象。

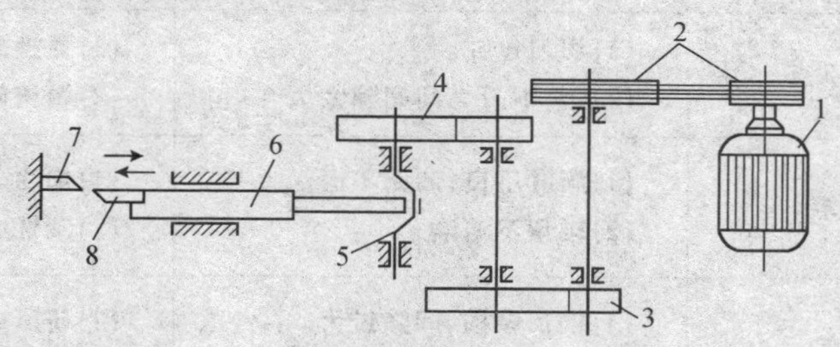

图 4-21　卧式钢筋切断机传动系统

1－电动机；2－V 带轮；3、4－减速齿轮；5－偏心轴；6－连杆；7－固定刀片；8－活动刀片

4)立式钢筋切断机。

①构造。立式钢筋切断机都用于构件预制厂的钢筋加工生产线上固定使用。其构造如图4-22所示。

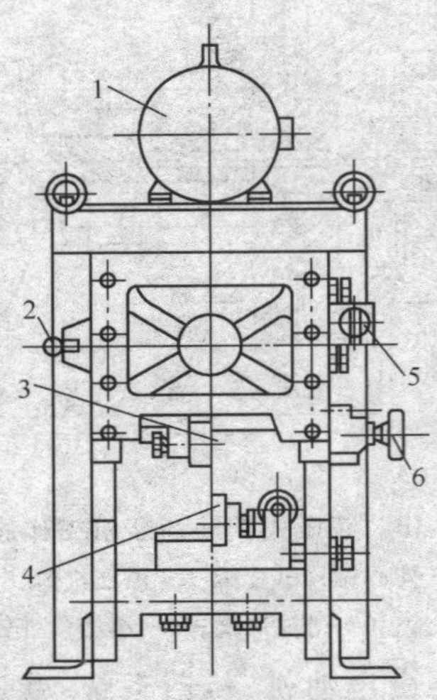

图4-22 立式钢筋切断机构造

1—电动机;2—离合器操纵杆;3—动刀片;4—固定刀片;5—电气开关;6—压料机构

②工作原理。由电动机动力通过一对带轮驱动飞轮轴,再经三级齿轮减速后,再通过滑键离合器驱动偏心轴,实现动刀片往返运动,和动刀片配合切断钢筋。离合器是由手柄控制其结合和脱离,操纵动刀片的上下运动。压料装置是通过手轮旋转,带动一对具有内梯形螺纹的斜齿轮使螺杆上下移动,压紧不同直径的钢筋。

(3)故障排除。

钢筋切断机常见故障及排除方法见表4-35。

表4-35 钢筋切断机常见故障及排除方法

故障现象	故障原因	排除方法
剪切不顺序	(1)刀片安装不牢固,刀口损伤。 (2)刀片侧间隙过大	(1)紧固刀片或修磨刀口。 (2)调整间隙
切刀或衬刀打坏	(1)一次切断钢筋太多。 (2)刀片松动。 (3)刀片质量不好	(1)减少钢筋数量。 (2)调整垫铁,拧紧刀片螺栓。 (3)更换
切细钢筋时切口不直	(1)切刀过钝。 (2)上、下刀之间间隙太大	(1)更换或修磨。 (2)调整间隙
轴承及连杆瓦发热	(1)润滑不良,油路不通。 (2)轴承不清洁	(1)加油。 (2)清洗
连杆发出撞击声	(1)铜瓦磨损,间隙过大。 (2)连接螺栓松动	(1)研磨或更换轴瓦。 (2)紧固螺栓

续表

故障现象	故障原因	排除方法
齿轮传动有噪声	(1)齿轮损伤。 (2)齿轮啮合部位不清洁	(1)修复齿轮。 (2)清洁齿轮，重新加油
液压切断机切刀无力或不能切断	(1)油缸中存有空气。 (2)液压油不足或有泄漏。 (3)油阀堵塞，油路不通。 (4)液压泵柱塞卡住或损坏	(1)排除空气。 (2)加注液压油，紧固密封装置。 (3)清洗油阀，疏通油路。 (4)检修液压泵

(4)使用要点。

1)使用前的准备。

①钢筋切断机应选择坚实的地面安置平稳，机身铁轮用三角木揳好，接送料工作台面应和切刀的刀刃下部保持水平，工作台的长度可根据加工材料的长度决定，四周应有足够搬运钢筋的场地。

②使用前必须清除刀口处的铁锈及杂物，检查刀片应无裂纹，刀架螺栓应紧固，防护罩应完好，接地要牢固，然后用手扳动带轮，检查齿轮啮合间隙，调整好刀刃间隙，定刀片和动刀片的水平间隙以 0.5～1 mm 为宜。间隙的调整，通过增减固定刀片后面的垫块来实现。

③按规定向各润滑点及齿轮面加注和涂抹润滑油。液压式的还要补充液压油。

④启动后先空载试运转，整机运行应无卡滞和异常声响，离合器应接触平稳，分离彻底。若是液压式的，还应先排除油缸内空气，待各部确认正常后，方可作业。

2)操作。

①新投入使用的切断机，应先切直径较细的钢筋，以利于设备磨合。

②被切钢筋应先调直。切料时必须使用刀刃的中下部位，并应在动刀片后退时，紧握钢筋对准刀口迅速送入，以防钢筋末端摆动或蹦出伤人。严禁在动刀片已开始向前推进时向刀口送料，否则易发生事故。

③严禁切断超出切断机规定范围的钢筋和材料。一次切断多根钢筋时，其总截面积应在规定范围以内。禁止切断中碳钢钢筋和烧红的钢筋。切断低合金钢等特种钢筋时，应更换相应的高硬度刀片。

④断料时，必须将被切钢筋握紧，以防钢筋末端摆动或弹出伤人。在切短料时，靠近刀片的手和刀片之间的距离应保持 150 mm 以上，如手握一端的长度小于 400 mm 时，应用套管或夹具将钢筋短头压住或夹牢，以防弹出伤人。

⑤在机械运转时，严禁用手去摸刀片或用手直接去清理刀片上的铁屑，也不可用嘴吹。钢筋摆动周围和刀片附近，非操作人员不可停留。切断长料时，也要注意钢筋摆动方向，防止伤人。

⑥运转中如发现机械不正常或有异响，以及出现刀片歪斜、间隙不合等现象时，应立即停机检修或调整。

⑦工作中操作者不可擅自离开岗位，取放钢筋时既要注意自己，又要注意周围的人。已切断的钢筋要堆放整齐，防止个别切口突出，误踢导致割伤。作业后用钢丝刷清除刀口处的杂物，并进行整机擦拭清洁。

⑧液压式切断机每切断一次，必须用手扳动钢筋，给动刀片以回程压力，才能继续工作。

施工机具6　钢筋调直切断机

钢筋混凝土使用的钢筋，不论规格和形式，都要经过调直工序，否则会影响构件的受力性能及切断钢筋长度的准确性。钢筋调直切断机能自动调直和定尺切断钢筋，并能清除钢筋表面的氧化皮和污迹，是常用的钢筋成形机械。

(1)钢筋调直切断机的类型。

1)调直切断机分类。

①按传动方式可分为机械式、液压式和数控式三类，国产调直切断机仍以机械式的较多。

②按调直原理可分为孔模式、斜辊式(双曲线式)两类，以孔模式的居多。

③按切断原理可分为锤击式、轮剪式两类。

2)调直切断机的技术性能。

调直切断机的主要技术性能见表4-36。

表4-36　钢筋调直切断机主要技术性能

<table>
<tr><th colspan="2" rowspan="2">参数名称</th><th colspan="3">型　号</th></tr>
<tr><th>GT1.6/4</th><th>GT4/8</th><th>GT6/12</th></tr>
<tr><td colspan="2">调直切断钢筋直径/mm</td><td>1.6～4</td><td>4～8</td><td>6～12</td></tr>
<tr><td colspan="2">钢筋抗拉强度/MPa</td><td>650</td><td>650</td><td>650</td></tr>
<tr><td colspan="2">切断长度/mm</td><td>300～3 000</td><td>300～6 500</td><td>300～6 500</td></tr>
<tr><td colspan="2">切断长度误差/(mm/m)</td><td>≤3</td><td>≤3</td><td>≤3</td></tr>
<tr><td colspan="2">牵引速度/(m/min)</td><td>40</td><td>40、65</td><td>36、54、72</td></tr>
<tr><td colspan="2">调直筒转速/(r/min)</td><td>2 900</td><td>2 900</td><td>2 800</td></tr>
<tr><td colspan="2">送料、牵引辊直径/mm</td><td>80</td><td>90</td><td>102</td></tr>
<tr><td rowspan="3">电动机型号</td><td>调直</td><td>Y100L—2</td><td rowspan="2">Y132M—4</td><td>Y132S—2</td></tr>
<tr><td>牵引</td><td>Y100L—6</td><td>Y112M—4</td></tr>
<tr><td>切断</td><td>Y100L—6</td><td>Y90S—6</td><td>Y90S—4</td></tr>
<tr><td rowspan="3">功率</td><td>调直/kW</td><td>3</td><td rowspan="2">7.5</td><td>7.5</td></tr>
<tr><td>牵引/kW</td><td rowspan="2">1.5</td><td>4</td></tr>
<tr><td>切断/kW</td><td>0.75</td><td>1.1</td></tr>
<tr><td rowspan="3">外形尺寸</td><td>长/mm</td><td>3 410</td><td>1 854</td><td>1 770</td></tr>
<tr><td>宽/mm</td><td>730</td><td>741</td><td>535</td></tr>
<tr><td>高/mm</td><td>1 375</td><td>1 400</td><td>1 457</td></tr>
<tr><td colspan="2">整机质量/kg</td><td>1 000</td><td>1 280</td><td>1 263</td></tr>
</table>

(2)钢筋调直切断机的构造及工作原理。

以机械式GT4/8型、数控式GTS3/8型、斜辊式GT6/12型为例，简述其结构及工作原理。

1)GT4/8型钢筋调直切断机。

①构造。GT4/8 型调直切断机主要由放盘架、调直筒、传动箱、切断机构、承受架及机座等组成，如图 4-23 所示。

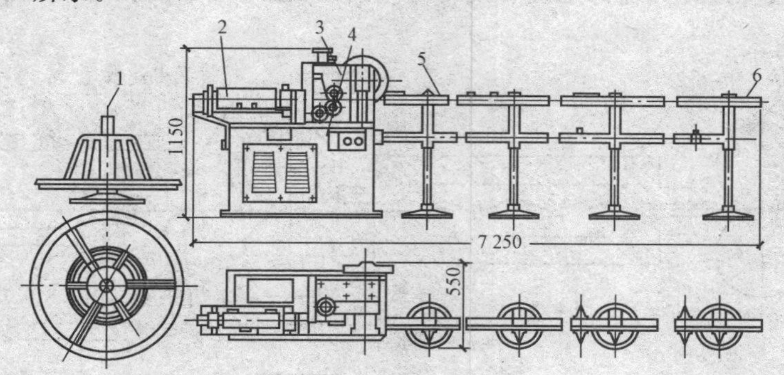

图 4-23　GT4/8 型钢筋调直切断机构造(单位：mm)

1－放盘架；2－调直筒；3－传动箱；4－机座；5－承受架；6－定尺板

②工作原理。如图 4-24 所示，电动机经 V 带轮驱动调直筒旋转，实现调直钢筋动作。另通过同一电动机上的另一胶带轮传动一对锥齿轮转动偏心轴，再经过两级齿轮减速后带动上辊和下压辊相对旋转，从而实现调直和曳引运动。偏心轴通过双滑块机构，带动锤头上下运动，当上切刀进入锤头下面时即受到锤头敲击，实现切断作业。上切刀依赖拉杆重力作用完成回程。

在工作时，方刀台和承受架上的拉杆相连，拉杆上装有定尺板，当钢筋端部顶到定尺板时，即将方刀台拉到锤头下面，切断钢筋。定尺板在承受的位置，可按切断钢筋所需长度调整。

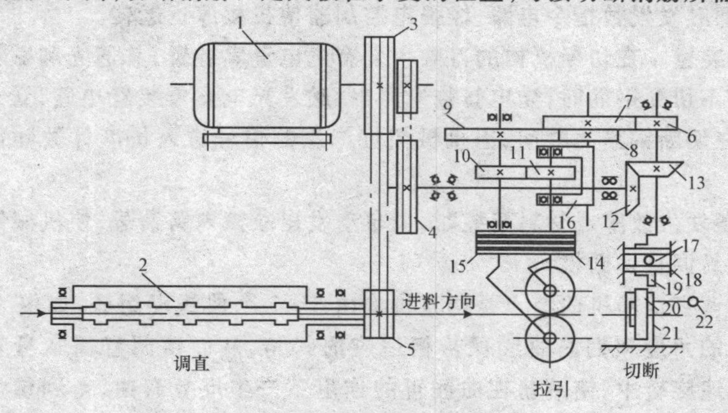

图 4-24　GT4/8 型钢筋调直切断机传动示意

1－电动机；2－调直筒；3、4、5－胶带轮；6～11－齿轮；12、13－锥齿轮；

14、15－上下压辊；16－框架；17、18－双滑块；19－锤头；20－上切刀；21－方刀台；22－拉杆

2)GTS3/8 型数控钢筋调直切断机。

数控钢筋调直切断机的特点是利用光电脉冲及数字计数原理，在调直机上架装有光电测长、根数控制、光电置零等装置，从而能自动控制切断长度和切断根数以及自动停止运转。其工作原理如图 4-25 所示。

①光电测长装置如图 4-25 所示，由被动轮、摩擦轮、光电盘及光电管等组成。摩擦轮周长为 100 mm，光电盘等分 100 个小孔。当钢筋由牵引轮通过摩擦轮时，带动光电盘旋转并截取光束。光束通过光电盘小孔时被光电管接收而产生脉冲信号，即钢筋长 1 mm 的转换信号。通过摩擦轮的钢筋长度，应和摩擦轮周长成正比，并和光电管产生的脉冲信号次数相等。

由光电管产生的脉冲信号在长度十进位计数器中计数并显示出来。因此，只要按钢筋切断长度拨动长度开关，长度计数器即触发长度指令电路，使强电控制器驱动电磁铁拉动联杆，将钢筋切断。

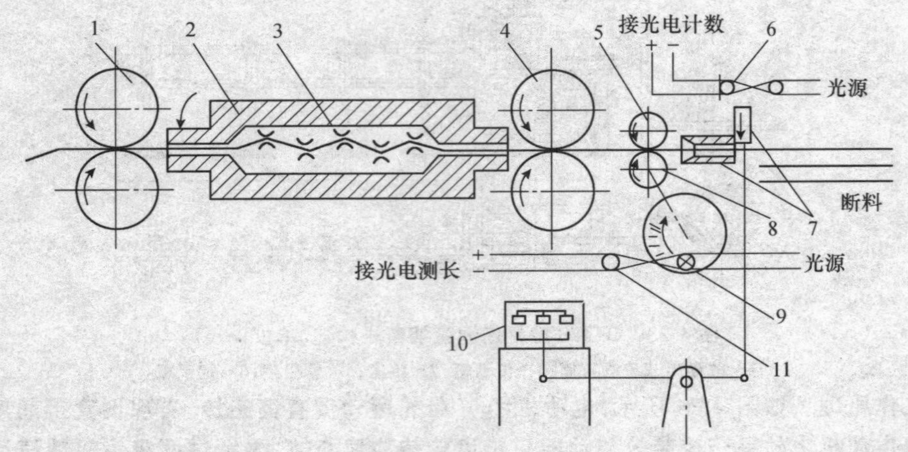

图 4-25 数控调直切断机工作原理示意

1－进料压辊；2－调直筒；3－调直块；4－牵引轮；5－从动轮；6－摩擦轮；7－光电盘；8、9－光电管；10－电磁铁；11－切断刀片

②根数控制装置。在长度指令电路接收到切断钢筋脉冲信号的同时，发出根数脉冲信号，触发根数信号放大电路，并在根数计数器中计数和显示。只要按所需根数拨动根数开关，数满后，计数器即触发根数指令电路，经强电控制器使机械停止运转。

③光电置零装置。在切断机构的刀架中装有光电置零装置，其通光和截止原理与光电盘相同。当刀片向下切断钢筋时，光电管被光照射，触发光电置零装置电路，置长度计数器于零位，不使光电盘在切断钢筋的瞬间，因机械惯性产生的信号进入长度计数器而影响后面一根钢筋的长度。

此外，当设备发生故障或材料用完时，能自动发出故障电路信号，使机械停止运转。

3)斜辊式钢筋调直切断机。

斜辊式钢筋调直切断机的特点是调直机构由 5～7 个曲线辊组成，如图 4-26 所示。曲线辊可以调整一定的角度和钢筋曲线保持相适应的斜角，从而使调直筒本身有一定的送料速度。调直筒在高速旋转中，使钢筋在曲线辊的作用下产生反复弯曲，得到塑性变形而达到调直的目的。一般孔模式调直机存在的缺点如：摩擦损耗大，钢筋表面和调直模容易损伤；头部送料困难，尾部常随调直筒转动而得不到调直。采用斜辊代替调直模能克服上述缺点，同时还有送料作用，尤其适用冷轧带肋钢筋的调直切断。

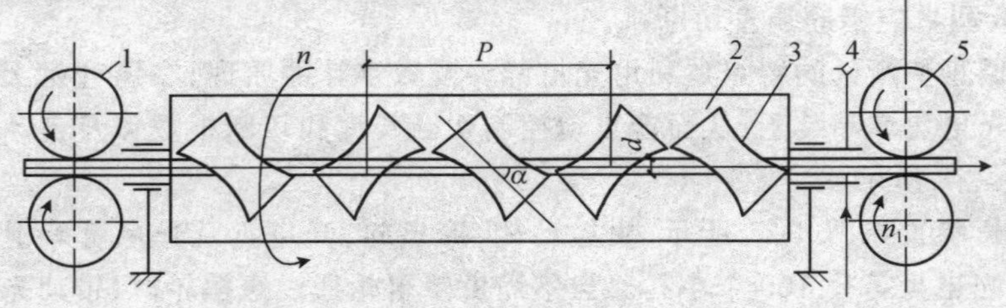

图 4-26 斜辊式调直切断机工作原理

1－送料辊；2－调直筒；3－斜辊；4－传动系统；5－牵引辊

(3)调直切断后的钢筋质量要求。

①切断后的钢筋长度应一致,直径小于10 mm的钢筋误差不超过±1 mm;直径大于10 mm的钢筋误差不超过±2 mm。

②调直后的钢筋表面不应有明显的擦伤,其伤痕不应使钢筋截面积减少5%以上。切断后的钢筋断口处应平直无撕裂现象。

③如采用卷扬机拉直钢筋时,必须注意冷拉率,对HPB235钢筋不宜大于4%;HRB335～RRB400钢筋不宜大于1%。

④数控钢筋调直切断机的最大切断量为每小时4 000根时,切断长度误差应小于2 mm。

(4)故障排除。

钢筋调直切断机常见故障及排除方法见表4-37。

表4-37　钢筋调直切断机常见故障及排除方法

故障现象	故障原因	排除方法
调出的钢筋不直	调直块未对好或磨损过大	调整或更换调直块
钢筋上有深沟线	调直块上有尖角和毛刺	研磨或更换调直块
钢筋切口不直	切刀过钝	研磨或更换切刀
钢筋切口有压扁的痕迹	安装剪切齿轮时切刀齿的啮合不正确	被动切刀齿装在主动切刀齿面前
切断的钢筋长度不一	传送钢筋的上曳引辊压得不紧	加大曳引辊的压力
在切长钢筋时切出短料	(1)离合器的棘齿损坏。 (2)限位开关位置太低。 (3)推动离合器的弹簧力不足	(1)将棘齿锉整齐。 (2)将限位开关位置移高一点。 (3)调整弹簧弹力
调直筒转数不够	带过松而打滑	移动电动机,调节带紧度
连续切出短料,连切或空切	(1)限位开关的凸轮杠杆被卡住。 (2)被切断的钢筋没有落下。 (3)定长机构失控	(1)调节限位开关架。 (2)停机检修托板。 (3)停机检修定长机构
钢筋从承受架上窜出来	钢筋没有调直	调整或更换调直块
切断的钢筋落不下来	托板开度不够或开得太慢	调整托板的开度和速度
齿轮有噪声	上下曳引轮槽没有对正,有轴向偏移	修理或更换曳引辊
压辊无法压紧钢筋	压辊槽磨损过大	更换压辊
主、被动轴弯	有钢筋头掉入转动的齿轮内	及时清除机件上的料头,机体上的防护装置应完好无损

(5)使用要点。

1)使用前的准备工作。

①调直切断机应安装在坚实的混凝土基础上，室外作业时应设置机棚，机械的旁边应有足够的堆放原料、半成品的场地。

②承受架料槽应安装平直，其中心应对准导向筒、调直筒和下切刀孔的中心线。钢筋转盘架应安装在离调直机 5～8 m 处。

③按所调直钢筋的直径，选用适当的调直模，调直模的孔径应比钢筋直径大 2～5 mm。首尾两个调直模须放在调直筒的中心线上，中间三个可偏离中心线。一般先使钢筋有 3 mm 的偏移量，经过试调直后如发现钢筋仍有慢弯现象，则可逐步调整偏移量直至调直为止。

④根据钢筋直径选择适当的牵引辊槽宽，一般要求在钢筋夹紧后上下辊之间有 3 mm 左右的间隙。牵引辊夹紧程度应保证钢筋能顺利地被拉引前进，不会有明显转动，但在切断的瞬间，允许钢筋和牵引辊之间有滑动现象。

⑤根据活动切刀的位置调整固定切刀，上下切刀的刀刃间隙应不大于 1 mm，侧向间隙应不大于 0.1～0.15 mm。

⑥新安装的调直机要先检查电气系统和零件应无损坏，各部连接及连接件牢固可靠，各转动部分运转灵活，传动和控制系统性能符合要求，方可进行试运转。

⑦空载运转 2 h，然后检查轴承温度(重点检查调直筒轴承)，查看锤头、切刀或切断齿轮等工作是否正常，确认无异常状况后，方可送料并试验调直和切断能力。

2)操作要点。

①作业前先用手扳动飞轮，检查传动机构和工作装置，调整间隙，紧固螺栓，确认无误后启动空运转，检查轴承应无异响，齿轮啮合应良好，待运转正常后方可作业。

②在调直模未固定、防护罩未盖好前不可穿入钢筋，以防开始后调直模甩出伤人。

③送料前应将不直的料头切去，在导向筒前部应安装一根 1 m 左右的钢管，钢筋必须先穿过钢管再穿入导向筒和调直筒，以防每盘钢筋接近调直完毕时甩出伤人。

④在钢筋上盘、穿丝和引头切断时应停机进行。当钢筋穿入后，手和牵引辊必须保持一定距离，以防手指卷入。

⑤开始切断几根钢筋后，应停机检查其长度是否合适。如有偏差，可调整限位开关或定尺板。

⑥作业时整机应运转平稳，各部轴承温升正常，滑动轴承最高不应超过 80℃，滚动轴承不应超过 70℃。

⑦机械运转中，严禁打开各部位防护罩及调整间隙，如发现有异常情况，应立即停机检查，不可勉强使用。

⑧停机后，应松开调直筒的调直模回到原来位置，同时预压弹簧也必须回位。

⑨作业后，应将已调直切断的钢筋按规格、根数分成小捆堆放整齐，并清理现场，切断电源。

施工机具 7　钢筋弯曲机

钢筋弯曲机是利用工作盘的旋转，将已切断好的钢筋，按配筋图要求进行弯曲、弯钩、串箍、全箍等所需的形状和尺寸的专用设备，以满足钢筋混凝土结构中对各种钢筋形状的要求。

(1)钢筋弯曲机的类型。

1)钢筋弯曲机的分类。

①按传动方式可分为机械式、液压式和数控式三种，其中以机械式使用最广泛。

②按工作原理可分为蜗轮蜗杆式和齿轮式两种。

③按结构形式可分为台式和手持式两种，台式工作效率高而得到广泛应用。

在钢筋弯曲机的基础上改进而派生出钢筋弯箍机、螺旋绕制机及钢筋切断弯曲组合机等。

2)钢筋弯曲机技术性能。

常用钢筋弯曲机、钢筋弯箍机主要技术性能见表4-38。

表4-38　钢筋弯曲机、弯箍机主要技术性能

类　型		弯曲机			弯箍机	
型号		GW32	GW40A	GW50A	$SGWK_8B$	GJG4/12
弯曲钢筋直径/mm		6～32	6～40	6～50	4～8	4～12
工作盘直径/mm		360	360	360	—	—
工作盘转速/(r/min)		10/20	3.7/14	6	18	18
弯箍次数/(次/小时)		—	—	—	270～300	1 080
电动机	型号	YEJ100L-4	$Y100L_2$-4	Y112M-4	Y112M-6	YA100-4
	功率/kW	2.2	3	4	2.2	2.2
	转速/(r/min)	1 420	1 430	1 440	940	1 420
外形尺寸	长/mm	875	774	1 075	1 560	1 280
	宽/mm	615	898	930	650	810
	高/mm	945	728	890	1 550	790
总质量/kg		340	442	740	800	—
结构特点		齿轮传动,角度控制半自动双速	全齿轮传动,半自动化,双速	蜗轮蜗杆传动,角度控制半自动,单速	—	—

(2)钢筋弯曲机的构造和工作原理。

1)蜗轮蜗杆式钢筋弯曲机。

①构造。如图4-27所示,主要由机架、电动机、传动系统、工作机构(工作盘、插入座、夹持器、转轴等)及控制系统等组成。机架下装有行走轮,便于移动。

②工作原理。电动机动力经V带轮、两对直齿轮及蜗轮蜗杆减速后,带动工作盘旋转。工作盘上一般有9个轴孔,中心孔用来插中心轴,周围的8个孔用来插成形轴和轴套。在工作盘外的两侧还有插入座,各有6个孔,用来插入挡铁轴。为了便于移动钢筋,各工作台的两边还设有送料辊。工作时,根据钢筋弯曲形状,将钢筋平放在工作盘中心轴和相应的成形轴之间,挡铁轴的内侧。当工作盘转动时,钢筋一端被挡铁轴阻止不能转动,中心轴位置不变,而成形轴则绕中心轴作圆弧转动,将钢筋推弯,钢筋弯曲过程如图4-28所示。

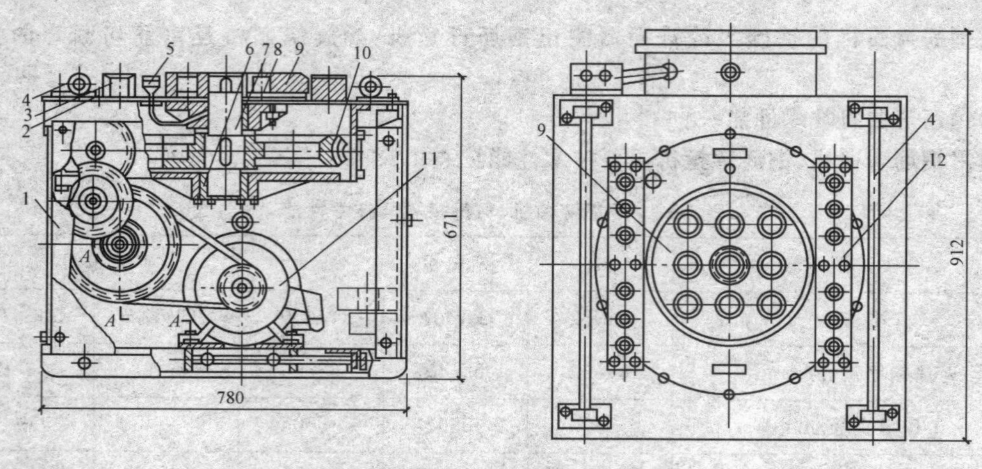

图 4-27　蜗轮蜗杆式弯曲机构造(单位:mm)

1—机架;2—工作台;3—插座;4—滚轴;5—油杯;6—蜗轮箱;7—工作主轴;

8—立轴承;9—工作盘;10—蜗轮;11—电动机;12—孔眼条板

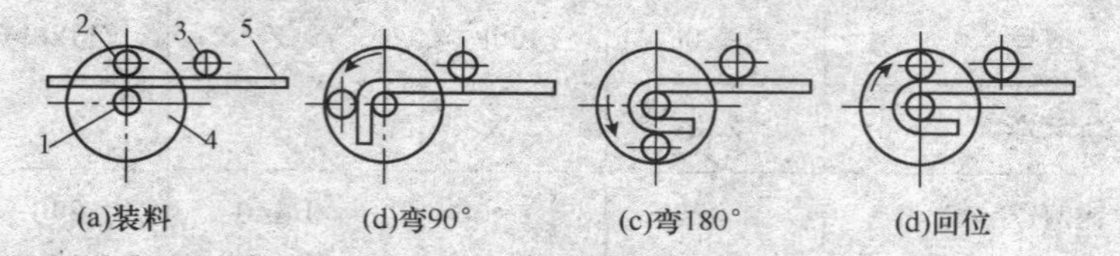

图 4-28　钢筋弯曲过程

1—中心轴;2—成形轴;3—挡铁轴;4—工作盘;5—钢筋

当作 180°弯钩时,钢筋的圆弧弯曲直径应不小于钢筋直径的 2.5 倍。因此,中心轴也相应地制成 16～100 mm 共 9 种不同规格,以适应弯曲不同直径钢筋的需要。

2)齿轮式钢筋弯曲机。

①构造。如图 4-29 所示,主要由机架、电动机、齿轮减速器、工作台及电气控制系统等组成。它改变了传统的蜗轮蜗杆传动,并增加了角度自动控制机构及制动装置。

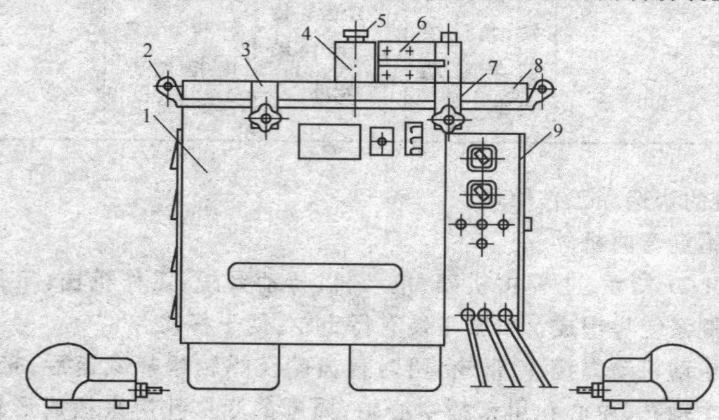

图 4-29　齿轮式钢筋弯曲机构造

1—机架;2—滚轴;3、7—紧固手柄;4—转轴;

5—调节手轮;6—夹持器;8—工作台;9—控制配电箱

②工作原理。如图 4-30 所示,由一台带制动的电动机为动力,带动工作盘旋转。工作机构中左、右两个插入座可通过手轮无级调节,并和不同直径的成形辊及装料装置配合,能适应

各种不同规格的钢筋弯曲成形。角度的控制是由角度预选机构和几个长短不一的限位销相互配合而实现的。当钢筋被弯曲到预选角度,限位销触及行程开关,使电动机停机并反转,恢复到原位,完成钢筋弯曲工序。此外,电气控制系统还具有点动、自动状态、双向控制、瞬时制动、事故急停及系统短路保护、电动机过热保护等特点。

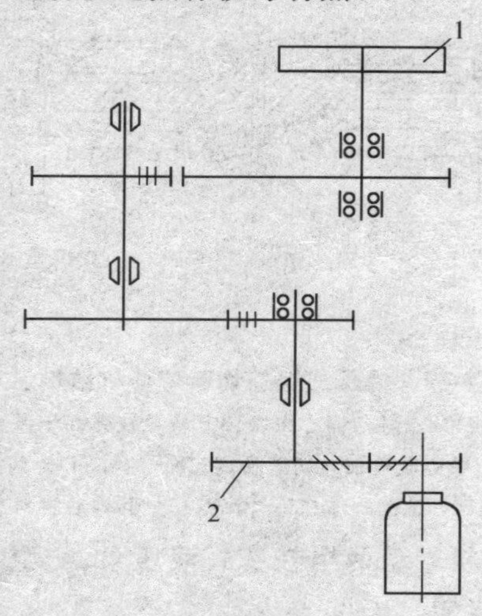

图 4-30　齿轮式弯曲机传动系统

1－工作盘;2－减速器

3)钢筋弯箍机。

①构造。钢筋弯箍机是适合弯制箍筋的专用机械,弯曲角度可任意调节,其构造和弯曲机相似,如图 4-31 所示。

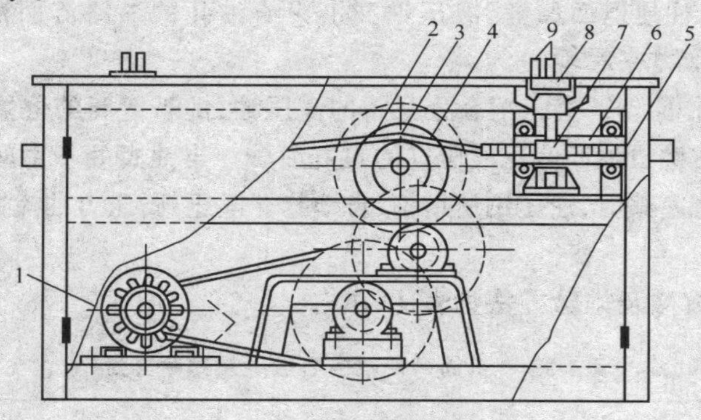

图 4-31　钢筋弯箍机构造

1－电动机;2－偏心圆盘;3－偏心铰;4－连杆;5－齿条;

6－滑道;7－正齿条;8－工作盘;9－心轴和成形轴

②工作原理。电动机动力通过一双带轮和两对直齿轮减速使偏心圆盘转动。偏心圆盘通过偏心铰带动两个连杆,每个连杆又铰接一根齿条,于是齿条沿滑道做往复直线运动。齿条又带动齿轮使工作盘在一定角度内做往复回转运动。工作盘上有两个轴孔,中心孔插中心轴,另一孔插成形轴。当工作盘转动时,中心轴和成形轴都随之转动,和钢筋弯曲机同一原理,能将钢筋弯曲成所需的箍筋。

4)液压式钢筋切断弯曲机。

这是运用液压技术对钢筋进行切断和弯曲成形的两用机械,自动化程度高,操作方便。

①构造。主要由液压传动系统、切断机构、弯曲机构、电动机、机体等组成。其结构及工作原理如图 4-32 所示。

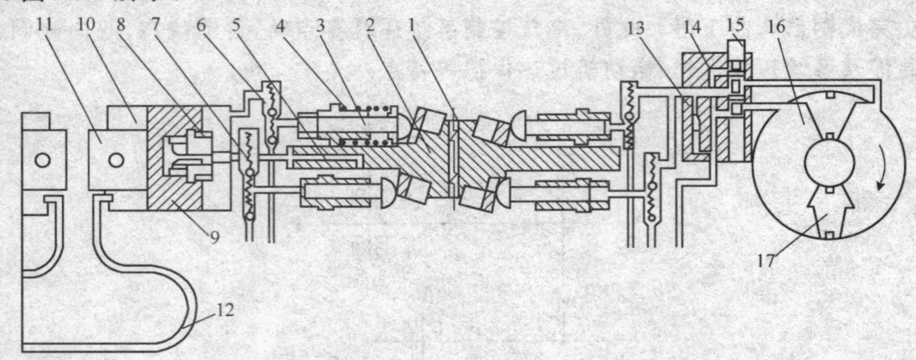

图 4-32　液压式钢筋切断弯曲机结构示意

1－双头电动机(略);2－轴向偏心泵轴;3－油泵柱塞;4－弹簧;5－中心油孔;
6、7－进油阀;8－中心阀柱;9－切断活塞;10－油缸;11－切刀;12－板弹簧;
13－限压阀;14－分配阀体;15－滑阀;16－回转油缸;17－回转叶片

②工作原理。由一台电动机带动两组柱塞式液压泵,一组推动切断用活塞;另一组驱动回转液压缸,带动弯曲工作盘旋转。

a. 切断机构的工作原理。在切断活塞中间装有中心阀柱及弹簧,当空转时,由于弹簧的作用,使中心阀柱离开液压缸的中间油孔,高压油则从此也经偏心轴油道流回油箱。在切断时,以人力推动活塞,使中心阀柱堵死液压缸的中心孔,此时由柱塞泵来的高压油经过油阀进入液压缸中,产生高压推动活塞运动,活塞带动切刀进行切筋。此时压力弹簧的反推力作用大于液压缸内压力,阀柱便退回原处,液压油又沿中心油孔的油路流回油箱。切断活塞的回程是依靠板弹簧的回弹力来实现。

b. 弯曲机构的工作原理。进入组合分配阀的高压油,由于滑阀的位置变换,可使油从回转液压缸的左腔进油或右腔进油而实现液压缸的左右回转。当油阀处于中间位置时,压力油流回油箱。当液压缸受阻或超载时,油压迅速增高,自动打开限压阀,压力油流回油箱,以确保安全。

(3)故障排除。

钢筋弯曲机主要故障及排除方法见表 4-39。

表 4-39　钢筋弯曲机主要故障及排除方法

故障现象	故障原因	排除方法
电动机只有嗡嗡响声,但不转	一相断电	接通电源
	倒顺开关触头接触不良	修磨触点,使接触良好
弯曲 ϕ30 以上钢筋时无力	V 带松弛	调整 V 带轮间距使松紧适宜
运转吃力,噪声过重	V 带过紧	调整 V 带松紧度
	润滑部位缺油	加润滑油运转时有异响
运转时有异响	螺栓松动	紧固螺栓
	轴承松动或损坏	检修或更换轴承

续表

故障现象	故障原因	排除方法
机械渗油、漏油	蜗轮箱加油过多	放掉过多的油
	各封油部件失效	用硝基油漆重新封死
工作盘只有一个方向转	换向开关失灵	断开总开关后检修
被弯曲的钢筋在滚轴处打滑	滚轴直径过小	选用较大的滚轴
	垫板的长度和厚度不够	更换较长较厚的垫板
立轴上端过热	轴承润滑脂内有铁末或缺少润滑油	清洗、更换或加注润滑脂
	轴承间隙过小	调整轴承间隙

(4)使用要点。

1)使用前的准备。

①钢筋弯曲机应在坚实的地面上放置平稳，铁轮应用三角木揳好，工作台面和弯曲机台面要保持水平和平整，送料辊转动灵活，工作盘稳固。当弯曲根数较多或较长的钢筋时，应设支架支持，周围还要有足够的工作场地。

②作业前检查机械零部件、附件是否齐全完好，连接件是否无松动；电气线路正确牢固；接地良好。

③准备各种作业附件。

a. 根据弯曲钢筋的直径选择相应的中心轴和成形轴。弯曲细钢筋时，中心轴换成细直径的，成形轴换成粗直径的；弯曲粗钢筋时，中心轴换成粗直径的，成形轴换成较细直径的。一般中心轴直径应是钢筋直径的2.5～3倍，钢筋在中心轴和成形轴间的空隙不应超过2 mm。

b. 为适应钢筋和中心轴直径的变化，应在成形轴上加一个偏心套，用以调节中心轴、钢筋和成形轴三者之间的间隙。

c. 根据弯曲钢筋的直径更换配套齿轮，以调整工作盘(主轴)转速。当钢筋直径 $d<18$ mm时，取高速；$d=18\sim32$ mm时，取中速；$d>32$ mm时，取低速。一般工作盘常放在低速上，以便弯曲在允许范围内所有直径的钢筋。

d. 当弯曲钢筋直径在20 mm以下时，应在插入座上放置挡料架，并有轴套，以使被弯钢筋能正确成形。挡板要贴紧钢筋以保证弯曲质量。

④作业前先进行空载试运转，应无卡滞、异常的响动，各操纵按钮灵活可靠；再进行负载试验，先弯小直径钢筋，再弯大直径钢筋，确认正常后，方可投入使用。

⑤为了减少度量时间，可在台面上设置标尺，在弯曲前先量好弯曲点位置，并先试弯一根，经检查无误后再正式作业。

2)操作。

①操作时要集中精力，熟悉倒顺开关控制工作盘的旋转方向，钢筋放置要和工作盘旋转方向相适应。在变换旋转方向时，要按正转—停车—倒转的顺序，不可直接从正—倒或从倒—正，而不在“停车”停留，更不可频繁交换工作盘旋转方向。

②钢筋弯曲机应设专人操作，弯曲较长钢筋时，应有专人扶持。严禁在弯曲钢筋的作业半径内和机身不设固定销的一侧站人。弯曲好的半成品应及时堆放整齐，弯头不可朝上。

③作业中不可更换中心轴、成形轴和挡铁轴，也不可在运转中进行维护和清理作业。

④表 4-40 所列转速及最多弯曲根数仅适用于极限强度不超过 450 MPa 的材料，如材料强度变更时，钢筋直径应相应变化。不可超过机械对钢筋直径、根数及转速的有关规定的限制。

表 4-40 不同转速的钢筋弯曲根数

钢筋直径/mm	工作盘(主轴)转速/(r/min)		
	3.7	7.2	14
	可弯曲钢筋根数		
6	—	—	6
8	—	—	5
10	—	—	5
12	—	5	—
14	—	4	—
19	3	—	不能弯曲
27	2	不能弯曲	不能弯曲
32～40	1	不能弯曲	不能弯曲

⑤挡铁轴的直径和强度不可小于被弯钢筋的直径和强度。未经调直的钢筋禁止在弯曲机上弯曲。作业时，应注意放入钢筋的位置、长度和旋转方向，以确保安全。

⑥为使新机械正常磨合，在开始使用的 3 个月内，一次最多弯曲钢筋的根数应比表 4-40 所列的数值少一根。最大弯曲钢筋的直径应不超过 25 mm。

⑦作业完毕要先将倒顺开关扳到零位，切断电源，将加工后的钢筋堆放好。

施工机具 8　钢筋绑扎常用工具

1. 钢筋钩

钢筋钩是用得最多的绑扎工具，其基本形式如图 4-33 所示。常用直径为 12～16 mm、长度为 160～200 mm 的圆钢筋加工而成，根据工程需要还可以在其尾部加上套筒或小板口等。

2. 小撬棍

主要用来调整钢筋间距，矫直钢筋的局部弯曲，垫保护层垫块等，其形式如图 4-34 所示。

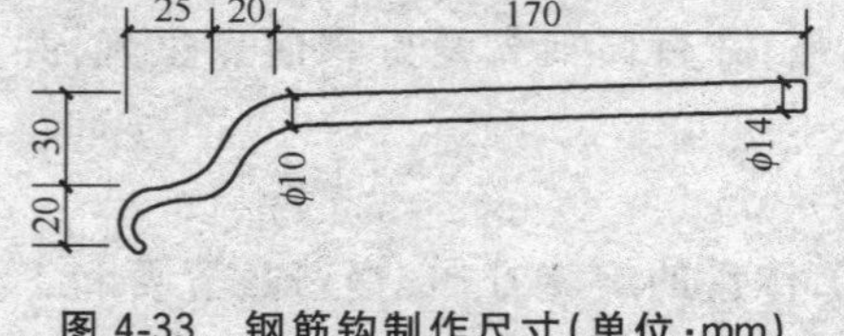

图 4-33 钢筋钩制作尺寸(单位:mm)

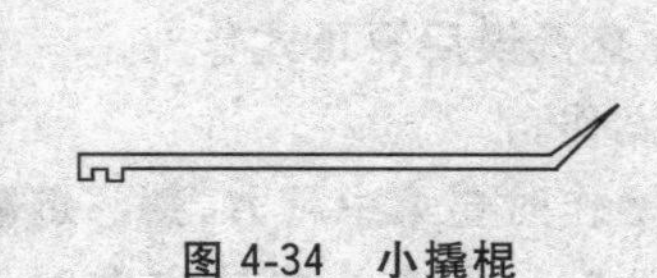

图 4-34 小撬棍

3. 起拱扳子

板的弯起钢筋需现场弯曲成型时，可以在弯起钢筋与分布钢筋绑扎成网片以后，再用起拱扳子将钢筋弯曲成形。起拱扳子的形状和操作方法如图 4-35 所示。

4. 绑扎架

为了确保绑扎质量，绑扎钢筋骨架必须用钢筋绑扎架，根据绑扎骨架的轻重、形状，可选用如图 4-36～图 4-38 所示的相应形式绑扎架。其中图 4-36 所示为轻型骨架绑扎架，适用于绑扎过梁、空心板、槽形板等钢筋骨架；图 4-37 所示为重型骨架绑扎架，适用于绑扎重型钢筋骨架；图 4-38 所示为坡式骨架绑扎架，具有质量轻、用钢量省、施工方便（扎好的钢筋骨架可以沿绑扎架的斜坡下滑）等优点，适用于绑扎各种钢筋骨架。

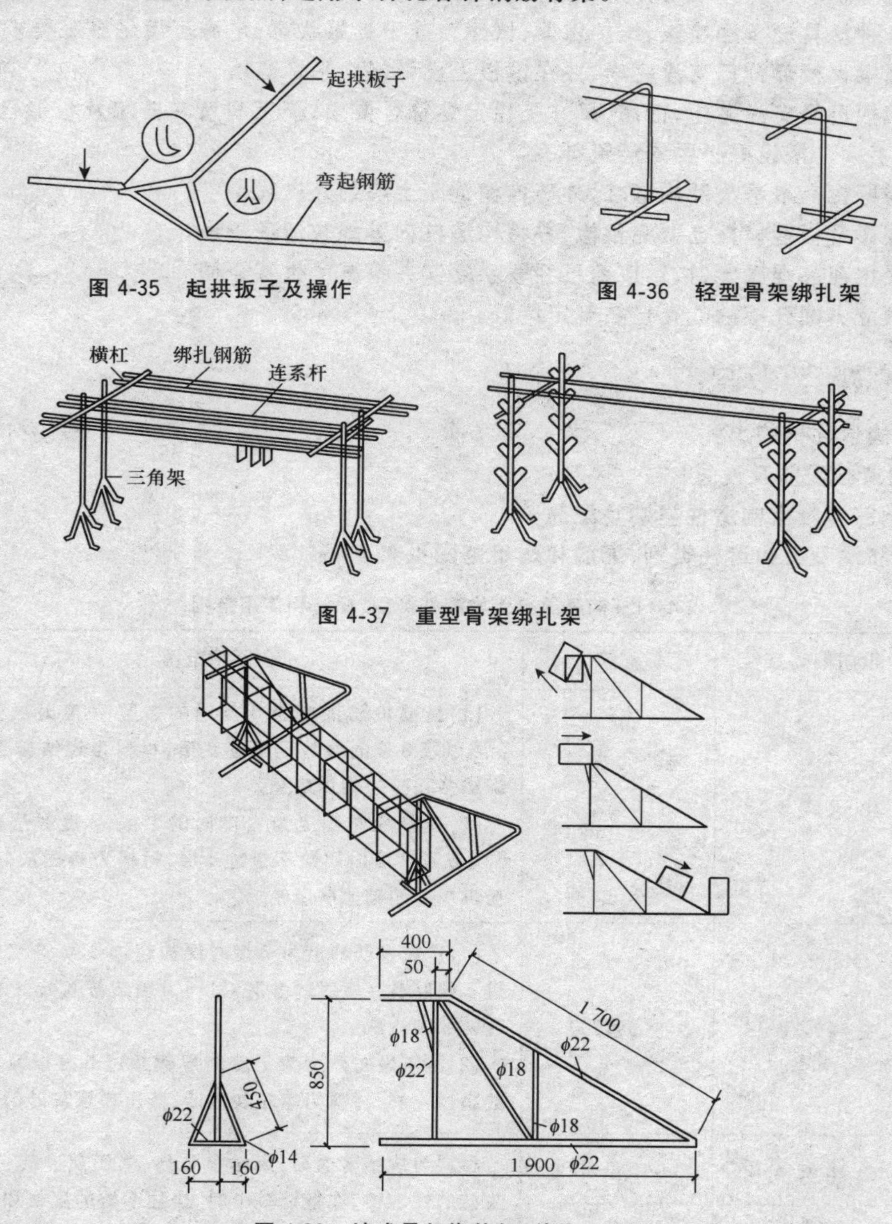

图 4-35　起拱扳子及操作

图 4-36　轻型骨架绑扎架

图 4-37　重型骨架绑扎架

图 4-38　坡式骨架绑扎架（单位：mm）

5. 其他工具

钢丝刷子、手推车、粉笔、尺子、墨斗、石笔、油漆等。

细节三 施工作业条件

(1)进场钢筋已按照设计图纸和配料单仔细核对，钢筋的型号、尺寸、数量、钢号、焊接质量，均符合要求，并具有出厂合格证。

(2)钢筋按施工平面布置图要求，将钢筋堆放场地进行清理、平整，准备好垫木，按绑扎次序，不同型号、规格，整齐堆放并垫好垫木。

(3)各种机具设备经检修、维护保养、试运转处于良好状态；电源可满足施工要求。

(4)圈梁模板部分已支设完毕，并在模板上已弹好水平标高线。

(5)模板已经支设完毕，标高、尺寸及稳定性符合要求；模板与所在砖墙及板缝已堵严，并办完预检手续。搭设好必要的浇筑脚手架。

(6)弹好标高水平线及构造柱、外砖内模混凝土墙的外皮线。

(7)圈梁及板缝模板已做完预检，并将构造柱内落地灰清理干净。

(8)采用商品混凝土时，供应商已经联系落实并签署了供货合同。

(9)预应力圆孔板的端孔已按规定堵好。

细节四 施工工艺要求

(一)构造柱钢筋绑扎

1. 构造柱配筋及设置

(1)钢筋混凝土构造柱类别及配筋。

1)钢筋混凝土构造柱类别、配筋和适用范围见表4-41。

表4-41 钢筋混凝土构造柱类别、配筋和使用范围

类别	纵向钢筋直径	箍筋	适用范围
A	尘12或ϕ12	尘6@250	(1)抗震设防烈度为6度时的多层、7度时层数不超过6层以及8度时层数不超过5层，材料为烧结普通砖、P型烧结多孔砖的砌体房屋。 (2)抗震设防烈度为6度时的多层、7度时层数不超过5层以及8度时层数不超过4层，材料为蒸压灰砂砖、蒸压粉煤灰砖的砌体房屋
B	尘14或ϕ14	尘6@200	(1)抗震设防烈度为7度时层数超过6层、8度时层数超过5层以及9度时的多层，材料为烧结普通砖、P型烧结多孔砖的砌体房屋。 (2)抗震设防烈度为7度时层数超过5层以及8度时层数超过4层，材料为蒸压灰砂砖、蒸压粉煤灰砖的砌体房屋
C	尘12或ϕ12	尘6@200	材料为烧结普通砖、烧结多孔砖、蒸压灰砂砖、蒸压粉煤灰砖的住宅楼，在横墙较少时，当住宅楼的层数和总高度接近或达到《建筑抗震设计规范》(GB 50011—2010)所规定的限值时，需加强的构造柱。C类用于中柱、D类用于边柱、B类用于角柱
D	尘14或ϕ14	尘6@200	
E	尘14或ϕ14	尘6@100	

注：D类与B类的箍筋加密区长度不同。

2)有抗震要求的工程,在构造柱上下端应加密箍筋,箍筋间距不应大于 100 mm。

3)构造柱纵向钢筋的连接可采用焊接或绑扎搭接的方式。若构造柱纵向钢筋采用绑扎搭接时,在搭接长度范围内也应加密箍筋,箍筋间距不应大于 100 mm。

4)构造柱纵向钢筋宜采用 HPB300 或 HRB335 级热轧钢筋。

(2)构造柱设置。

1)构造柱设置位置,如图 4-39 所示。

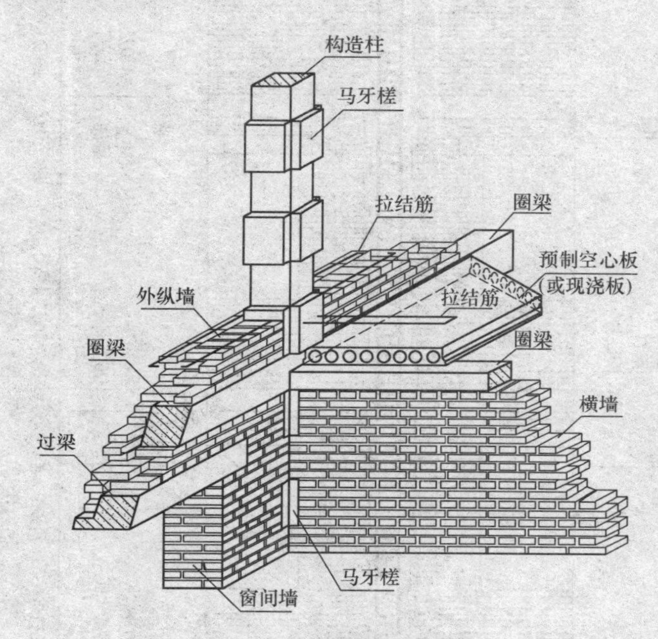

图 4-39　构造柱位置示意

2)构造柱立面,如图 4-40 所示。

3)构造柱内纵向钢筋的锚固和搭接长度,见表 4-42。

2. 构造柱钢筋绑扎

(1)预制构造柱钢筋骨架。

1)先将两根竖向受力钢筋平放在绑扎架上,并在钢筋上画上箍筋间距,自柱脚起始箍筋位置距竖筋端头为 40 mm。放置竖筋时,柱脚始终朝一个方向,若构造柱竖筋超过 4 根,竖筋应错开布置。

2)在钢筋上画箍筋间距时,在柱顶、柱脚与圈梁钢筋交接的部位,应按设计和规范要求加密柱的箍筋,加密范围一般在圈梁上下均不应小于 1/6 层高或 450 mm,箍筋间距不宜大于 100 mm(柱脚加密区箍筋待柱骨架立起搭接后再绑扎)。

有抗震需求的工程,柱顶、柱脚箍筋加密,加密范围 1/6 柱净高,同时不小于 450 mm,箍筋间距应按 $6d$ 或 100 mm 加密进行控制,取较小值。钢筋绑扎接头应避开箍筋加密区,同时接头范围的箍筋加密 $5d$,且不大于 100 mm。

3)根据画线位置,将箍筋套在主筋上逐个绑扎,要预留出搭接部位的长度。为防止骨架变形,宜采用反十字扣或套扣绑扎。箍筋应与受力钢筋保持垂直;箍筋弯钩叠合处,应沿受力箍筋方向错开放置。

4)绑扎箍筋时,为防止骨架变形,应采用反十字扣或套扣绑扎。

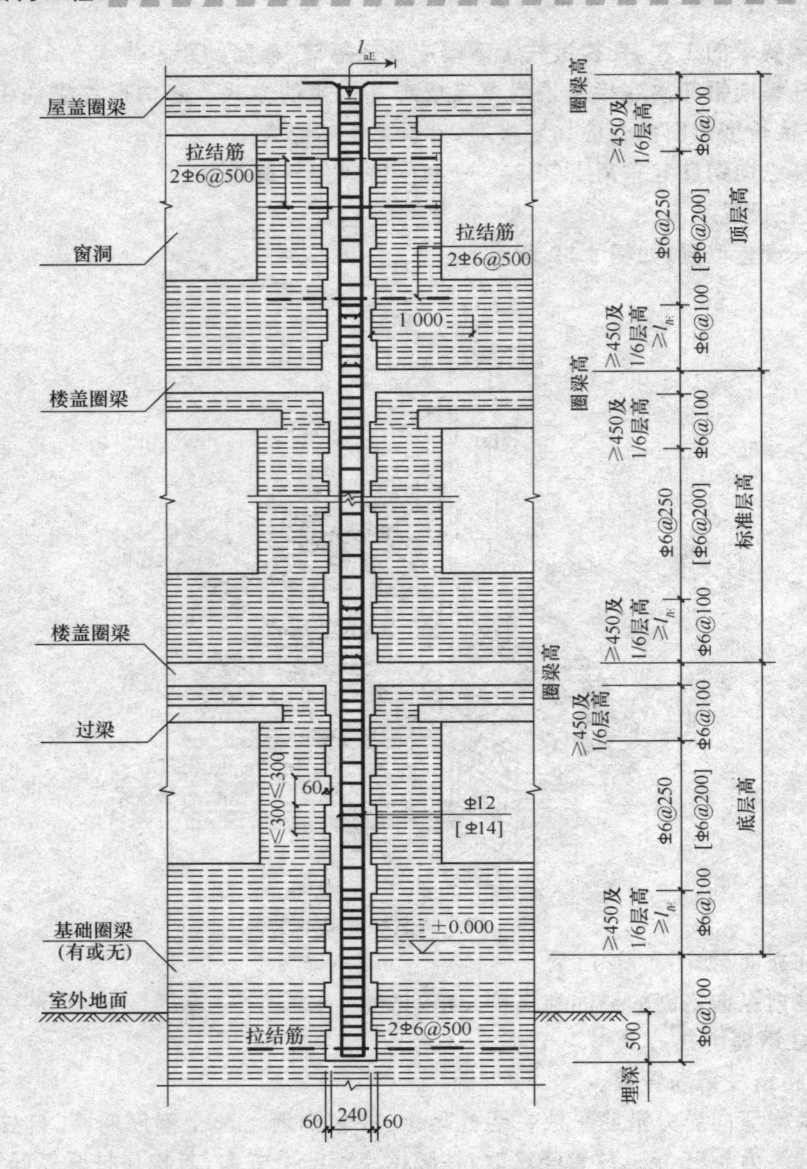

图 4-40　构造柱立面示意(单位:mm)

表 4-42　钢筋的锚固长度 l_{aE}、搭接长度 l_{lE}　　单位:mm

钢筋	Φ 12	Φ 14	Φ 16	Φ 12	Φ 14	Φ 16
混凝土强度等级	C20	C20	C20	C20	C20	C20
锚固长度 l_{aE}	480	560	640	420	490	560
搭接长度 l_{lE}	600	700	800	480	560	640

5)箍筋应与主筋保持垂直,箍筋弯钩搭接处,应沿主筋方向错开绑扎。箍筋端头平直长度不小于 $10d$(d 为箍筋直径),弯钩角度为 135°。

(2)修整底层伸出的构造柱搭接筋。

根据已放好的构造柱位置线,检查构造柱搭接钢筋位置、数量及搭接长度,应符合设计和规范要求。构造柱可不单独设置基础，有基础圈梁时，底层构造柱竖筋与基础圈梁锚固，如图 4-41所示；无基础圈梁时，构造柱竖筋伸入室外地面以下大于 500 mm，如图 4-42 所示。

(3)安装构造柱钢筋骨架。

1)先在下层伸出的搭接筋上套上箍筋，再将预制好的构造柱钢筋骨架竖立起来，对正伸出的搭接筋，钢筋搭接长度应符合设计和规范要求。根据标高控制线对好标高，在主筋搭接长度内各绑不少于 3 个扣。钢筋骨架调整后即可绑根部加密区箍筋。

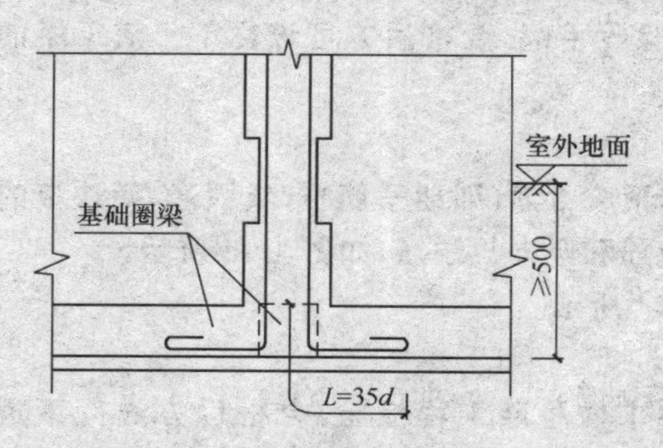

图 4-41　有基础圈梁时构造柱根部(单位:mm)

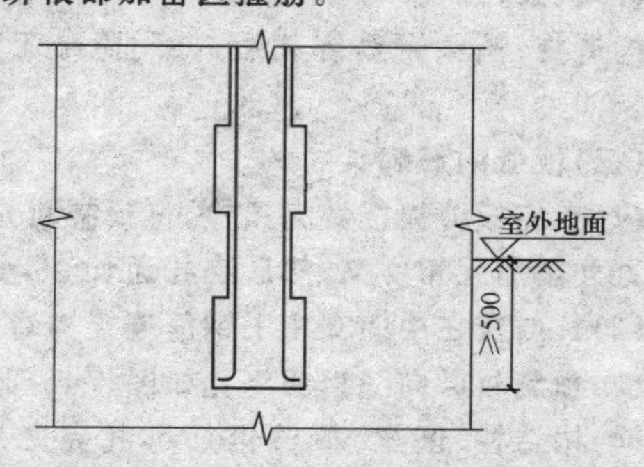

图 4-42　无基础圈梁时构造柱根部(多孔砖砌体)(单位:mm)

2)现场绑扎构造柱钢筋。先将每根柱所有箍筋套在下层伸出的搭接筋上，然后接长构造柱主筋，在主筋上划出箍筋的间距后，逐个绑扎箍筋。

(4)搭接部位钢筋绑扎。

骨架调整方正后，可以绑扎根部加密区箍筋。按骨架上的箍筋位置线从上往下依次进行绑扎，并保证箍筋绑扎水平、稳固。

(5)绑扎保护层垫块。

构造柱绑扎完成以后，在与模板接触的侧面及时进行保护层垫块绑扎，采用带绑丝的砂浆垫块，间距不大于 800 mm。

(二)圈梁钢筋绑扎

(1)划分箍筋位置线。

支完圈梁模板并做完预检，即可绑扎圈梁钢筋，采用在模内直接绑扎的方法，按设计图纸要求间距，在模板侧帮上画出箍筋位置线。按每两根构造柱之间为一段，分段画线，箍筋起始位置距构造柱 50 mm。

(2)放箍筋。

箍筋位置线画好后，数出每段箍筋数量，放置箍筋。箍筋弯钩叠合处，应沿圈梁主筋方向互相错开设置。

(3)穿圈梁主筋。

穿圈梁主筋时，应从角部开始，分段进行。圈梁与构造柱钢筋交叉处，圈梁钢筋宜放在构造柱受力钢筋内侧。圈梁钢筋在构造柱部位搭接时，其搭接倍数或锚入柱内长度要符合设计和规范要求。主筋搭接部位应绑扎 3 个扣。

圈梁钢筋应互相交圈，在内外墙交接处、墙大角转角处的锚固长度，均要符合设计和规范要求。

(4)绑扎箍筋。

圈梁受力筋穿好后，进行箍筋绑扎，应分段进行。在每段两端及中间部位先临时绑扎，将

主筋架起来，以利于绑扎。绑扎时，要让箍筋与圈梁主筋保证垂直，将箍筋对正模板侧帮上的位置线，先将下部主筋与箍筋绑扎，再绑上部筋，上部角筋处宜采用套扣绑扎。

(5)设置保护层垫块。

圈梁钢筋绑完后，应在圈梁底部和与模板接触的侧面加水泥砂浆垫块，以控制受力钢筋的保护层厚度。底部的垫块应加在箍筋下面，侧面应绑在箍筋外侧。

(6)检查、验收。

构造柱、圈梁钢筋绑扎后，办理隐蔽工程检查验收手续，合格后方可进行下一道工序的施工。

(三)板缝钢筋绑扎

(1)支完板缝模板做完预检，将预制圆孔板外露预应力筋(即胡子筋)弯成弧形，两块板的预应力外露筋互相交叉，然后绑扎通长 $\phi6$ 水平构造筋和竖向拉结筋，如图 4-43 所示。

(2)长向板在中间支座上钢筋连接构造如图 4-44 所示。

(3)预制板纵向缝钢筋绑扎如图 4-45 所示。

(4)构造柱、圈梁、板缝钢筋绑扎完之后，均要求做隐蔽工程检验，合格后方进行下道工序。

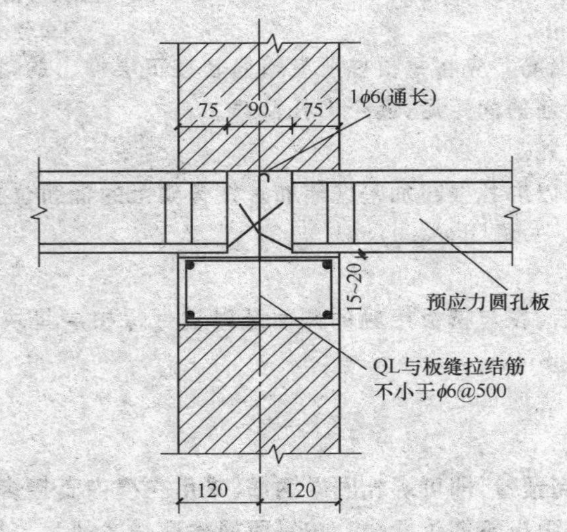

图 4-43　板缝水平构造筋和竖向拉结筋(单位:mm)

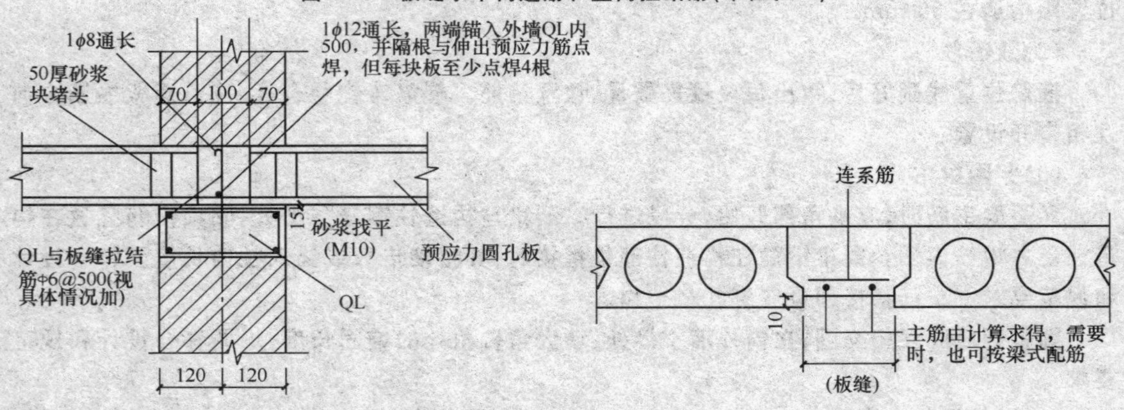

图 4-44　长向板在中间支座上钢筋连接构造(单位:mm)　　图 4-45　预制板纵向缝钢筋绑扎(单位:mm)

细节五　施工成品保护

(1)当构造柱钢筋采用预制骨架时,应在指定地点垫平码放整齐。往楼层上吊运钢筋存放时,应清理好存放地点,以免变形。

(2)构造柱钢筋绑扎完成后,不得攀爬或是用于搭设脚手架等。

(3)不得踩踏已绑好的圈梁钢筋或是在上行走,绑圈梁钢筋时不得将梁底砖碰松动。

细节六　施工质量问题

(1)墙、柱预埋钢筋位移。

墙、柱主筋的插筋与底板上、下筋要加固定框进行固定,绑扎牢固,确保位置准确。必要时可附加钢筋电焊焊牢。混凝土浇筑时应有专人检查修整。插筋施工不得在夜间进行,且所有插筋在浇筑混凝土之前必须对数量、位置由专人进行核对。

(2)搭接长度不够。

绑扎时对每个接头进行尺量,检查搭接长度是否符合本工程的设计要求;浇筑混凝土前应仔细检查绑扣是否牢固,防止混凝土振捣造成钢筋下沉使上层甩筋长度不够。

(3)墙体钢筋保护层厚度有偏差。

根据内外墙钢筋保护层厚度要求不同,分别放置不同厚度的垫块。

(4)钢筋原材未经复试,对原材质量情况不明,或不同规格的钢筋混堆,施工中使用错误。

钢筋进场时应有专人检查钢筋出厂质量证明文件并经现场取样复试合格后方可在工程中使用。经复试合格的钢筋原材,应存放在仓库或料棚内,底部用混凝土墩、垫木等垫起,离地200 mm以上。工地露天堆放时,应选择地势较高,地面干燥的场地,四周要有排水措施。不同厂家、不同等级、不同规格、不同批号及不同受检状态的钢筋应分别堆放整齐并在明显处做标志。

(5)钢筋原材存放时间过长或存放场地不规范,受雨雪侵蚀或环境潮湿通风不良,使钢筋呈片状褐锈,有麻坑等。

钢筋进场后,应尽量缩短存放期,先进场的先用,防止和减少钢筋锈蚀。表面有红褐色锈斑、老锈等的钢筋经除锈后才能使用,严重锈蚀的钢筋如出现麻坑等需经有关方面鉴定合格后才能使用。

(6)由于千斤顶油泵漏油或施工中保护措施不当,造成脱模剂、水泥浆污染钢筋。

施工中采取对竖向钢筋加保护套等措施,尽量避免脱模剂和各种细料等污染钢筋,一旦发生污染必须清擦干净,混凝土浇筑中钢筋上沾染的水泥浆,应在浇筑完后清刷干净。

(7)对施工图纸和设计规范不熟悉,造成配料及下料尺寸有误差。

钢筋配料前先熟悉施工图纸及规范的要求,按搭接锚固形式和钢筋形状计算出钢筋的尺寸,并预先确定各种形状钢筋下料长度的调整值(弯曲类型、弯曲处曲率半径、钢筋直径等),确定钢筋的实际下料长度。大批成型弯曲前先试成型,作业样板,调整好下料长度,再正式加工。

(8)钢筋切断时,根数偏多或切断机刀片间隙过大,使端头歪斜不平。

对切断机的刀片间隙等调整好,一次切断根数适当,防止端头歪斜不平,特别对需对焊、气压焊、电渣压力焊和机械连接的钢筋端头用切断机不能保证时,应用切割机下料,以确保端头平整。

(9)板钢筋、梁箍筋135°弯钩角度不准,弯钩平直部分长度不够。

成型时按图纸尺寸在工作台上划线准确,弯折时严格控制弯曲角度,一次弯曲多个箍筋时,在弯折处必须逐个对齐,成型后进行检查核对,发现误差进行调整后再大批加工成型。

(10)墙体梯子筋或顶棍端部未涂刷防锈漆。

梯子筋及顶棍加工中注意将端头磨平后刷防锈漆。

(11)绑扎对焊接头未错开。

经闪光对焊加工的钢筋,在现场进行绑扎时,对焊接头要按50%和不小于35d错开接头位置。

(12)墙体搭接接头范围内水平筋数量不足。

认真学习抗震规范及施工图纸,按规范及图纸要求施工。

(13)浇筑混凝土时未对楼板钢筋加以妥善保护,使楼板钢筋被施工人员踩下,钢筋保护层厚度不够。

施工人员不得直接踩踏已绑扎完成的钢筋,如的确需要,应加设垫板。

(14)钢筋配料时施工人员没有认真熟悉设计图纸和《混凝土结构工程施工质量验收规范》(GB 50204—2002)(2011版)中对搭接长度和锚固长度的要求,配料中疏忽大意,钢筋长度不足,配料时施工人员没有认真考虑原材料的长度,对构件同一截面的接头数量安排计算有误(包括焊接和机械连接接头)。

钢筋配料时,应认真熟悉设计图纸要求和规范规定,掌握钢筋原材料的长度,按钢筋的锚固和搭接长度,明确绑扎接头、焊接接头的位置和错开的数量,认真配料,下料单中的钢筋编号要标注清楚,特别对同一组搭配而安装方法不同的情况要加文字说明。

细节七 施工质量记录

(1)钢筋分项工程检验批质量验收记录表。

(2)结构实体钢筋保护层厚度验收记录。

(3)钢筋分项工程隐藏工程检查记录。

(4)钢筋连接接头试验报告。

(5)焊条、焊剂出厂合格证。

(6)钢筋接头隐藏工程检查记录。

二、砖混结构模板施工

细节一 施工材料准备

(一)木模板

木模板及其支撑系统所用的木材宜用Ⅲ级材,不得采用有脆性、严重扭曲和受潮后容易变形的木材。

木模板由平面模板和配件等组成。平面模板直接与混凝土接触,配件则支承平面模板使其稳固。木模板具体内容见表4-43。

表4-43 木模板的具体内容

组成成分	内容
平面模板	平面模板可采用宽度不大于150 mm的木板,当混凝土构件的宽度大于150 mm时,则用若干块木板拼制,其背面加木档,木档断面尺寸及其间距按模板受力情况而定。用于侧模时,木板厚度为20～30 mm;用于底模时,木板厚度为40～50 mm。模板尺寸按混凝土构件支模面积而定。 用于楼板的底模,则做成定型模板,即将木板(或防水胶合板)拼钉于木框上,木板厚度不小于20 mm,胶合板至少为五夹板。定型模板的尺寸一般采用400 mm×800 mm、500 mm×1 000 mm等,也有做成方形的。定型模板和拼板模板如图4-46所示

续表

组成成分	内　容
配件	配件包括顶撑、柱箍、格栅、托木、夹木、斜撑、横担、牵杠、搭头木等。 (1)顶撑用于支承梁模。顶撑由帽木、立柱、斜撑等组成。帽木用(50～100) mm×100 mm方木;立柱用100 mm×100 mm方木或直径100 mm的原木;斜撑用50 mm×75 mm的方木。顶撑也可用钢制,立柱由内外套管组成,内管用 ϕ50 mm钢管;外管用 ϕ63 mm钢管,内外管上都有销孔,两者销孔对准,插入销子,可调整立柱高度;斜撑用 ϕ12 mm圆钢,立柱顶应装帽木托座,帽木置于托座中,用钉钉圈。为了调整梁模的标高,在顶撑立柱底下应加设木楔,沿顶撑底的地面上应铺垫板,垫板厚度应不小于40 mm,宽度不小于200 mm,长度不小于600 mm。图4-47为木顶撑及钢顶撑的立面图。 (2)柱箍用于箍紧桩模,以防止混凝土浇筑时柱模发生鼓胀变形。柱箍有钢柱箍和钢木柱箍。钢柱箍两边为角钢,另两边为螺栓,角钢边长不小于50 mm;螺栓直径不小于12 mm。钢木柱箍两边为方木,另两边为螺栓,方木应用硬木,断面不小于50 mm×50 mm;螺栓直径不小于12 mm。图4-48为钢柱箍和钢木柱箍平面图。 (3)格栅用于支承楼板底模。格栅应用方木制作,其断面面积不小于50 mm×100 mm。格栅的头搁置于梁模外侧的托木上。格栅间距不超过500 mm。 (4)托木用于支承格栅,钉于梁模侧板外侧。托木应用方木制作,其断面面积不小于50 mm×75 mm。托木如不需要支承格栅,则作为斜撑上端支承点。 (5)夹木用于梁模、墙模侧板下端外侧,以防止侧板下端移位。夹木应用方木制作,其断面面积不小于50 mm×75 mm。 (6)斜撑用于稳固梁模、墙模、基础模等的侧板。斜撑应用于方木制作,其断面面积不小于50 mm×50 mm。斜撑一般按45°～60°方向布置,其上端支承在托木上,其下端支承在顶撑的帽木上或木桩上。 (7)横担用于支承预制混凝土构件模板或悬挂基础地梁模板。横担应用方木制作,其断面面积不小于50 mm×100 mm。 (8)牵杠用于墙模侧板外侧或格栅底下。牵杠应用方木制作,其断面面积不小于50 mm×75 mm。 (9)拉杆设置于顶撑间,以稳固顶撑。拉杆应用方木制作,其断面面积不小于50 mm×50 mm。 (10)搭头木用于卡住梁模、墙模的上口,以保持模板上口宽度不变。搭头木应用方木制作,其断面面积不小于40 mm×40 mm

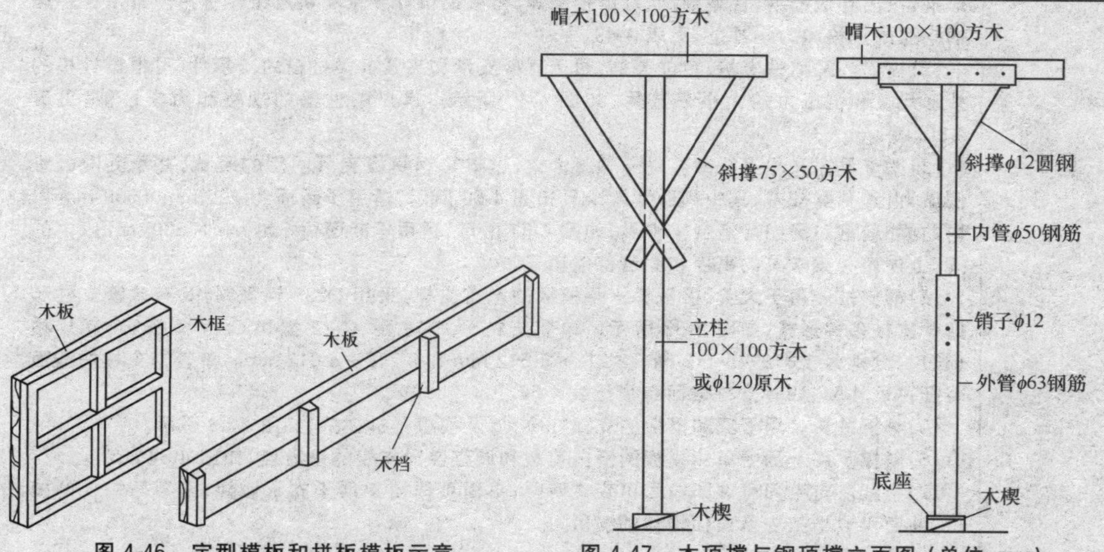

图4-46　定型模板和拼板模板示意

图4-47　木顶撑与钢顶撑立面图(单位:mm)

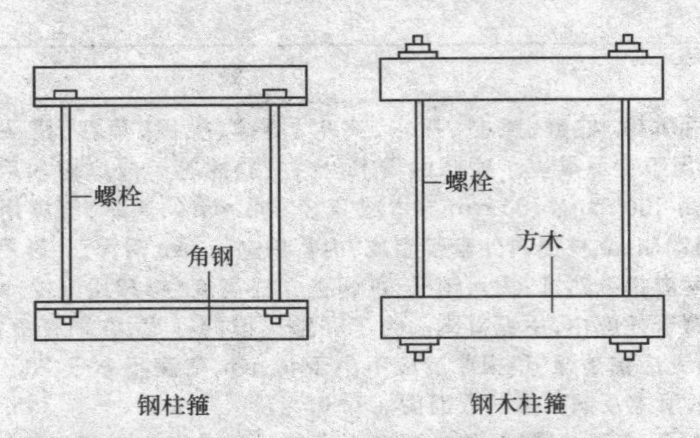

图 4-48 钢柱箍和钢木柱箍平面图

(二)定型组合小钢模

55 型小钢模是目前使用较广泛的一种通用性组合模板。

1. 组成部件

组合钢模板的部件主要由钢模板、连接件和支承件三部分组成。见表 4-44。

表 4-44 组合钢模板的部件

组成部件	内 容
钢模板	钢模板采用 Q325 钢材制成,钢板厚 2.5 mm,对于宽度大于等于 400 mm 的宽面钢模板应采用厚度为 2.75 mm 或 3.0 mm 的钢板。主要包括平面模板、阴角模板、连接角模等,见表 4-45
连接件	连接件由 U 形卡、L 形插销、钩头螺栓、扣件、对拉螺栓等组成。 (1)连接件的组成和用途,见表 4-46。 (2)对拉螺栓的规格和性能,见表 4-47。 (3)扣件容许荷载,见表 4-48
支承件	(1)钢楞。又称龙骨,主要用于支承钢模板并加强其整体刚度。钢楞的材料有圆钢管、矩形钢管、内卷边槽钢、轻型槽钢、轧制槽钢等,可根据设计要求和供应条件选用。常用各种型钢钢楞的规格和力学性能,见表 4-49。 (2)柱箍。又称柱卡箍、定位夹箍,用于直接支承和夹紧各类柱模的支承件,可根据柱模的外形尺寸和侧压力的大小来选用,如图 4-49 所示。常见的柱箍的规格和力学性能,见表 4-50。 (3)梁卡具。又称梁托架。是一种将大梁、过梁等钢模板夹紧固定的装置,并承受混凝土侧压力,其种类较多,其中钢管型梁卡具如图 4-50 所示,适用于断面为 700 mm×500 mm 以内的梁;扁钢和圆钢管组合梁卡具,如图 4-51 所示,适用于断面为 600 mm×500 mm 以内的梁,上述两种梁卡具的高度和宽度都能调节。 (4)钢支柱。用于大梁、楼板等水平模板的垂直支撑,采用 Q235 钢管制作,有单管支柱和四管支柱多种形式,如图 4-52 所示。单管支柱分 C-18 型、C-22 型和 C-27 型三种,其规格(长度)分别为 1 812~3 112 mm、2 212~3 512 mm 和 2 712~4 012 mm。单管钢支柱的截面特征见表 4-51,四管支柱截面特征见表 4-52。 (5)早拆柱头。用于梁和模板的支撑柱头,以及模板早拆柱头,如图 4-53 所示。 (6)斜撑。用于承受单侧模板的侧向荷载和调整竖向支模的垂直度,如图 4-54 所示。 (7)桁架。有平面可调和曲面可变式两种,平面可调桁架用于支承楼板、梁平面构件的模板,曲面可变桁架支承曲面构件的模板。

续表

组成部件	内 容
支承件	1)平面可调桁架如图4-55所示:用于楼板、梁等水平模板的支架。用它支设模板,可以节省模板支撑和扩大楼层的施工空间,有利于加快施工速度。 平面可调桁架采用角钢、扁钢和圆钢筋制成,由两榀桁架组合后,其跨度可调整到2 100~3 500 mm,一个桁架的承载力为20 kN(均匀放置)。 2)曲面可变桁架如图4-56所示,曲面可变桁架由桁架、连接件、垫板、连接板、方垫块等组成。适用于筒仓、沉井、圆形基础、明渠、暗渠、水坝、桥墩、挡土墙等曲面构筑物模板的支撑。 桁架用扁钢和圆钢筋焊接制成,内弦与腹肋焊接固定,外弦可以伸缩,曲面弧度可以自由调节,最小曲率半径为3 m。桁架的截面特征,见表4-53。 (8)钢管脚手支架。主要用于层高较大的梁、板等水平构件模板的垂直支撑。 1)扣件式钢管脚手架:是以标准的钢管作标件(立杆、横杆和斜杆),以特制的扣件作连接件,组成骨架,铺放脚手板,并用支撑与防护构配件搭设而成的各种用途的脚手架。 2)碗扣式脚手架:碗扣式脚手架是承插式单管脚手架的一种形式,其构造与扣件式钢管脚手架基本相同,主要由立杆、横杆、斜杆、可调底座等组成,只是立杆与横杆、斜杆之间的连接不是采用扣件而是在立杆上焊上插座,横杆和斜杆上焊件是在立杆上焊上插座,横杆和斜杆上焊上插头,利用插头插入插座,拼装成各种尺寸的脚手架。 3)门式支架:门式钢管脚手架(简称门形脚手架),它的基本受力单元是由钢管焊接而成的门形刚架(简称门架),通过剪刀撑、脚手板(或水平梁)、连墙杆以及其他连接杆、配件组装成的逐层叠起脚手架,与建筑结构拉结牢固,形成整体稳定的脚手架结构,其特点是可减少连接件,并可与模板支架通用。 这种脚手架搭设高度一般限制在35 m以内,采取一定措施后可达60 m左右。架高在40~60 m范围内,结构架可一层同时操作,装修架可两层同时操作;架高在19~38 m范围内,结构架可两层同时操作,装修架可三层同时作业;架高17 m以下,结构架可三层同时作业,装修架可四层同时作业。施工荷载限定为:均布荷载结构架3.0 kN/m²,装修架2.0 kN/m²,架上不应走手推车

表4-45 钢模板的用途及规格

单位:mm

名称	图示	用 途	宽度	长度	肋高
平面模板	1—插销孔;2—U形卡孔;3—凸鼓;4—凸棱;5—边肋;6—主板;7—无孔横肋;8—有孔纵肋;9—无孔纵肋;10—有孔横肋;11—端肋	用于基础,墙体、梁、柱和板等多种结构的平面部位	600、550、500、450、400、350、300、250、200、150、100	1 800、1 500、1 200、900、750、600、450	55

续表

<table>
<tr><th colspan="2">名称</th><th>图示</th><th>用 途</th><th>宽度</th><th>长度</th><th>肋高</th></tr>
<tr><td rowspan="3">转角模板</td><td>阴角模板</td><td></td><td>用于墙体和各种构件的内角及凹角的转角部位</td><td>150×150、100×150</td><td rowspan="3">1 800、1 500、1 200、900、750、600、450</td><td rowspan="7">55</td></tr>
<tr><td>阳角模板</td><td></td><td>用于柱、梁及墙体等外角及凸角的转角部位</td><td>100×100、50×50</td></tr>
<tr><td>连接角模</td><td></td><td>用于柱、梁及墙体等外角及凸角的转角部位</td><td>50×50</td></tr>
<tr><td rowspan="2">倒棱模板</td><td>角棱模板</td><td></td><td rowspan="2">用于柱、梁及墙体等阳角的倒棱部位</td><td>17、45</td><td rowspan="2">1 500、1 200、900、750、600、450</td></tr>
<tr><td>圆棱模板</td><td></td><td>R20、R35</td></tr>
<tr><td colspan="2">梁腋模板</td><td></td><td>用于暗渠、明渠、沉箱及高架结构等梁腋部位</td><td>50×150、50×100</td><td rowspan="2">1 500、1 200、900、750、600、450</td></tr>
<tr><td colspan="2">柔性模板</td><td>100
450~1 500</td><td>用于圆形筒壁、曲面墙体等部位</td><td>100</td></tr>
</table>

续表

名称		图示	用途	宽度	长度	肋高
搭接模板		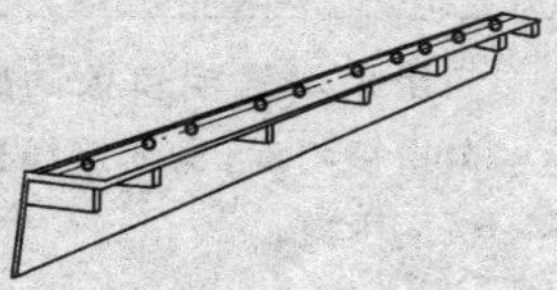	用于调节50 mm以内的拼装模板尺寸	75	1 500、1 200、900、750、600、450	
可调模板	双曲	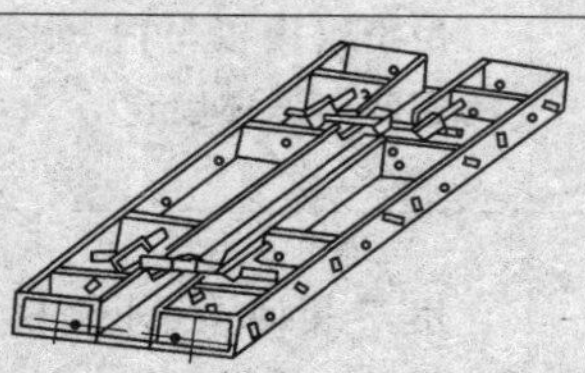	用于构筑物曲面部位	300、200	1 500、900、600	
	变角	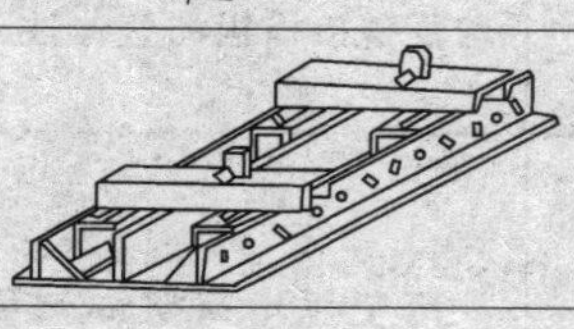	用于展开面为扇形或梯形的构筑物结构	200、160		
嵌补模板	平面嵌板	与平面模板和转角模板相同	用于梁、柱、板、墙等结构接头部位	200、150、100	300、200、150	55
	阴角嵌板			150×150、100×150		
	阳角嵌板			100×100、50×50		
	连接模板			50×50		

表 4-46　连接件组成和用途

名称	图　示	用　途	规格/mm	备注
U形卡	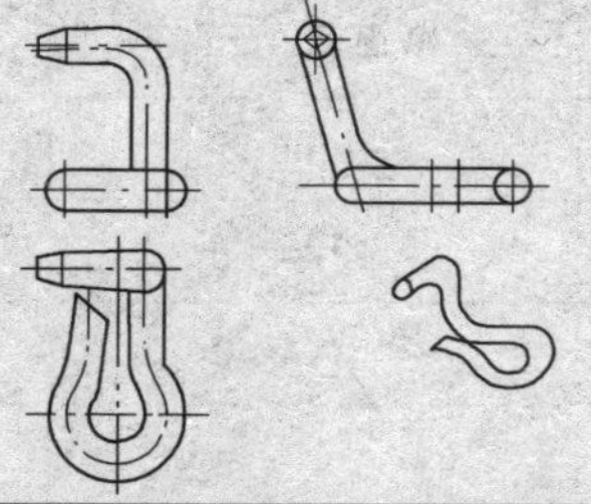	主要用于钢模板纵横向的自由拼接，将相邻钢模板夹紧固定	ϕ 12	Q235圆钢

续表

<table>
<tr><th colspan="2">名称</th><th>图　示</th><th>用　途</th><th>规格/mm</th><th>备注</th></tr>
<tr><td colspan="2">L形插销</td><td>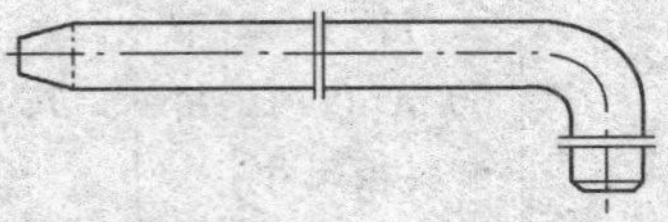</td><td>用来增强钢模板的纵向拼接刚度，保证接缝处板面平整</td><td>ϕ 12，l=345</td><td rowspan="6">Q235圆钢</td></tr>
<tr><td colspan="2">钩头螺栓</td><td>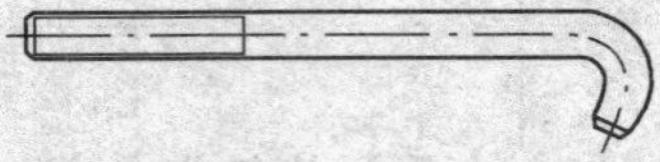</td><td>用于钢模板与内、外钢楞之间的连接固定</td><td>ϕ 12，l=205、180</td></tr>
<tr><td colspan="2">紧固螺栓</td><td>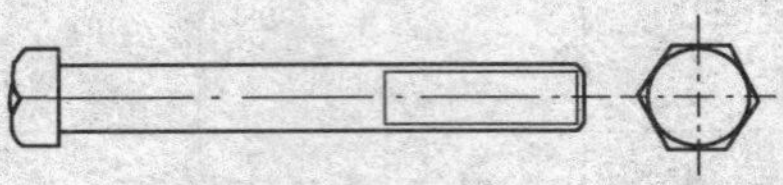</td><td>用于紧固内、外钢楞，增强拼接模板的整体性</td><td>ϕ12，l=180</td></tr>
<tr><td colspan="2">对拉螺栓</td><td>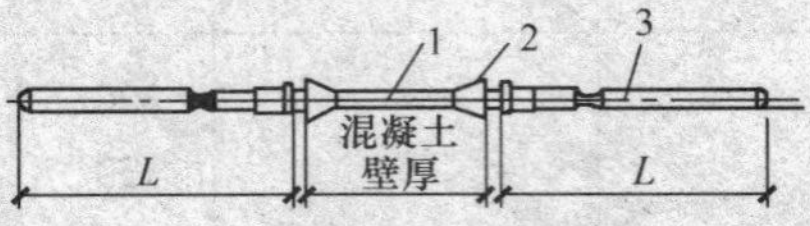
1－内拉杆；2－顶帽；
3－外拉杆</td><td>用于拉结两竖向侧模板，保持两侧模板的间距，承受混凝土侧压力和其他荷载，确保模板有足够的强度和刚度</td><td>M12、M14、M16、T12、T14、T16、T18、T20</td></tr>
<tr><td rowspan="2">扣件</td><td>弓形扣件</td><td>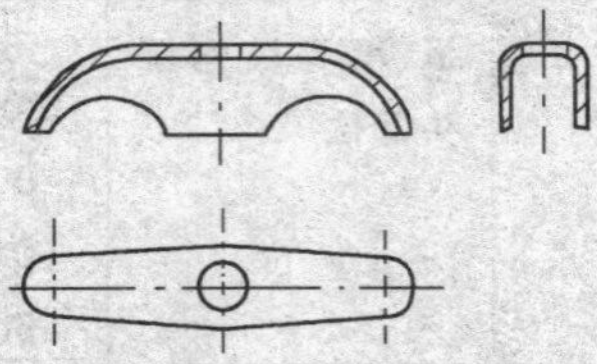</td><td rowspan="2">用于钢楞与钢模板或钢楞之间的紧固连接，与其他配件一起将钢模板拼装连接成整体，扣件应与相应的钢楞配套使用。按钢楞的不同形状，分别采用碟形和弓形扣件，扣件的刚度与配套螺栓的强度相适应</td><td>26型、12型</td></tr>
<tr><td>碟形扣件</td><td>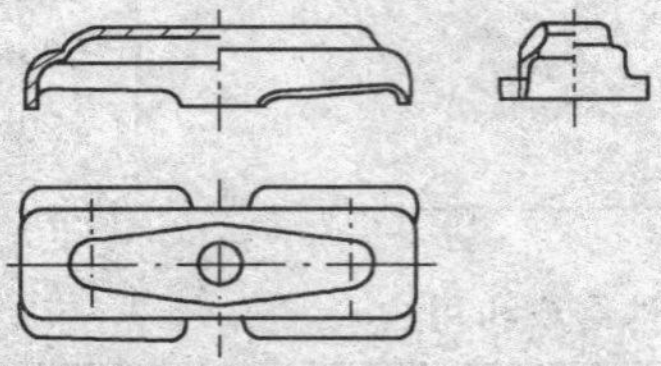</td><td>26型、18型</td></tr>
</table>

表4-47　对拉螺栓的规格和性能

螺栓直径/mm	螺纹内径/mm	净面积/mm²	容许拉力/kN
M12	10.11	76	12.90
M14	11.84	105	17.80
M16	13.84	144	24.50
T12	9.50	71	12.05

续表

螺栓直径/mm	螺纹内径/mm	净面积/mm^2	容许拉力/kN
T14	11.50	104	17.65
T16	13.50	143	24.27
T18	15.50	189	32.08
T20	17.50	241	40.91

表 4-48　扣件容许荷载

单位:kN

项　目	型　号	容许荷载
碟形扣件	26 型	26
	18 型	18
弓形扣件	26 型	26
	12 型	12

表 4-49　常用各种型钢钢楞的规格和力学性能

规格/mm		截面积 A /cm^2	质量 /(kg/m)	截面惯性矩 I_x /cm^4	截面抵抗矩 W_x /cm^3
圆钢管	ϕ 48×3.0	4.24	3.33	10.78	4.49
	ϕ 48×3.5	4.89	3.84	12.19	5.08
	ϕ 51×3.5	5.22	4.10	14.81	5.81
矩形钢管	□60×40×2.5	4.57	3.59	21.88	7.29
	□80×40×2.0	4.52	3.55	37.13	9.28
	□100×50×3.0	8.54	6.78	112.12	22.42
轻型槽钢	[80×40×3.0	4.50	3.53	43.92	10.98
	[100×50×3.0	5.70	4.47	88.52	12.20
内卷边槽钢	[80×40×15×3.0	5.08	3.99	48.92	12.23
	[100×50×20×3.0	6.58	5.16	100.28	20.06
轧制槽钢	[80×43×5.0	10.24	8.04	101.30	25.30

表 4-50　常用柱箍的规格和力学性能

材料	规格 /mm	夹板长度 /mm	截面积 A /cm^2	截面惯性矩 I_x /cm^4	截面最小抵抗矩 W_x/cm^3	适用柱宽范围/mm
扁钢	—60×6	790	360	10.80×10^4	3.60×10^3	250～500
角钢	∟75×50×5	1 068	61.2	34.86×10^4	6.83×10^3	250～750

续表

材料	规格 /mm	夹板长度 /mm	截面积 A /cm²	截面惯性矩 I_x /cm⁴	截面最小 抵抗矩 W_x/cm³	适用柱宽 范围/mm
槽钢	[80×43×5	1 340	1 024	101.30×10^4	25.30×10^3	500～1 000
	[100×48×5.3	1 380	1 074	198.30×10^4	39.70×10^3	500～1 200
圆钢管	ϕ 48×3.5	1 200	489	12.10×10^4	5.08×10^3	300～700
	ϕ 51×3.5		522	14.81×10^3	5.81×10^3	

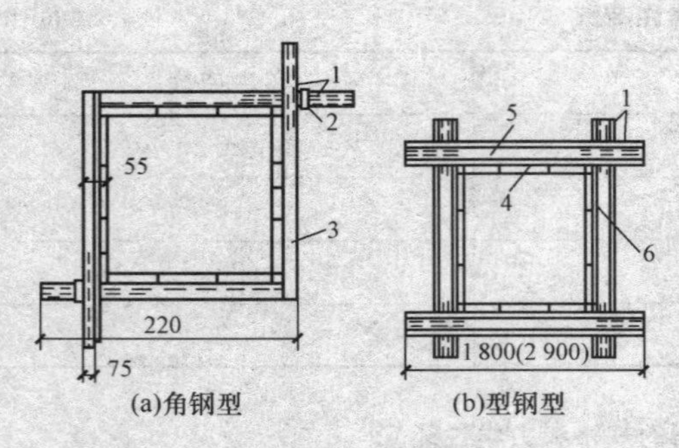

图 4-49　柱箍(单位:mm)

1－插销;2－限位器;3－夹板;

4－模板;5、6－型钢

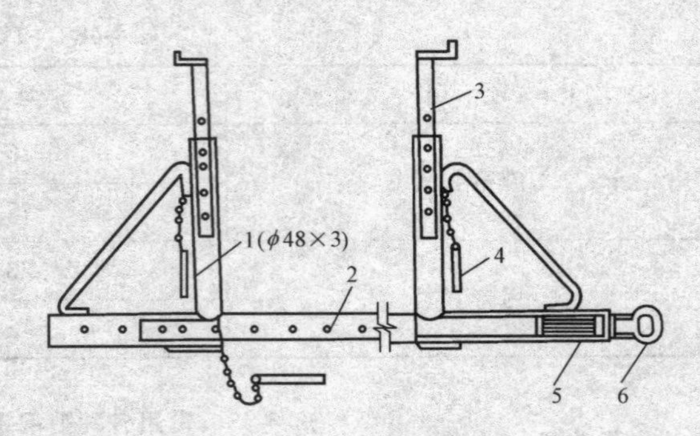

图 4-50　钢管型梁卡具

1－三角架;2－底座;3－调节杆;4－插销

5－调节螺栓;6－钢筋环

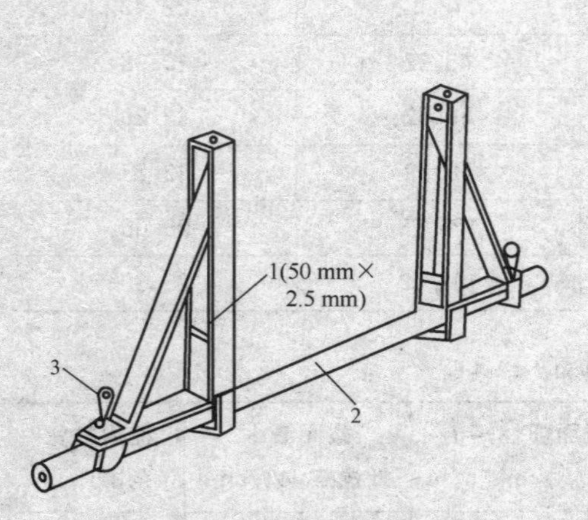

图 4-51　扁钢和圆钢管组合梁卡具

1－三角架;2－底座;3－固定螺栓

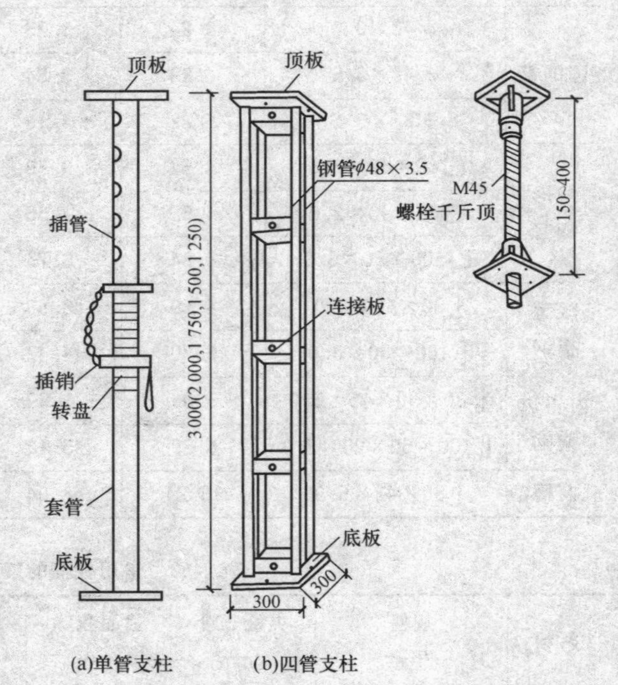

图 4-52　钢支柱(单位:mm)

表 4-51　单管钢支柱截面特征

类　型	项　目	直径/mm		壁厚/mm	截面积/cm²	截面惯性矩 I_x/cm⁴	回转半径 r/cm
		外径	内径				
CH	插管	48	43	2.5	3.57	9.28	1.16
	套管	60	55		4.52	18.70	2.03
YJ	插管	48	41	3.5	4.89	12.19	1.58
	套管	60	53		6.21	24.88	2.00

表 4-52　四管支柱截面特征

管柱规格/mm	四管中心矩/mm	截面积/cm²	截面惯性矩 I_x/cm⁴	截面抵抗矩 W_x/cm³	回转半径 r/cm
ϕ 48×3.5	200	19.57	2 005.34	121.24	10.12
ϕ 48×3.0	200	16.96	1 739.06	105.14	10.13

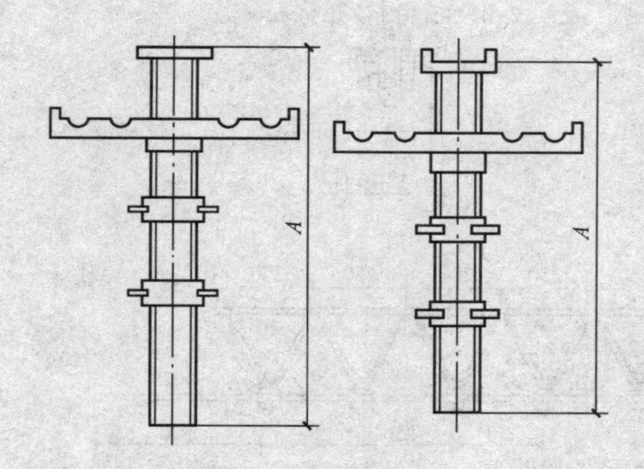

图 4-53　螺旋式早拆柱头

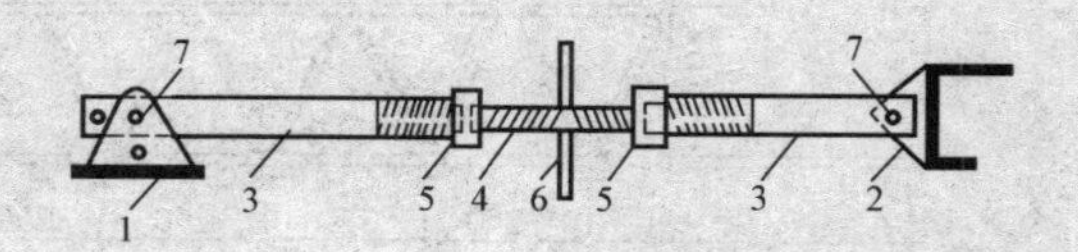

图 4-54　斜撑

1－底座;2－顶撑;3－钢管斜撑;4－花篮螺栓;5－螺母;6－旋杆;7－销钉

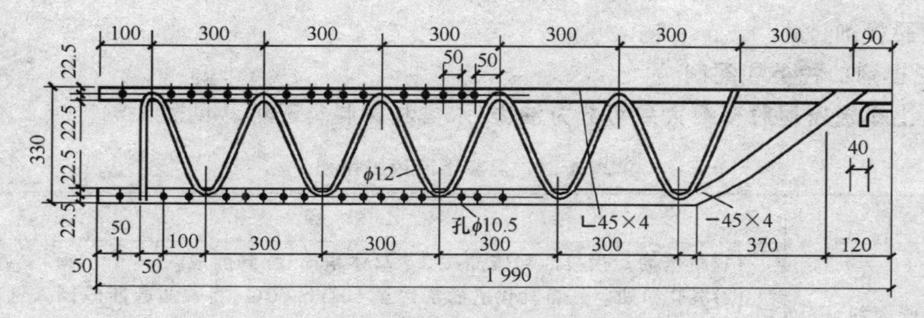

图 4-55　平面可调桁架(单位:mm)

表 4-53 桁架截面特征

项 目	杆件名称	杆件规格 /mm	毛截面积 A /cm²	杆件长度 l /mm	惯性矩 I_x /cm⁴	回转半径 r /mm
平面可调桁架	上弦杆	[63×6	7.2	600	27.19	1.94
	下弦杆			1 200		
	腹杆	[36×4	2.72	876	3.3	1.1
				639		
曲面可变桁架	内外弦杆	25×4	2×1=2	250	4.93	1.57
	腹杆	φ18	2.54	277	0.52	0.45

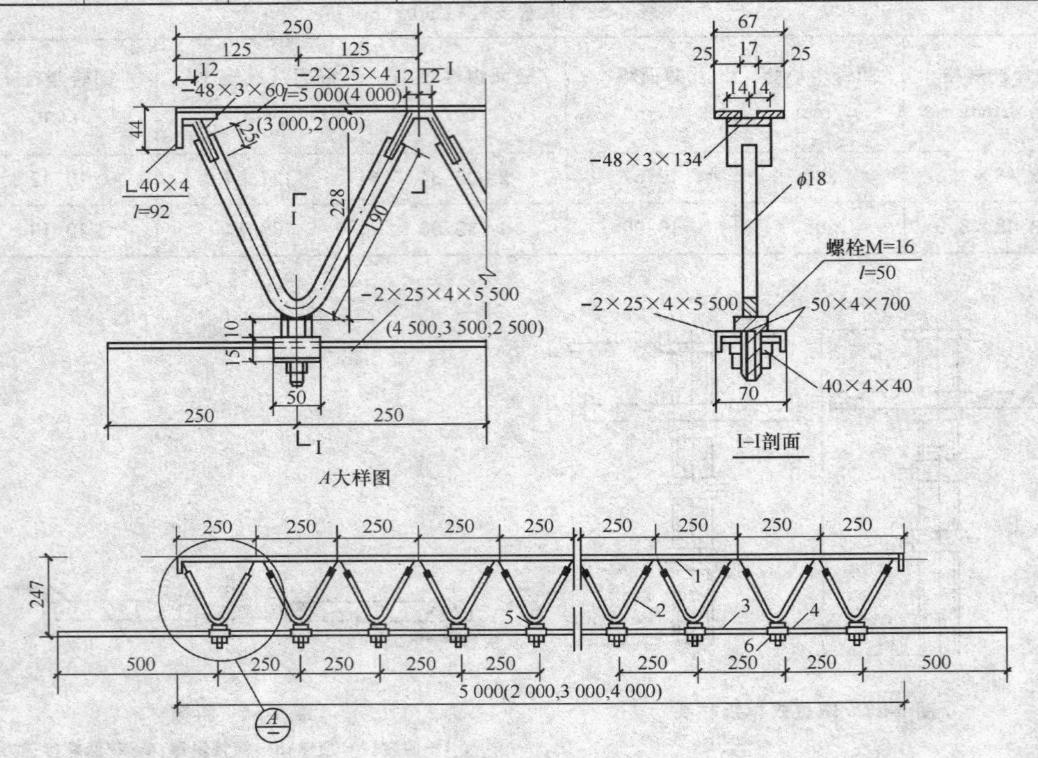

图 4-56 可变桁架示意(单位:mm)

1—内弦;2—腹肋;3—外弦;4—连接件;5—螺栓

(三)脱模剂

1. 脱模剂的种类和配制

混凝土模板所用脱模剂大致可分为油类、水类和树脂类三种。见表 4-54。

表 4-54 混凝土所用脱模剂

项 目	内 容
油类脱模剂	(1)机柴油。用机油和柴油按 3∶7(体积比)配制而成。 (2)乳化机油。先将乳化机油加热至 50℃～60℃,将磷质酸压碎倒入已加热的乳化机油中搅拌使其溶解,再将 60℃～80℃的水倒入,继续搅拌至乳白色为止,然后加入磷酸和苛性解溶液,继续搅拌均匀。按乳化机油∶水＝1∶5 调配(体积比)。

续表

项　目	内　容
油类脱模剂	(3)妥乐油。用妥乐油：煤油：锭子油＝1∶7.5∶1.5 配制(体积比)。 (4)机油皂化油。用机油：皂化油：水＝1∶1∶6(体积比)混合,用蒸汽拌成乳化剂
水性脱模剂	主要是海藻酸钠。其配制方法是海藻酸钠：滑石粉：洗衣粉：水＝1∶13.3∶1∶53.3(质量比)配合而成。先加海藻酸钠,再加滑石粉、洗衣粉和水搅拌均匀即可使用,刷涂、喷涂均可
树脂类脱模剂	为长效脱模剂,刷一次可用 6 次,如成膜好可用到 10 次。 甲基硅树脂用乙醇胺作固化剂,质量配合比为(1 000∶5)～(1 000∶3)。气温低或涂刷速度快时,可以多掺一些乙醇胺,反之,要少掺

2. 使用注意事项

(1)油类脱模剂虽涂刷方便,可以在低温和负温时使用,模效果也好,但对结构构件表面有一定污染,影响装饰装修,因此应慎用。

(2)甲基硅树脂成膜固化后,透明、坚硬、耐磨、耐热和耐水性能都很好。涂在钢模面上,不仅起隔离作用,也能起防锈、保护作用。该材料无毒,喷、刷均可。

配制时容器工具要干净,无锈蚀,不得混入杂质。工具用毕后,应用酒精洗刷干净晾干。由于加入了乙醇胺易固化,不宜多配。故应根据用量配制,用多少配多少。当出现变稠或结胶现象时,应停止使用。甲基硅树脂与光、热、空气等物质接触都会加速聚合。应贮存在避光、阴凉的地方,每次用过后,必须将盖子盖严,防止潮气进入,贮存期不宜超过 3 个月。

在首次涂刷甲基硅树脂脱模剂前,应将板面彻底擦洗干净,打磨出金属光泽,擦去浮锈,然后用棉纱沾酒精擦洗。板面处理越干净,则成模越牢固,周转使用次数越多。采用甲基硅树脂脱模剂,模板表面不准刷防锈漆。当钢模重刷脱模剂时,要趁拆模后板面潮湿,用扁铲、棕刷、棉丝将浮渣清理干净,否则,干涸后清理就比较困难。

(3)涂刷脱模剂可以采用喷涂或刷涂,操作要迅速。结膜后,不要回刷,以免起胶。涂层要薄而均匀,太厚反而容易剥落。

细节二　施工机具选用

施工机具 1　锯割机械

锯割机械是用来纵向或横向锯割原木或方木的加工机械,一般常用的有带锯机、吊截锯机、手推电锯或圆锯机(圆盘锯)等。这里主要介绍圆锯机的使用与维修。

圆锯机主要用于纵向锯割木材,也可配合带锯机锯割方材,是建筑工地或小型构件厂应用较广的一种木工机械。

1. 圆锯机的构造

圆锯机由机架、台面、电动机、锯片、防护罩等组成,如图 4-57 所示。

锯片的规格一般以锯片的直径、中心孔直径或锯片的厚度为基数。

2. 圆锯片

圆锯机所用的圆锯片的两面是平直的,锯齿经过拨料,用来作纵向锯割或横向截断板、方材及原木,是广泛采用的一种锯片。

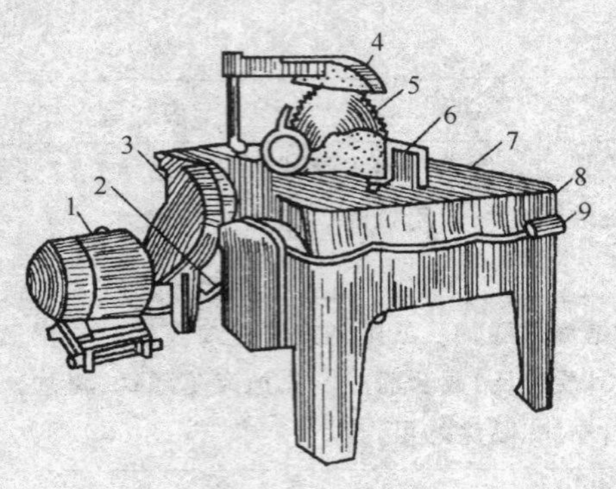

图 4-57　手动进料圆锯机

1－电动机;2－开关盒;3－皮带罩;4－防护罩;
5－锯片;6－锯比;7－台面;8－机架;9－双联按钮

3. 圆锯片的齿形与拨料

锯齿的拨料是将相邻各齿的上部互相向左右拨弯。

圆锯片锯齿形状与锯割木材的软硬、进料速度、光洁度及纵割或横割等有密切关系。常用的几种齿形或齿形角度、齿高及齿距等有关数据见表 4-55。

表 4-55　常用的几种齿形或齿形角度、齿高及齿距

<table>
<tr><td>锯片名称</td><td>类型</td><td colspan="3">简图</td><td>用途</td><td colspan="2">特征</td></tr>
<tr><td rowspan="2">圆锯片齿形</td><td>纵割锯</td><td colspan="3">t　β　α　γ
纵割齿</td><td>主要用于纵向锯割,亦用于横割</td><td colspan="2">以纵割为主,但亦可横割,齿形应用较广泛</td></tr>
<tr><td>横割锯</td><td colspan="3">β　α　γ　h
横割齿</td><td>用于横向锯割</td><td colspan="2">锯割时速度较纵向慢,但较光洁</td></tr>
<tr><td rowspan="4">圆锯片齿形角度</td><td rowspan="2">锯割方法</td><td colspan="3">齿形角度</td><td rowspan="2">齿高 h</td><td rowspan="2">齿距 t</td><td rowspan="2">横底圆弧半径 r</td></tr>
<tr><td>α</td><td>β</td><td>γ</td></tr>
<tr><td>纵割</td><td>30°～35°</td><td>35°～45°</td><td>15°～20°</td><td>(0.5～0.7)t</td><td>(8～14)s</td><td>0.2t</td></tr>
<tr><td>横割</td><td>35°～45°</td><td>45°～55°</td><td>5°～10°</td><td>(0.9～1.2)t</td><td>(7～10)s</td><td>0.2t</td></tr>
</table>

注:表中 s 为锯片厚度。

正确拨料的基本要求如下。

(1)所有锯齿的每边拨料量都应相等。

(2)锯齿的弯折处不可在齿的根部,而应在齿高的一半以上处,厚锯约为齿高的 1/3,薄锯为齿高的 1/4。弯折线应向锯齿的前面稍微倾斜,所有锯齿的弯折线距齿尖的距离都应当相等。

(3)拨料大小应与工作条件相适应,每一边的拨料量一般为 0.2～0.8 mm,约等于锯片厚度的 1.4～1.9 倍,最大不应超过 2 倍。软料湿材取较大值,硬材与干材取较小值。

(4)锯齿拨料一般采用机械和手工两种方法,目前多以手工拨料为主,即用拨料器或锤打的方法进行。

施工机具 2　刨削机械

刨削机械主要有压刨机、平刨机和四面刨床等,这里主要介绍平刨机。

平刨机主要用途是刨削厚度不同的木料表面,平刨经过调整导板,更换刀具,加设模具后,也可用于刨削斜面和曲面,是施工现场用得比较广的一种刨削机械。

1. 平刨机的构造

平刨又名手压刨,主要由机座、前后台面、刀轴、导板、台面升降机构、防护罩、电动机等组成,如图 4-58 所示。

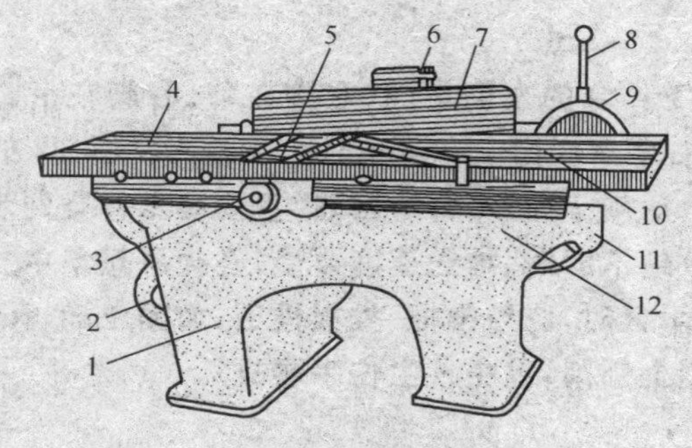

图 4-58　平刨机

1—机座;2—电动机;3—刀轴轴承座;4—工作台面;5—扇形防护罩;6—导板支架;7—导板;8—前台面调整手柄;9—刻度盘;10—工作台面;11—电钮;12—偏心轴架护罩

2. 平刨机安全防护装置

平刨机是用手推工件前进,为了防止操作中伤手,必须装有安全防护装置,确保操作安全。

平刨机的安全防护装置常用的有扇形罩、双护罩、护指键等,双护罩如图 4-59 所示。

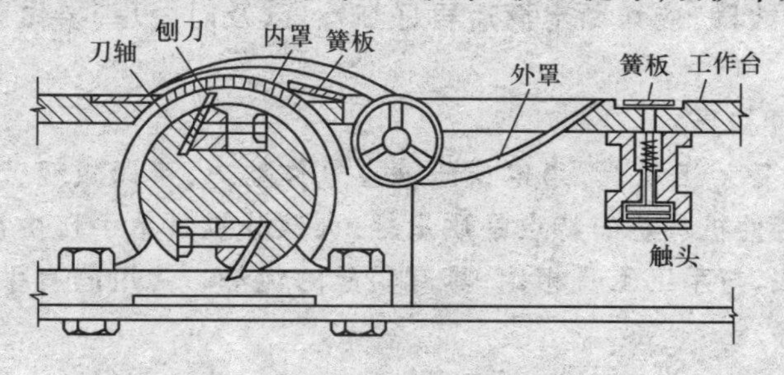

图 4-59　双护罩

3. 刨刀

刨刀有两种:一种是有孔槽的厚刨刀;另一种是无孔槽的薄刨刀。厚刨刀用于方刀轴及带弓形盖的圆刀轴;薄刨刀用于带楔形压条的圆刀轴。常用的刨刀尺寸是长度为 200～600 mm,厚刨刀厚度为 7～9 mm,薄刨刀厚度为 3～4 mm。

刨刀变钝一般使用砂轮磨刀机修磨。刨刀的磨修要求达到刨削锋利、角度正确、刃口成直线等。刃口角度:刨软木为 35°～37°,刨硬木为 37°～40°。斜度允许误差为 0.02%。修磨时在刨刀的全长上,压力应均匀一致,不宜过重,每次行程磨去的厚度不宜超过 0.015 mm,刃

口形成时适当减慢速度。磨修时要防止刨刀过热退火，无冷却装置的应用冷水浇注退热。操作人员应站在砂轮旋转方向的侧边，以防止砂轮破碎飞出伤人。

为保证刨削木料的质量，需要精确地调整刀刃装置，使各刀刃离转动中心的距离一致。刀刃的位置，一般用平直的木条来检验，将刨刀装在刀轴上后，用木条的纵向放在后台面上伸出刨口，木条端头与刀轴的垂直中心线相交，然后转动刀轴，沿刨刀全长取两头及中间做三点检验，看其伸出量是否一致。

4. 平刨的操作

(1)操作前，应全面检查机械各部件及安全装置是否有松动或失灵现象，如有问题，应修理后使用。

(2)检查刨刃锋利程度，调整刨刃吃刀深度，经过试车 1～3 min 后，没有问题才能正式操作。

(3)吃刀深度一般调为 1～2 mm。

(4)操作时，人要站在工作台的左侧中间，左脚在前，右脚在后，左手压住木料，右手均匀推送，如图 4-60 所示。当右手离刨口 150 mm 时即应脱离料面，靠左手用推棒推送。

(5)刨削时，先刨大面，后刨小面；木料退回时，不要使木料碰到刨刃。

(6)遇到节子、戗槎、纹理不顺时，推送速度要慢，必须思想集中。

(7)刨削较短、较薄的木料时，应用推棍、推板推送，如图 4-61 所示。长度不足 400 mm 或薄且窄的小料，不要在平刨上刨削，以免发生伤手事故。

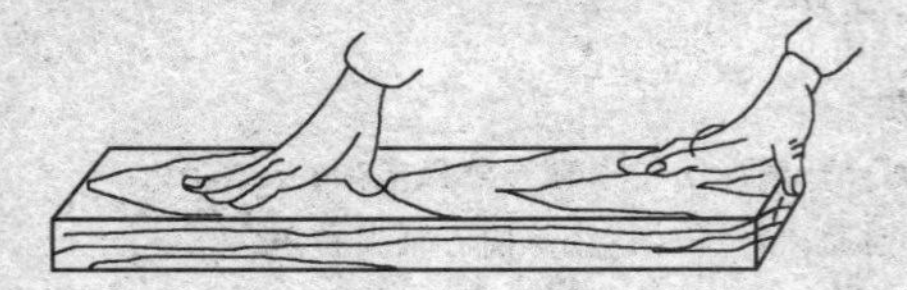

图 4-60　刨料手势

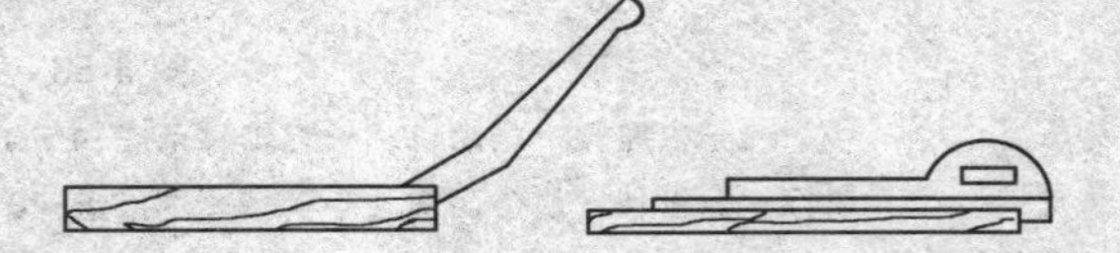

图 4-61　推棍与推板

(8)两人同时操作时，要互相配合，木料过刨刃 300 mm 后，下手方可接拉。

(9)操作人员衣袖要扎紧，不得戴手套。

(10)平刨机发生故障，应切断电源后再仔细检查，及时处理，要做到勤检查、勤保养、勤维修。

施工机具 3　轻便机具

轻便机具用以代替手工工具，用电或压缩空气作动力，可以减轻劳动强度，加快施工进度，保证工程质量。轻便机具总的特点是质量轻，大部分机具单手自由操作；体积小，便于携带与灵活运用；工效快，与手工工具相比，具有明显的优势。常用的有手锯、手电刨、钻、电动起子机、电动砂光机等。

1. 锯

(1)曲线锯。

又称反复锯，分水平和垂直曲线锯两种，如图 4-62 所示。

对不同的材料，应选用不同的锯条，中、粗齿锯条适用于锯割木材；中齿锯条适用于锯割有色金属板、压层板；细齿锯条适用于锯割钢板。

曲线锯可以作中心切割(如开孔)、直线切割、圆形或弧形切割。为了切割准确，要始终保持材料底面与工件成直角。

操作中不能强制推动锯条前进，不要弯折锯片，使用中不要覆盖排气孔，不要在开动中更

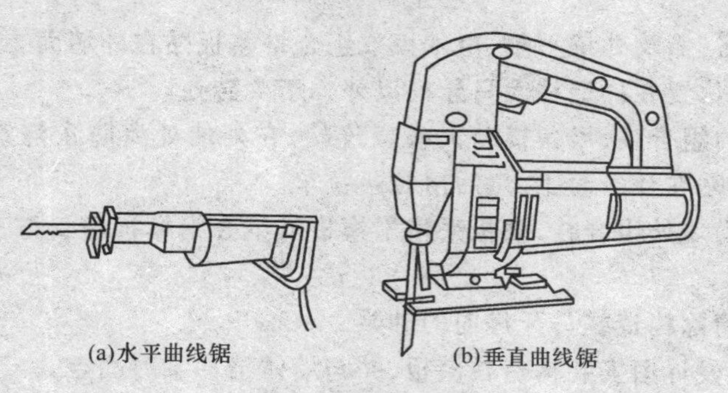

图 4-62　电动曲线锯

换零件、润滑或调节速度等。操作时人体与锯条要保持一定的距离，运动部件未完全停下时不要把机体放倒。

对曲线锯要注意经常维护保养，要使用与金属铭牌上相同的电压。

(2)圆锯。

手提式电动圆锯如图 4-63 所示。

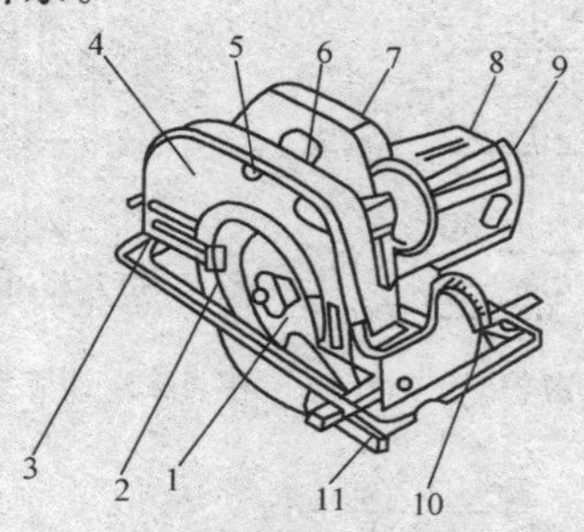

图 4-63　手提式木工电动圆锯

1－锯片；2－安全护罩；3－底架；4－上罩壳；5－锯切深度调整装置；6－开关；7－接线盒手柄；8－电机罩壳；9－操作手柄；10－锯切角度调整装置；11－靠山

手提式电锯的锯片有圆形的钢锯片和砂轮锯片两种。钢锯片多用于锯割木材，砂轮锯片用于锯割铝、铝合金、钢铁等。

细节三　施工作业条件

(1)弹好墙身＋500 mm 水平线，检查砖墙(或混凝土墙)的位置是否合适，并办理预检手续。

(2)砌体结构经检查验收，其轴线位置、标高、施工符合设计图纸和施工规范的要求。

(3)绑扎完构造柱、圈梁内的钢筋，并经过检查验收，按支模方案留好支模用预留孔洞。

(4)模板拉杆如需螺栓穿墙，砌砖时应按要求预留螺栓孔洞，并办好隐检手续。

(5)构造柱内部已清理干净，包括砖墙舌头灰、钢筋上挂的灰浆及柱根部的落地灰。

(6)模板板面清理干净，刷好脱模剂。

(7)用于安装模板的操作平台支设就位。

(8)砂砖模板堆放区，设围栏、挂标志牌，禁止非工作人员入内。必须时应设大模板安放支架。

细节四　施工工艺要求

(一)构造柱模板

结构的构造柱模板，可采用木模板或定型组合钢模板。可用一般的支撑方法，为防止浇

筑混凝土时模板膨胀，影响外墙平整，用木模或组合钢模板贴在外墙面上，并每隔 1 m 之内设置一个洞，洞的平面位置在构造柱大马牙槎以外一丁头砖处。

外砖内模结构的组合柱，用角模与大模板连接，在外墙处为防止浇筑混凝土挤胀变形应进行加固处理，模板贴在外墙面上，然后用拉条拉牢。

外砖内模结构山墙处组合柱，模板采用木模板或组合钢模板用斜撑支牢。根部应留置清扫口。

(1)准备工作：清除构造柱马牙槎内的砂浆。

(2)根据构造柱设计图安装构造柱模板，并与墙体结构临时固定。

(3)将 12 号双股铅丝穿过砖墙预留洞口，留洞位置要求从距地面 300 mm 开始，每 500 mm 留一道。安装模板后背楞(ϕ 48 钢筋或 50 mm×100 mm 方木)，并通过铅丝固定。

(4)房屋建筑砌体结构的构造柱模板一般可参照图 4-64～图 4-67 进行支设。

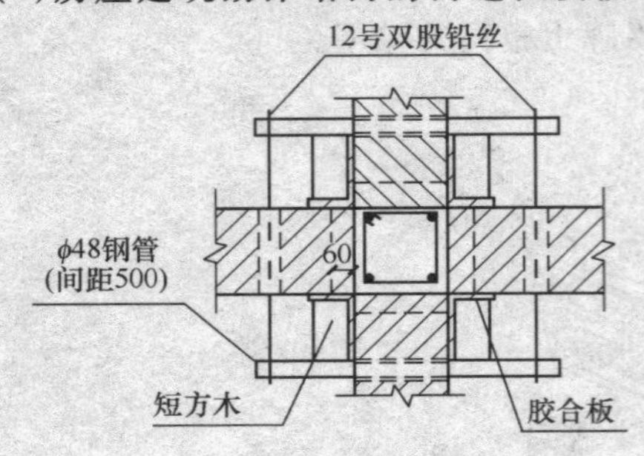

图 4-64 “十”字墙构造柱支模示意(单位:mm)

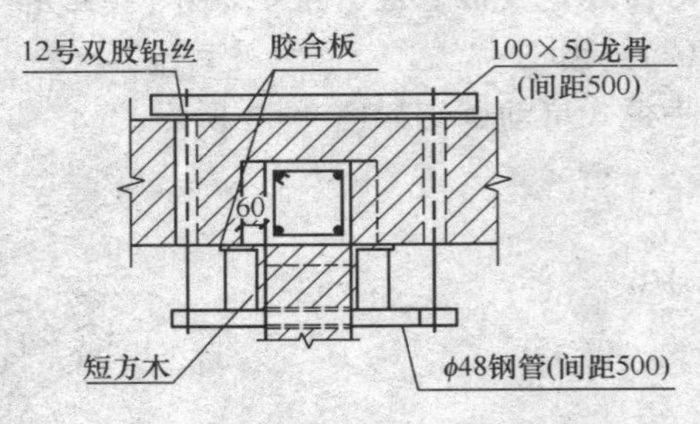

图 4-65 “丁”字墙构造柱支模示意(单位:mm)

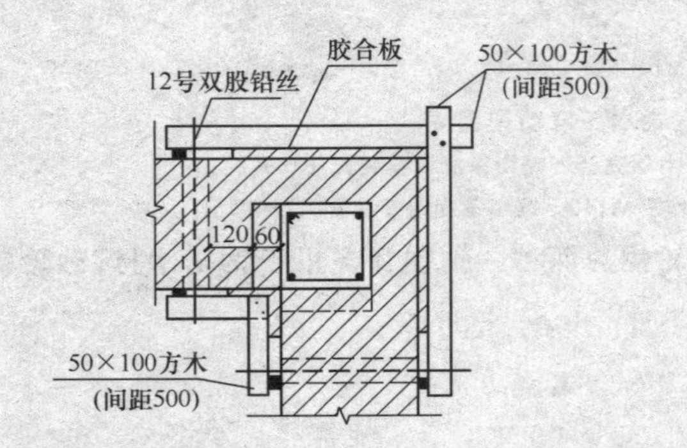

图 4-66 L 形墙构造柱支模示意(单位:mm)

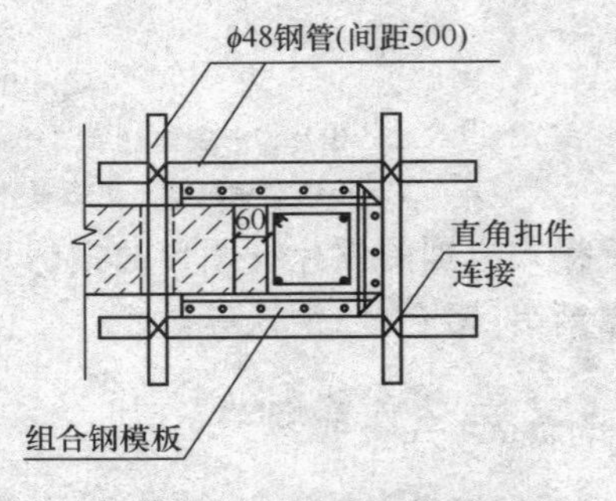

图 4-67 边柱支模示意(单位:mm)

(二)圈梁模板

圈梁模板可采用木模板或定型组合钢模板上口弹线找平。圈梁模板采用落地支撑时，下面应垫方木，当用木方支撑时下面用木楔揳紧。用钢管支撑时高度调整合适。

钢筋绑扎完以后，对模板上口宽度进行校正，并用木撑进行定位，用铁钉临时固定。如采用组合钢模板上口应用卡具卡牢，保证圈梁的尺寸。砖混、外砖内模结构的外墙圈梁，用横带扁担穿墙，平面位置为距墙两端 240 mm 开始留洞，间距 500 mm 左右。

圈梁模板一般采用挑扁担法和硬架支模法。

1. 挑扁担法

在圈梁底面下一皮砖处，每隔 1 m 留一丁砖孔洞，穿 50 mm×100 mm 方木作扁担，竖立两侧模板，用锁口木方及斜撑支牢，如图 4-68 所示，或采用定制的钢管卡具支设，如图 4-69 所示。

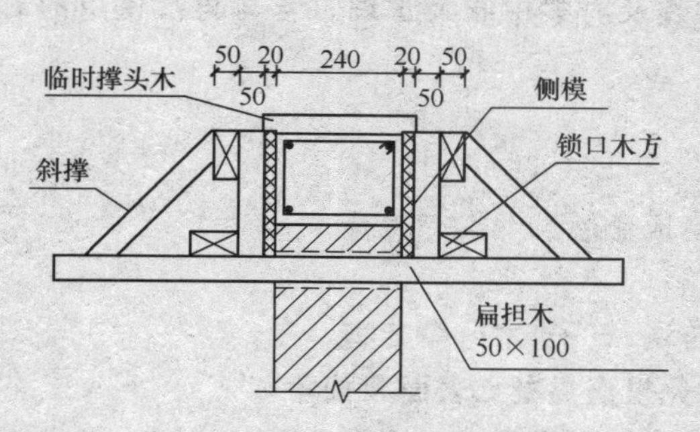

图 4-68　挑扁担支模法(单位:mm)

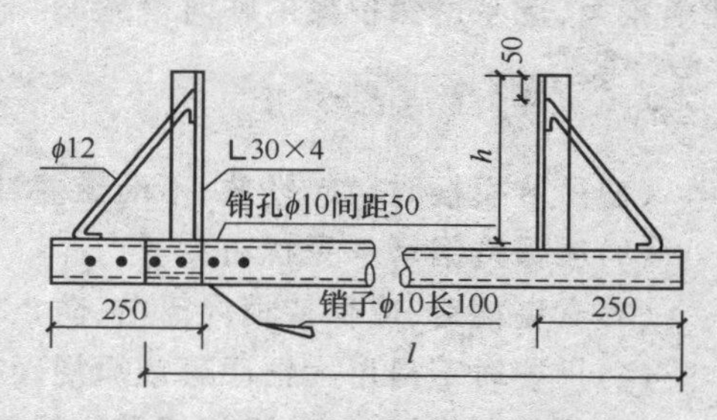

图 4-69　定制钢管卡具示意(单位:mm)

2. 硬架支模法

硬架支模指在支圈梁模板时,为楼板提供临时支撑点,在墙体砌至圈梁下皮标高后,按照"支圈梁模板→绑扎圈梁钢筋→吊装预制楼板→浇筑圈梁混凝土"的工序进行施工的一种圈梁支模方法,其优点是保证楼板平整,减少楼板支撑,一般支模方法为:

(1)在砌墙时,预先留出穿墙螺栓的孔洞,一般为两排洞,距圈梁底标高分别低一皮砖和十皮砖。

(2)依据圈梁高度和墙厚,按图 4-70 预先设计加工好夹木(80 mm×120 mm)、穿墙螺栓、圈梁模板等。

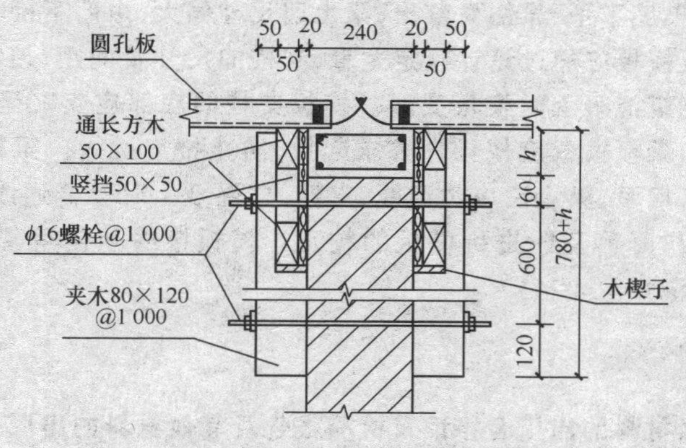

图 4-70　硬架支模法(单位:mm)

(3)先穿入下排螺栓杆,安装夹木,再放上两侧模板,穿入上排螺栓杆。

(4)用木楔调整好圈梁模板标高后,拧紧螺栓,与墙体夹紧夹牢。

(三)板缝模板

板缝宽度为 40 mm,可用 50 mm×50 mm 方木或角钢作底模。大于 40 mm 者应当用木板做底模,宜伸入板底 5～10 mm 留出凹槽,便于拆模后顶棚抹砂浆找平。

板缝模板宜采用木支撑或钢管支撑,或采用吊模方法。

支撑下面应当采用木板或木楔垫牢,不准垫砖。

(四)模板拆除

(1)构造柱、圈梁模板的拆除,其混凝土强度应符合设计要求,能保证其表面及棱角不受损伤。圈梁混凝土的强度还应满足支撑楼板及上部施工荷载的要求。

(2)构造柱模板拆除:先拆掉柱斜拉杆或斜支杆,卸掉柱箍,再把连接每片柱模板的连接件拆掉,使模板与混凝土脱离。

(3)拆下的模板及时清理黏结物，拆下的扣件及时集中收集管理。若与再次使用的时间间隔较大，应采用保护模的临时措施。

细节五 施工成品保护

(1)吊装模板时轻起轻放，不准碰撞，防止模板变形。

(2)应保持钢筋不受扰动。

(3)支完模后，应保持模内清洁，防止掉入砖块、石子、木屑等杂物。

(4)拆模时不得用大锤硬砸或撬棍硬撬，以免损伤混凝土表面和棱角。

(5)拆下钢模板，如发现模板肋边损坏变形，应及时修理。

(6)使用过程中应加强管理，分规格堆放，及时补刷防锈漆。

细节六 施工质量问题

(1)截面尺寸不准、梁柱节点轴线偏移、钢筋保护层过大、柱身扭曲。

防止办法：支模前按图弹位置线，校正钢筋位置，支模前柱子根部 200 mm 宽范围内应严格找平。柱模顶安好双控水平定距框，控制钢筋保护层、竖向钢筋间距排距和位置。根据柱子截面尺寸及高度，设计好柱箍尺寸及间距，柱四角做好支撑或拉杆。梁柱节点模板与施工的混凝土柱固定牢固。

(2)梁身不平直、梁底不平、梁侧面鼓出、梁上口尺寸偏大、中部下挠。

防止办法是：梁板模板应通过设计确定龙骨、支柱的尺寸及间距，使模板支撑系统有足够的强度和刚度，防止浇筑混凝土时模板变形。模板支柱的底部应支在坚实的地面上，垫通长脚手板防止支柱下沉，梁板模板应按设计要求起拱，防止挠度过大。梁模板上口应有拉杆锁紧，梁侧模下口应严格揳紧，梁上口应拉通线，支模、打混凝土时看着通线打，发现胀模立即加固，防止变形，混凝土初凝前及时进行模板的校正。模板接缝处使用密封条，防止出现跑浆现象。

细节七 施工质量记录

(1)钢管支撑体系材料的出厂合格证及检测报告及其他材料的出厂合格证。

(2)本分项工程质量验收记录。

(3)模板材料的出厂合格证及检验报告。

(4)模板加工质量检验记录。

三、砖混结构混凝土施工

细节一 施工材料准备

(一)水泥

1. 通用硅酸盐水泥

通用硅酸盐水泥种类及组分，见表 4-56。

表 4-56　通用硅酸盐水泥组分

品　种	代号	组分(质量分数)				
		熟料＋石膏	粒化高炉矿渣	火山灰质混合材料	粉煤灰	石灰石
硅酸盐水泥	P·Ⅰ	100	—	—	—	—
	P·Ⅱ	≥95	≤5	—	—	—
		≥95	≤5	—	—	—
普通硅酸盐水泥	P·O	≥80 且<95	>5 且≤20[①]			
矿渣硅酸盐水泥	P·S·A	≥50 且<80	>20 且≤50[②]	—	—	—
	P·S·B	≥30 且<50	>20 且≤50[②]	—	—	—
火山灰质硅酸盐水泥	P·P	≥60 且<80	—	>20 且≤40	—	—
粉煤灰硅酸盐水泥	P·F	≥60 且<80	—	—	>20 且≤40	—
复合硅酸盐水泥	P·C	≥50 且<80	>20 且≤50[③]			

注:1. ①本组分复合材料为粒化高炉矿渣、粒化高炉矿渣粉、粉煤灰、火山灰质混合材料等活性混合材料,其中允许用不超过水泥质量 8% 的非活性混合材料或不超过水泥质量 5% 的窑灰代替。

2. ②本组分复合材料为粒化高炉矿渣、粒化高炉矿渣粉等活性混合材料,其中允许用不超过水泥质量 8% 的活性混合材料、非活性混合材料或窑灰中的任一种材料代替。

3. ③本组分材料为由两种(含)以上的活性混合材料和(或)非活性混合材料组成,其中允许用不超过水泥质量 8% 的窑灰代替。掺矿渣时混合材料掺量不得与矿渣硅酸盐水泥重复。

2. 通用硅酸盐水泥的强度

不同品种不同强度等级的通用硅酸盐水泥,其不同龄期的强度见表 4-57。

表 4-57　不同品种不同强度等级的通用硅酸盐水泥不同龄期的强度

品　种	强度等级	抗压强度		抗折强度	
		3 d	28 d	3 d	28 d
硅酸盐水泥	42.5	≥17.0	≥42.5	≥3.5	≥6.5
	42.5R	≥22.0		≥4.0	
	52.5	≥23.0	≥52.5	≥4.0	≥7.0
	52.5R	≥27.0		≥5.0	
	62.5	≥28.0	≥62.5	≥5.0	≥8.0
	62.5R	≥32.0		≥5.5	

续表

品种	强度等级	抗压强度		抗折强度	
		3 d	28 d	3 d	28 d
普通硅酸盐水泥	42.5	≥17.0	≥42.5	≥3.5	≥6.5
	42.5R	≥22.0		≥4.0	
	52.5	≥23.0	≥52.5	≥4.0	≥7.0
	52.5R	≥27.0		≥5.0	
矿渣硅酸盐水泥、火山灰硅酸盐水泥、粉煤灰硅酸盐水泥、复合硅酸盐水泥	32.5	≥10.0	≥32.5	≥2.5	≥5.5
	32.5R	≥15.0		≥3.5	
	42.5	≥15.0	≥42.5	≥3.5	≥6.5
	42.5R	≥19.0		≥4.0	
	52.5	≥21.0	≥52.5	≥4.0	≥7.0
	52.5R	≥23.0		≥4.5	

(二)集料

集料是混凝土的主要组成材料之一。粒径在 5 mm 以上者称粗集料,5 mm 以下者称细集料。普通混凝土用的粗集料为碎石和卵石(统称石子),细集料为砂。粗集料在混凝土中堆聚成紧密的构架,细集料与水泥混合成砂浆填充构架的空隙。粗细集料在混凝土中起骨架作用。

(1)细集料技术要求。

细集料(砂)的技术要求,参见第一部分细节解析“一、烧结普通砖、烧结多孔砖砖墙砌体中施工材料准备”中砂的相关内容。

(2)粗集料技术要求。

粗集料(卵石、碎石)的技术要求,应符合表 4-58 的要求。

表 4-58 粗集料(卵石、碎石)的技术要求

项目		指标		
		Ⅰ类	Ⅱ类	Ⅲ类
含泥量(按质量计)/(%)		≤0.5	≤1.0	≤1.5
泥块含量(按质量计)/(%)		0	≤0.2	≤0.5
针、片状颗粒总含量(按质量计)/(%)		≤5	≤10	≤15
有害物	有机物	合格		
	硫化物及硫酸盐(按 SO_3 质量计)/(%)	≤0.5	≤1.0	
质量损失/(%)		≤5	≤8	≤12
压碎指标	碎石压碎指标/(%)	≤10	≤20	≤30
	卵石压碎指标/(%)	≤12	≤14	≤16
空隙率/(%)		≤43	≤45	≤47
吸水率/(%)		≤1.0	≤2.0	≤2.0

(三)水

1. 混凝土拌和用水分类及质量要求

混凝土拌和用水可分为饮用水、地表水、地下水、海水及经过适当处理的工业废水。

符合国家标准的生活饮用水,可直接用于拌制各种混凝土;地表水和地下水首次使用前,应按有关标准进行检验后方可使用;海水可拌制素混凝土,但不可用于拌制钢筋混凝土和预应力混凝土,有饰面要求的混凝土也不能用海水拌制;混凝土构件厂及商品混凝土厂设备洗刷水可用作拌和混凝土的部分用水,但需注意设备洗刷水所含水泥和外加剂对所拌和混凝土的影响,且最终拌和水中氯化物、硫酸盐及硫化物含量应满足表 4-59 的要求。

表 4-59　混凝土拌和用水的质量要求

项　目	预应力混凝土	钢筋混凝土	素混凝土
pH 值	≥5.0	≥4.5	≥4.5
不溶物/(mg/L)	≤2 000	≤2 000	≤5 000
可溶物/(mg/L)	≤2 000	≤5 000	≤10 000
氯化物(以 Cl^- 计,mg/L)	≤500	≤1 000	≤3 500
硫酸盐(以 SO_4^{2-} 计,mg/L)	≤600	≤2 000	≤2 700
碱含量/(mg/L)	≤1 500	≤1 500	≤1 500

注:碱含量按 $Na_2O+0.658K_2O$ 计算值来表示。采用非碱活性集料时,可不检验碱含量。

2. 混凝土拌和用水技术要求

混凝土拌和用水所含物质对混凝土、钢筋混凝土及预应力混凝土不应产生下列有害影响。

(1)影响混凝土的和易性及凝结。

(2)有损于混凝土的强度增长。

(3)降低混凝土耐久性,加快钢筋腐蚀及导致预应力钢筋脆断。

(4)污染混凝土表面。

(四)外加剂

外加剂又称附加剂,即在混凝土、砂浆或水泥浆搅拌之前或搅拌时加入的,能按要求改善混凝土、砂浆或水泥浆性能的材料。掺入量一般不大于水泥质量的 5%。

1. 外加剂对混凝土所起的作用

(1)可改善混凝土的和易性。如使用减水剂、引气剂等,可使混凝土在配合比和强度都不变的情况下,大大提高其流动性,以利于机械化施工,提高工程质量,减轻劳动强度。

(2)调节混凝土凝结硬化的速度。如加入早强剂,可缩短混凝土养护的时间,以便提前拆除模板和预应力钢筋的放张,缩短工期;而加入缓凝剂则可延缓混凝土的凝结时间,可使在高温下施工的混凝土保持良好的和易性;在大体积混凝土中使用缓凝剂可延长水化热的释出时间,以避免其产生表面裂缝等。

(3)调节混凝土内的空气含量。如使用引气剂可使混凝土增加适当的含气量,使用消泡剂可减少混凝土内的含气量,使用加气剂可制得轻质多孔的混凝土等。

(4)改善混凝土的物理力学性能。如使用引气剂可提高混凝土的抗冻性、抗渗性、抗裂性,使用抗冻剂可保证混凝土在 0℃ 以下的低温环境中正常凝结硬化,防水剂可使混凝土在一

定压力水作用下具有不透水的性能等。

(5)提高混凝土内钢筋的耐腐蚀性:如使用阻锈剂可使钢筋在有氯盐的情况下免于锈蚀。

2. 常用外加剂的种类及适用范围

(1)普通减水剂及高效减水剂。

1)普通减水剂及高效减水剂可用于素混凝土、钢筋混凝土、预应力混凝土,并可制备高强高性能混凝土。

2)普通减水剂宜用于日最低气温5℃以上施工的混凝土,不宜单独用于蒸养混凝土;高效减水剂宜用于日最低气温0℃以上施工的混凝土。

3)当掺用含有木质素磺酸盐类物质的外加剂时应先做水泥适应性试验,合格后方可使用。

(2)引气剂及引气减水剂。

1)引气剂及引气减水剂可用于抗冻混凝土、抗渗混凝土、抗硫酸盐混凝土、泌水严重的混凝土、贫混凝土、轻集料混凝土、人工集料配制的普通混凝土、高性能混凝土以及有饰面要求的混凝土。

2)引气剂、引气减水剂不宜用于蒸养混凝土及预应力混凝土,必要时应经试验确定。

3)掺引气剂及引气减水剂混凝土的含气量,不宜超过表4-60规定的含气量;对抗冻性要求高的混凝土,宜采用表4-60规定的含气量数值。

表4-60　掺引气剂及引气减水剂混凝土的含气量

粗集料最大粒径/mm	20(19)	25(22.4)	40(37.5)	50(45)	80(75)
混凝土含量气/(%)	5.5	5.0	4.5	4.0	3.5

注:括号内数值为《建筑用卵石、碎石》(GB/T 14685—2011)中标准筛的尺寸。

(3)缓凝剂、缓凝减水剂及缓凝高效减水剂。

1)缓凝剂、缓凝减水剂及缓凝高效减水剂可用于大体积混凝土、碾压混凝土、炎热气候条件下施工的混凝土、大面积浇筑的混凝土、避免冷缝产生的混凝土、需较长时间停放或长距离运输的混凝土、自流平免振混凝土、滑模施工或拉模施工的混凝土及其他需要延缓凝结时间的混凝土;缓凝高效减水剂可制备高强高性能混凝土。

2)缓凝剂、缓凝减水剂及缓凝高效减水剂宜用于日最低气温5℃以上施工的混凝土,不宜单独用于有早强要求的混凝土及蒸养混凝土。

3)柠檬酸及酒石酸钾钠等缓凝剂不宜单独用于水泥用量较低、水胶比较大的贫混凝土。

4)当掺用含有糖类及木质素磺酸盐类物质的外加剂时应先做水泥适应性试验,合格后方可使用。

5)使用缓凝剂、缓凝减水剂及缓凝高效减水剂施工时,宜根据温度选择品种并调整掺量,满足工程要求方可使用。

(4)早强剂及早强减水剂。

1)早强剂及早强减水剂适用于蒸养混凝土及常温、低温和最低温度不低于−5℃环境中施工的有早强要求的混凝土工程。炎热环境条件下不宜使用早强剂、早强减水剂。

2)掺入混凝土后对人体产生危害或对环境产生污染的化学物质严禁用作早强剂。含有六价铬盐、亚硝酸盐等有害成分的早强剂严禁用于饮水工程及与食品相接触的工程。硝胺类外加剂严禁用于办公、居住等建筑工程。

3)下列结构中严禁采用含有氯盐配制的早强剂及早强减水剂。

①预应力混凝土结构。

②相对湿度大于80%的环境中使用的结构、处于水位变化部位的结构、露天结构及经常受水淋、受水流冲刷的结构。

③大体积混凝土。

④直接接触酸、碱或其他侵蚀性介质的结构。

⑤经常处于温度为60℃以上的结构,需经蒸养的钢筋混凝土预制构件。

⑥有装饰要求的混凝土,特别是要求色彩一致的或是表面有金属装饰的混凝土。

⑦薄壁混凝土结构,中级和重级工作制起重机的梁、屋架、落锤及锻锤混凝土基础等结构。

⑧使用冷拉钢筋或冷拔低碳钢丝的结构。

⑨集料具有碱活性的混凝土结构。

4)在下列混凝土结构中严禁采用含有强电解质无机盐类的早强剂及早强减水剂:

①与镀锌钢材或铝铁相接触部位的结构,以及有外露钢筋预埋铁件而无防护措施的结构。

②使用直流电源的结构以及距高压直流电源100 m以内的结构。

5)含钾、钠离子的早强剂用于集料具有碱活性的混凝土结构时,早强剂的碱含量(以当量氧化钠计)不宜超过1 kg/m^3混凝土,混凝土总碱含量还应符合有关标准的规定。

6)常用早强剂掺量应符合表4-61的规定。

表4-61　常用早强剂掺量限值

混凝土种类	使用环境	早强剂名称	掺量限值(水泥质量%)≤
预应力混凝土	干燥环境	三乙醇胺	0.05
		硫酸钠	1.0
钢筋混凝土	干燥环境	氯离子[Cl^-]	0.6
		硫酸钠	2.0
		与缓凝减水剂复合的硫酸钠	3.0
		三乙醇胺	0.05
	潮湿环境	硫酸钠	1.5
		三乙醇胺	0.05
有饰面要求的混凝土	—	硫酸钠	0.8
素混凝土	—	氯离子[Cl^-]	1.8

注:预应力混凝土及潮湿环境中使用的钢筋混凝土中不得掺氯盐早强剂。

(5)防冻剂。

1)含强电解质无机盐的防冻剂用于混凝土中,必须符合上述第(4)款的相关规定。

2)含亚硝酸盐、碳酸盐的防冻剂严禁用于预应力混凝土结构。

3)含有六价铬盐、亚硝酸盐等有害成分的防冻剂,严禁用于饮水工程及与食品相接触的工程,严禁食用。

4)含有硝胺、尿素等产生刺激性气味的防冻剂,严禁用于办公、居住等建筑工程。

5)强电解质无机盐防冻剂带入混凝土的碱含量(以当量氧化钠计)不得超过1 kg/m^3。

6)有机化合物类防冻剂可用于素混凝土、钢筋混凝土及预应力混凝土工程。

7)有机化合物与无机盐复合防冻剂及复合型防冻剂可用于素混凝土、钢筋混凝土及预应力混凝土工程。

8)对水工、桥梁及有特殊抗冻融性要求的混凝土工程,应通过试验确定防冻剂品种及掺量。

(6)膨胀剂。

1)膨胀剂的适用范围应符合表4-62的规定。

表4-62　膨胀剂的适用范围

用　途	适用范围
补偿收缩混凝土	地下、水中、海水中、隧道等构筑物,大体积混凝土(除大坝外),配筋路面和板、屋面与厕浴间防水、构件补强、渗漏修补、预应力混凝土、回填槽等
填充用膨胀混凝土	结构后浇带、隧洞堵头、钢管与隧道之间的填充等
灌浆用膨胀砂浆	机械设备的底座灌浆、地脚螺栓的固定、梁柱接头、构件补强、加固等
自应力混凝土	仅用于常温下使用的自应力钢筋混凝土压力管

2)含硫铝酸钙类、硫铝酸钙-氧化钙类膨胀剂的混凝土(砂浆)不得用于环境温度长期为80℃以上的工程。

3)含氧化钙类膨胀剂配制的混凝土(砂浆)不得用于海水或有侵蚀性水的工程。

4)掺膨胀剂的混凝土适用于钢筋混凝土工程和填充性混凝土工程。

5)掺膨胀剂的大体积混凝土,其内部最高温度应符合有关标准的规定,混凝土内外温差宜小于25℃。

6)掺膨胀剂的补偿收缩混凝土刚性屋面宜用于南方地区,其设计、施工应按《屋面工程质量验收规范》(GB 50207—2012)执行。

7)掺膨胀剂的混凝土的配合比设计应符合下列规定。

①胶凝材料最少用量(水泥、膨胀剂和掺合料的总量)应符合表4-63的规定。

表4-63　胶凝材料最少用量

膨胀混凝土种类	胶凝材料最少用量/(kg/m^3)
补偿收缩混凝土	300
填充用膨胀混凝土	350
自应力混凝土	500

②水胶比不宜大于0.5。

③用于有抗渗要求的补偿收缩混凝土的水泥用量应不小于320 kg/m^3,当掺入掺合料时,其水泥用量不应小于280 kg/m^3。

④补偿收缩混凝土的膨胀剂掺量不宜大于12%,不宜小于6%;填充用膨胀混凝土的膨胀剂掺量不宜大于15%,不宜小于10%。

⑤以水泥和膨胀剂为胶凝材料的混凝土，设基准混凝土配合比中水泥用量为 m_{C0}、膨胀剂取代水泥率为 K，膨胀剂用量 $m_E = m_{C0} \cdot K$，水泥用量 $m_C = m_{C0} - m_E$。

⑥以水泥、掺合料和膨胀剂为胶凝材料的混凝土，设膨胀剂取代胶凝材料率为 K，设基准混凝土配合比中水泥用量为 $m_{C'}$，和掺合料用量为 $m_{F'}$。膨胀剂用量 $m_E = (m_{C'} + m_{F'}) \cdot K$，掺合料用量 $m_F = m_{F'}(1-K)$，水泥用量 $m_C = m_{C'}(1-K)$。

(7)泵送剂。

1)混凝土原材料中掺入泵送剂，可以配制出不离析泌水，黏聚性好，和易性、可泵性好，具有一定含气量和缓凝性能的大坍落度混凝土，硬化后混凝土有足够的强度，满足多项物理力学性能要求。泵送剂可用于高层建筑、市政工程、工业民用建筑及其他构筑物混凝土的泵送施工。由于泵送混凝土具有缓凝性能，亦可用于大体积混凝土、滑模施工混凝土。水下灌注桩混凝土要求坍落度在 180～220 mm 左右，亦可用泵送剂配制。泵送剂亦可用于现场搅拌混凝土，用于非泵送的混凝土。

水下灌注桩混凝土要求坍落度在 180～220 mm 左右，亦可用泵送剂配制。

泵送剂亦可用于现场搅拌混凝土，用于非泵送的混凝土。

目前，我国的泵送剂中氯离子含量大多不大于 0.5% 或不大于 1.0%，由泵送剂带入混凝土中的氯化物含量是极微的，因此泵送剂适用于钢筋混凝土和预应力混凝土。混凝土中氯化物(以 Cl^- 计)总含量的最高限值应执行《预拌混凝土》(GB 14902—2003)标准的规定。

(8)防水剂。

1)防水剂可用于工业与民用建筑的屋面，地下室，隧道，巷道，给排水池，水泵站等有防水抗渗要求的混凝土工程。

2)含氯盐的防水剂可用于素混凝土、钢筋混凝土工程，严禁用于预应力混凝土工程。

(9)速凝剂。

1)速凝剂主要用于地下工程支护，还广泛用于建筑薄壳屋顶、水池、预应力油罐、边坡加固、深基坑护壁及热工窑炉的内衬、修复加固等的喷射混凝土，也可用于需要速凝的，如堵漏用混凝土。

2)速凝剂掺量一般为 2%～8%，掺量可随速凝剂品种、施工温度和工程要求适当增减。

(五)掺合料

掺合料是指用量多、影响混凝土配合比设计的材料，一般掺量为水泥质量的 5% 以上。掺合料分为活性掺合料和非活性掺合料。

1. 活性掺合料

是指含活性的二氧化硅和三氧化二铝的掺合料，它参与水泥的水化反应。

(1)作用。

1)利用活性掺合料的特性，改善混凝土的性能。

2)提高混凝土的塑性。

3)调节混凝土的强度。

4)可使高强度等级水泥配制低等级混凝土(如掺粉煤灰)，或提高混凝土强度，配制高等级混凝土(如掺硅灰)，节约水泥等。

(2)种类。

1)粒化高炉矿渣：为高炉冶炼铸铁时所得的以硅酸钙和硅酸铝为主要成分的熔融物，经淬冷而成的多孔性粒状物质。

2)粉煤灰:从燃烧煤粉的烟道收集的灰色粉末。

3)火山灰质材料:以氧化硅、氧化铝为主要成分的矿物质或人造物质。天然的有火山灰、凝灰岩、浮石、沸石岩等,人工的有经煅烧的烧页岩、烧黏土、煤灰渣等。

4)硅灰(又称硅粉):是生产硅铁或硅钢时产生的烟尘,主要成分为二氧化硅。

(3)活性掺合料的适用范围,见表4-64。这里主要介绍粉煤灰。

表4-64　掺合料的适用范围

工程项目	适用的掺合料
大体积混凝土工程	火山灰质材料、粉煤灰
抗渗工程	火山灰质材料
抗软水、硫酸盐介质腐蚀的工程	粒化高炉渣、火山灰质材料、粉煤灰
经常处于高温环境的工程	粒化高炉矿渣
高强混凝土	硅灰

1)粉煤灰在混凝土中的作用。

①强度等级:影响水泥强度的因素很多,除水泥的活性外,主要与粉煤灰的质量及掺量有关,其中又以粉煤灰的细度最为重要。经过试验得出的结论是掺粉煤灰的混凝土早期强度低,后期高,当掺入30%不同细度的粉煤灰时,其细度越细,标准稠度需水量越少,强度等级越高。

②和易性好:掺粉煤灰的混凝土,和易性比普通混凝土好,具有较大的坍落度和良好的工作性能。

③抗渗性好:掺入粉煤灰后,混凝土在硬化过程中,能生成难溶于水的水化硅酸钙和水化铝酸钙。因此,掺入适量合格的粉煤灰混凝土具有较好的抗渗性能。

④耐久性能好:掺入粉煤灰的混凝土,由于水泥水化生成的氢氧化钙为不溶化合物,因而增大了抗硫酸盐侵蚀的能力。

⑤水化热低:由于用粉煤灰置换了一部分的水泥,混凝土在硬化过程中产生水化热的速度将得以缓和,单位时间内的发热量减少了。

2)采用粉煤灰混凝土的注意事项。

①掺粉煤灰的混凝土必须进行试配,不可随意套用配合比,粉煤灰的掺入量为水泥量的15%～25%。

②粉煤灰与水泥密度相差悬殊,所以应用强制式搅拌机进行搅拌,并延长搅拌时间。

③掺粉煤灰的混凝土早期强度低,后期强度高,抗碳化能力差,因此需适当降低水胶比,可掺减水剂、早强剂,以提高混凝土的密实度和早期强度。

④将构件多放一些时间,使粉煤灰的活性充分发挥,以利提高构件的强度。

⑤由于掺粉煤灰的混凝土后期强度将提高,构件如能在厂里存放较长的时间,如存放6个月,粉煤灰的活性得到充分发挥,检验强度增加20%,那么就可在设计混凝土配合比时适当降低混凝土的等级,使之硬化6个月后的强度与设计等级相等,以节省水泥。

⑥因掺粉煤灰的混凝土泌水性较大,所以初期必须加强养护,防止产生表面裂缝,影响构件的强度,也可用适当的温度蒸养。

⑦因在低温下强度增长缓慢,所以冬期施工不宜采用。

2. 非活性材料

常用作填充性混合材料，主要作用是调节水泥强度等级和混凝土的流动性，或节约水泥，且不改变水泥的主要性质。

通常采用石英砂、石灰岩等不显著提高需水性的材料磨细而成。使用时应检验硫酸和硫化物含量，折算成三氧化硫不得超过3%。

混凝土等级高于C30时，不宜掺用混合材料，使用时可将混合材料与水泥同时加入搅拌，并延长搅拌时间60 s。

细节三　施工机具选用

施工机具1　混凝土搅拌机

1. 各类混凝土搅拌机的特点

(1)锥形反转出料式。

它的主要特点为搅拌筒轴线始终保持水平位置，筒内设有交叉布置的搅拌叶片，在出料端设有一对螺旋形出料叶片，正转搅拌时，物料一方面被叶片提升、落下，另一方面强迫物料作轴向窜动，搅拌运动比较强烈。反转时由出料叶片将拌合料卸出。这种结构运用于搅拌塑性较高的普通混凝土和半干硬性混凝土。

(2)锥形倾翻出料式。

它的主要特点是搅拌机的进、出料为一个口，搅拌时锥形搅拌筒轴线具有15°仰角，出料时搅拌筒向下旋转50°～60°俯角。这种搅拌机卸料方便，速度快，生产率高，适用于混凝土搅拌站(楼)作主机使用。

(3)立轴强制式(又称涡浆式)。

它是靠搅拌筒内的涡桨式叶片的旋转将物料挤压、翻转、抛出而进行强制搅拌的，具有搅拌均匀，时间短，密封性好的优点，适用于搅拌干硬混凝土和轻质混凝土。

(4)卧轴强制式。

分单卧轴和双卧轴两种。它兼有自落式和强制式的优点，即搅拌质量好，生产率高，耗能少，能搅拌干硬性、塑性、轻集料等混凝土以及各种砂浆、灰浆和硅酸盐等混合物，是一种多功能的搅拌机械。

2. 混凝土搅拌机的主要参数

周期式混凝土搅拌机的主要参数是额定容量、工作时间和搅拌转速。

(1)额定容量：有进料容量和出料容量之分，我国规定出料容量为主参数，表示机械型号。进料容量是指装进搅拌筒的物料体积，单位用L表示；出料容量是指卸出物料体积，用m^3表示。两种容量的关系如下。

1)搅拌筒的几何体积V_0和装进干料容量V_1的关系：

$$\frac{V_0}{V_1}=2\sim4 \tag{4-4}$$

2)拌和后卸出的混凝土拌和物体积V_2和捣实后混凝土体积V_3的比值ϕ_2称为压缩系数，它和混凝土的性质有关。

对于干硬性混凝土：
$$\phi_2=\frac{V_2}{V_3}=1.45\sim1.26 \tag{4-5}$$

对于塑性混凝土：
$$\phi_2=\frac{V_2}{V_3}=1.25\sim1.11 \tag{4-6}$$

对于软性混凝土：$\phi_2=\frac{V_2}{V_3}=1.10\sim1.04$ (4-7)

(2)工作时间：以秒(s)为单位，可分为以下几个时间段。

1)上料时间——从给拌筒送料开始到上料结束。

2)出料时间——从出料开始到至少95%以上的拌和物料卸出。

3)搅拌时间——从上料结束到出料开始。

4)循环时间——在连续生产条件下，从前一次上料过程开始至紧接着的后一次上料开始之间的时间，也就是一次作业循环的总时间。

(3)搅拌转速 n：搅拌筒的转速，单位为 r/min。

1)自落式搅拌机拌筒旋转 n 值一般为(14～33)r/min。

2)强制式搅拌机拌筒旋转 n 值一般为(28～36)r/min。

(4)各类混凝土搅拌机的基本参数。

1)自落式锥形反转出料搅拌机基本参数，见表4-65。

表4-65 自落式锥形反转出料搅拌机的基本参数

型号	基本参数				
	出料容量/L	进料容量/L	搅拌额定功率/kW	工作周期/s	集料最大粒径/mm
JZ150	150	240	≤3.0	≤120	60
JZ200	200	320	≤4.0	≤120	60
JZ250	250	400	≤4.0	≤120	60
JZ350	350	560	≤5.5	≤120	60
JZ500	500	800	≤11.0	≤120	80
JZ750	750	1 200	≤15.0	≤120	80
JZ1000	1 000	1 600	≤22.0	≤120	100

2)自落式锥形倾翻出料搅拌机基本参数，见表4-66。

表4-66 自落式锥形倾翻出料搅拌机的基本参数

型号	基本参数				
	出料容量/L	进料容量/L	搅拌额定功率/kW	工作周期/s	集料最大粒径/mm
JF50	50	80	≤1.5	—	40
JF100	100	160	≤2.2	—	60
JF150	150	240	≤3.0	≤120	60
JF250	250	400	≤4.0	≤120	60
JF350	350	500	≤5.5	≤120	80
JF500	500	800	≤7.5	≤120	80

续表

型　号	基本参数				
	出料容量/L	进料容量/L	搅拌额定功率/kW	工作周期/s	集料最大粒径/mm
JF750	750	1 200	≤11.0	≤120	120
JF1000	1 000	1 600	≤15.0	≤144	120
JF1500	1 500	2 400	≤22.0	≤144	150
JF3000	3 000	4 800	≤45.0	≤180	180
JF4500	4 500	7 200	≤60.0	≤180	180
JF6000	6 000	9 600	≤75.0	≤180	180

3)强制式涡浆搅拌机、强制式行星搅拌机的基本参数,见表4-67。

表4-67　强制式涡浆搅拌机、强制式行星搅拌机的基本参数

型　号	基本参数				
	出料容量/L	进料容量/L	搅拌额定功率/kW	工作周期/s	集料最大粒径/mm
JW50	50	80	≤4.0	—	40
JW100	100	160	≤7.5	—	40
JW150	150	240	≤11.0	≤72	40
JW200	200	320	≤15.0	≤72	40
JW250	250	400	≤15.0	≤72	40
JW350 JN350	350	560	≤18.5	≤72	40
JW500 JN500	500	800	≤22.0	≤72	60
JW750 JN750	750	1 200	≤30.0	≤80	60
JW1000 JN1000	1 000	1 600	≤45.0	≤80	60
JW1250 JN1250	1 250	2 000	≤45.0	≤80	80
JW1500 JN1500	1 500	2 400	≤55.0	≤80	80

4)强制式单卧轴搅拌机、强制式双卧轴搅拌机的基本参数,见表4-68。

表4-68 强制式单卧轴搅拌机、强制式双卧轴搅拌机的基本参数

型号	基本参数				
	出料容量/L	进料容量/L	搅拌额定功率/kW	工作周期/s	集料最大粒径/mm
JD50	50	80	≤2.2	—	40
JD100	100	160	≤4.0	—	40
JD150	150	240	≤5.5	≤72	40
JD200	200	320	≤7.5	≤72	40
JD250	250	400	≤11.0	≤72	40
JD350 JS350	350	560	≤15.0	≤72	40
JD500 JS500	500	800	≤18.5	≤72	60
JD750 JS750	750	1 200	≤22.0	≤80	60
JD1000 JS1000	1 000	1 600	≤37.0	≤80	80
JD1250 JS1250	1 250	2 000	≤45.0	≤80	80
JD1500 JS1500	1 500	2 400	≤45.0	≤80	100
JD2000 JS2000	2 000	3 200	≤60.0	≤80	100
			≤75.0		120
JD2500 JS2500	2 500	4 000	≤75.0	≤80	100
			≤90.0		150
JD3000 JS3000	3 000	4 800	≤90.0	≤86	100
			≤110.0		150

施工机具2 混凝土运输设备

1. 混凝土水平运输设备

(1)手推车。

手推车是施工工地上普遍使用的水平运输工具,手推车具有小巧、轻便等特点,不但适用于一般的地面水平运输,还能在脚手架、施工栈道上使用;也可与塔式起重机、井架等配合使用,解决垂直运输。

(2)机动翻斗车。

系用柴油机装配而成的翻斗车，功率 7 355 W，最大行驶速度达 35 km/h。车前装有容量为 400 L、载重 1 000 kg 的翻斗。具有轻便灵活、结构简单、转弯半径小、速度快、能自动卸料、操作维护简便等特点。适用于短距离水平运输混凝土以及砂、石等散装材料，如图 4-71 所示。

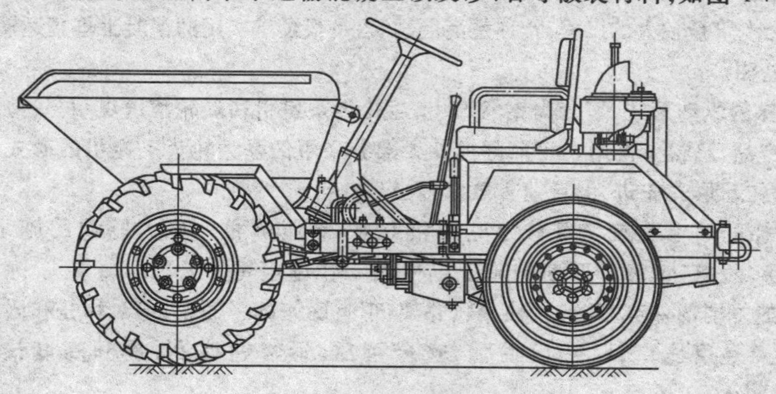

图 4-71　机动翻斗车

(3)混凝土搅拌输送车。

混凝土搅拌输送车是一种用于长距离输送混凝土的高效能机械，它是将运送混凝土的搅拌筒安装在汽车底盘上，而以混凝土搅拌站生产的混凝土拌和物灌装入搅拌筒内，直接运至施工现场，供浇筑作业需要。在运输途中，混凝土搅拌筒始终在不停地慢速转动，从而使筒内的混凝土拌和物可连续得到搅动，以保证混凝土通过长途运输后，仍不致产生离析现象。在运输距离很长时，也可将混凝土干料装入筒内，在运输途中加水搅拌，这样能减少由于长途运输而引起的混凝土坍落度损失。

2. 混凝土垂直运输设备

(1)井架。

主要用于高层建筑混凝土灌筑时的垂直运输机械，由井架、台灵拔杆、卷扬机、吊盘、自动倾卸吊斗及钢丝缆风绳等组成，具有一机多用、构造简单、装拆方便等优点。起重高度一般为 25～40 m。如图 4-72 所示。

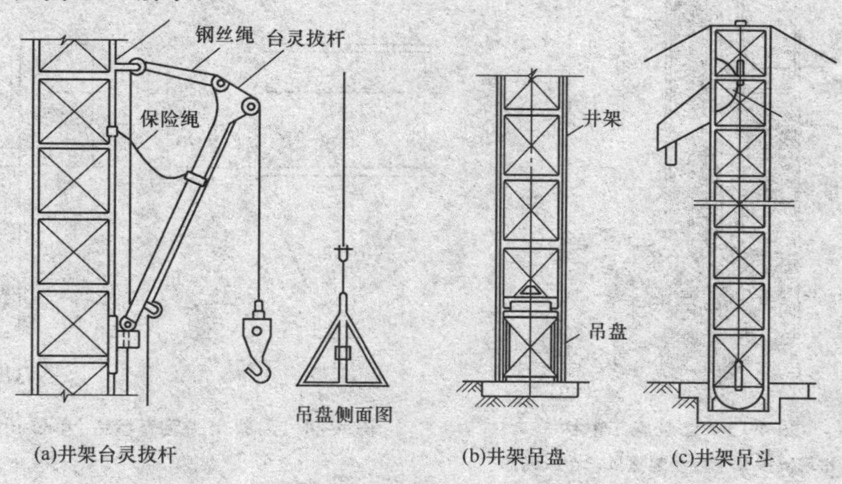

图 4-72　井架运输机

(2)混凝土提升机。

混凝土提升机是供快速输送大量混凝土的垂直提升设备。它是由钢井架、混凝土提升斗、

高速卷扬机等组成,其提升速度可达(50～100) m/min,当混凝土提升到施工楼层后,卸入楼面受料斗,再采用其他楼面水平运输工具(如手推车等)运送到施工部位浇筑。一般每台容量为0.5 m^3的双斗提升机,当其提升速度为75 m/min,最高高度达120 m,混凝土输送能力可达20 m^3/h。因此对于混凝土浇筑量较大的工程,特别是高层建筑,是很经济实用的混凝土垂直运输机具。

(3)施工电梯。

按施工电梯的驱动形式,可分为钢索牵引、齿轮齿条曳引和星轮滚道曳引三种形式。其中钢索曳引的是早期产品,已很少使用。目前国内外大部分采用的是齿轮齿条曳引的形式,星轮滚道是最新发展起来的,传动形式先进,但目前其载重能力较小。

按施工电梯的动力装置又可分为电动和电动-液压两种。电力驱动的施工电梯,工作速度约 40 m/min,而电动-液压驱动的施工电梯其工作速度可达 96 m/min。

施工电梯的主要部件有基础、立柱导轨井架、带有底笼的平面主框架、梯笼和附墙支撑组成。

其主要特点是用途广泛,适应性强,安全可靠,运输速度高,提升高度最高可达 150～200 m以上,如图 4-73 所示。

3. 混凝土浇筑斗

(1)混凝土浇筑布料斗(如图 4-74 所示)为混凝土水平与垂直运输的一种转运工具。混凝土装进浇筑斗内,由起重机吊送至浇筑地点直接布料。浇筑斗是用钢板拼焊成畚箕式,容量一般为 1 m^3。两边焊有耳环,便于挂钩起吊。上部开口、下部有门,门出口尺寸为 40 cm×40 cm,采用自动闸门,以便打开和关闭。

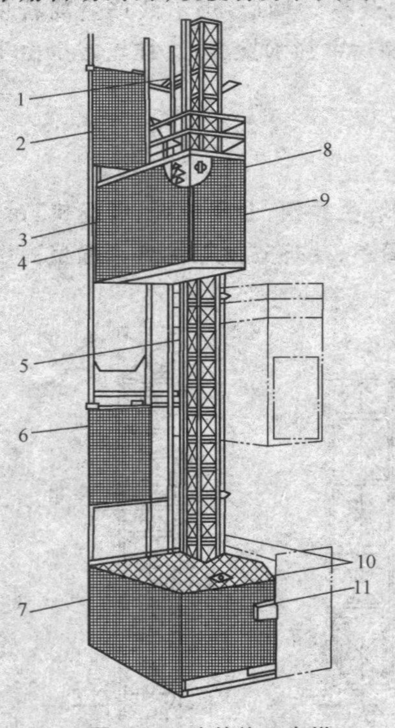

图 4-73　建筑施工电梯

1－附墙支撑;2－自装起重机;3－限速器;4－梯笼;5－立柱导轨架;6－楼层门;7－底笼及平面主框架;8－驱动机构;9－电气箱;10－电缆及电缆箱;11－地面电气控制箱

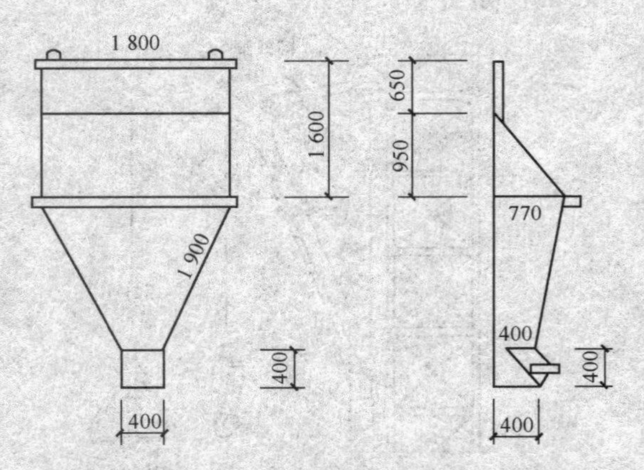

图 4-74　混凝土浇筑布料斗(单位:mm)

(2)混凝土吊斗有圆锥形、高架方形、双向出料形等,如图4-75所示,斗容量0.7～1.4 m^3。混凝土由搅拌机直接装入后,用超重机吊至浇筑地点。

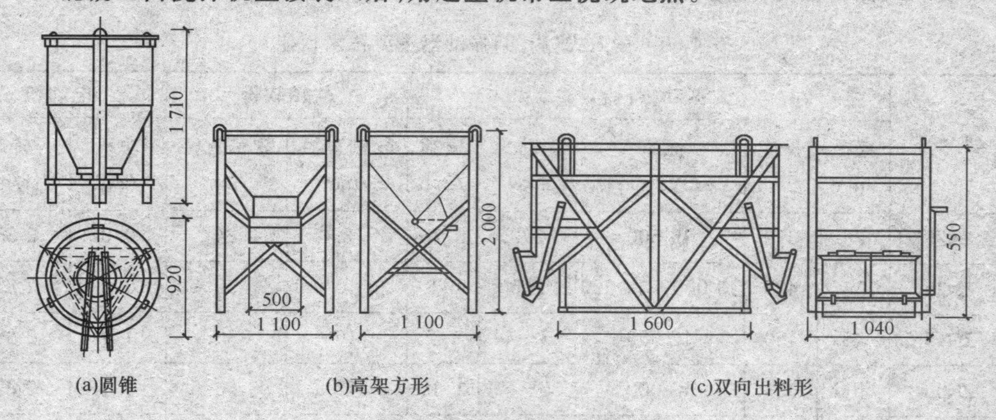

图4-75 混凝土吊斗(单位:mm)

施工机具3 混凝土振动设备

1. 混凝土振动器的分类及适用范围

(1)混凝土振动器的种类繁多,可按照其作用方式、驱动方式和振动频率等进行分类。

1)按作用方式分类。按照对混凝土的作用方式,可分为插入式内部振动器、附着式外部振动器和固定式振动台三种。附着式振动器加装一块平板可改装为平板式振动器。

2)按驱动方式分类。按照振动器的动力源可分为电动式、气动式、内燃式和液压式等。电动式结构简单,使用方便,成本低,一般情况都用电动式的。

3)按振动频率分类。按照振动器的振动频率,可分为高频式(133～350 Hz或每分钟8 000～20 000次)、中频式(83～133 Hz或每分钟5 000～8 000次)、低频式(33～83 Hz或每分钟2 000～5 000次)三种。高频式振动器适用于干硬性混凝土和塑性混凝土的振捣,其结构形式多为行星滚锥插入式振动器;中频式振动器多为偏心振子振动器,一般用作外部振动器;低频振动器用于固定式振动台。

由于混凝土振动器的类型较多,施工中应根据混凝土的集料粒径、级配、水胶比、稠度及混凝土构筑物的形状、断面尺寸、钢筋的疏密程度以及现场动力源等具体情况进行选用。

同时要考虑振动器的结构特点、使用、维修及能耗等技术经济指标选用。

(2)各类混凝土振动器适用范围。

1)插入式振动器。其形式又分为行星式、偏心式、软轴式、直联式等。利用振动棒产生的振动波捣实混凝土,由于振动棒直接插入混凝土内振捣,效率高,质量好。适用于大面积、大体积的混凝土基础和构件,如柱、梁、墙、板以及预制构件的捣实。

2)附着式振动器。其形式为用螺栓紧固在模板上,当振动器固定在模板外侧,借助模板或其他物件将振动力传递到混凝土中,其振动作用深度为25 cm。适用于振动钢筋较密、厚度较小及不宜使用插入式振动器的混凝土结构或构件。

3)平板式振动器。振动器安装在钢平板或木平板上为平板式,平板式振动器的振动力通过平板传递给混凝土,振动作用的深度较小。适用于面积大而平整的混凝土结构物,如平板、地面、屋面等构件。

4)振动台,为固定式。其动力大、体积大,需要有牢固的基础,适用于混凝土制品厂振实批量生产的预制构件。

2. 混凝土振动器的技术性能

(1)插入式振动器主要技术性能,见表 4-69。

表 4-69 插入式(内部)振动器主要技术性能

形式	型号	振动棒(器)					软轴软管		电动机	
		直径/mm	长度/mm	频率/(次/min)	振动力/kN	振幅/mm	软轴直径/mm	软管直径/mm	功率/kW	转速/(r/min)
电动软轴行星式	ZN25	26	370	15 500	2.2	0.75	8	24	0.8	2 850
	ZN35	36	422	13 000~14 000	2.5	0.8	10	30	0.8	2 850
	ZN45	45	460	12 000	3~4	1.2	10	30	1.1	2 850
	ZN50	51	451	12 000	5~6	1.15	13	36	1.1	2 850
	ZN60	60	450	12 000	7~8	1.2	13	36	1.5	2 850
	ZN70	68	460	11 000~12 000	9~10	1.2	13	36	1.5	2 850
电动软轴偏心式	ZPN18	18	250	17 000	—	0.4	—	—	0.2	11 000
	ZPN25	26	260	15 000	—	0.5	8	30	0.8	15 000
	ZPN35	36	240	14 000	—	0.8	10	30	0.8	15 000
	ZPN50	48	220	13 000	—	1.1	10	30	0.8	15 000
	ZPN70	71	400	6 200	—	2.25	13	36	2.2	2 850
电动直联式	ZDN80	80	436	11 500	6.6	0.8	—	—	0.8	11 500
	ZDN100	100	520	8 500	13	1.6	—	—	1.5	8 500
	ZDN130	130	520	8 400	20	2	—	—	2.5	8 400
风动偏心式	ZQ50	53	350	15 000~18 000	6	0.44	—	—	—	—
	ZQ100	102	600	5 500~6 200	2	2.58	—	—	—	—
	ZQ150	150	800	5 000~6 000	—	2.85	—	—	—	—
内燃行星式	ZR35	36	425	14 000	2.28	0.78	10	30	2.9	3 000
	ZR50	51	452	12 000	5.6	1.2	13	36	2.9	3 000
	ZR70	68	480	12 000~14 000	9~10	1.8	13	36	2.9	3 000

(2)平板式振动器主要技术性能见表 4-70。

表 4-70 平板式振动器主要技术性能

型号	振动平板尺寸/(mm×mm)(长×宽)	空载最大激振力/kN	空载振动频率/Hz	偏心力矩/(N·cm)	电动机功率/kW
ZB55—50	780×468	5.5	47.5	55	0.55
ZB75—50(B—5)	500×400	3.1	47.5	50	0.75

续表

型　号	振动平板尺寸/(mm×mm)(长×宽)	空载最大激振力/kN	空载振动频率/Hz	偏心力矩/(N·cm)	电动机功率/kW
ZB110—50(B—11)	700×400	4.3	48	65	1.1
ZB150—50(B—15)	400×600	9.5	50	85	1.5
ZB220—50(B—22)	800×500	9.8	47	100	2.2
ZB300—50(B—22)	800×600	13.2	47.5	146	3.0

(3)附着式振动器主要技术性能见表4-71。

表4-71　附着式振动器主要技术性能

型　号	附着台面尺寸/(mm×mm)(长×宽)	空载最大激振力/kN	空载振动频率/Hz	偏心力矩/(N·cm)	电动机功率/kW
ZF18—50(ZF1)	215×175	1.0	47.5	10	0.18
ZF55—50	600×400	5	50	—	0.55
ZF80—50(ZW—3)	336×195	6.3	47.5	70	0.8
ZF100—50(ZW—13)	700×500	—	50	—	1.1
ZF150—50(ZW—10)	600×400	5～10	50	50～100	1.5
ZF180—50	560×360	8～10	48.2	170	1.8
ZF220—50(ZW—20)	400×700	10～18	47.3	100～200	2.2
ZF300—50(YZF—3)	650×410	10～20	46.5	220	3

(4)振动台主要技术性能见表4-72。

表4-72　振动台主要技术性能

型　号	载质量/t	振动台面尺寸/(mm×mm)(长×宽)	空载最大激振力/kN	空载振动频率/Hz	电动机功率/kW
ZT0.3(ZT0610)	0.3	600×1 000	9	49	1.5
ZT10(ZT1020)	1.0	1 000×2 000	14.3×30.1	49	7.5
ZT2(ZT1040)	2.0	1 000×4 000	22.34～48.4	49	7.5
ZT2.5(ZT1540)	2.5	1 500×4 000	62.48～56.1	49	18.5
ZT3(ZT1560)	3	1 500×6 000	83.3～127.4	49	22
ZT5(ZT2462)	3.5	2 400×6 200	147～225	49	55

3. 混凝土振动器的选择

(1)混凝土振动器的选型。

混凝土振动器的选用原则是根据混凝土施工工艺确定。也就是应根据混凝土的组成特性(如集料粒径、粒形、级配、水胶比和稠度等)以及施工条件(如建筑物的类别、规模和构件的形状、断面尺寸和宽窄、钢筋稀密程度、操作方法、动力来源等具体情况),选用适用的机型和工作参数(如振动频率、振幅和振动速度等)。同时还应根据振动器的结构特点、供应条件,使用寿命和功率消耗等技术经济指标,进行合理选择。

1)根据动力形式选择。建筑施工普遍采用电动式振动器。如果工地附近只有单相电源时,应选用单相串励电动机的振动器;有三相电源时,则可选用各种电动振动器;如有瓦斯的工作环境,应选用风动式振动器;如在无电源的临时性工程施工,可选用内燃式振动器。

2)根据结构形式选择。大面积混凝土基础的柱、梁、墙,厚度较大的板以及预制构件的振实,可选用插入式振动器;钢筋稠密或混凝土较薄的结构,以及不宜使用插入式振动器的地方,可选用附着式振动器;面积大而平整的结构物,如地面、屋面、路面等,通常选用平板式振动器;而混凝土构件预制的空心板、壁板及厚度不大的梁柱构件等,则选用振动台可取得快速而有效的振实效果。

3)振动频率的选择。一般情况下,高频率的振动器,适用于干硬性混凝土和塑性混凝土的振捣,而低频率的振动器则一般作为外部振动器使用。在实际施工中,振动器使用频率在50～350 Hz(每分钟 3 000～20 000 次)范围内。对于普通混凝土振捣,可选用频率为120～200 Hz(每分钟 7 800～12 000 次)的振动器;对于大体积(如大坝等)混凝土,振动器的平均振幅不应小于 0.5～1 mm,频率可选 100～200 Hz(每分钟 6 000～12 000 次);对于一般建筑物,混凝土坍落度在 3～6 cm 左右,集料最大粒径在 80～150 mm 时,可选用频率为100～120 Hz(每分钟 6 000～7 200 次),振幅为 1～1.5 mm 的振动器;对于小集料低塑性的混凝土,可选用频率为 120～150 Hz(每分钟 7 200～9 000 次)以上的振动器;对于干硬性混凝土,由于振波传递困难,应选用插入式振动器,但其干硬系数超过 60 s 时,高频振幅也难以振实,应选用外力分层加压。

(2)振动器提高生产率的措施。

1)振动棒的插入位置和移动应有规律,移动距离应为作用半径的 1.5 倍,过大会漏振,影响捣实质量;过小会重振,降低生产率。对于平板振动器,移动时也应有规律,移动行列间相互搭接应控制在 3～5 cm 之间,不宜过大或过小。

2)浇筑混凝土层厚度应和振动器的插入深度和有效振捣深度相配合。

3)合理控制振捣时间,在保证捣实质量的前提下,严格控制超时振捣。

4)浇筑混凝土量(m^3/h)和施工振动器的总生产率应一致,以保证振动器能连续、均匀地工作。

细节三 施工作业条件

(1)根据工程对象、结构特点,结合具体条件,制定混凝土浇筑施工方案。

(2)搅拌机、运输车、料斗、串筒、振动器等机具设备按需要准备充足,并考虑发生故障时的修理时间。重要工程,应有备用的搅拌机和振动器。特别是采用泵送混凝土,一定要有备用泵。所用的机具均应在浇筑前进行检查和试运转,同时配有专职技工,随时检修。浇筑前,必须核实一次浇筑完毕或浇筑至某施工缝前的工程材料,以免停工待料。

(3)保证水电及原材料的供应。在混凝土浇筑施工期间,要保证水、电、照明不得中断。为了防备临时停水停电,事先应在浇筑地点贮备一定数量的原材料(如砂、石、水泥、水等)和人工拌和捣固用的工具,以防出现意外的施工停歇缝。

(4)掌握天气季节变化情况。加强气象预测预报的联系工作。在混凝土施工阶段应掌握天气的变化情况,特别在雷雨台风季节和寒流突然袭击之际,更应注意,以保证混凝土连续浇筑的顺利进行,确保混凝土质量。

根据工程需要和季节施工特点,应准备好在浇筑过程中所必需的抽水设备和防雨、防暑、防寒等物资。

(5)检查模板、支架、钢筋和预埋件。

1)在浇筑混凝土之前,应检查和控制模板、钢筋、保护层和预埋件等的尺寸、规格、数量和位置,其偏差值应符合现行国家标准《混凝土结构工程施工质量验收规范》(GB 50204—2002)(2011 年版)的规定。此外,还应检查模板支撑的稳定性以及模板接缝的密合情况。

2)模板和隐蔽工程项目应分别进行预检和隐蔽验收。符合要求时,方可进行浇筑。检查时应注意以下几点。

①模板的标高、位置与构件的截面尺寸是否与设计符合;构件的预留拱度是否正确。

②所安装的支架是否稳定;支柱的支撑和模板的固定是否可靠。

③模板的紧密程度。

④钢筋与预埋件的规格、数量、安装位置及构件接点连接焊缝,是否与设计符合。

3)在浇筑混凝土前,模板内的垃圾、木片、刨花、锯屑、泥土和钢筋上的油污、鳞落的铁皮等杂物,应清除干净。

4)木模板应浇水加以润湿,但不允许留有积水。湿润后,木模板中尚未胀密的缝隙应贴严,以防漏浆。

5)金属模板中的缝隙和孔洞也应予以封闭。

6)检查安全设施、劳动配备是否妥当,能否满足浇筑速度的要求。

(6)在地基或基土上浇筑混凝土,应清除淤泥和杂物,并应有排水和防水措施。

对干燥的非黏性土,应用水湿润;对未风化的岩石,应用水清洗,但是表面不得留有积水。

(7)完成钢筋的隐检、钢筋模板的预检工作,地下防水已做好甩槎和经过验收,注意检查固定模板的钢丝、螺栓是否穿过混凝土外墙,如必须穿过时,应采取止水措施。特别是管道或预埋件穿过处是否已做好防水处理。木模板提前浇水湿润(竹胶板,复合模板可硬拼缝,不用浇水,但要刷脱模剂),并将落入模板内的杂物清理干净。

(8)各项原材料需经检验,并经试配确定混凝土配合比。试配的抗渗等级应按设计要求提高 0.2 MPa。每立方米混凝土水泥用量不得少于 300 kg/m^3,掺有活性掺合料时,水泥用量不得少于 280 kg/m^3,水胶比不大于 0.55,坍落度不大于 50 mm,如用泵送混凝土时,入泵坍落度宜为 100～140 mm,并随楼高度选择坍落度,见表 4-73。

如地下水位高,地下防水工程期间继续做好降水、防水、排水工作。

表 4-73　不同泵送高度入泵时混凝土坍落度选用值

泵送高度/m	30 以上	30～60	60～100	100 以上
坍落度/mm	100～140	140～160	160～180	180～200

细节四 施工工艺要求

(一)混凝土配合比设计

1. 混凝土配合比设计一般要求

混凝土配合比应根据原材料性能及对混凝土的技术要求进行计算并经试验室试配,调整后确定,同时应满足如下要求:

(1)混凝土配合比设计应满足混凝土配制强度及其他力学性能、拌和物性能、长期性能和耐久性能的设计要求。

(2)混凝土拌和物性能、力学性能、长期性能和耐久性能的试验方法应分别符合现行国家标准《普通混凝土拌和物性能试验方法标准》(GB/T 50080—2002)、《普通混凝土力学性能试验方法标准》(GB/T 50081—2002)和《普通混凝土长期性能和耐久性能试验方法标准》(GB/T 50082—2009)的规定。

2. 混凝土配合比设计的步骤

(1)确定混凝土的配制强度。

1)当混凝土的设计强度等级小于C60时,配制强度应按下式确定:

$$f_{cu,0} \geqslant f_{cu,k} + 1.645\sigma \tag{4-8}$$

式中 $f_{cu,0}$——混凝土配制强度(MPa);

$f_{cu,k}$——混凝土立方体抗压强度标准值,这里取混凝土的设计强度等级值(MPa);

σ——混凝土强度标准差(MPa)。

2)当设计强度等级不小于C60时,配制强度应按下式确定:

$$f_{cu,0} \geqslant 1.15 f_{cu,k} \tag{4-9}$$

(2)混凝土强度标准差应按下列规定确定。

1)当具有近1个月至3个月的同一品种、同一强度等级混凝土的强度资料,且试件组数不小于30时,其混凝土强度标准差应按下式计算:

$$\sigma = \sqrt{\frac{\sum_{i=1}^{n} f_{cu,i}^2 - n m_{fcu}^2}{n-1}} \tag{4-10}$$

式中 σ——混凝土强度标准差;

$f_{cu,i}$——第i组的试件强度(MPa);

m_{fcu}——n组试件的强度平均值(MPa);

n——试件组数。

对于强度等级不大于C30的混凝土,当混凝土强度标准差计算值不小于3.0 MPa时,应按式(4-10)计算结果取值;当混凝土强度标准差计算值小于3.0 MPa时,应取3.0 MPa。

对于强度等级大于C30且小于C60的混凝土,当混凝土强度标准差计算值不小于4.0 MPa时,应按式(4-10)计算结果取值;当混凝土强度标准差计算值小于4.0 MPa时,应取4.0 MPa。

2)当没有近期的同一品种、同一强度等级混凝土强度资料时,其强度标准差可按表4-74取值。

表 4-74　混凝土强度标准差　　单位:MPa

混凝土强度标准值	≤C20	C25～C45	C50～C55
Σ	4.0	5.0	6.0

(3)计算出相应的水胶比。

1)混凝土强度等级小于 C60 级时,混凝土水胶比宜按下式计算:

$$W/B=\frac{\alpha_a f_b}{f_{cu,0}+\alpha_a\alpha_b f_b} \tag{4-11}$$

式中　W/B——混凝土水胶比。

α_a、α_b——回归系数,其取值宜按下列规定确定。

根据工程所使用的原材料,通过试验建立的水胶比与混凝土强度关系式来确定。

当不具备上述试验统计资料时,其取值可按以下采用:

采用碎石时,$\alpha_a=0.53$,$\alpha_b=0.20$。

采用卵石时,$\alpha_a=0.49$,$\alpha_b=0.13$。

f_b——胶凝材料 28 d 胶砂抗压强度(MPa),可实测,且试验方法应按现行国家标准《水泥胶砂强度检验方法(ISO 法)》(GB/T 17671—1999)执行;当无实测值时,可按下述 2)的规定确定。

2)当胶凝材料 28 d 胶砂抗压强度值无实测值时,可按下式计算:

$$f_b=\gamma_f\gamma_s f_{ce} \tag{4-12}$$

式中　γ_f、γ_s——粉煤灰影响系数和粒化高炉矿渣粉影响系数,可按表 4-75 选用。

f_{ce}——水泥 28 d 胶砂抗压强度(MPa),可实测,也可按下述 3)的规定确定。

表 4-75　粉煤灰影响系数和粒化高炉矿渣粉影响系数

掺量/(%)　＼　种类	粉煤灰影响系数 γ_f	粒化高炉矿渣粉影响系数 γ_s
0	1.00	1.00
10	0.85～0.95	1.00
20	0.75～0.85	0.95～1.00
30	0.65～0.75	0.90～1.00
40	0.55～0.65	0.80～0.90
50	—	0.70～0.85

注:①采用Ⅰ级、Ⅱ级粉煤灰宜取上限值。

②采用 S75 级粒化高炉矿渣粉宜取下限值,采用 S95 级粒化高炉矿渣粉宜取上限值,采用 S105 级粒化高炉矿渣粉可取上限值加 0.05。

③当超出表中的掺量时,粉煤灰和粒化高炉矿渣粉影响系数应经试验确定。

3)当水泥 28 d 胶砂抗压强度(f_{ce})无实测值时,可按下式计算:

$$f_{ce}=\gamma_c f_{ce,g} \tag{4-13}$$

式中　γ_c——水泥强度等级值的富余系数,可按实际统计资料确定;当缺乏实际统计资料时,也可按表 4-76 选用;

$f_{ce,g}$——水泥强度等级值(MPa)。

表 4-76　水泥强度等级值的富余系数(γ_c)

水泥强度等级值	32.5	42.5	52.5
富余系数	1.12	1.16	1.10

(4)用水量和外加剂用量。

1)用水量。

①每立方米干硬性或塑性混凝土的用水量(m_{w0})应符合下列规定:

a. 混凝土水胶比在0.40～0.80范围时,可按表4-77和表4-78选取;

b. 混凝土水胶比小于0.40时,可通过试验确定。

表 4-77　干硬性混凝土的用水量　单位:kg/m³

拌和物稠度		卵石最大公称粒径/mm			碎石最大公称粒径/mm		
项　目	指　标	10.0	20.0	40.0	16.0	20.0	40.0
维勃稠度/s	16～20	175	160	145	180	170	155
	11～15	180	165	150	185	175	160
	5～10	185	170	155	190	180	165

表 4-78　塑性混凝土的用水量　单位:kg/m³

拌和物稠度		卵石最大公称粒径/mm				碎石最大公称粒径/mm			
项　目	指　标	10.0	20.0	31.5	40.0	16.0	20.0	31.5	40.0
坍落度/mm	10～30	190	170	160	150	200	185	175	165
	35～50	200	180	170	160	210	195	185	175
	55～70	210	190	180	170	220	205	195	185
	75～90	215	195	185	175	230	215	205	195

注:①本表用水量系采用中砂时的取值。采用细砂时,每立方米混凝土用水量可增加5～10 kg;采用粗砂时,可减少5～10 kg。

②掺用矿物掺合料和外加剂时,用水量应相应调整。

②掺外加剂时,每立方米流动性或大流动性混凝土的用水量(m_{w0})可按下式计算:

$$m_{w0}=m'_{w0}(1-\beta) \tag{4-14}$$

式中　m_{w0}——计算配合比每立方米混凝土的用水量(kg/m³);

m'_{w0}——未掺外加剂时推定的满足实际坍落度要求的每立方米混凝土用水量(kg/m³);以表4-78中90 mm坍落度的用水量为基础,按每增大20 mm坍落度相应增加5 kg/m³用水量来计算,当坍落度增加到180 mm以上时,随坍落度相应增加的用水量可减少。

β——外加剂的减水率(%)应经混凝土试验确定。

2)每立方米混凝土中外加剂用量(m_{a0})应按下式确定。

$$m_{a0}=m_{b0}\beta_a \tag{4-15}$$

式中　m_{a0}——计算配合比每立方米混凝土的用水量(kg/m³)；

m_{b0}——计算配合比每立方米混凝土中胶凝材料用量(kg/m³)；

β_a——外加剂掺量(%)应经混凝土试验确定。

(5)胶凝材料和水泥用量。

1)每立方米混凝土的胶凝材料用量(m_{b0})应按式(4-15)计算，并应进行试拌调整，在拌和物性能满足的情况下，取经济合理的胶凝材料用量。

$$m_{b0}=\frac{m_{w0}}{W/B} \tag{4-16}$$

式中　m_{b0}——计算配合比每立方米混凝土中胶凝材料用量(kg/m³)；

m_{w0}——计算配合比每立方米混凝土的用水量(kg/m³)；

W/B——混凝土水胶比。

2)每立方米混凝土的水泥用量(m_{c0})应按下式计算：

$$m_{c0}=m_{b0}-m_{f0} \tag{4-17}$$

式中　m_{c0}——计算配合比每立方米混凝土中水泥用量(kg/m³)。

m_{f0}——计算配合比每立方米混凝土的矿物掺合料用量(kg/m³)。

(6)砂率。

1)砂率(β_s)应根据集料的技术指标、混凝土拌和物性能和施工要求，参考既有历史资料确定。

2)当缺乏砂率的历史资料时，混凝土砂率的确定应符合下列规定。

①坍落度小于10 mm的混凝土，其砂率应经试验确定。

②坍落度为10～60 mm的混凝土，其砂率可根据粗集料品种、最大公称粒径及水胶比按表4-79选取。

③坍落度大于60 mm的混凝土，其砂率可经试验确定，也可在表4-79的基础上，按坍落度每增大20 mm、砂率增大1%的幅度予以调整。

表4-79　混凝土的砂率

水胶比	卵石最大公称粒径/mm			碎石最大公称粒径/mm		
	10.0	20.0	40.0	16.0	20.0	40.0
0.40	26～32	25～31	24～30	30～35	29～34	27～32
0.50	30～35	29～34	28～33	33～38	32～37	30～35
0.60	33～38	32～37	31～36	36～41	35～40	33～38
0.70	36～41	35～40	34～39	39～44	38～43	36～41

注：①本表数值系中砂的选用砂率，对细砂或粗砂，可相应地减少或增大砂率。

②采用人工砂配制混凝土时，砂率可适当增大。

③只用一个单粒级粗集料配制混凝土时，砂率应适当增大。

(7)粗、细集料用量。

1)当采用质量法计算混凝土配合比时，粗、细集料用量应按式(4-18)计算；砂率应按式(4-19)计算。

$$m_{f0}+m_{c0}+m_{g0}+m_{s0}+m_{w0}=m_{cp} \tag{4-18}$$

$$\beta_s=\frac{m_{s0}}{m_{g0}+m_{s0}}\times 100\% \tag{4-19}$$

式中 m_{g0}——计算配合比每立方米混凝土的粗集料用量(kg/m³);

m_{s0}——计算配合比每立方米混凝土的细集料用量(kg/m³);

β_s——砂率(%);

m_{cp}——每立方米混凝土拌和物的假定质量(kg);可取 2 350～2 450 kg/m³。

2)当采用体积法计算混凝土配合比时,砂率应按公式(4-19)计算,粗、细集料用量应按公式(4-20)计算。

$$\frac{m_{c0}}{\rho_c}+\frac{m_{f0}}{\rho_f}+\frac{m_{g0}}{\rho_g}+\frac{m_{s0}}{\rho_s}+\frac{m_{w0}}{\rho_w}+0.01\alpha=1 \tag{4-20}$$

式中 ρ_c——水泥密度(kg/m³),可按现行国家标准《水泥密度测定方法》(GB/T 208—1994)测定,也可取 2 900～3 100 kg/m³;

ρ_f——矿物掺合料密度(kg/m³),可按现行国家标准《水泥密度测定方法》(GB/T 208—1994)测定;

ρ_g——粗集料的表观密度(kg/m³),应按现行行业标准《普通混凝土用砂、石质量及检验方法标准(附条文说明)》(JGJ 52—2006)测定;

ρ_s——细集料的表观密度(kg/m³),应按现行行业标准《普通混凝土用砂、石质量及检验方法标准(附条文说明)》(JGJ 52—2006)测定;

ρ_w——水的密度(kg/m³);可取 1 000 kg/m³;

α——混凝土的含气量百分数,在不使用引气剂或引气型外加剂时,可取 1。

(8)混凝土配合比的试配、调整与确定。

1)试配。

①混凝土试配应采用强制式搅拌机进行搅拌,并应符合现行行业标准《混凝土试验用搅拌机》(JG 244—2009)的规定,搅拌方法宜与施工采用的方法相同。

②试验室成型条件应符合现行国家标准《普通混凝土拌和物性能试验方法标准》(GB/T 50080—2002)的规定。

③每盘混凝土试配的最小搅拌量应符合表 4-80 的规定,并不应小于搅拌机公称容量的 1/4,且不应大于搅拌机公称容量。

表 4-80 混凝土试配的最小搅拌量

粗集料最大公称粒径/mm	拌和物数量/L
≤31.5	20
40.0	25

④在计算配合比的基础上应进行试拌。计算水胶比宜保持不变,并应通过调整配合比其他参数使混凝土拌和物性能符合设计和施工要求,然后修正计算配合比,提出试拌配合比。

⑤在试拌配合比的基础上应进行混凝土强度试验,并应符合下列规定:

a. 应采用三个不同的配合比,其中一个应为根据上述④的规定确定的试拌配合比,另外两个配合比的水胶比宜较试拌配合比分别增加和减少 0.05,用水量应与试拌配合比相同,砂率可分别增加和减少 1%;

b. 进行混凝土强度试验时，拌和物性能应符合设计和施工要求；

c. 进行混凝土强度试验时，每个配合比应至少制作一组试件，并应标准养护到 28 d 或设计规定龄期时试压。

2)配合比的调整与确定。

①配合比调整应符合下列规定。

a. 根据混凝土强度试验结果，宜绘制强度和胶水比的线性关系图或插值法确定略大于配制强度对应的胶水比；

b. 在试拌配合比的基础上，用水量(m_w)和外加剂用量(m_a)应根据确定的水胶比作调整；

c. 胶凝材料用量(m_b)应以用水量乘以确定的胶水比计算得出；

d. 粗集料和细集料用量(m_g 和 m_s)应根据用水量和胶凝材料用量进行调整。

②混凝土拌和物表观密度和配合比校正系数的计算应符合下列规定。

a. 配合比调整后的混凝土拌和物的表观密度应按下式计算：

$$\rho_{c,c}=m_c+m_f+m_g+m_s+m_w \tag{4-21}$$

式中　$\rho_{c,c}$——混凝土拌和物的表观密度计算值(kg/m^3)；

m_c——每立方米混凝土的水泥用量(kg/m^3)；

m_f——每立方米混凝土的矿物掺合料用量(kg/m^3)；

m_g——每立方米混凝土的粗集料用量(kg/m^3)；

m_s——每立方米混凝土的细集料用量(kg/m^3)；

m_w——每立方米混凝土的用水量(kg/m^3)。

b. 混凝土配合比校正系数应按下式计算：

$$\delta=\frac{\rho_{c,t}}{\rho_{c,c}} \tag{4-22}$$

式中　δ——混凝土配合比校正系数；

$\rho_{c,t}$——混凝土拌和物的表观密度实测值(kg/m^3)。

③当混凝土拌和物表观密度实测值与计算值之差的绝对值不超过计算值的 2%时，按规定调整的配合比可维持不变；当二者之差超过 2%时，应将配合比中每项材料用量均乘以校正系数 δ。

④配合比调整后，应测定拌和物水溶性氯离子含量，试验结果应符合表 4-81 的规定。

表 4-81　混凝土拌和物中水溶性氯离子最大含量

环境条件	水溶性氯离子最大含量（%，水泥用量的质量百分比）		
	钢筋混凝土	预应力混凝土	素混凝土
干燥环境	0.30	0.06	1.00
潮湿但不含氯离子的环境	0.20		
潮湿且含有氯离子的环境、盐渍土环境	0.10		
除冰盐等侵蚀性物质的腐蚀环境	0.06		

⑤对耐久性有设计要求的混凝土应进行相关耐久性试验验证。

⑥生产单位可根据常用材料设计出常用的混凝土配合比备用，并应在启用过程中予以验

证或调整。遇有下列情况之一时,应重新进行配合比设计:

a. 对混凝土性能有特殊要求时;

b. 水泥、外加剂或矿物掺合料等原材料品种、质量有显著变化时。

(二)混凝土搅拌

1. 混凝土配合比

(1)混凝土施工中控制材料配合比是保证混凝土质量的重要环节之一。施工配料时影响混凝土质量的因素主要有两方面:一是称量不准;二是未按砂、石集料实际含水率的变化进行施工配合比的换算,这样必然会改变原理论配合比的水胶比、砂石比(含砂率)及浆集比。这些都将直接影响混凝土的黏聚性、流动性、密实性以及强度等级。

混凝土试验室配合比是根据完全干燥的砂、石集料制定的,但实际使用的砂、石集料都含有一定的水分,而且含水率又会随气候条件发生变化,特别是雨期变化更大,所以施工时应及时测定砂、石集料的含水量,并将混凝土试验室配合比换算成集料在实际含水量情况下的施工配合比。

水泥、砂、石子、混合料等干料的配合比,应采用质量法计算,严禁采用容积法代替质量法。混凝土原材料按质量计的允许偏差,不得超过下列规定:水泥、外掺混合料±2%;粗、细集料±3%;水、外掺剂溶液±2%。

各种衡器应定时校验,保持准确。

(2)在施工现场,取一定质量的有代表性的湿砂、湿石(石子干燥时可不测),测其含水率,则施工配合比中,每方混凝土的材料用量如下:

1)湿砂重为:理论配合比中的干砂重×(1+砂子含水率);

2)湿石子重为:理论配合比中的干石子重×(1+石子含水率);

3)水重为:理论配合比中的水重－干砂×砂含水率－干石重×石子含水率;

4)水泥、掺合料(粉煤灰、膨胀剂)、外加剂质量同于理论配合比中的质量。

(3)结合现场混凝土搅拌机的容量,计算出每盘混凝土的材料用量,供施工时执行。

(4)有特殊要求的混凝土配合比设计。

1)抗渗混凝土配合比。

①抗渗混凝土的原材料应符合下列规定。

a. 水泥宜采用普通硅酸盐水泥;

b. 粗集料宜采用连续级配,其最大公称粒径不宜大于40.0 mm,含泥量不得大于1.0%,泥块含量不得大于0.5%;

c. 细集料宜采用中砂,含泥量不得大于3.0%,泥块含量不得大于1.0%;

d. 抗渗混凝土宜掺用外加剂和矿物掺合料,粉煤灰等级应为Ⅰ级或Ⅱ级。

②抗渗混凝土配合比应符合下列规定。

a. 最大水胶比应符合表4-82的规定;

表4-82　抗渗混凝土最大水胶比

设计抗渗等级	最大水胶比	
	C20～C30	C30以上
P6	0.60	0.55

续表

设计抗渗等级	最大水胶比	
	C20～C30	C30 以上
P8～P12	0.55	0.50
>P12	0.50	0.45

b. 每立方米混凝土中的胶凝材料用量不宜小于 320 kg；

c. 砂率宜为 35%～45%。

③配合比设计中混凝土抗渗技术要求应符合下列规定。

a. 配制抗渗混凝土要求的抗渗水压值应比设计值提高 0.2 MPa；

b. 抗渗试验结果应满足下式要求：

$$P_t \geqslant \frac{P}{10} + 0.2 \tag{4-23}$$

式中　P_t——6 个试件中不少于 4 个未出现渗水时的最大水压值(MPa)；

P——设计要求的抗渗等级值。

④掺用引气剂或引气型外加剂的抗渗混凝土，应进行含气量试验，含气量宜控制在 3.0%～5.0%。

2)泵送混凝土。

①泵送混凝土所采用的原材料应符合下列规定。

a. 水泥宜选用硅酸盐水泥、普通硅酸盐水泥、矿渣硅酸盐水泥和粉煤灰硅酸盐水泥；

b. 粗集料宜采用连续级配，其针片状颗粒含量不宜大于 10%；粗集料的最大公称粒径与输送管径之比宜符合表 4-83 的规定；

表 4-83　粗集料的最大公称粒径与输送管径之比

粗集料品种	泵送高度/m	粗集料最大公称粒径与输送管径之比
碎石	<50	≤1∶3.0
	50～100	≤1∶4.0
	>100	≤1∶5.0
卵石	<50	≤1∶2.5
	50～100	≤1∶3.0
	>100	≤1∶4.0

c. 细集料宜采用中砂，其通过公称直径为 315 μm 筛孔的颗粒含量不宜少于 15%；

d. 泵送混凝土应掺用泵送剂或减水剂，并宜掺用矿物掺合料。

②泵送混凝土配合比应符合下列规定。

a. 胶凝材料用量不宜小于 300 kg/m^3；

b. 砂率宜为 35%～45%。

③泵送混凝土试配时应考虑坍落度经时损失。

2. 计量

各种计量用器具应定期校验，每次使用前应进行零点校核，保持计量准确。当遇雨天或含水率有显著变化时，应增加含水率检测次数，并及时调整混凝土中砂、石、水的用量。

(1)砂石计量：用手推车上料，磅秤计量时，必须车车过磅；有贮料斗及配套的计量设备，采用自动或半自动上料时，需调整好斗门关闭的提前量，以保证计量准确。

(2)水泥计量：采用袋装水泥时，应对每批进场水泥进行抽检 10 袋的质量，实际质量的平均值少于标定质量的要开袋补足；采用散装水泥时，应每盘精确计量。

(3)外加剂及掺合料计量：对于粉状的外加剂和掺合料，应按施工配合比计量每盘的用料，预先在外加剂和掺合料存放的仓库中进行计量，并以小包装运到搅拌地点备用；液态外加剂要随用随搅拌，并用比重计检查其浓度，用量筒计量。

(4)水计量：水必须每盘计量。

(5)混凝土原材料每盘计量的允许偏差应符合表 4-84 的规定。

表 4-84　混凝土原材料每盘计量的允许偏差

检查项目	允许偏差/(%)	检验方法	检查数量
水泥、掺合料	±2	复称	每工作班抽检不应少于一次
粗、细骨料	±3		
水、外加剂	±2		

3. 投料顺序

(1)一次投料法。

向搅拌机加料时应先装砂子，然后装入水泥，使水泥不直接与料斗接触，避免水泥粘附在料斗上，最后装入石子。提起料斗将全部材料倒入拌桶中进行搅拌，同时开启水阀，使定量的水均匀洒布于拌合料中。

(2)二次投料法。

混凝土搅拌二次投料法，为先搅拌水泥、砂、水，制成水泥砂浆，然后投入石子，再进行搅拌。二次投料法搅拌出的混凝土比一次投料法搅拌出的混凝土强度可提高 10%～15%左右。

二次投料法是在不增加原料(主要是水泥)的情况下，通过投料程序的改变，使水泥颗粒充分分散并包裹在砂子表面，避免小水泥团的产生，因而可以提高强度。

据实验资料表明：采用二次投料法搅拌混凝土，在减少水泥用量 15%时，仍比一次投料法(不减水泥)28 d 强度高 9%。

向料斗中装料顺序应先装石子，再装水泥，最后装砂子。这样把水泥夹在砂、石中间，上料时水泥灰不致到处飞扬，也不会过多地粘附在搅拌机鼓筒上，加水后可避免水泥吸水成团。上料时水泥和砂很快形成水泥砂浆，这样可以缩短包裹石子的时间。

装料前还要根据施工现场使用的搅拌机型号规格，计算每盘投料总质量即施工配料。国产混凝土搅拌机的工作容量一般为进料容量，即干料容量，是指该型号搅拌机可装入的各种材料体积之总和，以此来标定搅拌机的规格。如 J1-400A 搅拌机，其工作容量(即干料容量)为 400 L。

搅拌机每次搅拌出混凝土的体积称为出料容量。出料容量与进料容量之比称为出料系数，一般取 0.65。根据施工配合比及所用搅拌机型号计算施工配料，确定搅拌时一次投料量。

投料量要根据出料容量来确定。

1)第一盘混凝土拌制的操作:每次拌制第一盘混凝土时,先加水使搅拌筒空转数分钟,搅拌筒被充分湿润后,将剩余积水倒净。搅拌第一盘时,由于砂浆粘筒壁而损失。因此,石子的用量应按配合比减10%。

2)从第二盘开始,按给定的混凝土配合比投料。

4. 搅拌时间

搅拌时间是指将全部材料投入搅拌筒开始搅拌起至开始卸料止所经历的时间。它与混凝土的和易性要求、搅拌机的类型、搅拌容量、集料的品种及粒径有关。搅拌时间的长短直接影响混凝土的质量,一般为1～2 min。搅拌时间过短,混凝土拌和物不匀,且中度和和易性降低;搅拌时间过长,不仅会影响搅拌机的生产效率,而且会降低混凝土的和易性或使不坚硬的粗集料在大用量搅拌机中脱角、破碎等,影响混凝土的质量。混凝土全部原材料投入搅拌筒在开始卸料止的最短搅拌时间应符合表4-85的规定。

表4-85　混凝土搅拌的最短时间

公称容量/L	50～500		750～1 000		1 250～2 000		2 500～6 000	
搅拌方式	自落式	强制式	自落式	强制式	自落式	强制式	自落式	强制式
搅拌时间/s	≤45	≤35	≤60	≤40	≤80	≤45	≤100	≤45

搅拌时间系按一般常用搅拌机的回转速度确定的,施工中不允许用超过搅拌机说明书规定的回转速度进行搅拌以缩短搅拌延续时间。因为当自落式搅拌机搅拌筒的转速达到某一极限时,筒内物料所受的离心力等于其重力,物料就贴在筒壁上不会下落,不能产生搅拌效果。

(1)出料时,先少许出料,目测拌和物的外观质量,如目测合格方可出料。每盘混凝土拌和物必须出尽。

(2)检查拌制混凝土所用原材料的品种、规格和用量,每一工作班至少两次。

(3)检查混凝土的坍落度及和易性,每一工作班至少两次。混凝土拌和物应搅拌均匀,颜色一致,具有良好的流动性、黏聚性、保水性、不泌水、不离析。不符合要求时,应检查原因,及时调整。

(三)混凝土运输

1. 混凝土运输要求

从搅拌机鼓筒卸出来的混凝土拌合料,是介于固体与液体之间的弹塑性物体,极易产生分层离析;且受初凝时间限制和施工和易性要求,对混凝土在运输过程中应予以重视。为保持混凝土拌合料的均质性,做到不分层、不离析、不漏浆,且具有施工规定的坍落度,必须满足下列要求。

(1)运输混凝土的容器应严密、不漏浆,容器内壁应平整光洁、不吸水,粘附于容器上的砂浆应经常清除。

(2)混凝土要以最少的转运次数,最短的运输时间,从搅拌地点运至浇筑地点。

(3)混凝土运至浇筑地点,如出现离析或初凝现象,必须在浇筑前进行二次搅拌后,方可入模。

(4)同时运输两种以上标号的混凝土时,应在运输设备上设置标志,以免混淆。

(5)混凝土在装入容器前应先用水将容器湿润,气候炎热时须覆盖,以防水分蒸发。冬期施工时,在寒冷地区应采取保温措施,以防在运输途中冻结。

(6)混凝土运输必须保证其浇筑工程能够连续进行。若因故停歇过久,混凝土发现初凝时,应作废料处理,不得再用于工程中。

(7)混凝土在运输后如出现离析,必须进行二次搅拌。当坍落度损失后没有满足施工要求时,应加入原水胶比的水泥砂浆或二次掺加减水剂进行搅拌,事先应经实验室验证,严禁直接加水。

(8)混凝土垂直运输自由落差高度以不大于 2 m 为宜,超过 2 m 时应采取缓降措施,或用皮带机运输。

(四)混凝土浇筑

(1)浇筑前,砌体表面应浇水湿润,构造柱根部施工缝在浇筑前宜先铺 50 mm 左右与混凝土配合比相同的水泥砂浆或减石子混凝土。

(2)浇灌方法:用塔式起重机吊斗供料时,应先将吊斗降至距铁盘 500～600 mm 处,将混凝土卸在铁盘上,再用铁锹灌入模内,不得用吊斗直接将混凝土卸入模内。

(3)浇筑混凝土构造柱时,应分层浇筑振捣,每层厚度宜控制在 500 mm 左右,边下料边振捣,连续作业浇筑到顶。

(4)振捣混凝土时,振捣棒应快插慢拔。振捣圈梁混凝土时,振捣棒与混凝土面应成斜角,斜向振捣。

(5)表面抹平:圈梁混凝土每振捣完一段,应随即用木抹子压实、抹平。

(五)混凝土养护

混凝土浇筑 12 h 以内,应对混凝土加以覆盖并浇水养护,保持湿润状态,养护时间不得少于 7 d。

(六)季节性施工

(1)雨期施工应根据砂、石含水率调整配合比,中到大雨不宜露天浇筑混凝土,若遇雨时,应对刚浇筑的混凝土进行覆盖。

(2)雪后浇筑混凝土,应清除模板和钢筋上的积雪。运输和浇筑混凝土用的容器应有保温措施。

(3)冬期浇筑混凝土,一般采取综合蓄热法,对原材料的加热、搅拌、运输、浇筑和养护进行热工计算,并采取有效的保温覆盖措施,保证混凝土受冻前达到抗冻临界强度。拆模后的混凝土表面,应临时覆盖,使其缓慢冷却。

(4)混凝土试块除按正常规定组数制作外,还应增设不少于两组与结构同条件养护的试块,一组用以检验混凝土受冻临界强度,另一组用以检验转入常温养护 28 d 的强度。

细节五 施工成品保护

(1)混凝土自搅拌至浇筑前严禁向罐车内浇水或加外加剂。

(2)混凝土运输设备在冬季时应有保温、防风雪措施;夏季时运输设备应有保温、防雨设施。

细节六 施工质量问题

(1)混凝土出现裂缝。由于粗、细集料含泥量过大或碱集料反应,混凝土出现裂缝。对进场原材料进行检验，其质量应符合规定。

(2)外加剂掺量不准。施工中根据“混凝土配合比通知单”对原材料严格计量进行搅拌。

(3)Ⅲ级粉煤灰用于结构工程。对进场的粉煤灰进行复试，Ⅰ、Ⅱ级粉煤灰方可用于结构工程。

(4)现场未根据实际情况调整配合比，影响混凝土的浇筑质量。混凝土配合比的设计，必须由当地建筑材料质量检测部门认证的符合资质的试验室按有关技术规程进行计算和试配确定；当水泥、砂、石等原材料有变化时，应及时调整配合比。

(5)现场计量器具不准，砂、石等原材料未车车过磅，散装水泥不计量，混凝土搅拌用水不计量，混凝土外加剂不计量。现场使用的各种计量器具(磅秤、台秤、自动上料系统等)应经法定计量检测单位按规定定期进行检测，并经常校验，使计量器具处于正常工作状态。砂石应车车过磅，做到计量准确，散装水泥要进行计量，混凝土搅拌用水应扣除砂石含水率，外加剂应按每盘用量进行计量、包装。

(6)混凝土运输时间过长，坍落度损失大，混凝土出现离析。根据混凝土运距、交通条件和季节，采取缓凝等措施，确保运至浇筑地点的混凝土坍落度和和易性符合浇筑要求。当现场检测坍落度值不符合要求时，严禁二次加水，经工地技术负责人批准后，采取技术措施后方可使用并应做好记录；当混凝土已初凝或质量不合格时，应拒收和退货。

(7)钢筋保护层过薄，造成混凝土出现裂缝。由于混凝土的收缩，在钢筋保护层厚度不足处，出现裂缝。砂浆垫块的制作厚度应符合要求，或采用标准塑料垫块。施工时，垫块的放置应符合设计要求规定。

(8)混凝土养护不及时或不到位。在混凝土浇筑完成 12 h 内，应及时采取措施进行养护，混凝土养护期间应保持其表面处于湿润状态，并保证养护时间要求。

(9)柱混凝土浇筑标高不够。施工前应在方案中根据不同浇筑部位分别确定混凝土水平施工缝的留置位置。

(10)柱根部混凝土出现烂根，楼板混凝土浇筑完毕后及时用大杠将其表面刮平，在浇筑竖向结构混凝土前，先在底部填以 50～100 mm 厚与混凝土内砂浆成分相同的水泥砂浆。

细节七　施工质量记录

(1)水泥出厂质量证明。

(2)水泥进场试验报告。

(3)外加剂出厂质量证明。

(4)外加剂进场试验报告及掺量试验报告。

(5)掺合料出厂质量证明。

(6)掺合料进场试验报告及掺量试验报告。

(7)砂子检、试验报告。

(8)混凝土配合比。

(9)混凝土开盘鉴定。

(10)混凝土施工日志。

【典型实例】

一、砖混、外砖内模结构构造柱、圈梁、板缝钢筋绑扎

施工技术交底记录(一)

工程名称	某施工工程	编　　号	×××××
施工单位	某建筑工程公司	交底日期	××年××月××日
交底摘要	砖混、外砖内模结构构造柱、圈梁、板缝钢筋绑扎的施工	分项工程名称	砖混结构工程施工
		页　　数	共5页,第1页

交底内容:

1. 材料准备

(1)钢筋:应有出厂合格证,按规定做力学性能复试,当加工过程中发生脆断等特殊情况,还需做化学成分检验。钢筋应无老锈及油污。

(2)钢丝:可采用20号~22号钢丝(火烧丝)或镀锌钢丝(铅丝)。

(3)其他:控制混凝土保护层用的砂浆垫块、塑料卡。

2. 机具选用

钢筋钩、撬棍、钢筋扳子、绑扎架、钢丝刷子、手推车、粉笔、尺子等。

3. 作业条件

(1)按施工现场平面图规定的位置,将钢筋堆放场地进行清理、平整,准备好垫木。按不同规格型号堆放并垫好垫木。

(2)核对钢筋级别、型号、形状、尺寸及数量,是否与设计图纸及加工配料单相同。

(3)弹好标高水平线及构造柱、外砖内模混凝土墙的外皮线。

(4)圈梁及板缝模板已做完预检,并将模内清理干净。

(5)预应力圆孔板的端孔已按标准图的要求堵好。

4. 工艺要求

(1)施工流程。

1)预制构造柱钢筋绑扎工艺流程。

预制构造柱钢筋骨架→修整底层伸出的构造柱搭接筋→安装构造柱钢筋骨架→绑扎搭接部位箍筋

2)圈梁钢筋的绑扎工艺流程。

画钢筋位置线→放箍筋→穿圈梁受力筋→绑扎箍筋

3)板缝钢筋绑扎工艺流程。

支护缝模板→预制板端头预应力锚固筋弯成45°→放通长水平构造筋→与板端锚固筋绑扎

(2)预制构造柱钢筋骨架。

1)先将两根竖向受力钢筋平放在绑扎架上,并在钢筋上画出箍筋间距。

2)根据画线位置,将箍筋套在受力筋上逐个绑扎,要预留出搭接部位的长度。为防止骨架变形,宜采用反十字扣或套扣绑扎。箍筋应与受力钢筋保持垂直;箍筋弯钩叠合处,应沿受力钢筋方向错开放置。

签字栏	交底人	×××	审核人	×××
	接受交底人	×××、×××、××		

工程名称	某施工工程	编　　号	××××××
施工单位	某建筑工程公司	交底日期	××年××月××日
交底摘要	砖混、外砖内模结构构造柱、圈梁、板缝钢筋绑扎的施工	分项工程名称	砖混结构工程施工
		页　　数	共5页，第2页

3)穿另外2根受力钢筋，并与箍筋绑扎牢固，箍筋端头平直长度不小于10d（d为箍筋直径），弯钩角度不小于135°。

4)在柱顶、柱脚与圈梁钢筋交接的部位，应按设计要求加密柱的箍筋，加密范围一般在圈梁上、下均不应小于1/6层高或45 cm，箍筋间距不宜大于10 cm(柱脚加密区箍筋待柱骨架立起并搭接后再绑扎)。

5)修整底层伸出的构造柱搭接筋：根据已放好的构造柱位置线，检查搭接筋位置及搭接长度是否符合设计和规范的要求。底层构造柱竖筋与基础圈梁锚固；无基础圈梁时，埋设在柱根部混凝土座内；当墙体附有管沟时，构造柱埋设深度应大于沟深。

6)安装构造柱钢筋骨架：先在搭接处钢筋上套上箍筋，然后再将预制构造柱钢筋骨架立起来，对正伸出的搭接筋，搭接倍数不低于35d，对好标高线，在竖筋搭接部位各绑3个扣。骨架调整后，可以绑根部加密区箍筋。

7)绑扎搭接部位钢筋。

①构造柱钢筋必须与各层纵横墙的圈梁钢筋绑扎连接，形成一个封闭框架。

②在砌砖墙大马牙槎时，沿墙高每50 cm埋设2根ϕ6水平拉结筋，与构造柱钢筋绑扎在一起。

③砌完砖墙后，应对构造柱钢筋进行修整，以保证钢筋位置及间距准确。

(3)圈梁钢筋的绑扎。

1)支完圈梁模板并做完预检即可绑扎圈梁钢筋，如果采用预制骨架时，可将骨架按编号吊装就位并进行组装。如在模内绑扎时，按设计图纸要求间距在模板侧帮画箍筋位置线。放箍筋后穿受力钢筋。箍筋搭接处应沿受力钢筋互相错开。

2)圈梁与构造柱钢筋交叉处，圈梁钢筋宜放在构造柱受力钢筋内侧。圈梁钢筋在构造柱部位搭接时，其搭接倍数或锚入柱内长度应符合设计要求。

3)圈梁钢筋的搭接长度应符合《混凝土结构工程施工质量验收规范》(GB 50204—2002)(2011年版)对钢筋搭接的有关要求。

4)圈梁钢筋应互相交圈，在内墙交接处、墙大角转角处的锚固长度均应符合设计要求。

5)楼梯间、附墙烟囱、垃圾道及洞口等部位的圈梁钢筋被切断时，应搭接补强，构造方法应符合设计要求；标高不同的高低圈梁钢筋，应按设计要求搭接或连接。

6)圈架钢筋绑完后，应加水泥砂浆垫块，以控制受力钢筋的保护层。

(4)板缝钢筋绑扎。

1)支完板缝模板和做完预检后，将预制圆孔板外露预应力筋(即胡子筋)弯成弧形，两块板的预应力外露筋互相交叉，然后绑通长ϕ6水平构造筋和竖向拉结筋。

2)构造柱、圈梁、板缝钢筋绑完之后，均要求做隐蔽工程检查，合格后方可进行下道工序施工。

5. 成品保护

(1)构造柱、圈梁钢筋如采用预制骨架时，应在指定地点垫平码放整齐。

(2)往楼层上吊运钢筋时，应清理好存放地点，以免存放时变形。

(3)不得踩踏已绑好的钢筋，绑圈梁钢筋时不得将梁底砖碰松。

签字栏	交底人	×××	审核人	×××
	接受交底人	×××、×××、××		

工程名称	某施工工程	编　　号	×××××
施工单位	某建筑工程公司	交底日期	××年××月××日
交底摘要	砖混、外砖内模结构构造柱、圈梁、板缝钢筋绑扎的施工	分项工程名称	砖混结构工程施工
		页　　数	共5页,第3页

6. 质量问题

(1)钢筋变形:钢筋骨架绑扎时应注意绑扣方法,宜采用十字扣或套扣绑扎。

(2)箍筋间距不符合要求:多为放置砖墙拉结筋时碰动所致,应在砌完后合模前修整一次。

(3)楼板端头钢筋连接不当:应在楼板吊装前将板端外露预应力筋弯折45°,吊装就位后加通长钢筋绑扎。同时注意在安装楼板的过程中不得将板端外露预应力筋折断。

(4)阳台处钢筋压扁:阳台下的圈梁为L形箍筋,吊装阳台时必须注意保护,如被碰坏,应将阳台吊起,修整钢筋后再将阳台就位。

(5)构造柱伸出钢筋位移:除将构造柱伸出筋与圈梁钢筋绑牢外,并在伸出筋处绑一道定位箍筋,浇筑完混凝土后应立即修整。

(6)板缝筋外露:纵向板缝筋应绑好砂浆垫块,横向板缝要把钢筋绑在板端头外露预应力筋上。

7. 安全措施

(1)建立安全施工保证体系,落实安全施工岗位责任制。

(2)特殊工种人员必须持证上岗。当采用钢筋焊接连接时,操作人员必须经过焊接培训,并取得焊工证。严禁无证人员进行焊接操作。

(3)现场设施定期检查,保证临电接地、漏电保护器、开关齐备有效。

(4)作业面施工时,必须注意现场临电的设置、使用,不得随意拉设电线、电箱。

(5)加强"四口""五临边"的防护,严禁任意拆除。

(6)砌块堆放场地必须坚实,码放整齐,堆放高度不超过1.6 m。

(7)施工人员必须戴好安全帽。在使用脚手架砌筑时,施工人员必须系好安全带,穿防滑胶底鞋。

(8)手持电动工具使用前,必须做空载检查,运转正常后方可使用。所有用电设备在拆修或移动时,必须断电后方可进行。

(9)大于或等于4 m的高墙体砌筑时,应搭设双排架,并设置好安全网。

(10)人工垂直传递钢筋时,送料人应站立在牢固平整的地面或临时构筑物上,接料人应有护身栏杆或防止前倾的牢固物体,必要时挂好安全带。

(11)机械垂直吊运钢筋时,应捆扎牢固,吊点应设在钢筋束的两端。有困难时,才在该束钢筋的重心处设吊点,钢筋要平稳上升,不得超重起吊。

(12)起吊钢筋或钢筋骨架时,下方禁止站人,待钢筋骨架降落至离楼地面或安装标高1 m以内,人员方准靠近操作,待就位放稳或支撑好后,方可摘钩。

(13)注意钢筋切勿碰触电源,严禁钢筋靠近高压线路。

(14)钢筋除锈时,操作人员要戴好防护眼镜、口罩、手套等防护用品,并将袖口扎紧。

(15)使用电动除锈时,应先检查钢丝刷固定有无松动,检查封闭式防护罩装置、吸尘设备和电气设备的绝缘及接地是否良好等情况,防止发生机械和触电事故。

(16)钢材、半成品等应按规格、品种分别堆放整齐,制作场地要平整。工作平台要稳固,照明灯具必须加网罩。

(17)冷拉卷扬机前应设置防护挡板,没有挡板时,应将卷扬机与冷拉方向成90°并且应用封闭式导向滑轮。操作时要站在防护挡板后,冷拉场地不准站人和通行。

签字栏	交底人	×××	审核人	×××
	接受交底人	×××、×××、××		

工程名称	某施工工程	编　　号	×××××
施工单位	某建筑工程公司	交底日期	××年××月××日
交底摘要	砖混、外砖内模结构构造柱、圈梁、板缝钢筋绑扎的施工	分项工程名称	砖混结构工程施工
		页　　数	共5页,第4页

(18)绑扎基础钢筋时,应按施工设计规定摆放钢筋支架或马凳架起上部钢筋,不得任意减少支架或马凳。操作前应检查基坑土壁和支撑是否牢固。

(19)绑扎立柱、墙体钢筋,不得站在钢筋骨架上操作和攀登骨架上下。柱筋在4 m以内,质量不大,可在地面或楼面上绑扎,整体竖起;柱筋在4 m以上时,应搭设工作台。柱、墙、梁骨架,应用临时支撑拉牢,以防倾倒。

(20)高处绑扎和安装钢筋,注意不要将钢筋集中堆放在模板或脚手架上,特别是悬臂构件,应检查支撑是否牢固。

(21)应尽量避免在高处修整、扳弯粗钢筋,在必须操作时,要佩挂好安全带,选好位置,人要站稳。

(22)在高处、深坑绑扎钢筋和安装骨架,必须搭设脚手架和马道,无操作平台时,应佩挂好安全带。

(23)绑扎高层建筑的圈梁、挑檐、外墙、边柱钢筋,应搭设外脚手架或安全网,绑扎时要佩挂好安全带。

(24)安装绑扎钢筋时,钢筋不得碰撞电线,在深基础或夜间施工时需使用移动式行灯照明,行灯电压不应超过36 V。

(25)焊接操作人员应掌握焊接操作中环境因素的控制方法,如焊接后焊药的清理方法,焊接中焊烟、焊渣排放控制,焊接中个人防护要求等。

(26)现场进行钢筋机械连接作业时,项目有关人员应针对不同的接头连接方式,对操作人员进行交底。使操作工人掌握相应接头连接方式的技术要求和相关环境要求,避免因人的操作技能不符合操作规程造成机械设备事故。

8. 环保措施

(1)加强施工现场、垃圾站的管理,做好剩余材料的分拣、回收工作。

(2)施工完毕后,剩余材料及时收集整理,严禁随意乱扔。

(3)现场废料及加工厂木屑等,应按照指定地点堆放,然后由专用车辆运至场外废弃场。

(4)现场场容实行责任区包干制度,定期检查评比。

(5)现场临时道路每天洒水清扫,防止扬尘。出场车辆应进行清扫处理,防止沿途遗撒。

(6)施工班组长必须对班组作业区的现场文明施工负责,落实到人。

(7)合理安排施工工序,尽量降低噪声。

(8)在对钢筋工程操作工人交底及技术培训时,应使工人着重掌握以下内容。

1)钢筋加工机械的使用及保养。保证机械设备处于良好的工作状态,同时能够正确使用,使噪声排放及能源消耗处于正常状态,同时保证不出现漏油及漏电等环境安全隐患。

2)钢筋加工规格及数量。确保加工钢筋符合现场施工的要求,不产生不合格品,避免造成资源浪费,同时对于加工剩余的短料回收处理。

(9)进行钢筋绑扎前,应对操作工人进行详细的技术及环境交底。使操作工人对作业的图纸要求及环境控制要求有所了解。使操作工人掌握钢筋绑扎的间距、搭接长度等技术要求,同时掌握绑扎的工艺要求,避免由于质量问题返工,造成资源浪费。

签字栏	交底人	×××	审核人	×××
	接受交底人	×××、×××、××		

<table>
<tr><td>工程名称</td><td>某施工工程</td><td>编　　号</td><td>×××××</td></tr>
<tr><td>施工单位</td><td>某建筑工程公司</td><td>交底日期</td><td>××年××月××日</td></tr>
<tr><td rowspan="2">交底摘要</td><td rowspan="2">砖混、外砖内模结构构造柱、圈梁、板缝钢筋绑扎的施工</td><td>分项工程名称</td><td>砖混结构工程施工</td></tr>
<tr><td>页　　数</td><td>共5页，第5页</td></tr>
<tr><td colspan="4">(10)钢筋工在进行钢筋绑扎操作中，还应了解绑扎操作中环境因素的控制方法，重点针对以下方面：钢筋搬运过程中的噪声排放，墙、柱顶端软弱层剔除时噪声及粉尘的排放，钢筋清理的粉尘排放，固体废弃物的处置，钢筋的成品保护，钢筋绑扎垫块及绑扎丝的现场材料管理等。
(11)现场进行钢筋机械连接作业时，项目有关人员应针对不同的接头连接方式，对操作人员进行交底。同时加工的质量能够满足施工的要求，减少不合格品的资源损耗。同时操作人员应掌握相关的环境控制方法，了解噪声排放、固体废弃物等控制方法。
(12)项目施工管理人员应对原材料质量加以控制，确保采购的产品符合要求，避免由于不合格返工造成的资源浪费。每次进场钢筋必须具有原材料质量证明书及材料出厂合格证。原材料选择必须选用大型钢铁加工企业产品，确认生产厂家的环境管理是否满足环境管理体系的要求，严禁使用无资质的小型钢铁厂产品。
(13)原材复试符合有关规范要求。钢筋原材应在复试合格后，方准投入使用。施工单位不得以工期、气候、人员等原因为理由例外放行，防止由于材料不合格返工造成资源的浪费。
(14)原材料复试试件的选取部位应由项目技术部策划后确定，避免造成原材取样后长度不能满足要求，造成资源浪费。
(15)禁止在现场内排空氧气乙炔瓶，对大气造成污染。
(16)钢筋加工机械底部应放置接油盘，设备检修及使用中产生的油污，集中汇入接油盘中，避免直接渗入土壤。接油盘定期安排人员清理，清理时，油污液面不得超过接油盘高度1/2，防止油污溢出。
(17)在城市市区进行建筑施工时，如工程附近存在住宅小区，当正在施工的建筑物与住宅楼直线距离小于30 m时，在进行钢筋绑扎作业时，除在操作面采用必要的绿网围挡防护外，在施工现场的操作面朝向住宅一侧，应增设隔声屏，降低施工噪声向外界的排放。
(18)隔声屏采用专用隔声布制作，应具有良好的吸声降噪效果。隔声屏高度应不低于1.8 m，宽度应不短于在施工程边长。隔声屏可采用脚手架钢管进行张挂固定，并应能够随工程进展移动。</td></tr>
</table>

<table>
<tr><td rowspan="2">签字栏</td><td>交底人</td><td>×××</td><td>审核人</td><td>×××</td></tr>
<tr><td>接受交底人</td><td colspan="3">×××、×××、××</td></tr>
</table>

施工技术交底记录(二)

工程名称	某施工工程	编　　号	×××××
施工单位	某建筑工程公司	交底日期	××年××月××日
交底摘要	砖混、外砖内模结构构造柱、圈梁、板缝钢筋的绑扎	分项工程名称	砖混结构工程施工
		页　　数	共4页,第1页

交底内容:

1. 材料准备

(1)钢筋:力学性能和工艺性能符合设计要求,并应有出厂合格证,且无老锈及油污。

(2)钢丝:可采用21号钢丝(火烧丝)或镀锌钢丝(铅丝)。

(3)其他:带有钢丝的砂浆垫块或塑料卡子。

2. 机具选用

钢筋切断机、钢筋钩、小撬棍、起拱扳子、绑扎架、钢丝刷子、手推车、粉笔、尺子等。

3. 作业条件

(1)进场钢筋按设计图纸和配料单仔细核对,钢筋的型号、尺寸、数量、钢号、焊接质量均符合要求。

(2)按施工现场平面布置图要求,将钢筋堆放场地进行清理、平整,准备好垫木。钢筋按不同规格、型号整齐堆放在垫木上。

(3)圈梁模板部分已支设完毕,并在模板上已弹好水平标高线。

(4)各种机具设备经检修、维护保养、试运转处于良好状态;电源可满足施工要求。

(5)采用商品混凝土时,供应商已经联系落实,签署了供货合同。

(6)模板已经支设完毕,标高、尺寸及稳定性符合要求;模板与所在砖墙及板缝已堵严,并办完预检手续。搭设好必要的浇筑脚手架。

4. 工艺要求

(1)构造柱钢筋绑扎。

施工流程:

预制构造柱钢筋骨架→修整底层伸出的构造柱搭接筋→安装构造柱钢筋骨架→绑扎搭接部位箍筋→支模

1)预制构造柱钢筋骨架。

①先将2根主筋放在骨架绑扎架上,在钢筋上按要求间距画出箍筋位置。

②将箍筋套在受力筋上逐个绑扎,穿另外2根受力钢筋,并与箍筋绑扎牢固。

③在柱顶、柱脚与圈梁钢筋交接的部位,应按设计要求加密柱的箍筋,加密范围一般在圈梁上、下均不应小于1/6层高或45 cm,箍筋间距不宜大于10 cm(柱脚加密区箍筋待柱骨架立起搭接后再绑扎)。

④修整底层伸出的构造柱搭接筋。根据已放好的构造柱位置线,检查搭接筋位置及搭接长度是否符合设计和规范的要求。

2)安装构造柱钢筋骨架。

先在下层伸出的搭接筋上套上箍筋,再将预制好的构造柱钢筋骨架竖立起来,对正伸出的搭接筋,钢筋搭接长度应符合设计和规范要求。根据标高控制线对好标高,在主筋搭接长度内各绑不少于3个扣。钢筋骨架调整后即可绑根部加密区箍筋。

现场绑扎构造柱钢筋。先将每根柱所有箍筋套在下层伸出的搭接筋上,然后接长构造柱主筋,在主筋上画出箍筋的间距后,逐个绑扎箍筋。

签字栏	交底人	×××	审核人	×××
	接受交底人	×××、×××、××		

<table>
<tr><td>工程名称</td><td>某施工工程</td><td>编　号</td><td>×××××</td></tr>
<tr><td>施工单位</td><td>某建筑工程公司</td><td>交底日期</td><td>××年××月××日</td></tr>
<tr><td rowspan="2">交底摘要</td><td rowspan="2">砖混、外砖内模结构构造柱、圈梁、板缝钢筋的绑扎</td><td>分项工程名称</td><td>砖混结构工程施工</td></tr>
<tr><td>页　数</td><td>共4页，第2页</td></tr>
</table>

3)绑扎搭接部位钢筋。

①构造柱纵筋应穿过圈梁，保证构造柱纵筋上下贯通，并与圈梁钢筋绑扎连接，使之形成整体。

②在砌砖墙马牙槎时，沿墙高每500 mm埋设。240墙2ϕ6、370墙3ϕ6水平拉结钢筋，并与构造柱钢筋绑扎连接，每边伸入墙内不小于1 000 mm。

4)砌完砖墙后，应对构造柱钢筋进行修整，并在受力筋外侧绑上带有钢丝的砂浆垫块或塑料卡子，以确保钢筋位置及保护层的正确，然后即可支模。

(2)圈梁钢筋的绑扎。

施工流程：

画钢筋位置线→圈梁钢筋绑扎→绑上带钢丝的砂浆垫块或塑料卡子→安装在圈梁上的预制板→验收

1)按设计图纸要求的间距在模板一侧画好箍筋位置线。

2)圈梁钢筋一般在模板支好后绑扎。当支完圈梁模板并办完预检手续后即可绑扎圈梁钢筋。

3)圈梁钢筋绑扎完后，下层受力筋的底部应放置砂浆垫块，侧面受力筋的外侧应绑上带钢丝的砂浆垫块或塑料卡子，控制好钢筋保护层的厚度。

4)安装在圈梁上的预制板，应将板端头外露的胡子筋弯成45°，两板之间的胡子筋互相交叉，在交叉点的上边绑一根通长的水平构造筋并与竖向拉结筋绑扎。

5)构造柱、圈梁钢筋绑扎后，办理隐蔽工程检查验收手续，合格后方可进行下一道工序的施工。

(3)板缝钢筋绑扎。

施工流程：

支护缝模板→预制板端头预应力锚固筋弯成45°→放通长水平构造筋→与板端锚固筋绑扎

1)支完板缝模板做完预检，将预制圆孔板外露预应力筋(即胡子筋)弯成弧形，两块板的预应力外露筋互相交叉，然后绑通长ϕ6水平构造筋和竖向拉结筋。

2)构造柱、圈梁、板缝钢筋绑完之后，均要求做隐蔽工程检查，合格后方可进行下道工序。

5. 成品保护

(1)成型钢筋应按照指定地点堆放，用垫木垫放整齐，防止钢筋变形、锈蚀、油污。

(2)严禁随意割断钢筋。

6. 质量问题

(1)墙体搭接接头范围内水平筋数量不足。认真学习抗震规范及施工图纸，按规范及图纸要求施工。

(2)板钢筋、梁箍筋135°弯钩角度不准，弯钩平直部分长度不够。成型时按图纸尺寸在工作台上划线准确，弯折时严格控制弯曲角度，一次弯曲多个箍筋时，在弯折处必须逐个对齐，成型后进行检查核对，发现误差进行调整后再大批加工成型。

(3)梁、板起步筋位置不正确。施工前熟悉规范及图纸要求，按要求施工。

7. 安全措施

(1)人工搬运钢筋时，步伐要一致。当上下坡(桥)或转弯时，要前后呼应，步伐稳慢。注意钢筋头尾摆动，

<table>
<tr><td rowspan="2">签字栏</td><td>交底人</td><td>×××</td><td>审核人</td><td>×××</td></tr>
<tr><td>接受交底人</td><td colspan="3">×××、×××、××</td></tr>
</table>

工程名称	某施工工程	编　　号	×××××
施工单位	某建筑工程公司	交底日期	××年××月××日
交底摘要	砖混、外砖内模结构构造柱、圈梁、板缝钢筋的绑扎	分项工程名称	砖混结构工程施工
		页　　数	共4页,第3页

防止碰撞物体或打击人身,特别防止碰挂周围和上下的电线。上肩或卸料时要互相打招呼,注意安全。

(2)人工垂直传递钢筋时,送料人应站立在牢固平整的地面或临时构筑物上,接料人应有护身栏杆或防止前倾的牢固物体,必要时挂好安全带。

(3)机械垂直吊运钢筋时,应捆扎牢固,吊点应设在钢筋束的两端。有困难时,才在该束钢筋的重心处设吊点,钢筋要平稳上升,不得超重起吊。

(4)起吊钢筋或钢筋骨架时,下方禁止站人,待钢筋骨架降落至离楼地面或安装标高1 m以内,人员方准靠近操作,待就位放稳或支撑好后,方可摘钩。

(5)临时堆放钢筋,不得过分集中,应考虑模板或桥道的承载能力。新浇筑楼板混凝土凝固强度尚未达到1.2 MPa前,严禁堆放钢筋。

(6)钢筋在运输和储存时,必须保留标牌,并按批分别堆放整齐,避免锈蚀和污染。

(7)注意钢筋切勿碰触电源,严禁钢筋靠近高压线路。

(8)钢筋除锈时,操作人员要戴好防护眼镜、口罩、手套等防护用品,并将袖口扎紧。

(9)使用电动除锈时,应先检查钢丝刷固定有无松动,检查封闭式防护罩装置、吸尘设备和电气设备的绝缘及接地是否良好等情况,防止发生机械和触电事故。

(10)送料时,操作人员要侧身操作严禁在除锈机的正前方站人;长料除锈要两人操作,互相呼应,紧密配合。

(11)展开盘圆钢筋时,要两端卡牢,切断时要先用脚踩紧,防止回弹伤人。

(12)人工调直钢筋前,应检查所有的工具;工作台要牢固,铁砧要平稳,铁锤的木柄要坚实牢固,铁锤不许有破头、缺口,因打击而起花的锤头要及时换掉。

(13)拉直钢筋,卡头要卡牢,地锚要结实牢固,拉筋沿线2 m区域内禁止行人通过。人工绞磨拉直,不准用胸、肚接触推杠,并要步调一致,稳步进行,缓慢松解,不得一次松开以免回弹伤人。

(14)人工断料,工具必须牢固。打锤和掌克子的操作人员要站成斜角,注意抡锤区域内的人和物体。

(15)切短于30 cm的钢筋,应用钳子夹牢,铁钳手柄不得短于50 cm,禁止用手把扶,并在外侧设置防护箱笼罩。

(16)弯曲钢筋时,要紧握扳手,要站稳脚步,身体保持平衡,防止钢筋折断或松脱。

(17)钢材、半成品等应按规格、品种分别堆放整齐,制作场地要平整。工作平台要稳固,照明灯具必须加网罩。

(18)冷拉卷扬机前应设置防护挡板,没有挡板时,应将卷扬机与冷拉方向成90°并且应用封闭式导向滑轮。操作时要站在防护挡板后,冷拉场地不准站人和通行。

(19)冷拉钢筋要上好夹具,离开后再发开机信号。发现滑动或其他问题时,要先行停机,放松钢筋后,才能重新进行操作。

(20)冷拉和张拉钢筋要严格按照规定应力和伸长度进行,不得随意变更。不论拉伸或放松钢筋都应缓慢均匀,发现油泵、千斤顶、锚、卡具有异常,应立即停止张拉。

(21)张拉钢筋,两端应设置防护挡板。钢筋张拉后要加以防护,禁止压重物或在上面行走。浇灌混凝土

签字栏	交底人	×××	审核人	×××
	接受交底人	×××、×××、××		

工程名称	某施工工程	编　　号	×××××
施工单位	某建筑工程公司	交底日期	××年××月××日
交底摘要	砖混、外砖内模结构构造柱、圈梁、板缝钢筋的绑扎	分项工程名称	砖混结构工程施工
		页　　数	共4页，第4页

时，要防止震动器冲击预应力钢筋。

(22)千斤顶支脚必须与构件对准，放置平正，测量拉伸长度、加楔和拧紧螺栓应先停止拉伸，并站在两侧操作，防止钢筋断裂，回弹伤人。

(23)同一构件有预应力和非预应力钢筋时，预应力钢筋应分两次张拉，第一次拉至控制应力的70%～80%，待非预应力钢筋绑好后再拉第二次到规定应力值。

(24)采用电热张拉时，电气线路必须由持证电工安装，导线连接点应包裹，不得外露。张拉时，电压不得超过规定值。

(25)电热张拉达到张拉应力值时，应先断电，然后锚固，如带电操作应穿绝缘鞋和戴绝缘手套。钢筋在冷却过程中，两端禁止站人。

8. 环保注意事项

(1)钢筋运输过程中，车辆尾气的排放，噪声的排放，扬尘的产生。

(2)钢筋现场存储时，钢材的锈蚀，对周边土壤的污染。

(3)钢筋加工过程中，加工机械噪声的排放，钢筋机械使用时能源的消耗，钢筋加工机械漏油对地面的污染，钢筋加工固体废料的处置，废油、废油手套、废油桶遗弃。钢筋套丝产生的铁屑的排放。

(4)钢筋焊接时有害气体排放，弧光污染、废电焊条、电焊条头、焊渣遗弃。

(5)钢筋搬运连接时噪声污染，废连接件、铁屑、绑扎丝遗弃，扬尘，设备漏油。

签字栏	交底人	×××	审核人	×××
	接受交底人	×××、×××、××		

二、砖混结构模板施工

施工技术交底记录(一)

工程名称	某施工工程	编　　号	×××××
施工单位	某建筑工程公司	交底日期	××年××月××日
交底摘要	砖混结构模板构造柱模板、圈梁模板、板缝模板的支设	分项工程名称	砖混结构工程施工
		页　　数	共3页,第1页

交底内容:

1. 材料准备

(1)木板(厚度为30 mm),定型组合钢模板(长度为900 mm,宽度为200 mm),阴阳角模、连接角模。

(2)方木、木楔、支撑(木或钢),定型组合钢模板的附件(U形卡、L形插销、3形扣件、蝶形扣件、对拉螺栓、钩头螺栓、紧固螺栓)、钢丝(13号)、隔离剂等。

2. 机具选用

打眼机、电钻、扳手、钳子等。

3. 作业条件

(1)弹好墙身+500 mm水平线,检查砖墙(或混凝土墙)的位置是否符线,办理预检手续。

(2)构造柱钢筋绑扎完毕,并办好隐检手续。

(3)模板拉杆如需螺栓穿墙,砌砖时应按要求预留螺栓孔洞。

(4)构造柱内部已清理干净,包括砖墙舌头灰、钢筋上挂的灰浆及柱根部的落地灰。

4. 工艺要求

施工流程:

准备工作 ——→ 支构造柱模板、
支圈梁模板、
支板缝模板 ——→ 预检

(1)准备工作。

支模板前将构造柱圈梁及板缝处杂物全部清理干净。

(2)支构造柱模板。

结构的构造柱模板,可采用木模板或定型组合钢模板。可用一般的支撑方法,为防止浇筑混凝土时模板膨胀,影响外墙平整,用木模或组合钢模板贴在外墙面上,并每间隔1 m之内留一个洞,洞的平面位置在构造柱大马牙槎以外一丁头砖处。

外砖内模结构的组合柱,用角模与大模板连接,在外墙处为防止浇筑混凝土挤胀变形应进行加固处理,模板贴在外墙面上,然后用拉条拉牢。

外砖内模结构山墙处组合柱,模板采用木模板或组合钢模板,用斜撑支牢。

根部应留置清扫口。

(3)圈梁模板。

圈梁模板可采用木模板或定型组合钢模板上口弹线找平。

圈梁模板采用落地支撑时,下面应垫方木,当用木方支撑时下面用木楔揳紧。用钢管支撑时高度调整合适。

签字栏	交底人	×××	审核人	×××
	接受交底人	×××、×××、××		

工程名称	某施工工程	编　　号	×××××
施工单位	某建筑工程公司	交底日期	××年××月××日
交底摘要	砖混结构模板构造柱模板、圈梁模板、板缝模板的支设	分项工程名称	砖混结构工程施工
		页　　数	共3页,第2页

钢筋绑扎完以后,对模板上口宽度进行校正,并用木撑进行定位,用铁钉临时固定。如采用组合钢模板,上口应用卡具卡牢,保证圈梁的尺寸。

砖混外砖内模结构的外墙圈梁。用横带扁担穿墙平面位置距墙两端 240 mm 开始留洞,间距 500 mm 左右。

(4)支板缝模板。

板缝宽度为 40 mm,可用 50 mm×50 mm 方木或角钢作底模。大于 40 mm 者应当用木板作底模,宜伸入板底 5～10 mm 留出凹槽,便于拆模后顶棚抹砂浆找平。

板缝模板宜采用木支撑或钢管支撑,或采用吊模方法。

支撑下面应当采用木板或木楔垫牢,不准垫砖。

5. 质量标准

(1)保证项目。

模板及其支架必须有足够的强度、刚度和稳定性,其支撑部分应具有足够的支撑面积。如安装在下层楼板上,下层楼板应具有承受上层荷载的能力,或加设支架;如安装在基土上,基土必须坚实。在涂刷模板隔离剂时,不得玷污钢筋和混凝土接槎处。

(2)基本项目。

1)模板接缝处应严密,预埋件应安置牢固,缝隙不应漏浆小于 1.5 mm。

2)楼板与混凝土的接触面应清理干净并均匀涂刷隔离剂,模板内的杂物应清理干净。

6. 成品保护

(1)在砖墙上支撑圈梁模板时,防止撞动最上一皮砖。

(2)支完模板后,应保持模内清洁,防止掉入砖头、石子、木楔等杂物。

(3)应保护钢筋不受扰动。

7. 安全措施

(1)模板安装必须按模板的施工设计进行,严禁任意变动。

(2)楼层高度超过 4 m 或二层及二层以上的建筑物,安装和拆除钢模板时,周围应设安全网或搭设脚手架和加设防护栏杆。在临街及交通要道地区,尚应设警示牌,并设专人维持安全,防止伤及行人。

(3)现浇整体式的多层房屋和构筑物安装上层楼板及其支架时,应符合下列要求。

1)下层楼板混凝土强度达到 1.2 MPa 以后,才能上料具。料具要分散堆放,不得过分集中。

2)下层楼板结构的强度要达到能承受上层模板、支撑系统和新浇筑混凝土的质量时,方可进行。否则下层楼板结构的支撑系统不能拆除,同时上下层支柱应在同一垂直线上。

3)如采用悬吊模板、桁架支模方法,其支撑结构必须要有足够的强度和刚度。

(4)当层间高度大于 5 m 时,若采用多层支架支模,则在两层支架立柱间应铺设垫板,且应平整,上下层支柱要垂直,并应在同一垂直线上。

(5)模板及其支撑系统在安装过程中,必须设置临时固定设施,严防倾覆。

(6)模板的支柱纵横向水平撑、剪刀撑等均应按设计的规定布置,当设计无规定时,一般支柱的网距不宜大于 2 m,纵横向水平的上下步距不宜大于 1.5 m,纵横向的垂直剪刀撑间距不宜大于 6 m。

签字栏	交底人	×××	审核人	×××
	接受交底人	×××、×××、××		

工程名称	某施工工程	编　　号	×××××
施工单位	某建筑工程公司	交底日期	××年××月××日
交底摘要	砖混结构模板构造柱模板、圈梁模板、板缝模板的支设	分项工程名称	砖混结构工程施工
		页　　数	共3页，第3页

当支柱高度小于4 m时，应设上下两道水平撑和垂直剪刀撑。以后支柱每增高2 m再增加一道水平撑，水平撑之间还需增加剪刀撑一道。当楼层高度超过10 m时，模板的支柱应选用长料，同一支柱的连接接头不宜超过2个。

(7)采用分节脱模时，底模的支点应按设计要求设置。

(8)承重焊接钢筋骨架和模板一起安装时，应符合下列要求。

1)模板必须固定在承重焊接钢筋骨架的节点上。

2)安装钢筋模板组合体时，吊索应按模板设计的吊点位置绑扎。

(9)预拼装组合钢模板采用整体吊装方法时，应注意以下要点。

1)拼装完毕的大块模板或整体模板，吊装前应按设计规定的吊点位置，先进行试吊，确认无误后，方可正式吊运安装。

2)使用吊装机械安装大块整体模板时，必须在模板就位并连接牢靠后，方可脱钩。并严格遵守吊装机械使用安全有关规定。

3)安装整块柱模板时，不得将柱子钢筋代替临时支撑。

(10)拆除时应严格遵守各类模板拆除作业的安全要求。

(11)拆模板，应经施工技术人员按试块强度检查，确认混凝土已达到拆模强度时，方可拆除。

(12)高处、复杂结构模板的拆除，应有专人指挥和切实可靠的安全措施，并在下面标出作业区，严禁非操作人员进入作业区。操作人员应佩挂好安全带，禁止站在模板的横拉杆上操作，拆下的模板应集中吊运，并多点捆牢，不准向下乱扔。

(13)工作前，应检查所使用的工具是否牢固，扳手等工具必须用绳链系挂在身上，工作时思想要集中，防止钉子扎脚和从空中滑落。

(14)拆除模板一般采用长撬杠，严禁操作人员站在正拆除的模板下。在拆除楼板模板时，要注意防止整块模板掉下，尤其是用定型模板做平台模板时，更要注意，防止模板突然全部掉下伤人。

(15)拆模间歇时，应将已活动的模板、拉杆、支撑等固定牢固，严防突然掉落、倒塌伤人。

(16)已拆除的模板、拉杆、支撑等应及时运走或妥善堆放，严防操作人员因扶空、踏空坠落。

(17)在混凝土墙体、平板上有预留洞时，应在模板拆除后，随即在墙洞上做好安全护栏，或将板的洞盖严。

(18)原材料储存过程中，由于雨水等浸泡，胶合板中黏结材料遇水产生甲醛等有害气体。

8. 环保注意事项

(1)模板运输过程中，运输车辆产生的噪声，车辆尾气的排放等。车辆进出场地，车轮上携带的泥土块对路面的遗洒等。模板材料装卸过程中产生的噪声。

(2)模板加工过程中，加工机械噪声的排放，模板加工粉尘的排放，资源消耗等，模板加工产生的固体废弃物等，加工机械使用及维修过程中油料的遗洒。

(3)木工房发生火灾爆炸等紧急情况时，产生的烟尘、有毒气体的排放等。

(4)木制模板遇水变形，造成资源浪费。

签字栏	交底人	×××	审核人	×××
	接受交底人	×××、×××、××		

施工技术交底记录(二)

工程名称	某施工工程	编　　号	×××××
施工单位	某建筑工程公司	交底日期	××年××月××日
交底摘要	砖混结构模板的施工	分项工程名称	砖混结构工程施工
		页　　数	共4页,第1页

交底内容:

1. 材料准备

(1)木板(厚度为20～50 mm)、定型组合钢模板、多层板、竹胶板、阴阳角模、连接角模。

(2)方木、木楔、支撑,定型组合钢模板的附件、13号钢丝、隔离剂等。

(3)脱模剂。

2. 机具选用

打眼电钻、扳手、钳子、平刨机、锯等。

3. 作业条件

(1)绑扎完构造柱、圈梁内的钢筋,并经过检查验收,按支模方案留好支模用预留孔洞。

(2)砌体结构经检查验收,其轴线位置、标高、施工符合设计图纸和施工规范的要求。

(3)模板拉杆如需螺栓穿墙,砌砖时应按要求预留螺栓孔洞,并办好隐检手续。

(4)模板板面清理干净,刷好脱模剂。

(5)清理构造柱部位的地面、墙体、钢筋:包括砖墙舌头灰、钢筋上挂的灰浆及柱根部的落地灰。圈梁及板缝处的杂物全部清理干净。

(6)按工程结构设计图进行模板设计,确保强度、刚度及稳定性。

(7)大模板进场必须进行验收。

4. 工艺要求

施工流程:

准备工作→支构造柱、圈梁、板缝模板→办预检

(1)支模前将构造柱、圈梁及板缝处杂物全部清理干净。

(2)支模板。

1)支构造柱模板。

结构的构造柱模板,可采用木模板或定型组合钢模板。可用一般的支撑方法,为防止浇筑混凝土时模板变形,影响外墙平整,使用穿墙螺栓与墙体内侧模板拉结,穿墙螺栓不应小于ϕ16。穿墙螺栓竖向间距不应大于1 m,水平间距70 mm左右,下部第一道拉条距地面300 mm以内。穿墙螺栓的平面位置在构造柱马牙槎以外一砖处,使用多层板或竹胶板应注意竖龙骨的间距,控制模板的变形。

外砖内模的结构的组合柱,用角模与大模板连接,在外墙处为防止浇筑混凝土挤胀变形应进行加固处理,模板贴在外墙面上,然后用拉条拉牢。

2)支圈梁模板。

①圈梁模板可采用木模板、多层板或竹胶板、定型组合钢模板,模板上口标高应根据墙身+50(或+100) cm水平线找平。

②圈梁模板采用落地支撑时,下面应垫方木,当用木方支撑时,下面用木楔楔紧。

签字栏	交底人	×××	审核人	×××
	接受交底人	×××、×××、××		

工程名称	某施工工程	编　　号	×××××
施工单位	某建筑工程公司	交底日期	××年××月××日
交底摘要	砖混结构模板的施工	分项工程名称	砖混结构工程施工
		页　　数	共4页,第2页

③钢筋绑扎完以后,模板上口宽度进行校正,并用木撑进行定位,用铁钉临时固定。如采用组合钢模板上口应用卡具卡牢,保证圈梁的尺寸。砖混、外砖内模结构的外墙圈梁,用横带扁担穿墙,平面位置为距墙两端240 mm开始留洞,间距500 mm左右。

3)板缝模板。

①板缝宽度为4 cm,可用50 mm×50 mm方木或角钢作底模。大于4 cm者应当用木板作底模,宜伸入板底5～10 mm留出凹槽,便于拆模后顶棚抹砂浆找平。

②板缝模板宜采用木支撑或钢管支撑,或采用吊杆法。

③支撑下面应当采用木板和木楔垫牢,不准用砖垫。

5. 质量标准

(1)保证项目。

模板及其支架必须有足够的强度、刚度和稳定性,其支撑部分应具有足够的支撑面积。如安装在基土上,基土必须坚实,并加垫脚手板,雨季应有排水设施。对湿陷性黄土,必须有防水措施;对冻涨性土,必须有防冻措施。如安装在下层楼板上,下层楼板应具有承受上层荷载的能力,或加设支架。上、下层的立柱应对准,并铺设电板。

(2)基本项目。

1)模板的接缝不应漏浆,预埋件应安装牢固位置正确。

2)浇筑混凝土前,模板内的杂物应清理干净。

6. 成品保护

(1)吊装模板时轻起轻放,不准碰撞,防止模板变形。

(2)拆模时不得用大锤硬砸或撬棍硬撬,以免损伤混凝土表面和棱角。

(3)在使用过程中应加强管理,分规格堆放,及时补刷防锈漆。

7. 质量问题

(1)构造柱处外墙砖挤鼓变形,支模板时应在外墙面采取加固措施。

(2)圈梁模板外胀:圈梁模板支撑没卡紧,支撑不牢固,模板上口拉杆碰坏或没钉牢固。浇筑混凝土时设专人修理模板。

(3)混凝土流坠:模板板缝过大,没有用纤维板、木板条等贴牢;外墙圈梁没有先支模板后浇筑圈梁混凝土,而是先包砖代替模板再浇筑混凝土,致使水泥浆顺砖缝流坠。

(4)板缝模板下沉:悬吊模板时钢丝没有拧紧吊牢,采用钢木支撑时,支撑下面垫木没有楔紧钉牢。

8. 安全措施

(1)人工搬运钢筋时,步伐要一致。当上下坡(桥)或转弯时,要前后呼应,步伐稳慢。注意钢筋头尾摆动,防止碰撞物体或打击人身,特别防止碰挂周围和上下的电线。上肩或卸料时要互相打招呼,注意安全。

(2)临时堆放钢筋,不得过分集中,应考虑模板或桥道的承载能力。在新浇筑楼板混凝土凝固尚未达到1.2 MPa强度前,严禁堆放钢筋。

(3)钢筋在运输和储存时,必须保留标牌,并按批分别堆放整齐,避免锈蚀和污染。

(4)送料时,操作人员要侧身操作严禁在除锈机的正前方站人;长料除锈要两人操作,互相呼应,紧密配合。

签字栏	交底人	×××	审核人	×××
	接受交底人	×××、×××、××		

工程名称	某施工工程	编　　号	×××××
施工单位	某建筑工程公司	交底日期	××年××月××日
交底摘要	砖混结构模板的施工	分项工程名称	砖混结构工程施工
		页　　数	共4页,第3页

(5)展开盘圆钢筋时,要两端卡牢,切断时要先用脚踩紧,防止回弹伤人。

(6)人工调直钢筋前,应检查所有的工具;工作台要牢固,铁砧要平稳,铁锤的木柄要坚实牢固,铁锤不许有破头、缺口,因打击而起花的锤头要及时换掉。

(7)拉直钢筋,卡头要卡牢,地锚要结实牢固,拉筋沿线2 m区域内禁止行人通过。人工绞磨拉直,不准用胸、肚接触推杠,并要步调一致,稳步进行,缓慢松解,不得一次松开以免回弹伤人。

(8)人工断料,工具必须牢固。打锤和掌克子的操作人员要站成斜角,注意抡锤区域内的人和物体。

(9)切短于30 cm的钢筋,应用钳子夹牢,铁钳手柄不得短于50 cm,禁止用手把扶,并在外侧设置防护箱笼罩。

(10)弯曲钢筋时,要紧握扳手,站稳脚步,身体保持平衡,防止钢筋折断或松脱。

(11)钢材、半成品等应按规格、品种分别堆放整齐,制作场地要平整。工作平台要稳固,照明灯具必须加网罩。

(12)冷拉和张拉钢筋要严格按照规定应力和伸长度进行,不得随意变更。不论拉伸或放松钢筋都应缓慢均匀,发现油泵、千斤顶、锚、卡具有异常,应立即停止张拉。

(13)张拉钢筋,两端应设置防护挡板。钢筋张拉后要加以防护,禁止压重物或在上面行走。浇灌混凝土时,要防止震动器冲击预应力钢筋。

(14)千斤顶支脚必须与构件对准,放置平正,测量拉伸长度、加楔和拧紧螺栓应先停止拉伸,并站在两侧操作,防止钢筋断裂,回弹伤人。

(15)同一构件有预应力和非预应力钢筋时,预应力钢筋应分两次张拉,第一次拉至控制应力的70%～80%,待非预应力钢筋绑好后再拉第二次到规定应力值。

(16)采用电热张拉时,电气线路必须由持证电工安装,导线连接点应包裹,不得外露。张拉时,电压不得超过规定值。

(17)电热张拉达到张拉应力值时,应先断电,然后锚固,如带电操作应穿绝缘鞋和戴绝缘手套。钢筋在冷却过程中,两端禁止站人。

(18)钢筋加工机械以电动机、液压为动力,以卷扬机为辅机者,应按其有关规定执行。

(19)机械的安装必须坚实稳固,保持水平位置。固定式机械应有可靠的基础,移动式机械作业时应揳紧行走轮。

(20)室外作业应设置机棚,机旁应有堆放原料、半成品的场地。

(21)加工较长的钢筋时,应有专人帮扶,并听从指挥,不得任意推拉。

(22)电动机械应接地良好,电源线不准直接接在按钮上,应另设开关箱。

(23)作业后应堆放好成品。清理场地,切断电源,锁好电闸箱。

9. 环保措施

(1)现场进行钢筋机械连接作业时,项目有关人员应针对不同的接头连接方式,对操作人员进行交底。使操作工人掌握相应接头连接方式的技术要求和相关环境要求,避免因人的操作技能不符合操作规程造成机械设备事故,同时加工的质量能够满足施工的要求,减少不合格品的资源损耗。同时操作人员应掌握

签字栏	交底人	×××	审核人	×××
	接受交底人	×××、×××、××		

<table>
<tr><td>工程名称</td><td>某施工工程</td><td>编　号</td><td>×××××</td></tr>
<tr><td>施工单位</td><td>某建筑工程公司</td><td>交底日期</td><td>××年××月××日</td></tr>
<tr><td rowspan="2">交底摘要</td><td rowspan="2">砖混结构模板的施工</td><td>分项工程名称</td><td>砖混结构工程施工</td></tr>
<tr><td>页　数</td><td>共4页，第4页</td></tr>
</table>

相关的环境控制方法，了解噪声排放、固体废弃物等控制方法。

(2)钢筋工在进行钢筋绑扎操作中，还应了解绑扎操作中环境因素的控制方法，重点针对以下方面：钢筋搬运过程中的噪声排放；墙、柱顶端软弱层剔除时噪声及粉尘的排放；钢筋清理的粉尘排放；固体废弃物的处置；钢筋的成品保护；钢筋绑扎垫块及绑扎丝的现场材料管理等。

(3)项目施工管理人员应对原材料质量加以控制，确保采购的产品符合要求，避免由于不合格返工造成的资源浪费。每次进场钢筋必须具有原材料质量证明书及材料出厂合格证。原材料供应商选择必须选用大型钢铁加工企业产品，确认生产厂家的环境管理是否满足环境管理体系的要求，严禁使用无资质的小型钢铁厂产品。

(4)原材复试符合有关规范要求。钢筋原材应在复试合格后，方准投入使用。施工单位不得以工期、气候、人员等原因为理由例外放行，防止由于材料不合格返工造成资源的浪费。

(5)原材料复试试件的选取部位应由项目技术部策划后确定，避免造成原材取样后长度不能满足要求，造成资源浪费。

(6)进场钢筋表面必须平直、清洁无损伤，不得带有颗粒状或片状铁锈、裂纹、结疤、折叠、油渍和漆污等。防止钢筋锈渍对土壤和地下水源造成污染。

(7)禁止在现场内排空氧气乙炔瓶，防止对大气造成污染。

<table>
<tr><td rowspan="2">签字栏</td><td>交底人</td><td>×××</td><td>审核人</td><td>×××</td></tr>
<tr><td>接受交底人</td><td colspan="3">×××、×××、××</td></tr>
</table>

三、砖混结构混凝土施工

施工技术交底记录(一)

<table>
<tr><td>工程名称</td><td>某施工工程</td><td>编　　号</td><td>×××××</td></tr>
<tr><td>施工单位</td><td>某建筑工程公司</td><td>交底日期</td><td>××年××月××日</td></tr>
<tr><td rowspan="2">交底摘要</td><td rowspan="2">砖混结构混凝土施工
原材料的计量、搅拌时间的控制等</td><td>分项工程名称</td><td>砖混结构工程施工</td></tr>
<tr><td>页　　数</td><td>共4页,第1页</td></tr>
<tr><td colspan="4">

交底内容:

1. 材料准备

(1)水泥:水泥的品种、强度等级、厂别及牌号应符合混凝土配合比通知单的要求。水泥应有出厂合格证及进场试验报告。

(2)砂:砂的颗粒及产地应符合混凝土配合比通知单的要求且具有试验报告单。砂中含泥量:当混凝土强度等级为C55～C30时,含泥量不大于1%;混凝土强度等级不大于C25时,含泥量不大于2.0%,有抗冻、抗渗要求时,含泥量不大于1%。

(3)石子(碎石或卵石):石子的粒径、级配及产地应符合混凝土配合比通知单的要求且具有试验报告单。

石子的针、片状颗粒含量:当混凝土强度等级为C55～C30时,应不大于15%;当混凝土强度等级不大于C25时,应不大于25%。

石子的含泥量:当混凝土强度等级为C55～C30时,应不大于1%;当混凝土强度等级不大于C25时,应不大于2%;当对混凝土有抗冻、抗渗要求时,应不大于1%。

(4)水:宜采用饮用水。其他水,其水质应符合《混凝土用水标准(附条文说明)》(JGJ 63—2006)。

(5)外加剂:所用混凝土外加剂的品种、生产厂家及牌号应符合配合比通知单的要求。外加剂应有出厂质量证明书及所用说明,并应有有关指标的进场试验报告。

(6)混合材料(目前主要是掺粉煤灰,也有掺其他混合材料的,如UEA膨胀剂、沸石粉等):所用混合材料的品种、生产厂家及牌号应符合配合比通知单的要求。混合材料应有出厂质量证明书及所用说明,并应有有关指标的进场试验报告。混合材料还必须有掺量试验单。

2. 机具选用

混凝土搅拌机宜采用强制式搅拌机,可以采用自落式搅拌机。

计量设备一般采用磅秤或电子计量设备。水平计量可采用流量计、时间继电器控制的流量计。

上料设备有双轮手推车、铲车、装载机、砂石输送斗等,及配套器具。

3. 作业条件

(1)试验室已下达混凝土配合比通知单,并将其转换为每盘实际所用的施工配合比,公布在搅拌配料地点的标志牌上。

(2)所有的原材料经检查,全部应符合配合比通知单所提出的要求。

(3)搅拌机及配套设备应运转灵活、安全可靠。电源及配电系统符合要求,安全可靠。

(4)所有计量器具必须有检定的有效期标志。

(5)管理人员向作业班进行配合比、操作规程和安全技术交底。

(6)需浇筑混凝土的工程部位已办理隐检、预检手续混凝土浇筑的申请单已进行有关管理人员批准。

(7)新下达的混凝土配合比,应进行开盘鉴定。开盘鉴定的工作已进行并符合要求。

</td></tr>
</table>

<table>
<tr><td rowspan="2">签字栏</td><td>交底人</td><td>×××</td><td>审核人</td><td>×××</td></tr>
<tr><td>接受交底人</td><td colspan="3">×××、×××、××</td></tr>
</table>

工程名称	某施工工程	编　　号	×××××
施工单位	某建筑工程公司	交底日期	××年××月××日
交底摘要	砖混结构混凝土施工 原材料的计量、搅拌时间的控制等	分项工程名称	砖混结构工程施工
		页　　数	共4页,第2页

4. 工艺要求

(1)每台班开始前,对搅拌机及上料设备进行检查并试运转;对所用计量器具进行检查并定磅;校对施工配合比;对所用材料的规格、品种、产地、牌号及质量进行检查,并与施工配合比进行校对;对砂、石的含水率进行检查,如有变化,及时通知试验人员调整用水量。一切检查符合要求后方可开盘。

(2)计量。

1)砂、石计量:用手推车上料时,必须车车过磅,卸多补少。有贮料斗及配套的计量设备,采用自动或半自动上料时,需调整好斗门关闭的提前量,以保证计量准确。砂、石计量的允许偏差应不大于±3%。

2)水泥计量:搅拌时采用袋装水泥时,对每批进场的水泥应抽查10袋的质量,并计量每袋的平均实际质量。小于标定质量的要开袋补足,或以每袋的实际水泥质量为准,调整砂、石、水及其他材料用量,按配合比的比例重新确定每盘混凝土的施工配合比。搅拌时采用散装水泥的,应每盘精确计量。水泥计量的允许偏差应不大于±2%。

3)外加剂及混合料计量:对于粉状的外加剂和混合料,应按施工配合比每盘的用料,预先在外加剂和混合料存放的仓库中进行计量,并以小包装运到搅拌地点备用。液态外加剂要随用随搅拌,并用比重计检查其浓度,用量桶计量。外加剂、混合料的计量允许偏差应不大于±1%。

4)水计量:水必须盘盘计量,其允许偏差应不大于±1%。

(3)上料。现场拌制混凝土,一般是计量好的原材料先汇聚在上料斗中,经上料斗进入搅拌筒。在向搅拌筒中进料的同时,水及液态外加剂经计量后直接进入搅拌筒。原材料汇聚入上料斗的顺序如下:

1)当无外加剂、混合料时,依次进入上料斗的顺序为石子、水泥、砂。

2)当掺混合料时,其顺序为石子、水泥、混合料、砂。

3)当掺干粉状外加剂时,其顺序有石子、外加剂、水泥、砂改为石子、水泥、砂、外加剂。

(4)第一盘混凝土搅拌的操作。

每次上班搅拌第一盘混凝土时,先加水使搅拌筒空转数分钟,搅拌筒被充分湿润后,将剩余积水倒净。

搅拌第一盘时,由于砂浆粘筒壁而损失,因此,石子的用量应按配合比减半。

从第二盘开始,按给定的配合比投料。

(5)搅拌时间控制。混凝土搅拌的最短时间应按下表控制。

混凝土搅拌的最短时间

单位:s

混凝土坍落度/mm	搅拌机机型	搅拌机出料量/L		
		<250	250～500	>500
≤40	强制式	60	90	120
	自落式	90	120	150
>40且<100	强制式	60	60	90
	自落式	90	90	120

注:①混凝土搅拌的最短时间系指自全部材料装入搅拌筒起到开始卸料止的时间。

②当掺有外加剂时,搅拌时间应适当延长。

③冬期施工时搅拌时间应取常温搅拌时间的1.5倍。

签字栏	交底人	×××	审核人	×××
	接受交底人	×××、×××、××		

工程名称	某施工工程	编　　号	×××××
施工单位	某建筑工程公司	交底日期	××年××月××日
交底摘要	砖混结构混凝土施工 原材料的计量、搅拌时间的控制等	分项工程名称	砖混结构工程施工
		页　　数	共4页，第3页

(6)出料。出料时，先少许出料，目测拌和物的外观质量，如目测合格方可出料。每盘混凝土拌和物必须出尽。

(7)取样与试件留置。

1)搅拌100盘且不超过100 m^3 的同配合比的混凝土的取样不得少于一次。

2)每工作班搅拌的同配合比的混凝土不足100盘时，其取样不得少于一次。

3)对现浇混凝土结构，每一现浇楼层同配合比的混凝土，其取样不得少于一次。

4)有抗渗要求的混凝土，应按规定留置抗渗试块。

每次取样应至少留置一组标准试件，同条件养护试件的留置组数，可根据技术交底的要求确定。为保证留置的试块有代表性，应在第三盘以后至搅拌结束前30 min之间取样。

(8)冬期施工混凝土的搅拌。

1)室外日常气温连续5 d稳定低于5℃时，混凝土搅拌应采取冬施措施，并应及时采取气温突然下降的防冻措施。

2)配制冬期施工的混凝土，应优先选用硅酸盐水泥或普通硅酸盐水泥，水泥强度等级不应低于42.5级，最小水泥用量不宜少于300 kg/m^3，水胶比应不大于0.6。

3)混凝土拌制前，应用热水或蒸汽冲洗搅拌机，搅拌时间应取常温的1.5倍。混凝土拌和物的出机温度不宜低于10℃，入模温度不得低于5℃。

4)冬期施工宜用无氯盐类防冻剂，对抗冻性要求高的混凝土，宜使用引气剂或引气减水剂。如掺用氯盐类防冻剂，应严格控制掺量，并严格执行有关掺用氯盐类防冻剂的规定。

5)混凝土所用集料必须清洁，不得含有冰、雪等冻结物及易冻裂的矿物质。

6)冬期拌制混凝土应优先采用加热水的方法。

7)冬期混凝土拌制的质量应进行以下检查。

①检查外加剂掺量。

②测量水和外加剂溶液以及集料的加热温度和加入搅拌机的温度。

③测量混凝土自搅拌机卸出时的温度和浇筑时的温度。

以上检查每一工作班至少应测量检查四次。

5. 质量要求

(1)主控项目。

1)混凝土所用水泥、集料、外加剂、混合料的规格、品种和质量必须符合有关标准的规定。

2)混凝土的配合比应符合设计要求。

3)混凝土的强度等级必须符合设计要求。

4)混凝土的试件取样与试件留置应符合有关标准的规定。

(2)基本项目。

1)混凝土搅拌前，应测定砂石含水率，并根据测定结果调整材料用量提出施工配合比。

2)混凝土拌和物的坍落度应符合要求。

3)冬期施工时，水、集料加热温度及混凝土拌和物出机温度应符合要求。

签字栏	交底人	×××	审核人	×××
	接受交底人	×××、×××、××		

工程名称	某施工工程	编　　号	×××××
施工单位	某建筑工程公司	交底日期	××年××月××日
交底摘要	砖混结构混凝土施工 原材料的计量、搅拌时间的控制等	分项工程名称	砖混结构工程施工
		页　　数	共4页,第4页

6. 安全要求

(1)取水泥时必须逐层顺序拿取。

(2)临时堆放备用水泥,不宜堆放过高。

(3)运输通道要平整。

(4)搅拌机的操作人员,应持证上岗。

7. 安全措施

(1)取水泥时必须逐层顺序拿取。

(2)用手推车运输水泥、砂、石子,不应高出车斗,行使不应抢先爬头。

(3)临时堆放备用水泥,不应堆叠过高,如堆放在平台上时,应不超过平台的容许承载能力。叠垛要整齐平稳。

(4)运输通道要平整,走桥要钉牢,不得有未钉稳的空头板,并保持清洁,及时清除落料和杂物。

(5)上落斜坡时,坡度不应太陡,坡面应采取防滑措施,在必要时坡面设专人帮力拉上。

(6)车子向搅拌机料斗卸料时,不得用力过猛和撒把。防车翻转,料斗边沿应高出落料平台10 cm左右为宜,过低的要加设车挡。

(7)搅拌机、拌和楼的操作人员,必须经过专门技术培训,熟悉本楼要求,具有相当熟练的操作技能,并经考试合格后,方可正式上岗操作。

(8)操作人员应熟悉本楼的机械原理和混凝土生产基本知识,懂得电气、高处、起重等作业的一般安全常识。

(9)电气作业人员属特种作业人员,须经安全技术培训、考核合格并取得操作证后,方可独立作业。熟悉本楼电气原理和设备、线路及混凝土生产基本知识,懂得高处作业的安全常识。作业时每班不得少于2人。

(10)搅拌机使用应按混凝土搅拌机使用安全规定执行。

(11)向搅拌机料斗落料时,脚不得踩在料斗上;料斗升起时,料斗的下方不得有人。

(12)清理搅拌机料斗坑底的砂、石时,必须与司机联系,将料斗升起并用链条扣牢后,方能进行工作。

(13)进料时,严禁将头、手伸入料斗与机架之间察看或探摸进料情况,运转中不得用手、工具或物体伸进搅拌机滚筒(拌和鼓)内抓料出料。

8. 环保措施

(1)在拌制混凝土时,应考虑选用适用的水泥品种。在保证施工质量的同时,节约资源,减少对环境的影响。

(2)施工现场应采用袋装水泥,水泥运输车辆应苫盖密闭,以防扬尘遗洒;水泥装卸时,工人应轻拿轻放,减少扬尘,同时装卸工人应佩戴防尘口罩及其他劳动防护用具。

签字栏	交底人	×××	审核人	×××
	接受交底人	×××、×××、××		

施工技术交底记录(二)

工程名称	某施工工程	编　　号	×××××
施工单位	某建筑工程公司	交底日期	××年××月××日
交底摘要	砖混结构混凝土施工中 混凝土的搅拌、运输等	分项工程名称	砖混结构工程施工
		页　　数	共4页,第1页

交底内容:

1. 材料准备

(1)水泥:用42.5级矿渣硅酸盐水泥或普通硅酸盐水泥。

(2)砂:宜用粗砂或中砂。

(3)石子:构造柱、圈梁宜用粒径0.5～3.2 cm的卵石或碎石;板缝用粒径0.5～1.2 cm豆石或碎石。

(4)外加剂:根据要求选用早强剂和减水剂等。掺用时必须有试验依据。

2. 机具选用

混凝土搅拌机、翻斗车、手推车、吊斗、混凝土振动器。

3. 作业条件

(1)混凝土配合比需经试验室确定,配合比通知单与现场使用材料相符。

(2)模板牢固、稳定,标高尺寸符合要求,模板缝隙最大不得超过2.5 mm,过大者应堵严,并办完预检手续。

(3)绑好钢筋并办完隐检手续。

(4)构造柱、圈梁及板缝施工缝接槎处的松散混凝土和砂浆,应剔凿清理,并将模板内杂物清除干净。

(5)常温施工时,在混凝土浇灌前,砖墙、木模应提前适量浇水湿润,但不得有积水。

4. 工艺要求

施工流程:

作业准备→混凝土搅拌→混凝土运输→混凝土浇灌、振捣→混凝土养护

(1)混凝土搅拌。

1)根据测定的砂石含水率调整配合比中的用水量。雨天应增加测定次数。

2)根据搅拌机每盘各种材料用量及车皮质量,分别固定好水泥(散装)、砂、石各个磅秤的标量(水泥进场时,抽查质量)。磅秤应定期校验、维护,以保证计量的准确。搅拌机棚应设置混凝土配合比标志板。

3)正式搅拌前搅拌机先空车试运行,正常后方可正式装料搅拌。

4)砂、石、水泥(散装)必须严格按需用量分别过秤。加水也须严格计量。

5)加料顺序:一般先倒石子,再倒水泥,后倒砂子,最后加水。如掺入粉煤灰等掺合料,应在倒水泥时一并倒入。如需要掺外加剂,应按定量与水同时加入。

6)搅拌第一盘混凝土可在装料时适当少装一些石子或适当增加水泥和水。

7)混凝土搅拌时间,400 L自落式搅拌机一般不应少于1.5 min。

8)混凝土坍落度一般控制在5～7 cm,每台班应测试两次。

(2)混凝土运输。

1)混凝土自搅拌机卸出后,应及时用翻斗车、手推车或吊斗运至浇灌地点。运送混凝土时,应防止水泥浆流失。若有离析现象应在浇灌地点进行人工二次拌和。

2)混凝土从搅拌机中卸出后到浇灌完毕的延续时间,当混凝土强度等级为C30及其以下,气温高于

签字栏	交底人	×××	审核人	×××
	接受交底人	×××、×××、××		

<table>
<tr><td>工程名称</td><td>某施工工程</td><td>编　号</td><td>×××××</td></tr>
<tr><td>施工单位</td><td>某建筑工程公司</td><td>交底日期</td><td>××年××月××日</td></tr>
<tr><td rowspan="2">交底摘要</td><td rowspan="2">砖混结构混凝土施工中
混凝土的搅拌、运输等</td><td>分项工程名称</td><td>砖混结构工程施工</td></tr>
<tr><td>页　数</td><td>共4页，第2页</td></tr>
</table>

25℃时不得大于90 min，C30以上时不得大于60 min。

(3)混凝土浇灌、振捣。

1)构造柱根部施工缝在浇灌前宜先铺5～10 cm厚与混凝土配合比相同的水泥砂浆或减石子混凝土。

2)浇灌方法：用塔式起重机吊斗供料时，应先将吊斗降至铁盘50～60 cm处，将混凝土卸在铁盘上，再用铁锹灌入模内，不应用起重机直接将混凝土卸入模内。

3)浇灌混凝土构造柱时，先将振捣棒插入柱底根部，使其震动，再灌入混凝土。应分层浇灌振捣，每层厚度不超过60 cm，边下料边振捣，连续作业浇灌到顶。

4)混凝土振捣：振捣构造柱时，振捣棒尽量靠近内墙插入。振捣圈梁混凝土时，振捣棒与混凝土面应成斜角斜面振捣。振捣板缝混凝土时应选用 ϕ 30 mm小型振捣棒。

5)浇灌混凝土时应注意保护钢筋位置，外砖墙及外墙板防水构造。随时检查模板是否变形、移位，螺栓、拉杆是否松动、脱落以及漏浆等现象，并派专人修理。

6)表面抹平：圈梁和板缝混凝土每振捣完一段，应随即用木抹子压实、抹平，表面不得有松散混凝土。

(4)混凝土养护。混凝土浇灌12 h以内，应对混凝土加以覆盖并浇水养护。常温时每日浇水养护2次，养护时间不得少于7昼夜。

(5)填写混凝土施工记录。制作混凝土试块(标准试块和同条件试块)，用以检验混凝土28 d强度。

5. 质量标准

(1)保证项目。

1)混凝土所用的水泥、水、砂、石、外加剂，必须符合施工规范及有关的规定。检查水泥出厂合格证及有关试验报告。

2)混凝土配合比原材料计量允许偏差，水泥和掺合料为±2%，集料为±3%，水和外加剂为±2%(均为质量计)。混凝土的搅拌、养护和施工缝处理必须符合规范的规定。

3)按《混凝土强度检验评定标准》(GB/T 50107—2010)对混凝土进行取样、制作、养护和试验，并评定混凝土强度。

(2)基本项目。

1)混凝土应振捣密实，不得有蜂窝、孔洞、露筋、缝隙夹渣，具体要求参见《钢结构工程施工质量验收规范》(GB 50205—2001)和《建筑装饰装修工程质量验收规范》(GB 50210—2001)。

2)混凝土设备基础尺寸允许偏差和检验方法见下表。

混凝土设备基础尺寸允许偏差和检验方法

项　目	允许偏差/mm	检验方法
坐标位置	20	钢尺检查
不同平面的标高	0，－20	水准仪或拉线、钢尺检查
平面外形尺寸	±20	钢尺检查

<table>
<tr><td rowspan="2">签字栏</td><td>交底人</td><td>×××</td><td>审核人</td><td>×××</td></tr>
<tr><td>接受交底人</td><td colspan="3">×××、×××、××</td></tr>
</table>

工程名称	某施工工程	编　　号	×××××
施工单位	某建筑工程公司	交底日期	××年××月××日
交底摘要	砖混结构混凝土施工中混凝土的搅拌、运输等	分项工程名称	砖混结构工程施工
		页　　数	共4页，第3页

续表

项　目		允许偏差/mm	检验方法
凸台上平面外形尺寸		0，−20	钢尺检查
凹穴尺寸		+20，0	钢尺检查
平面水平度	每米	5	水平尺、塞尺检查
	全长	10	水准仪或拉线、钢尺检查
垂直度	每米	5	经纬仪或吊线、钢尺检查
	全高	10	
预埋地脚螺栓	标高(顶部)	+20.0	水准仪或拉线、钢尺检查
	中心距	±2	钢尺检查
预埋地脚螺栓孔	中心线位置	10	钢尺检查
	深度	+20.0	钢尺检查
	孔垂直度	10	吊线、钢尺检查
预埋活动地脚螺栓锚板	标高	+20.0	水准仪或拉线、钢尺检查
	中心线位置	5	钢尺检查
	带槽锚板平整度	5	钢尺、塞尺检查
	带螺纹孔锚板平整度	2	钢尺、塞尺检查

注：检查坐标、中心线位置时，应沿纵、横两个方向量测并取其中的较大值。

6. 成品保护

(1)浇筑混凝土时，不得污染清水砖墙面。

(2)振捣混凝土时，不得振动钢筋、模板及预埋件，以免钢筋移位、模板变形或埋件脱落。

(3)操作时不得踩碰钢筋，如钢筋有踩弯或脱扣现象应及时调直补好。

(4)散落在楼板上的混凝土应及时清理干净。

7. 质量问题

(1)计量不准：砂、石、水泥(散装)过秤不准，水计量不准，造成水胶比不准确，影响混凝土强度。施工前要检查和校正好磅秤，坚持车车过秤，每盘混凝土用水量必须严格控制。

(2)混凝土存在蜂窝、麻面、孔洞、露筋、缝隙夹渣等缺陷：造成的主要原因是振捣不实、漏振和钢筋位置不准确、缺少保护层垫块等。因此，浇灌混凝土前应检查钢筋位置及保护层厚度(尤其是板缝钢筋)是否正

签字栏	交底人	×××	审核人	×××
	接受交底人	×××、×××、××		

工程名称	某施工工程	编　　号	××××××
施工单位	某建筑工程公司	交底日期	××年××月××日
交底摘要	砖混结构混凝土施工中混凝土的搅拌、运输等	分项工程名称	砖混结构工程施工
		页　　数	共4页,第4页

确,发现问题及时修整。振捣时不得触碰钢筋及模板;认真进行分层振捣,不得有漏振现象。

8. 安全措施

(1)临时架设混凝土运输用的桥道的宽度,应以能容两部手推车来往通过并有余地为准,一般不小于1.5 m。架设要牢固,桥板接头要平顺。

(2)两部手推车碰头时,空车应预先放慢停靠一侧让重车通过。车子向料斗卸料,应有挡车措施,不得用力过猛和撒把。

(3)用输送泵输送混凝土,管道接头、安全阀必须完好,管道的架子必须牢固且能承受输送过程中所产生的水平推力;输送前必须试送,检修必须卸压。

(4)禁止手推车推到挑檐、阳台上直接卸料。

(5)用铁桶向上传递混凝土时,人员应站在安全牢固且传递方便的位置上;铁桶交接时,精神要集中,双方配合好,传要准,接要稳。

(6)使用吊罐(斗)浇筑混凝土时,应设专人指挥。要经常检查吊罐(斗)、钢丝绳和卡具,发现隐患应及时处理。

(7)手推车推进吊笼时车把不得伸出吊笼外,车轮前后要挡牢,稳起稳落。

(8)禁止在混凝土初凝后、终凝前在上面行走手推车(此时也不宜铺设桥道行走),以防振动影响混凝土质量。当混凝土强度达到1.2 MPa以后,才允许上料具等。运输通道上应铺设桥道,料具要分散放置,不得过于集中。混凝土强度达到1.2 MPa的时间通过试验决定。

(9)浇筑混凝土使用的溜槽及串筒节间应连接牢固。操作部位应有护身栏杆,不准直接站在溜槽帮上操作。

(10)浇筑无楼板的框架梁、柱混凝土时,应架设临时脚手架,禁止站在梁或柱的模板或临时支撑上操作。

(11)浇筑房屋边沿的梁、柱混凝土时,外部应有脚手架或安全网。如脚手架平桥离开建筑物超过20 cm时,须将空隙部位牢固遮盖或装设安全网。

(12)浇筑拱形结构时,应自两边拱脚对称地同时进行;浇圈梁、雨篷、阳台,应设防护措施;浇筑料仓时,下出料口应先行封闭,并搭设临时脚手架,以防人员下坠。

(13)夜间浇筑混凝土时,应有足够的照明设备。

(14)使用振捣器时,应按混凝土振捣器使用安全要求执行。湿手不得接触开关,电源线不得有破损和漏电。开关箱内应装设防溅的漏电保护器,漏电保护器其额定漏电动作电流应不大于30 mA,额定漏电动作时间应小于0.1 s。

9. 环保注意事项

(1)混凝土运输过程中,混凝土的遗洒,对地面的污染及产生的固体废弃物。

(2)混凝土泵送过程中,混凝土输送泵电力或燃料能源的消耗,混凝土输送泵产生的噪声和振动,废气的排放;输送泵意外漏油。

签字栏	交底人	×××	审核人	×××
	接受交底人	×××、×××、××		

施工技术交底记录(三)

<table>
<tr><td>工程名称</td><td>某施工工程</td><td>编　号</td><td>×××××</td></tr>
<tr><td>施工单位</td><td>某建筑工程公司</td><td>交底日期</td><td>××年××月××日</td></tr>
<tr><td rowspan="2">交底摘要</td><td rowspan="2">砖混结构混凝土施工中
混凝土的浇筑、养护等</td><td>分项工程名称</td><td>砖混结构工程施工</td></tr>
<tr><td>页　数</td><td>共6页,第1页</td></tr>
<tr><td colspan="4">交底内容:
1. 材料准备
(1)水泥:用42.5级普通硅酸盐水泥或矿渣硅酸盐水泥,要求新鲜、无结块。
(2)砂:中砂或粗砂,细砂亦可应用,含泥量小于5%。
(3)石子:构造柱、圈梁用粒径5～32 mm卵石或碎石;板缝用5～12 mm卵石或碎石,含泥量小于1%。
(4)外加剂:根据要求选用减水剂或早强剂,应有出厂合格质量证明,掺用时应通过试验确定掺加量。
2. 机具设备
搅拌机、混凝土洗石机、皮带输送机、回转振动筛、机动翻斗车、提升井架、卷扬机、插入式振动器、平锹、铁板、磅秤、胶皮管、手推车、串桶、溜槽、混凝土吊斗、贮料斗、铁钎、抹子等。
3. 作业条件
(1)应根据现场使用材料,由试验室提出满足设计要求的混凝土配合比。
(2)现场准备足够的砂、石、水泥等材料,以满足连续浇筑的需要。
(3)各种机具设备经检修、维护保养、试运转,处于良好状态;电源可满足施工要求。
(4)模板已支设完毕,标高、尺寸及稳定性符合要求;板缝已堵严,并办完预检手续。
(5)钢筋已绑扎完成,并经检查办完隐检手续。
(6)搭设好必要的浇筑脚手架,并备好适当的垂直运输设备和机具。
(7)构造柱、圈梁及板缝施工缝接槎处的松散混凝土和砂浆残渣剔除、清理干净,模板内的垃圾、木屑、泥土和钢筋上的油污、杂物已清除干净。
(8)常温施工时,在混凝土浇筑前适当浇水湿润,但不得留有积水,钢模板应涂刷隔离剂。
4. 工艺要求
施工流程:
作业准备→混凝土搅拌→混凝土运输→混凝土浇筑→混凝土养护
(1)混凝土配制应用磅秤计量,按配合比由专人进行配料,在搅拌地点设置混凝土配合比指示牌。
(2)混凝土正式搅拌前,搅拌机应先加水空转湿润后再行加料搅拌,开始搅拌第一罐混凝土时,一般宜按配合比少加一半石子,以后各罐均按规定下料。加料程序是:一般先加石子,再倒水泥后倒砂子,最后加水。如掺入粉煤灰等掺合料,应在倒水泥时一并倒入如外加剂,按定量与水同时加入。
(3)搅拌混凝土应使砂、石、水泥、外加剂等完全拌和均匀,颜色一致。混凝土搅拌时间,400 L自落式搅拌机一般不应少于1.5 min。混凝土坍落度一般控制在5～7 cm,每台班应做两次试验。
(4)混凝土搅拌完后,应及时用机动翻斗车、手推车或吊斗运至现场浇灌地点。运送混凝土应防止离析,或水泥浆流失。如有离析现象,应在浇灌前进行二次搅拌或拌和。混凝土从搅拌机中卸出后到浇灌完毕的延续时间,当混凝土强度等级为C30及其以下,气温高于25℃时不得大于90 min;C30以上时不得大于60 min。</td></tr>
</table>

<table>
<tr><td rowspan="2">签字栏</td><td>交底人</td><td>×××</td><td>审核人</td><td>×××</td></tr>
<tr><td>接受交底人</td><td colspan="3">×××、×××、××</td></tr>
</table>

工程名称	某施工工程	编　　号	×××××
施工单位	某建筑工程公司	交底日期	××年××月××日
交底摘要	砖混结构混凝土施工中 混凝土的浇筑、养护等	分项工程名称	砖混结构工程施工
		页　　数	共6页，第2页

(5)构造柱混凝土浇筑前，宜先浇筑5 cm厚减半石子混凝土。混凝土供料可用塔式起重机吊斗或手推车，宜先将混凝土卸在铁板上，再用铁锹灌入模内，不应用吊斗或手推车直接将混凝土卸入模内。混凝土应分层浇筑，每层厚不超过50 cm。先将振动棒插入柱底部，使其振动，再灌入混凝土，边下料边振捣，振动棒尽量靠近内墙，连续作业直到顶部，并用木抹子压实压平。

(6)圈梁混凝土应分段浇筑，由一端开始向另一端进行，用赶浆法成阶梯形向前推进，与另一段合拢。一般成斜向分层浇灌，分层用插入式振动棒与混凝土面成斜角斜向插入振捣，直至上表面泛浆，用木抹子压实、抹平，表面不得有松散混凝土。

(7)板缝混凝土浇筑应先用1∶2水泥砂浆封底，厚度为板厚的1/4～1/3，然后从一端向另一端灌细石混凝土，边浇边用铁钎(或30 mm小型振动棒)插(振)捣密实，最后表面压实、抹平。

(8)浇灌混凝土时应注意保护钢筋位置，随时检查模板是否变形移位，螺栓、拉线是否松动、脱落或出现胀模、漏浆等现象，并有专人修理。

(9)在混凝土浇筑完12 h内，应对混凝土表面进行适当护盖并洒水养护，常温每日浇水2次，养护时间不少于7 d。

(10)冬期浇筑混凝土，当气温在5℃以内，一般可采用综合蓄热法，用普通硅酸盐水泥配制混凝土，水胶比控制在0.65以内，适当掺加早强抗冻剂，掺量应经试验确定。氯盐掺量不得超过水泥质量的1%，最好同时掺入水泥用量1%的亚硝酸钠阻锈剂，表面适当覆盖。当气温在5℃以下，混凝土搅拌用水应适当加热，并掺加适量的早强抗冻剂，使混凝土浇灌入模温度不低于5℃，模板及混凝土表面应用塑料薄膜和草袋、草垫进行严密覆盖保温，不得浇水养护。混凝土应待达到规范要求抗冻强度(硅酸盐水泥或普通硅酸盐水泥配制的混凝土，为设计的混凝土强度标准值的30%；矿渣硅酸盐水泥配制的混凝土，为设计的混凝土强度标准值的40%)，且温度冷却到5℃，保温层、模板始可拆除。当混凝土与外界温差大于20 ℃，拆模后的混凝土表面应做适当临时性覆盖，使其缓慢冷却，避免出现裂缝。框架结构长度大于30 m时，宜在中间适当位置留设后浇间断缝带，待28 d后，再浇筑间断缝带，以防止出现温度收缩裂缝。

(11)冬期混凝土试块除正常规定组数制作外，还应增做二组试块与结构同条件养护，一组用于检验混凝土受冻前的强度；另一组用于检验转入常温养护28 d的强度。冬期施工过程中所有各项测温记录，均应填写“混凝土工程施工记录”和“冬期施工混凝土日志”。

5. 质量标准

(1)主控项目。

1)原材料。

①水泥进场时应对其品种、级别、包装或散装仓号、出厂日期等进行检验，并应对其强度、安定性及其他必要的性能指标进行复验，其质量必须符合现行国家标准《通用硅酸盐水泥》(GB 175—2007)等的规定。

当在使用对水泥质量有怀疑或水泥出厂超过3个月(快硬硅酸盐水泥超过1个月)时，应进行复验，并按复验结果使用。

钢筋混凝土结构、预应力混凝土结构中，严禁使用含氯化物的水泥。

签字栏	交底人	×××	审核人	×××
	接受交底人	×××、×××、××		

工程名称	某施工工程	编　号	××××××
施工单位	某建筑工程公司	交底日期	××年××月××日
交底摘要	砖混结构混凝土施工中 混凝土的浇筑、养护等	分项工程名称	砖混结构工程施工
		页　数	共6页，第3页

②混凝土中掺用外加剂的质量及应用技术应符合现行国家标准《混凝土外加剂》(GB 8076—2008)、《混凝土外加剂应用技术规范》(GB 50119—2003)等和有关环境保护的规定。

预应力混结构中，严禁使用含氯化物的外加剂。钢筋混凝土结构中，当使用含氯化物的外加剂时，混凝土中氯化物的总含量应符合现行国家标准《混凝土质量控制标准》(GB 50164—2011)的规定。

③混凝土氯化物和碱的总含量应符合现行国家标准《混结构设计规范》(GB 50010—2010)和设计的要求。

2)配合比设计。

混凝土应按国家现行标准《普通混凝土配合比设计规程》(JGJ 55—2011)的有关规定，根据混凝土强度等级、耐久性和工作性等要求进行配合比设计。

对有特殊要求的混凝土，其配合比设计尚应符合国家现行有关标准的专门规定。

3)混凝土施工。

①结构混凝土的强度等级必须符合设计要求。用于检查结构构件混凝土强度的试件，应在混凝土的浇筑地点随机抽取。取样与试件留置应符合下列规定。

a. 每拌制100盘且不超过100 m^3 的同配合比的混凝土，取样不得少于一次。

b. 每工作班拌制的同一配合比的混凝土不足盘100时，取样不得少于一次。

c. 当一次连续浇筑超过1 000 m^3 时，同一配合比的混凝土每200 m^3 取样不得少于一次。

d. 每一楼层、同一配合比的混凝土，取样不得少于一次。

e. 每次取样应至少留置一组标准养护试件，同条件养护试件的留置组数应根据实际需要确定。

②对有抗渗要求的混凝土结构，其混凝土试件应在浇筑地点随机取样。同一工程、同一配合比的混凝土，取样不应少于一次，留置组数可根据实际需要确定。

③混凝土原材料每盘称量的偏差应符合下表的规定。

原材料每盘称量的允许偏差

材料名称	允许偏差/(%)
水泥、掺合料	±2
粗、细集料	±3
水、外加剂	±2

注:①各种衡器应定期校验，每次使用前应进行零点校核，保持计量准确。

②当遇雨天或含水率有显著变化时，应增加含水率检测次数，并及时调整水和集料的用量。

④混凝土运输、浇筑及间歇的全部时间不应超过混凝土的初凝时间。同一施工段的混凝土应连续浇筑，并应在底层混凝土初凝之前将上一层混凝土浇筑完毕。

当底层混凝土初凝后浇筑上一层混凝土时，应按施工技术方案中对施工缝的要求进行处理。

签字栏	交底人	×××	审核人	×××
	接受交底人	×××、×××、××		

工程名称	某施工工程	编　　号	×××××
施工单位	某建筑工程公司	交底日期	××年××月××日
交底摘要	砖混结构混凝土施工中混凝土的浇筑、养护等	分项工程名称	砖混结构工程施工
		页　　数	共6页，第4页

(2)一般项目。

1)原材料。

①混凝土中掺用矿物掺合料的质量应符合现行国家标准《用于水泥和混凝土中的粉煤灰》(GB/T 1596—2005)等的规定。矿物掺合料的掺量应通过试验确定。

②普通混凝土所用的粗、细集料的质量应符合国家现行标准《普通混凝土用砂、石质量及检验方法标准(附条文说明)》(JGJ 52—2006)的规定。

③拌制混凝土宜采用饮用水；当采用其他水源时，水质应符合国家现行标准《混凝土用水标准(附条文说明)》(JGJ 63—2006)的规定。

2)配合比设计。

①首次使用的混凝土配合比应进行开盘鉴定，其工作性应满足设计配合比的要求。开始生产时应至少留置一组标准养护试件，作为验证配合比的依据。

②混凝土拌制前，应测定砂、石含水率并根据测试结果调整材料用量，提出施工配合比。

3)混凝土施工。

①施工缝的位置应在混凝土浇筑前按设计要求和施工技术方案确定。施工缝的处理应按施工技术方案执行。

②后浇带的留置位置应按设计要求和施工技术方案确定。后浇带混凝土浇筑应按施工技术方案进行。

③混凝土浇筑完毕后，应按施工技术方案及时采取有效的养护措施，并应符合下列规定。

a. 应在浇筑完毕后的12 h内对混凝土加以覆盖并保湿养护。

b. 混凝土浇水养护的时间：对采用硅酸盐水泥、普通硅酸盐水泥或矿渣硅酸盐水泥拌制的混凝土，不得少于7 d；对掺用缓凝型外加剂或有抗渗要求的混凝土，不得少于14 d。

c. 浇水次数应能保持混凝土处于湿润状态；混凝土养护用水应与拌制用水相同。

d. 采用塑料布覆盖养护的混凝土，其敞露的全部表面应覆盖严密，并应保持塑料布内有凝结水。

e. 混凝土强度达到1.2 N/mm^2前，不得在其上踩踏或安装模板及支架。

注：1. 当日平均气温低于5℃时，不得浇水。

2. 当采用其他品种水泥时，混凝土的养护时间应根据所采用水泥的技术性能确定。

3. 混凝土表面不便浇水或使用塑料布时，宜涂刷养护剂。

4. 对大体积混凝土的养护，应根据气候条件按施工技术方案采取控温措施。

6. 成品保护

(1)浇筑混凝土时，防止漏浆掉灰污染清水墙面。

(2)混凝土振捣时，避免振动或踩碰模板、钢筋及预埋件，以防模板变形，钢筋位移或预埋件脱落。

(3)混凝土浇筑完后，强度未达到1.2 MPa，不准在其上进行下一工序操作或堆置重物。

(4)散落在楼板和墙面上的混凝土应及时清理干净。

7. 质量要求

(1)构造柱浇筑应注意加强对砖直槎砌筑定位的检查，保持进出齿垂直，以防止出现柱截面尺寸不足和轴线位移超差，这将影响构造柱在地震力作用时水平侧力和剪切力的均匀传递，导致产生集中应力破坏。

签字栏	交底人	×××	审核人	×××
	接受交底人	×××、×××、××		

<table>
<tr><td>工程名称</td><td>某施工工程</td><td>编　　号</td><td>×××××</td></tr>
<tr><td>施工单位</td><td>某建筑工程公司</td><td>交底日期</td><td>××年××月××日</td></tr>
<tr><td rowspan="2">交底摘要</td><td rowspan="2">砖混结构混凝土施工中
混凝土的浇筑、养护等</td><td>分项工程名称</td><td>砖混结构工程施工</td></tr>
<tr><td>页　　数</td><td>共6页，第5页</td></tr>
</table>

(2)混凝土浇筑应注意振捣密实，防止漏振或振捣使钢筋产生位移，特别是避免出现蜂窝、孔洞、露筋、夹渣等疵病，这些疵病将降低结构强度。

(3)每根构造柱、每条板缝应连续浇筑，避免留施工缝；圈梁应分段浇筑，施工缝宜避免留在内、外墙交接、外墙转角及门窗洞口处，以避免影响其受力性能和整体性。

(4)现浇结构的外观质量不应有严重缺陷。对已经出现的严重缺陷，应由施工单位提出技术处理方案，并经监理(建设)单位认可后进行处理。对经处理的部位，应重新检查验收。

8. 安全措施

(1)混凝土搅拌开始前，应对搅拌机及配套机械进行无负荷试运转，检查运转正常，运输道路畅通，然后开机工作。

(2)搅拌机运转时，严禁将锹、耙等工具伸入罐内，必须进罐扒混凝土时，要停机进行。工作完毕，应将拌筒清洗干净。搅拌机应有专用开关箱，并应装有漏电保护器，停机时应拉断电闸，下班时电闸箱应上锁。

(3)搅拌机上料斗提升后，斗下禁止人员通行。如必须在斗下清渣时，须将升降料斗用保险链条挂牢或用木杠架住，并停机，以免落下伤人。

(4)采用手推车运输混凝土时，不得争先抢道，装车不应过满；卸车时应有挡车措施，不得用力过猛或撒把，以防车把伤人。

(5)使用井架提升混凝土时，应设制动安全装置，升降应有明确信号，操作人员未离开提升降台时，不得发升降信号。提升台内停放手推车要平稳，车把不得伸出台外，车轮前后应挡牢。

(6)使用溜槽及串筒下料时，溜槽与串筒必须牢固地固定，人员不得直接站在溜槽帮上操作。

(7)浇筑单梁、柱混凝土时，应设操作台，操作人员不得直接站在模板或支撑上操作，以免踩滑或踏断支撑而坠落。

(8)混凝土浇筑前，应对振动器进行试运转，振动器操作人员应穿胶靴、戴绝缘手套，振动器不能挂在钢筋上，湿手不能接触电源开关。

(9)浇筑无板框架结构的梁或墙上的圈梁时，应有可靠的脚手架，严禁站在模板上操作。浇筑挑檐、阳台、雨篷等混凝土时，外部应设安全网或安全栏杆。

(10)楼面上的预留孔洞应设盖板或围栏。所有操作人员应戴安全帽；高空作业应系安全带，夜间作业应有足够的照明。

(11)混凝土机械作业场地应有良好的排水条件，机械近旁应有水源，机棚内应有良好的通风、采光及防雨、防冻设施，并不得有积水。

(12)作业后，应及时将机内、水箱内、管道内的存料、积水放尽。

9. 环保措施

(1)施工垃圾应使封闭吊运，严禁凌空抛散造成扬尘。

(2)水泥及其他易飞扬的细颗粒散体材料应尽量安排库内存放，露天存放时宜严密遮盖，卸运时防止遗洒飞扬。

(3)混凝土运输过程中应注意防止遗洒。

<table>
<tr><td rowspan="2">签字栏</td><td>交底人</td><td>×××</td><td>审核人</td><td>×××</td></tr>
<tr><td>接受交底人</td><td colspan="3">×××、×××、××</td></tr>
</table>

工程名称	某施工工程	编　　号	×××××
施工单位	某建筑工程公司	交底日期	××年××月××日
交底摘要	砖混结构混凝土施工中 混凝土的浇筑、养护等	分项工程名称	砖混结构工程施工
		页　　数	共6页，第6页

(4)现场搅拌混凝土应设置沉淀池，废水排入沉淀池内沉淀后方可排入市政管道或者回收用于洒水降尘、清洗工具。未经处理的水泥浆严禁排入城市排水设施。

(5)现场使用的夜间照明设施宜采用定向可拆除等罩型，使用时应防止光污染。

(6)混凝土浇筑过程中，应减少振捣混凝土产生的噪声；混凝土漏浆；振捣棒产生的振动；混凝土余料的凝结浪费。混凝土养护过程中，控制水资源的消耗，以及减少产生的养护水等污水。

(7)冬期施工混凝土时，减少混凝土蓄热、保温电力、煤等能源的消耗，以及控制有害气体的排放。

签字栏	交底人	×××	审核人	×××
	接受交底人	×××、×××、××		

参考文献

[1]中华人民共和国住房和城乡建设部．GB 50203—2011 砌体结构工程施工质量验收规范[S]．北京：中国建筑工业出版社，2012．

[2]刘文君．建筑工程技术交底记录[M]．北京：经济科学出版社，2003．

[3]刘大勇．地基基础工程施工细节详解[M]．北京：机械工业出版社，2008．

[4]北京土木建筑学会．建筑施工现场操作系列丛书[M]．北京：经济科学出版社，2003．

[5]北京市建筑委员会．建筑安装分项工程施工工艺规程[M]．北京：中国市场出版社，2004．

[6]北京建工集团有限责任公司．建筑设备安装分项工程施工工艺标准[M]．北京：中国建筑工业出版社，2008．

[7]北京建工集团有限责任公司．建筑分项工程施工工艺标准[M]．北京：中国建筑工业出版社，2008．

[8]建设部干部学院．实用建筑节能工程施工[M]．北京：中国电力出版社，2008．

[9]北京土木建筑学会．建筑工程施工技术手册[M]．武汉：华中科技大学出版社，2008．